Neo4j 图谱分析实战

[美] 埃斯特尔·赛弗　著

沈　旻　译

清華大學出版社

北　京

内 容 简 介

本书详细阐述了与Neo4j图谱分析相关的基本解决方案，主要包括使用Neo4j进行图建模、图算法、基于图的机器学习、生产环境中的Neo4j等内容。此外，本书还提供了相应的示例、代码，以帮助读者进一步理解相关方案的实现过程。

本书适合作为高等院校计算机及相关专业的教材和教学参考书，也可作为相关开发人员的自学教材和参考手册。

图书在版编目（CIP）数据

Neo4j图谱分析实战 /（美）埃斯特尔·赛弗著；沈旻译. —北京：清华大学出版社，2022.10
书名原文：Hands-On Graph Analytics with Neo4j
ISBN 978-7-302-61760-0

Ⅰ. ①N… Ⅱ. ①埃… ②沈… Ⅲ. ①关系数据库系统 Ⅳ. ①TP311.138

中国版本图书馆CIP数据核字（2022）第161829号

责任编辑：贾小红
封面设计：刘 超
版式设计：文森时代
责任校对：马军令
责任印制：沈 露

出版发行：清华大学出版社
网 址：http://www.tup.com.cn，http://www.wqbook.com
地 址：北京清华大学学研大厦A座 **邮 编**：100084
社 总 机：010-83470000 **邮 购**：010-62786544
投稿与读者服务：010-62776969，c-service@tup.tsinghua.edu.cn
质量反馈：010-62772015，zhiliang@tup.tsinghua.edu.cn
印 装 者：三河市科茂嘉荣印务有限公司
经 销：全国新华书店
开 本：185mm×230mm **印 张**：28.25 **字 数**：564千字
版 次：2022年10月第1版 **印 次**：2022年10月第1次印刷
定 价：139.00元

产品编号：091209-01

译 者 序

在一个小山村里，村民们世代聚居在一起，他们对于相互之间的关系是了如指掌的，谁是谁的叔伯兄弟姑表妯娌都非常清楚；放大到一个乡镇，人们也可能低头不见抬头见；但如果放大到一个县或者一个省，就只能是偶有耳闻了；最后放大到全国乃至全世界，那么基本上相互之间的关系就只能是茫茫人海中的路人甲乙丙丁了。然而，六度分离理论告诉我们，这个世界上的任何两个人之间都只需要通过 5 个人就可以建立联系，你可能觉得不可思议，但是这已经被很多实验证明是真实的，而且，随着互联网的发展，这一距离甚至被极大地拉近了，远在深山大漠高原雪海的普通人，可能在一夜之间成为顶流网红，而你可以是他/她的……粉丝。当然，反过来也成立。

图论就是专门研究这种节点和关系的理论。在图的世界中，每个人都是一个节点，互粉或加关注就是建立一种关系，所以，如果任务是想要让两个八竿子打不着的人建立联系，那么只需要找到 5 个合适的节点就可以了。Neo4j 可以对图进行建模，使用基于图的特征进行机器学习，通过不同的算法进行链接预测并最终找到目标。

当然，图数据分析的应用远不止于此。事实上，图数据库是目前流行的数据库之一，通过对图数据的分析，我们可以寻找计算机网络中的弱点、开发道路导航应用程序、设计产品推荐引擎，甚至挖掘犯罪团伙的欺诈交易等。

本书是使用 Neo4j 进行图数据分析的优秀读物。全书从图数据库的基础知识开始，详细介绍了 Cypher 查询语言、知识图的构建、基于图的搜索、推荐引擎、Graph Data Science 插件、最短路径算法、neo4j-spatial 库、空间查询、可视化空间数据、节点重要性算法（包括度中心性、接近度中心性、特征向量中心性算法和中介中心性）、将中心性算法用于欺诈检测、社区检测算法（包括弱连接组件和强连接组件、标签传播算法和 Louvain 算法）、通过 Pandas 和 scikit-learn 提取基于图的特征并构建机器学习项目、使用 Neo4j 创建链接预测指标、使用基于邻接矩阵的嵌入算法和图神经网络等。最后，本书还介绍了实际生产环境中的 Neo4j 应用，包括使用 Python 和图对象映射器创建全栈 Web 应用程序、使用 GRANDstack 开发 React 应用程序等。

在翻译本书的过程中，为了更好地帮助读者理解和学习，本书对大量的术语以中英文对照的形式给出，这样的安排不但方便读者理解书中的代码，而且也有助于读者通过网络查找和利用相关资源。

本书由沈旻翻译，此外，黄进青也参与了本书的部分翻译工作。由于译者水平有限，错漏之处在所难免，在此诚挚欢迎读者提出任何意见和建议。

译　者

前言

由于图数据模型的自然性和它们允许的数据分析范围，人们对图数据库（Graph Database）尤其是 Neo4j 的兴趣正在增加。本书将引领你在图和 Neo4j 领域内进行一次旅行。我们将探索 Neo4j、Cypher 和各种插件（包括官方支持的或来自第三方的插件），这些插件可以扩展数据类型（如 APOC 和 Neo4j Spatial），也可用于数据科学和机器学习（如 Graph Data Science 插件和 GraphAware NLP 插件）。

本书有很大一部分都在讨论图算法。你将通过一些著名算法（如最短路径、PageRank 或标签传播等）的 Python 示例实现来了解它们的工作原理，以及如何在 Neo4j 图中实际使用它们。我们还将提供一些示例应用程序，以启发你何时将这些算法用于合适的用例。

一旦你熟悉了可以在图上运行以提取有关其各个组成部分（节点）或整个图结构信息的不同类型的算法，我们将切换到一些数据科学问题，并探究图结构和图的处理方式。图算法可以增强模型的预测能力。

在完成本书学习之后，你将会理解，Neo4j 除了是出色的数据分析工具之外，还可以用于在 Web 应用程序中公开数据以使分析能实时进行。

本书读者

本书适用于希望存储和处理图数据以获取关键数据见解的数据分析师、业务分析师、图分析师和数据库开发人员。本书还将吸引希望构建适合不同领域的智能图应用程序的数据科学家。阅读本书需要具有一些 Neo4j 经验。

尽管在本书第 2 篇“图算法”中使用 Python 演示了一些算法，但如果你不熟悉 Python，也应该可以理解。当然，如果你有使用该语言的经验，则是最好不过，因为本书还应用了 Python 的一些数据科学库，包括 scikit-learn、Pandas 和 Seaborn 等。

内容介绍

本书分为 4 篇共 12 章，具体介绍如下。

- 第 1 篇是“使用 Neo4j 进行图建模”，包括第 1～3 章。
  - 第 1 章“图数据库”，阐释了和图数据库相关的概念，包括图论、Neo4j 的节点和关系模型定义等。
  - 第 2 章“Cypher 查询语言”，详细介绍了 Neo4j 使用的查询语言 Cypher 的基础知识，本书将使用它来进行数据导入和模式匹配。此外，本章还研究了用于数据导入的 APOC 实用程序。
  - 第 3 章“使用纯 Cypher”，解释了如何从结构化和非结构化数据（使用 NLP）构建知识图，以及如何应用知识图，并提供了基于图的搜索和推荐引擎等示例。本章使用了 GitHub 上 Neo4j 贡献者的图，并将其扩展到自然语言分析和外部公开可用的知识图（如 Wikidata）。
- 第 2 篇是“图算法”，包括第 4～7 章。
  - 第 4 章“Graph Data Science 库和路径查找”，详细解释了 Neo4j 的 Graph Data Science（GDS）插件的主要原理，并介绍了最短路径算法。
  - 第 5 章“空间数据”，介绍了 Neo4j Spatial 插件的应用，以及如何存储和查询空间数据（点、线和面）。结合 Neo4j Spatial 和 GDS 插件，我们创建了一个纽约曼哈顿的路由引擎示例。
  - 第 6 章“节点重要性”，演示了不同的中心性算法，其具体应用取决于你如何定义节点重要性、应用场景以及 GDS 中的用法。
  - 第 7 章“社区检测和相似性度量”，介绍了用于检测图中结构的算法，以及如何使用 JavaScript 库可视化它们。
- 第 3 篇是“基于图的机器学习”，包括第 8～10 章。
  - 第 8 章“在机器学习中使用基于图的特征”，说明了如何从 CSV 文件开始构建完整的机器学习项目，并阐释了构建预测管道所需的不同步骤（包括特征工程、模型训练和模型评估等）。此外，本章还介绍了如何将 CSV 数据转换为图，以及如何使用图算法来获得图的特征，增强分类任务的性能。
  - 第 9 章“预测关系”，说明了如何在一个随时间变化的图中使用训练集和测试集将链接预测问题表述为机器学习问题。

    - 第 10 章“图嵌入——从图到矩阵”，解释了算法如何自动学习图中每个节点的特征。通过使用与单词嵌入类比的方法，我们介绍了 DeepWalk 算法的工作原理。然后，还深入介绍了图神经网络及其用例。本章使用 Python 和一些依赖项以及 node2vec 和 GraphSAGE 的 GDS 实现给出了具体应用。
- 第 4 篇是“生产环境中的 Neo4j”，包括第 11 章和第 12 章。
    - 第 11 章“在 Web 应用程序中使用 Neo4j”，介绍了如何使用 Python、流行的 Flask 框架、JavaScript 和 GraphQL API 创建一个 Web 应用程序。
    - 第 12 章“Neo4j 扩展”，概述了 GDS 性能评估和 Neo4j 4 提供的大数据管理功能（分片技术）。

充分利用本书

学习本书需要可以管理 Neo4j 数据库（例如更新设置和添加插件等）。建议使用 Neo4j Desktop，其下载链接如下：

https://neo4j.com/download/

你可以为每章创建一个图。本书重用了在第 2 章中开始创建并在第 3 章中进行了充实的 GitHub 图。在每章的末尾，还提供了一些思考题。

除第 5 章“空间数据”和第 11 章“在 Web 应用程序中使用 Neo4j”中的代码外，本书中其他所有代码均与 Neo4j 3.5 和 Neo4j 4.x 兼容。

由于 Neo4j Spatial 尚未与 Neo4j 4.x 兼容（在撰写本文时，其最新版本为 0.26.2），因此第 5 章“空间数据”中的代码仅对 Neo4j 3.5 有效。

同样，在第 11 章“在 Web 应用程序中使用 Neo4j”中，我们需要使用 neomodel 软件包（撰写本文时的最新版本为 3.3.2），该软件包尚未与 Neo4j 4 兼容。

本书软硬件和操作系统需求如表 P-1 所示。

表 P-1　软硬件和操作系统需求表

本书涵盖的软件	操作系统/硬件要求
Neo4j（3.5 或更高版本）	Windows、Linux 或 macOS；至少 8 GB 内存
APOC（Neo4j 插件）（3.5.0.11 或更高版本）	Windows、Linux 或 macOS；至少 8 GB 内存
neo4j-spatial（插件）	Windows、Linux 或 macOS；至少 8 GB 内存

续表

本书涵盖的软件	操作系统/硬件要求
Neo4j Graph Data Science（GDS）插件（1.0 或更高版本）	Windows、Linux 或 macOS；至少 8 GB 内存
Python（3.6 或更高版本）	Windows、Linux 或 macOS；至少 8 GB 内存
Node.js（10 或更高版本）和 npm（仅第 11.4 节“使用 GRANDstack 开发 React 应用程序”）	Windows、Linux 或 macOS；至少 8 GB 内存

在第 11.4 节“使用 GRANDstack 开发 React 应用程序”中，我们将使用 GRANDstack 创建一个 React 应用程序，因此需要在系统上安装 Node.js 和 npm。

建议你通过 Github 存储库输入自己的代码或下载该代码，这样做将帮助你避免任何与代码的复制和粘贴有关的潜在错误。

下载示例代码文件

读者可以从 www.packtpub.com 下载本书的示例代码文件。具体步骤如下：

（1）注册并登录：www.packtpub.com。

（2）在页面顶部的搜索框中输入图书名称 *Hands-On Graph Analytics with Neo4j*（不区分大小写，也不必完整输入），即可看到本书，单击打开链接，如图 P-1 所示。

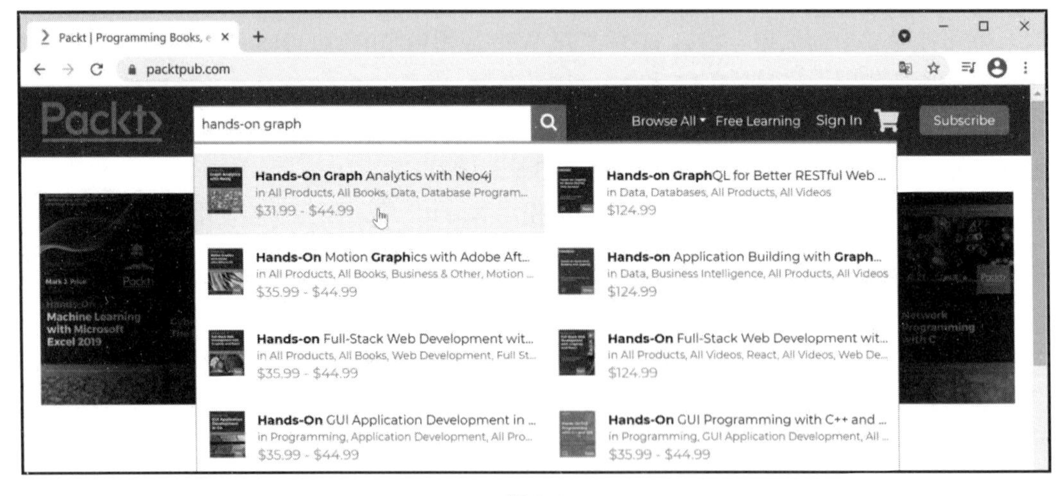

图 P-1

（3）在本书详情页面中，找到并单击 Download code from GitHub（从 GitHub 下载代码文件）按钮，如图 P-2 所示。

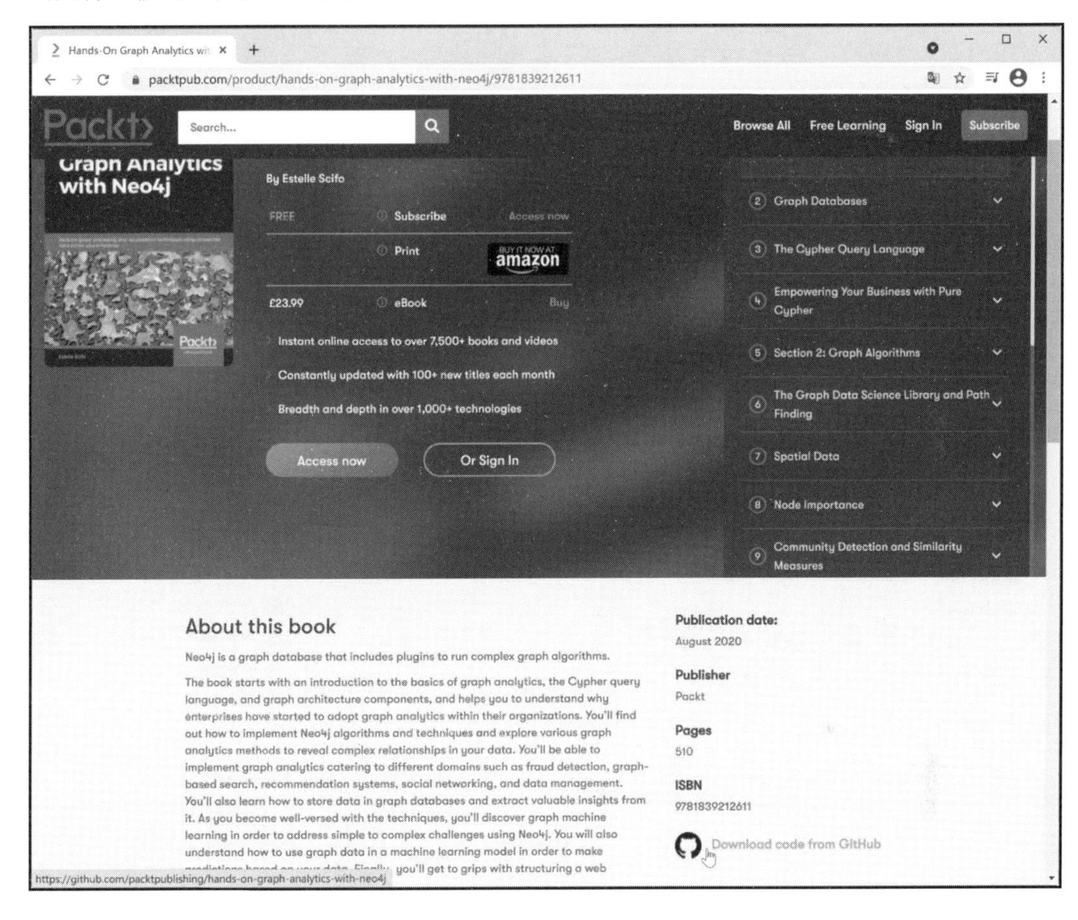

图 P-2

提示：

如果你看不到该下载按钮，可能是没有登录packtpub账号。该站点可免费注册账号。

（4）在本书 GitHub 源代码下载页面中，单击右侧的 Code（代码）按钮，在弹出的下拉菜单中选择 Download ZIP（下载压缩包），如图 P-3 所示。

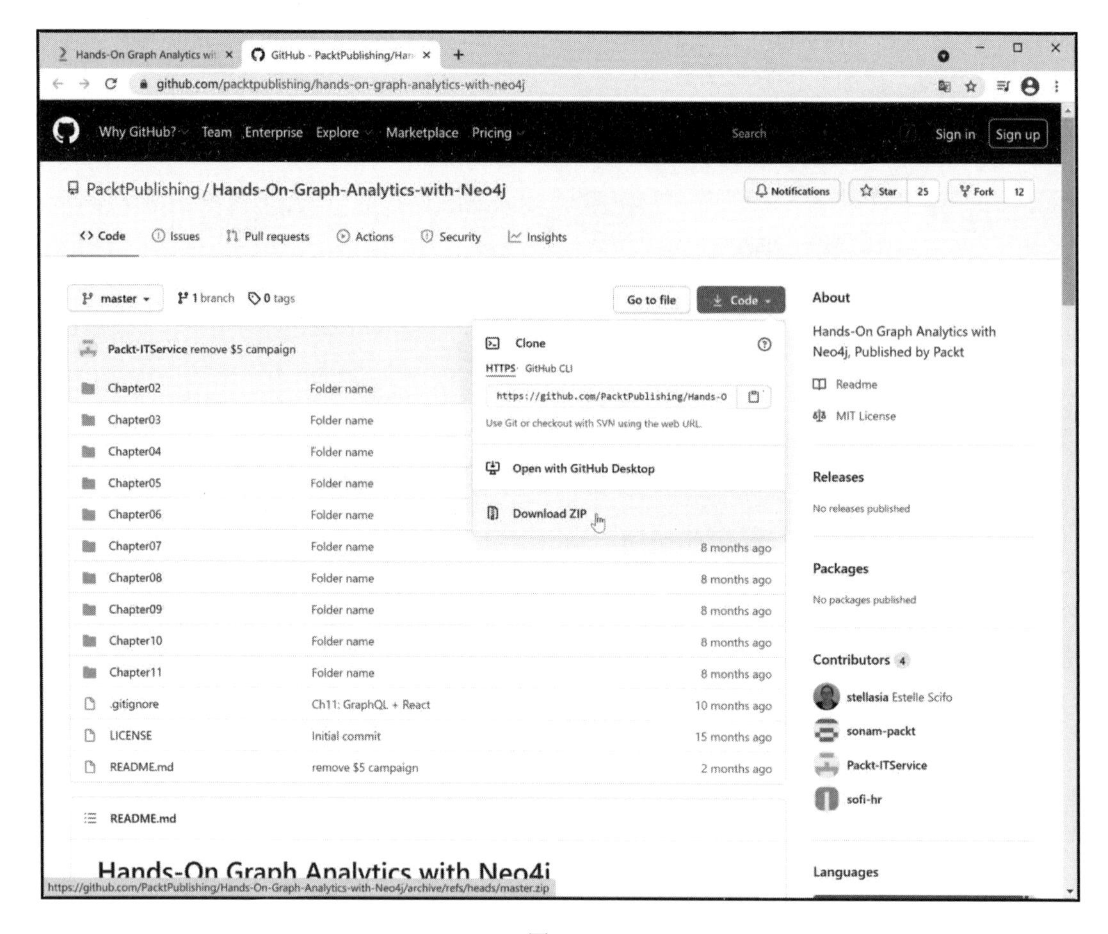

图 P-3

下载文件后，请确保使用最新版本解压缩或解压缩文件夹：

- ❑ WinRAR/7-Zip（Windows 系统）。
- ❑ Zipeg/iZip/UnRarX（Mac 系统）。
- ❑ 7-Zip/PeaZip（Linux 系统）。

你也可以直接访问本书在 GitHub 上的存储库，其网址如下：

https://github.com/PacktPublishing/Hands-On-Graph-Analytics-with-Neo4j

如果代码有更新，则也会在现有 GitHub 存储库上更新。

下载彩色图像

我们还提供了一个 PDF 文件，其中包含本书中使用的屏幕截图/图表的彩色图像。可以通过以下地址下载：

https://static.packt-cdn.com/downloads/9781839212611_ColorImages.pdf

本书约定

本书中使用了许多文本约定。

（1）CodeInText：表示文本中的代码字、数据库表名、文件夹名、文件名、文件扩展名、路径名、虚拟 URL、用户输入和 Twitter 句柄等。以下段落就是一个示例：

```
本章代码文件的网址如下：
https://github.com/PacktPublishing/Hands-On-Graph-Analytics-with-Neo4j/
tree/master/ch6
```

（2）有关代码块的设置如下：

```
submit = SubmitField('Submit')
```

（3）要突出代码块时，相关行将加粗显示：

```
{
   "name": "Another name",
   "address": "Earth, Universe",
   "id": 1,
   "gender": "F",
   "age": 30
}
```

（4）任何命令行输入或输出都采用如下所示的粗体代码形式：

```
pip install neo4j
```

（5）术语或重要单词采用中英文对照形式，在括号内保留其英文原文。示例如下：

有了图之后，你可以考虑创建智能模型来预测将来是否可能连接两个实体。推荐引擎（Recommendation Engine）是这种工具的一种可能的应用。

（6）对于界面词汇或专有名词将保留英文原文，在括号内添加其中文翻译。示例如下：

让人惊讶的是选择节点的时候，浏览器还会显示它们之间的关系，而我们并没有要求它这样做。这来自 Neo4j 浏览器中的设置，其默认行为是启用节点连接的可视化。可以通过清除 Connect result nodes（连接结果节点）复选框来禁用此功能。

（7）本书还使用了以下两个图标。

表示警告或重要的注意事项。

表示提示或小技巧。

关 于 作 者

Estelle Scifo 拥有 7 年以上的数据科学家经验，并获得了 Laboratoire de l'Accélérateur Linéaire（线性加速器实验室）的博士学位—该实验室隶属于日内瓦欧洲核子研究组织（Conseil Européenn pour la Recherche Nucléaire，CERN）。

作为获得 Neo4j 认证的专家，她的日常工作就是使用图数据库，并充分利用图的特征从这些数据构建有效的机器学习模型。此外，她还是该领域新人的数据科学导师。她的专业知识和对初学者需求的了解使她成为一名出色的老师。

关于审稿人

Aaron Ploetz 自 1997 年以来一直是专业的软件开发人员，他在创业公司和《财富》500 强企业均担任过技术主管，拥有丰富的开发经验。他曾经编写过与分布式数据库主题（例如"一周内掌握 Apache Cassandra 3.x 和 7 个 NoSQL 数据库"）相关的文章。

Aaron 拥有威斯康星大学怀特沃特特分校的管理/计算机系统理学学士学位，他还获得了瑞吉斯大学的软件工程专业（数据库技术方向）科学硕士学位，曾三度被评为 Apache Cassandra 的 DataStax MVP。

Sonal Raj 是一位 Python 专家、工程师和作家，他在金融技术领域颇有建树。他目前领导一家高频贸易公司的数据分析和研究部门。他是 Goldman Sachs（高盛）和 D. E. Shaw 基金研究员，在电子交易算法方面具有丰富的专业知识。

他拥有 IT 和业务管理双硕士学位，并且是 Indian Institute of Science（印度科学研究所）的前研究员，在该研究所他曾使用 Neo4j 进行实时图处理。他还撰写了 *Neo4j High Performance* 和 *The Pythonic Way* 等图书。

目　　录

第 1 篇　使用 Neo4j 进行图建模

第 2 篇 图 算 法

第 3 篇　基于图的机器学习

第 4 篇 生产环境中的 Neo4j

第 1 篇

使用 Neo4j 进行图建模

本篇将介绍学习本书所需的 Neo4j 和 Cypher 的基础知识。然后，我们将探讨图建模的经典应用：推荐引擎（Recommendation Engine）。

本篇包括以下章节：

第 1 章：图数据库。

第 2 章：Cypher 查询语言。

第 3 章：使用纯 Cypher。

第1章　图数据库

在过去几年中，图数据库（Graph Database）越来越受到关注。从图构建的数据模型将面向文档的数据库的简单性和 SQL 表的清晰性结合在一起。Neo4j 是一个带有大型生态系统的数据库，在这个生态系统中，不但包括数据库本身，还包括用于构建 Web 应用程序的工具（如 GRANDstack）以及在机器学习管道中使用图数据的工具，以及 Graph Data Science Library（GDS 库）。本书将从头开始详细讨论这些工具。

讨论图数据库首先需要厘清图的概念。即使你不需要了解有关图论（Graph Theory）的所有详细信息，学习所用工具背后的一些基本概念也大有裨益。

本章将从定义图开始，并给出一些比较简单和不太简单的图及其应用示例。

然后，我们将探讨如何从著名的 SQL 表转移到图数据建模。

最后，我们将介绍 Neo4j 及其构建块，并介绍一些设计原则，以理解使用 Neo4j 可以做什么和不能做什么。

本章将包含以下主题：

- 图的定义和示例。
- 从 SQL 转到图数据库。
- Neo4j：节点、关系和属性模型。
- 理解图属性。
- Neo4j 中图建模的注意事项。

1.1　图的定义和示例

在刚翻开本书时，你可能会问的问题是：“为什么我要关心图呢？我的公司/业务/兴趣与图或任何类型的网络都无关。我了解我的数据模型，并且已经很好地布置在 SQL 表或 NoSQL 文档中，我可以随时检索所需的信息。”

针对这个问题，我们只能告诉你，图是一种用来描述现实世界中个体和个体之间网络关系的数据结构。本书将教你如何通过以不同的方式查看数据来增强数据表现能力。令人惊讶的是，图可用于许多过程的建模，从非常明显的过程（如道路网络）到不太直观的用例（如视频游戏或信用卡欺诈检测）等。

本节将讨论以下内容：

- ❑ 图论。
- ❑ 图的示例。

1.1.1 图论

图论中的“图”指的是 Graph。在计算机科学中，图的组成结构可以描述为：一个图就是一些顶点（Vertices）的集合，这些顶点通过一系列边（Edge）结对（连接）。顶点用圆圈表示，边就是这些圆圈之间的连线。顶点之间通过边连接。

因此，一个图中最重要元素是：节点（Node）和关系（Relationship）。

以下我们将介绍：

- ❑ 柯尼斯堡七桥问题。
- ❑ 图的定义。
- ❑ 图的可视化。

1. 柯尼斯堡七桥问题

对于图的研究起源于生活在 18 世纪的瑞士数学家莱昂哈德 • 欧拉（Leonhard Euler）。欧拉是数学史上最多产的数学家，也是 18 世纪数学界最杰出的人物之一。他在 1735 年发表了一篇论文，提出了柯尼斯堡七桥问题（Seven Bridges of Königsberg problem）的解决方案。该问题如下：

鉴于图 1-1 中描绘的城市地理情况，是否有办法一次穿越该城市的七座桥梁，然后回到我们的起点？

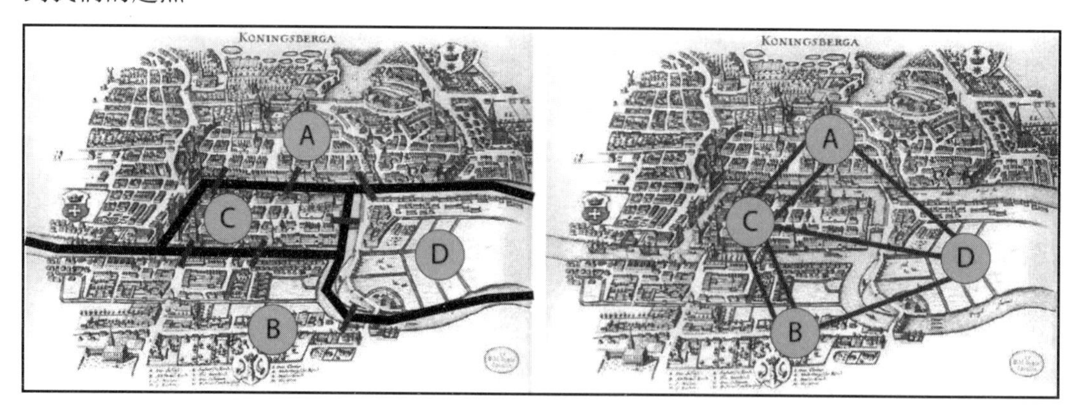

图 1-1

可以看到，这个城市与河流交汇（深蓝色粗线表示河流），河流将城市分为两个河岸 A 和 B。河流蜿蜒还形成了两个岛屿 C 和 D，这两个岛屿也是城市的一部分。这两个河岸和两个岛屿之间总共由七座桥相连（红色细线表示桥梁）：其中两座桥在 A 和 C 之间，另外两座桥在 C 和 B 之间的，有一座桥在 C 和 D 之间，还有一座桥在 B 和 D 之间，最后在 D 和 A 之间还有一座桥。

注意：

彩色图像在黑白印刷的纸版图书上可能不容易辨识效果，本书还提供了一个 PDF 文件，其中包含本书使用的屏幕截图/图表的彩色图像。可以通过以下地址下载：

https://static.packt-cdn.com/downloads/9781839212611_ColorImages.pdf

欧拉的推理（在右侧图中）是将这种复杂的地理区域简化为最简单的图，就像你在图 1-1 的右侧看到的那样，因为每个岛内使用的路线都与此问题无关。然后，每个岛成为一个节点，该节点通过一个或多个代表桥梁的边连接到另一个节点。

通过这种简单的可视化，欧拉得出了非常明确的结论：七桥问题是无解的。因为如果你通过一座桥到达一个岛（顶点），则需要使用另一座桥（最初顶点和最终顶点除外）离开它。换句话说，除了两个顶点外，所有顶点都需要连接到偶数个关系，但是柯尼斯堡图的情况却并非如此，它的所有顶点都有奇数个关系，具体如下所示：

```
A: 3 个连接（至 C 两次，至 D 一次）
B: 3 个连接（至 C 两次，至 D 一次）
C: 5 个连接（到 A 两次，到 B 两次，到 D 一次）
D: 3 个连接（到 A 一次，到 B 一次，到 C 一次）
```

七桥问题实际上就是以下问题：“是否存在一个循环通过每一条边，而且每条边只经过一次？”这样的循环称为欧拉循环（Eulerian Cycle）。可以说，当且仅当其所有顶点具有偶数秩时，图才具有欧拉循环。

注意：

节点的连接数称为节点的秩（Degree）。在图 1-1 中，节点 A、B 和 D 的秩均为 3，节点 C 的秩为 5，它们都没有偶数秩。所以七桥问题是无解的。

2. 图的定义

现在我们可以得出图的数学定义：

$$G = (V, E)$$

其中：G 指的是图（Graph）；V 指的是一组节点（Node）或顶点（Vertices）：图 1-1 中的岛屿和两岸；E 指的是一组连接节点的边（Edge）：图 1-1 中的桥。

然后，可以按以下方式定义图 1-1 右侧所示的柯尼斯堡七桥问题图：

```
V = [A, B, C, D]
E = [
        (A, C),
        (A, C),
        (C, B),
        (C, B),
        (A, D),
        (C, D),
        (B, D)
]
```

像许多数学对象一样，图的定义也是很精确的。虽然很难为其中的某些对象找到良好的可视化效果，但另一方面，图却可以有几乎无数种绘制方式。

3. 图的可视化

除了非常特殊的情况外，有无数种方式可绘制图并使其可视化。实际上，图通常是现实的抽象表示。例如，图 1-2 中描绘的所有 4 个图都表示节点和边完全相同的集合，因此，根据定义，它们在数学上是相同的图。

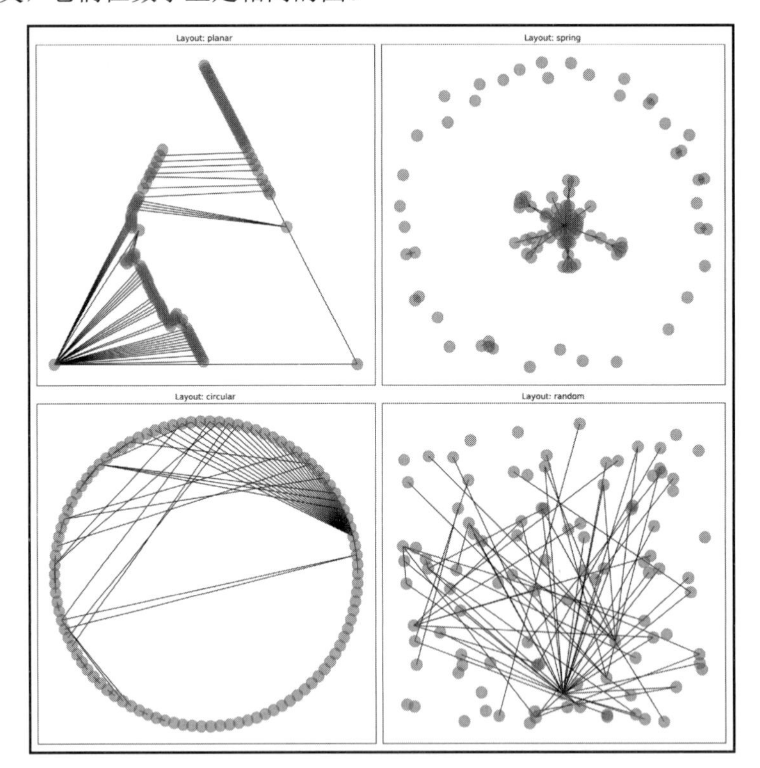

图 1-2

我们不能仅仅依靠眼睛来发现图中的模式。例如，仅仅查看图 1-2 右下角的图，就不可能发现右上角图的可见模式，这时就需要图算法（Graph Algorithm）来发挥作用了。本书第 6 章“节点重要性”和第 7 章“社区检测和相似性度量”将对此展开更详细的讨论。

1.1.2　图的示例

在对图有了初步的了解之后，我们可以来看一看更多的示例，以更好地理解图的用途。

我们将从以下两个方面介绍图的示例：

- 网络。
- 数据也是图。

1. 网络

考虑到图的定义（一组节点通过边彼此连接）和上一节中的桥示例，我们可以轻松地想象一下如何将各种网络视为图，包括：

- 道路网络。
- 计算机网络。
- 社交网络。

1）道路网络

道路网络（路网）是图的完美示例。在这样的网络中，节点就是道路的交叉口，边则是道路本身，如图 1-3 所示。

图 1-3 显示了纽约市中央公园周围的道路网络，其中的街道就是边（以红色线条表示），它连接了各个交叉路口（以绿色圆圈表示）。

在拥有了这样的道路网络之后，可以通过图分析来回答如下问题：

- 两点（节点）之间的最短路径是什么？
- 最短的路径有多长？
- 有替代路线吗？
- 如何在最短的时间内访问列表中的所有节点？

对于快递员来说，最后一个问题对于包裹的交付尤为重要，因为这样可以最大限度地减少行驶里程，从而最大限度地交付包裹并满足客户需求。

在第 4 章“Graph Data Science 库和路径查找”中将对此主题进行更详细的介绍。

2）计算机网络

在计算机网络中，每台计算机/路由器都是一个节点，它们之间的电缆则是边。图 1-4 说明了用于计算机网络的某些可能的拓扑。该图片的网址如下：

https://commons.wikimedia.org/wiki/File:NetworkTopologies.svg

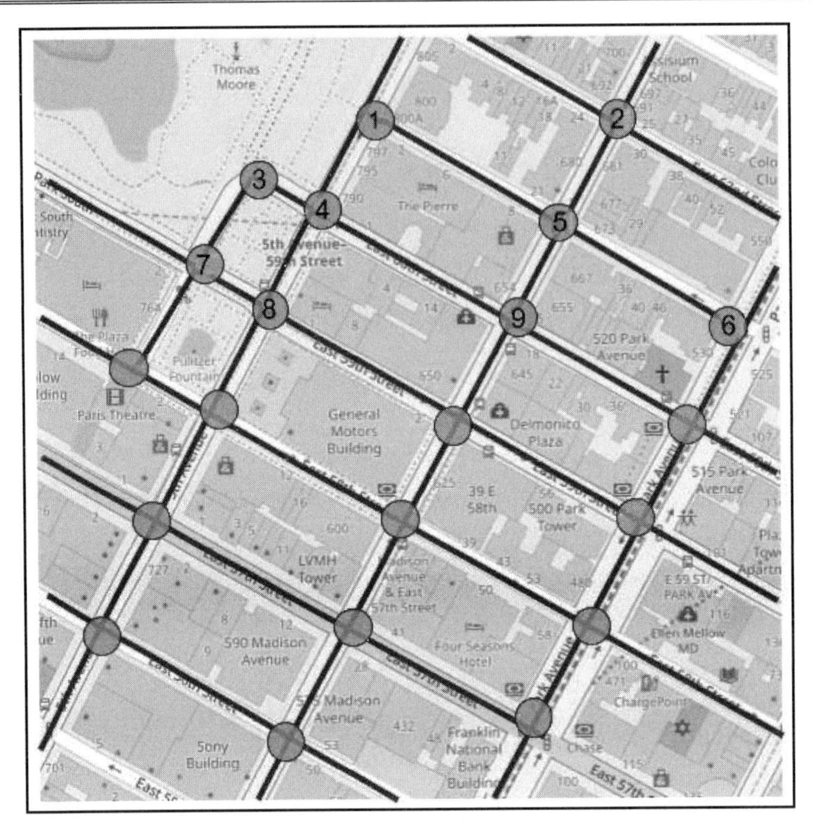

图 1-3

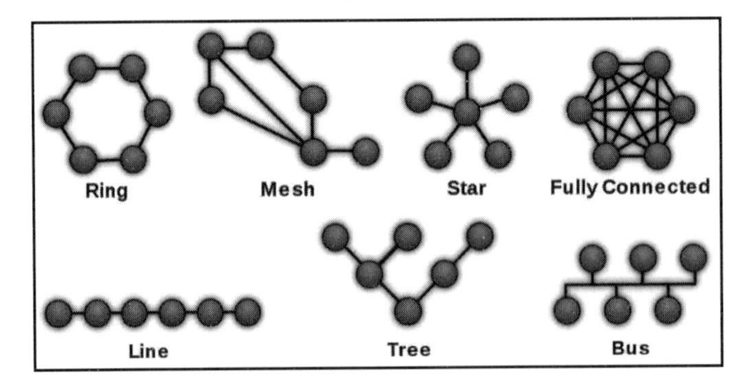

图 1-4

原　　文	译　　文
Ring	环型
Mesh	网状

续表

原　　文	译　　文
Star	星型
Fully Connected	全连接
Line	线型
Tree	树型
Bus	总线型

现在，你可以使用第 1.1.1 节“图论”中列出的图的数学定义绘制线。图的结构有助于回答一些你可能会问自己的有关网络的常见问题：

- 信息从 A 传输到 B 的速度有多快？这听起来像是最短路径的问题。
- 哪个节点是最关键的一个？这里说的“最关键”的意思是，如果该节点由于某种原因无法正常工作，则整个网络都将受到影响。并非所有节点对网络都有相同的影响。这也是中心性算法（Centrality Algorithm）发挥作用的地方（请参见第 6 章“节点重要性”）。

3）社交网络

Facebook、LinkedIn 和很多社交网络都使用图来对其用户和交互进行建模。在社交图的最基本示例中，节点代表人（用户），而边则代表用户与用户之间的好友或亲情关系，如图 1-5 所示。

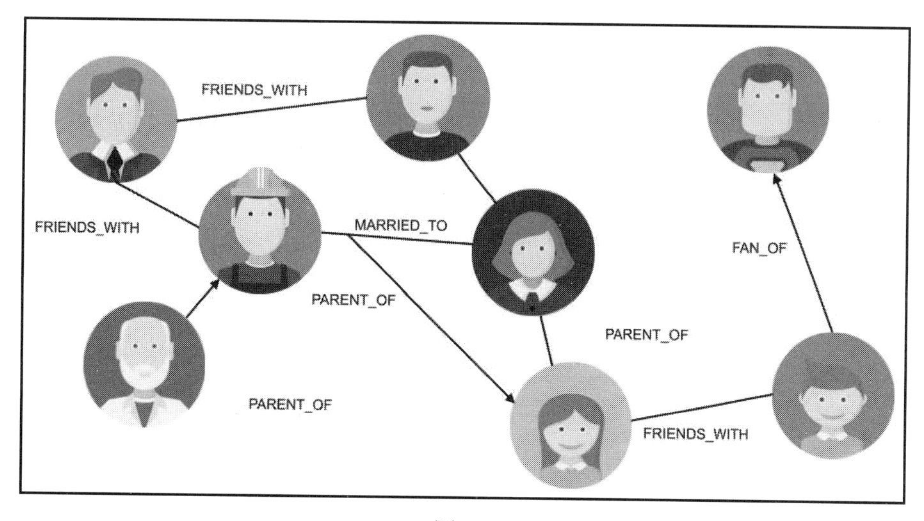

图 1-5

在这里，图使我们可以从不同的角度查看数据。例如，当我们在 LinkedIn 上查看某人的个人资料时，可以看到如图 1-6 所示信息。

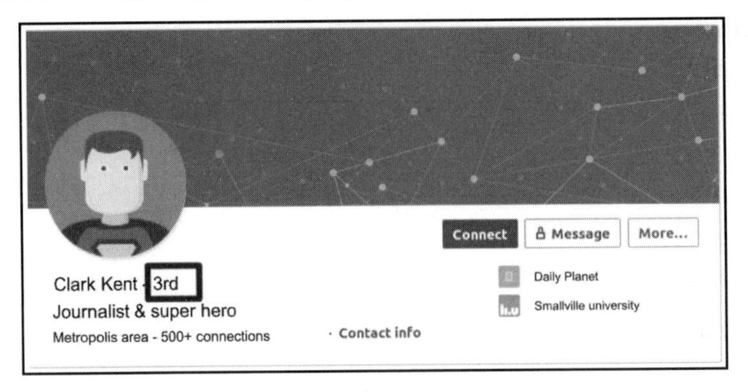

图 1-6

在图 1-6 中，可以看到已连接的用户（我）与 Clark Kent 之间的连接度为 3rd，这表示我们之间仅有两个连接的距离。换句话说，用户网络中的某个人已经连接到与 Clark Kent 有联系的人。图 1-7 以分离度（Degrees of Separation）更清楚地说明了这一点。

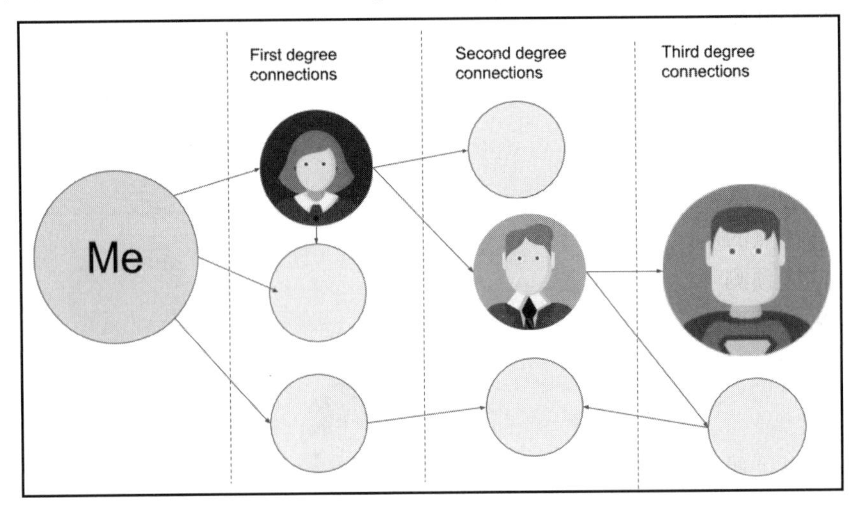

图 1-7

原　　文	译　　文
Me	我
First degree connections	第一度连接
Second degree connections	第二度连接
Third degree connections	第三度连接

你可能已经听说过六度分离（Six Degree of Separation）理论。这是 1929 年匈牙利记

者 Frigyes Karinthy 提出的一种理论，根据该理论，生活在这个世界上的每个人平均只需要通过 5 个中间人就能与全世界任何一个人建立联系。换句话说，如果你想与某个人（假设这个人是巴拉克·奥巴马）交谈，你的朋友甲说，他有一个朋友是乙，而乙有一个朋友是丙，丙有一个朋友丁……他认识巴拉克·奥巴马并可以向你介绍他。按照 Karinthy 的理论，此连接链可以限制在 6 个连接之内，即总共 7 个人，包括你和巴拉克·奥巴马。

鉴于地球上的人口数量已经超过 70 亿，所以这真的是一个令人惊讶的小数目！利用当今可用的大型数据库（如来自 Facebook 的好友关系或来自 Microsoft 的电子邮件交流），研究人员试图证明上述说法。例如，从 Microsoft 电子邮件数据库中可以看出，2008 年，1800 亿不同的人对之间的平均分离度约为 6.6。但是，这只是一个平均值，在该数据集上，连接两个人的跳数可能高达 29。

可以对社交图执行许多如下类型的分析。

- 节点重要性（Node Importance）：了解哪些节点（人员）最重要可能非常有用。但是，此处“重要性”的定义与计算机网络有很大的不同，因为在某些拓扑形态的计算机网络中，某个节点出现问题可能会导致整个网络堵塞；而在社交网络中，任何一个人离线都基本上不会对网络造成太大的影响。当然，网络红人（或营销专家）会对于自己的社交影响力特别感兴趣。
- 社区检测（Community Detection）：也称为聚类或集群（Clustering），是一种找到具有某些特征的节点组的方法。例如，寻找具有相同兴趣的用户或访问相同地点的用户，以向他们推荐产品。
- 链接预测（Link Prediction）：有了图之后，你可以考虑创建智能模型来预测将来是否可能连接两个实体。推荐引擎（Recommendation Engine）是这种工具的一种可能的应用。

注意：

可以在以下网址找到有关 Facebook 图的更多信息。

https://developers.facebook.com/docs/graph-api

如前文所述，各种网络都非常适合图数据库。但是，我们还可以超越这种观点，将各种数据都想象成图，这将打开许多新的视角。

2. 数据也是图

你可能已经注意到，在图 1-5 所示的社交图中，边是有名称的。确实，有些人是朋友或粉丝，而另一些人则有父子关系、夫妻关系等。现在，假设我们可以有任何类型的关系，这意味着我们可以连接不同类型的实体。例如，某人居住在特定国家或地区，因此他以 LIVES_IN 类型的关系与该国家或地区建立了联系。你能明白这一点吗？通过这种推理，世界本身就是一个图，而你的业务也是其中的一部分。

图是描述关系的，而世界又是普遍联系的，这意味着到处都有关系。在第 3 章“使用纯 Cypher”中对此展开了更详细的讨论。

图数据库允许你按以下方式对数据进行建模，即通过某种类型的关系将节点连接在一起。

接下来让我们看看如何将关系数据库中存储的数据迁移到图数据库。

1.2　从 SQL 迁移到图数据库

在详细介绍 Neo4j 之前，让我们先看一下现有的数据库模型。然后再重点讨论最著名的关系模型，并学习如何从 SQL 迁移到图数据库模型。

1.2.1　数据库模型

以水为例，根据最终目标，我们会使用不同容器。例如，如果你想喝水，可能会使用一个杯子，但是如果你想洗澡，则可能会选择木桶。在不同情况下，容器的选择也会有所不同。对于数据来说，问题也是类似的：没有合适的容器，我们什么也干不了。

我们需要根据不同的情况选择合适的容器，这不仅有助于存储数据，也有助于解决我们遇到的问题。数据的容器是数据库。

详细列出目前市场上可用的数据库类型超出了本书的范围。当然，我们有必要列举一些最流行的数据库，以便你可以理解图数据库在全局中的位置。

- 关系数据库（Relational Database）：这是迄今为止最知名的数据库类型。包括 SQLite、MySQL 和 PostgreSQL 等，它们使用一种称为结构化查询语言（Structured Query Language，SQL）的通用查询语言，不同实现之间存在一些差异。它们的构建非常完善，并实现了数据的清晰结构。但是，当数据增长时，它们也会遇到性能问题，而且令人惊讶的是，它们并不能很好地管理复杂的关系，因为这些关系需要在表之间进行许多连接。
- 面向文档的数据库（Document-Oriented Database）：面向文档的数据库是 NoSQL（这是 Not only SQL 的简写）时代的一部分，在最近几年中，人们对 NoSQL 数据库的兴趣日益浓厚。

与关系数据库相反，NoSQL 可以管理灵活的数据模型，并且以对大量数据进行更好的扩展而闻名。NoSQL 数据库的著名示例包括 MongoDB 和 Cassandra，而且在市场上还能找到更多此类数据库。

- 键值存储（Key-Value Stores）：Redis、RocksDB 和 Amazon DynamoDB 是键值数据库的示例。它们非常简单，并且处理速度非常快，但并不适合存储复杂数据。

图 1-8 显示了不同类型的数据库。

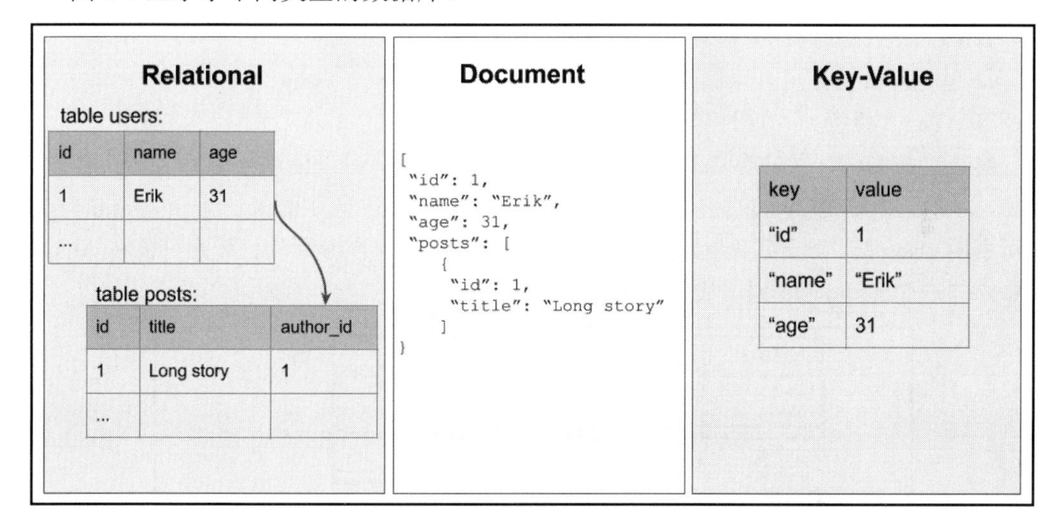

图 1-8

原　　文	译　　文
Relational	关系数据库
Document	面向文档的数据库
Key-Value	键值存储数据库

图数据库在关系方面非常简单易用、灵活且性能高，Neo4j 就是一个流行的图数据库，而且它是开源的。

1.2.2　SQL 和连接

现在让我们简单了解一下关系数据库。假设我们要创建一个问答网站（类似 Stack Overflow 之类的网站），要求如下：

- 用户应该可以登录。

- 登录后，用户可以发布问题。
- 用户可以发布现有问题的答案。
- 问题需要有标签，以更好地识别哪个问题与哪个用户相关。

作为习惯了使用 SQL 的开发人员或数据科学家，我们自然会从考虑表的问题开始。我应该创建哪些表来存储数据？一般来说，我们会先寻找似乎是业务核心的实体。在此类问答网站中，可以找到以下实体：

- User（用户），该实体应具有以下属性：id、name、email 和 password。
- Question（问题），属性包括：id、title 和 text。
- Answer（答案），属性包括：id、text。
- Tag（标签），属性包括：id、text。

对于这些实体，现在需要在它们之间创建关系。为此，可以使用外键（Foreign Key）。例如，问题已由给定的用户提出，因此我们只需在 Question 表中添加一个新列 author_id，即可引用 User 表。对于答案也是一样，它们是由给定的用户编写的，因此只需在 Answer 表中添加一个 author_id 列，如图 1-9 所示。

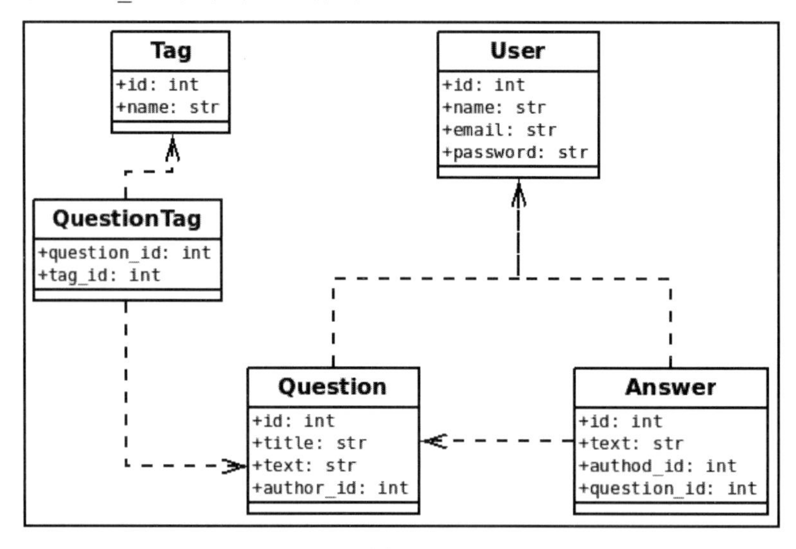

图 1-9

对于标签来说，这会变得稍微复杂一些，因为一个问题可以有多个标签，而一个标签可以分配给许多问题。这样就形成了多对多关系类型，处理时需要添加一个连接（Join）表，该表就是用来记住这种关系的表。图 1-9 中的 QuestionTag 表就是这种情况，它只包含标签和问题之间的关系。

1.2.3　关系关乎一切

图 1-9 中的示例对你来说可能很容易理解，因为你已经听过有关 SQL 的讲座或学习过有关教程，并且在日常工作中经常使用它。但是，当你第一次遇到问题并必须创建一个可以解决问题的数据模型时，你可能会绘制出如图 1-10 所示的内容，对吗？

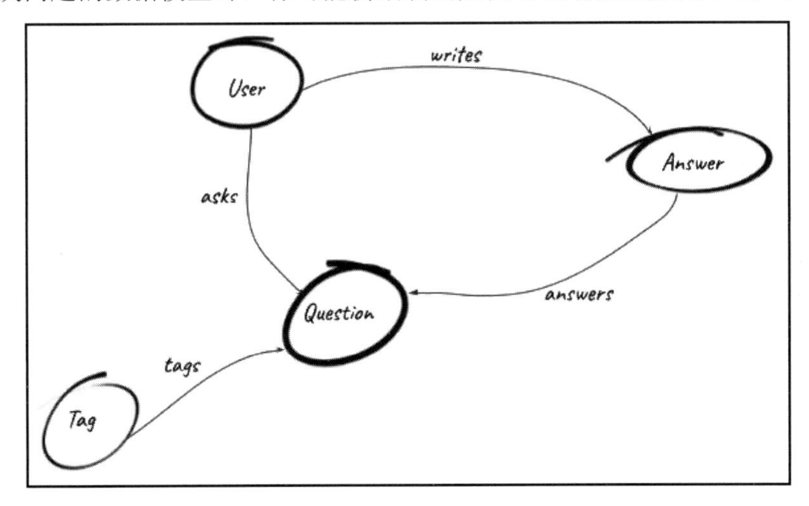

图 1-10

这个图其实就是图数据库的功能之一。

Neo4j 作为一个图数据库，允许你创建顶点或节点（图 1-10 中有 4 个节点），以及连接它们的关系。

接下来，我们将介绍 Neo4j 生态系统中的不同实体如何相互关联，以及如何在图中构建数据。

提示：

我们将以图 1-10 中的模型作为数据模型示例。

1.3　关于 Neo4j

Neo4j 是基于 Java 的高可扩展性的图数据库，其代码可在以下 GitHub 存储库获得：

```
github.com/neo4j/neo4j
```

接下来，我们将介绍 Neo4j 的构建块和主要用例，还介绍了一些它不擅长处理的用例，毕竟，没有任何系统是完美的。

1.3.1　构建块

如前文所述，诸如Neo4j之类的图数据库至少由以下两个基本构建块（Building Block）组成：

- 节点数。
- 节点之间的关系。

图 1-11 显示了这两个构建块的示意图。

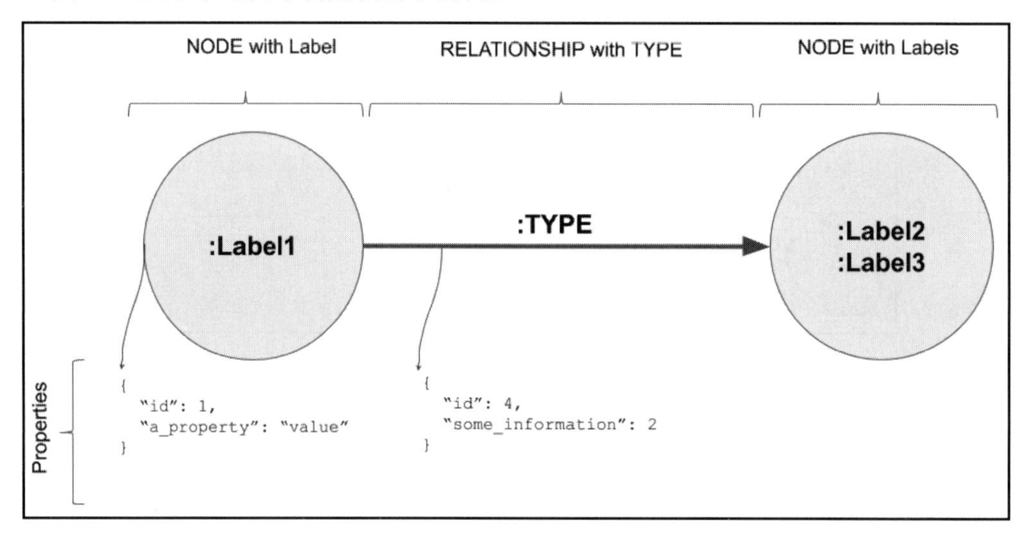

图 1-11

原　　文	译　　文
Properties	属性
NODE with Label	包含标签的节点
RELATIONSHIP with TYPE	包含类型的关系

提示：

与 SQL 不同的是，Neo4j 不需要固定的和预先确定的模式，可以根据需要添加节点和关系。

接下来，我们将详细解释：

- 节点。
- 关系。
- 属性。

1. 节点

在 Neo4j 中，图的顶点称为节点（Node）。节点可以具有不同的类型，例如图 1-10 中的 Question 和 Answer。为了区分这些实体，节点可以包含标签（Label）。如果我们继续使用 SQL 做对比，则具有给定标签的所有节点都将在同一个表中。但是类比到这里就结束了，因为节点可以具有多重标签（Multiple Label）。例如，Clark Kent 是一名记者，但他还是一个超人。这样，代表此人的节点就具有两个标签：Journalist 和 SuperHero。

标签定义了节点所属的实体的类型。存储该实体的特征也很重要。在 Neo4j 中，这是通过将属性（Properties）附加到节点来完成的。

2. 关系

像节点一样，关系可以携带不同的信息片段。两个人之间的关系可以是 MARRIED_TO 或 FRIEND_WITH 类型，也可以是许多其他类型的关系。这就是 Neo4j 的关系必须有且仅有一种类型的原因。

Neo4j 的主要功能之一是关系也具有属性。例如，当在两个人之间添加关系 MARRIED_TO 时，就可以添加结婚日期、地点，以及他们是否有签署婚前协议等作为关系的属性。

3. 属性

属性保存为键-值对（Key-Value Pair），其中，键是捕获属性名称的字符串。每个值可以是以下任何一种类型。

- 数字：Integer 或 Float。
- 文本：String。
- 布尔值：Boolean。
- 时间属性：Date、Time、DateTime、LocalTime、LocalDateTime 或 Duration。
- 空间：Point。

在内部，属性保存为 LinkedList，每个元素包含一个键-值对。节点或关系将链接到其属性列表的第一个元素。

注意：

命名约定：节点标签以大驼峰式命名法（UpperCamelCase）编写，而关系名称则使用全部大写（UPPER_CASE）形式编写，单词之间用下画线分隔。属性名称通常使用小驼峰式命名法（lowerCamelCase）约定。

1.3.2 从 SQL 到 Neo4j 的转换

表 1-1 列出了一些指南，可以使你轻松地从关系模型转换为图模型。

表 1-1　从 SQL 到 Neo4j 的转换

SQL 世界	Neo4j 世界
表	节点标签
行	节点
列	节点属性
外键	关系
连接表	关系
空值	在属性内部不存储空值。包含空值的属性将被忽略

可以将上述指导原则应用于之前问答网站表的示意图中的 SQL 模型，在前面的简单问答网站示例中，建立了以白板模型显示的图模型。完整的图模型可以如图 1-12 所示。

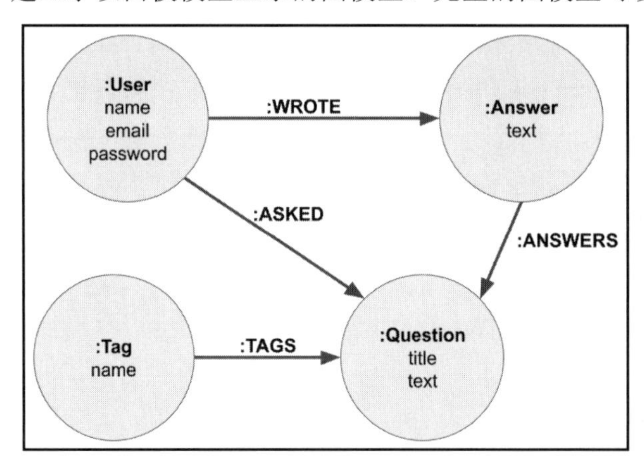

图 1-12

提示：

可以使用在线工具 Arrows，该工具使你能够绘制图的示意图并将其导出到 Neo4j 查询语言 Cypher。其网址如下：

http://www.apcjones.com/arrows

1.3.3　Neo4j 用例

与其他任何工具一样，Neo4j 在某些情况下非常好，但在另外一些情况下却不太适合。其基本原因是：Neo4j 为图的遍历提供了惊人的性能。所有需要从一个节点跳到另一个节点的速度都非常快。

另外，如果要执行以下操作，则 Neo4j 可能不是最佳工具：

- 执行完整的数据库扫描，回答"这是什么？"的问题。
- 执行全表聚合。
- 存储大型文档：键值属性列表应保持较小（假设不超过 10 个属性）。

在 Neo4j 这些表现不佳的方面，可以通过适当的图模型来解决。例如，不再将所有信息另存为节点属性，而是将其中的某些信息移动到与它们有关系的另一个节点？根据你感兴趣的请求类型，最适合你的应用程序的图模式可能会有所不同。在详细介绍图的建模之前，我们需要先讨论一下不同类型的图属性。

1.4　理解图属性

根据节点之间连接的属性（Property），图可以划分为若干个分类。在将数据建模为图时，这些分类的考量非常重要。如果要在其上运行算法，则分类的考量尤其重要，因为在某些情况下，算法的行为可能会改变并产生意外的结果。

现在让我们通过示例来了解其中一些属性。

1.4.1　有向图与无向图

到目前为止，我们仅将图视为一组连接的节点。这些连接可能有所不同，具体取决于你是要从节点 A 到节点 B 还是要从节点 B 到节点 A。

例如，有些车道是单行道，只能朝一个方向行驶。或者你在微博上关注了某个人（你与该用户之间存在"关注"关系）并不意味着该用户也关注了你。这就是为什么有些关系有向（Directed）的原因。

另外，婚姻关系是无向（Undirected）的，如果 A 与 B 有婚姻关系，则 B 当然也与 A 有婚姻关系。图 1-13 显示了有向与无向关系的示意图。

在图 1-13 右侧的有向图中，不允许出现从 B 到 A 以及从 B 到 C 的过渡。

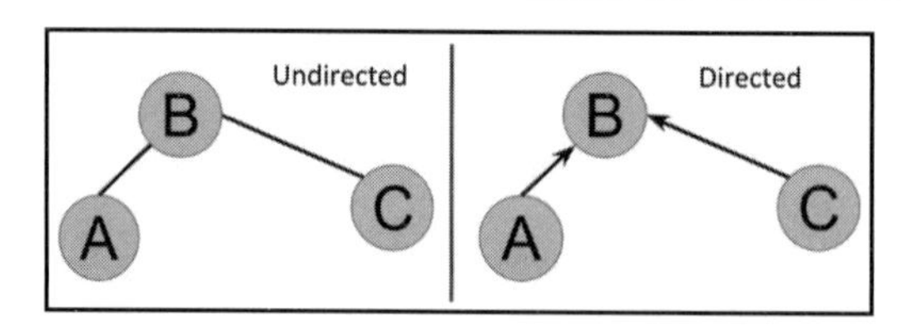

图 1-13

原　　文	译　　文
Undirected	无向图
Directed	有向图

注意：

在 Neo4j 中，所有关系都是有向的。但是，Cypher 允许你考虑或不考虑此方向。在第 2 章“Cypher 查询语言”中对此有更详细地说明。

1.4.2　加权图与无权图

关系不仅可以指示方向，还可以承载更多信息。例如，在道路网络中，并非所有街道在路由系统中都具有相同的重要性。它们在高峰时段的长度或占用率都不同，这意味着从一条街道到另一条街道的通行时间将有很大的不同。使用图对这一事实进行建模的方法是为每条边分配权重（Weight）。

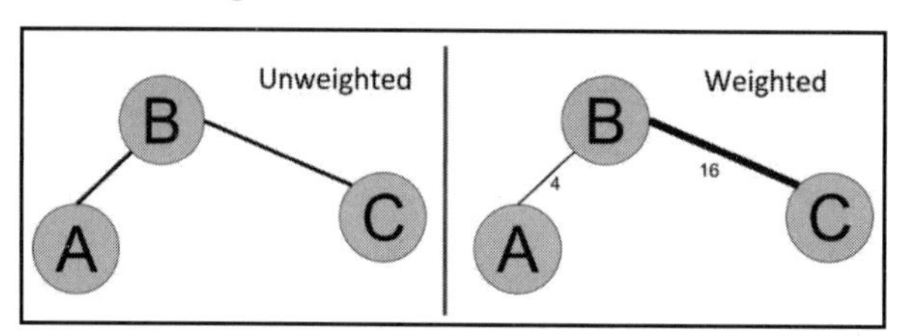

图 1-14

原　　文	译　　文
Unweighted	无权图
Weighted	加权图

在图 1-14 右侧的加权图中，关系具有权重 16 和 4。

最短路径算法之类的算法会考虑此权重，以计算最短加权路径（Shortest Weighted Path）。

这不仅仅对于道路网络很重要。在计算机网络中，就连接速度而言，单元之间的距离也可能具有其自身的重要性。在社交网络中，距离通常不是量化关系强度的最重要属性，但是我们可以考虑其他指标。例如，这两个人连接了多长时间？或者用户 A 上次对用户 B 的帖子做出反应是什么时候？

注意：

权重可以表示与两个节点之间的关系有关的任何事物（如距离、时间）或与字段有关的度量指标（例如分子中两个原子之间的相互作用强度）。

1.4.3　有环图与无环图

环（Cycle）就是一个循环。如果你可以找到从某个节点开始并返回到该相同节点的至少一条路径，则该图就是有环图。

可以想象，了解图中循环的存在很重要，因为如果不注意的话，回路会在图的遍历算法中创建无限循环。图 1-15 显示了无环图与有环图。

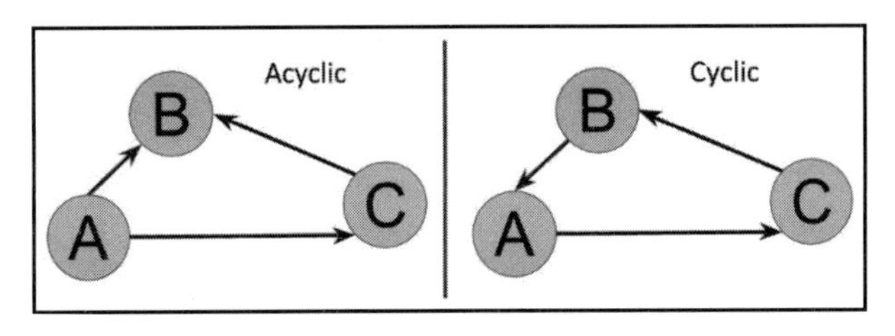

图 1-15

原　文	译　文
Acyclic	无环图
Cyclic	有环图

注意：

所有这些属性都不是排他性的，可以合并。特别是，我们可以使用有向无环图（Directed Acyclic Graph，DAG），通常情况下表现良好。

1.4.4　稀疏图与稠密图

图密度（Density）是另一个要牢记的重要属性。它与每个节点的平均连接数有关。在图 1-16 中，左图 4 个节点仅具有 3 个连接，而右图的节点数量相同，但是有 6 个连接，这意味着后者比前者更稠密。

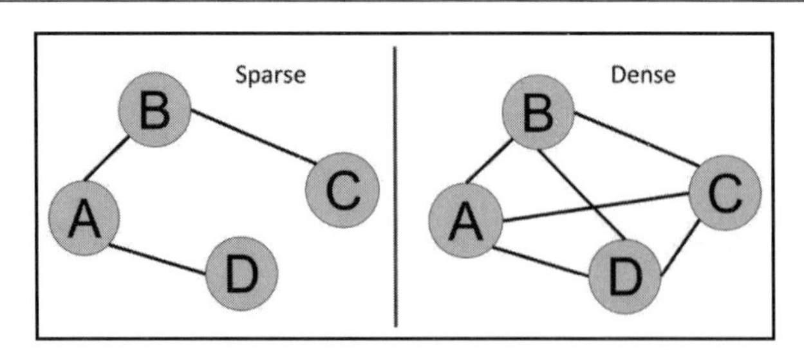

图 1-16

原　　文	译　　文
Sparse	稀疏图
Dense	稠密图

接下来，我们将解释以下与图密度相关的概念：图遍历。

为什么要担心密度呢？重要的是要认识到，图数据库中的所有内容都与图遍历（Graph Traversal）有关。所谓图遍历，就是跟随一条边从一个节点跳到另一个节点。对于非常稠密的图来说，这可能会变得非常耗时，尤其是在以广度优先的方式遍历图时。图 1-17 显示了将广度优先搜索（Breadth-First Search）与深度优先搜索（Depth-First Search）进行比较的图遍历。

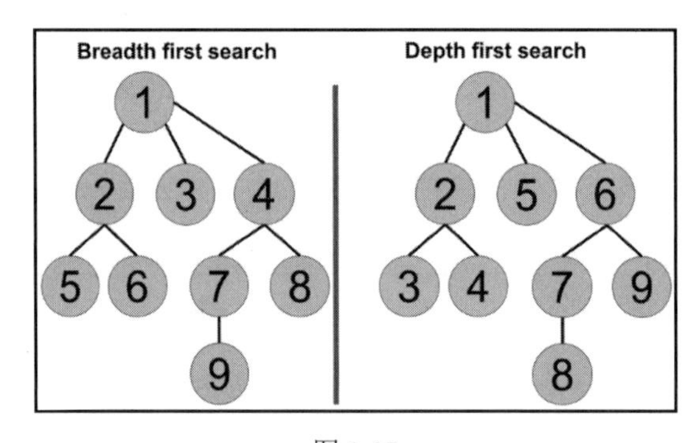

图 1-17

原　　文	译　　文
Breadth first search	广度优先搜索
Depth first search	深度优先搜索

1.4.5　连通图与断开图

图的最后一个属性是图的连通性概念。在图 1-18 左侧可以看到，无论考虑哪个顶点对，总是可以从一个顶点移动到另一个顶点，这样的图就可以称为连通图（Connected Graph）。在图 1-18 右侧，可以看到节点 D 是隔离的——例如，没有办法从 D 到 A。这样的图就是断开图（Disconnected Graph），我们甚至可以说它具有两个组件（Component）。在第 7 章“社区检测和相似性度量”中将详细分析这种结构。

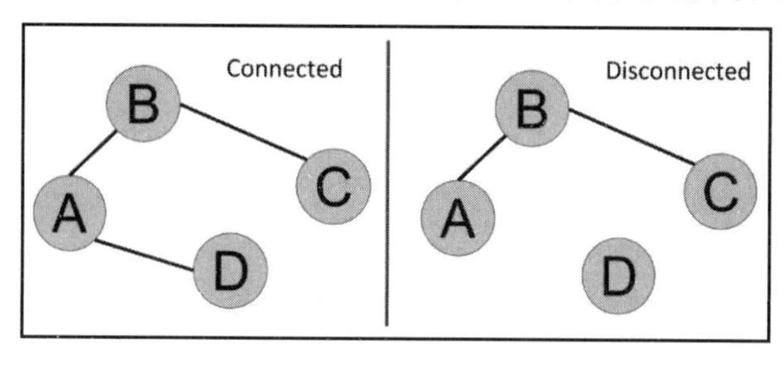

图 1-18

原　　文	译　　文
Connected	连通图
Disconnected	断开图

以上并不是图属性的详尽列表，但它们是我们在图数据库中必须了解的主要属性。在为数据创建白板图模型时，其中一些属性非常重要，1.5 节将对此展开详细讨论。

1.5　在 Neo4j 中对图进行建模的注意事项

在前面的问答网站示例中，我们使用的白板模型是解决建模问题的第一种方法。根据你希望应用程序回答的问题的种类，其模式也可能会大不相同。

提示：

根据经验，我们将节点视为实体或对象，而将关系视为建立连接。

1.5.1　关系取向

如前文所述，在 Neo4j 中，所有关系都是有向的。但是，使用 Cypher，我们可以构建与方向无关的查询（请参见第 2 章“Cypher 查询语言”）。

在与方向无关的情况下，关系是强制性双射（Bijective）的，但不应在数据库中存储两次，而应该仅在一个方向上创建好友关系，如图 1-19 所示。

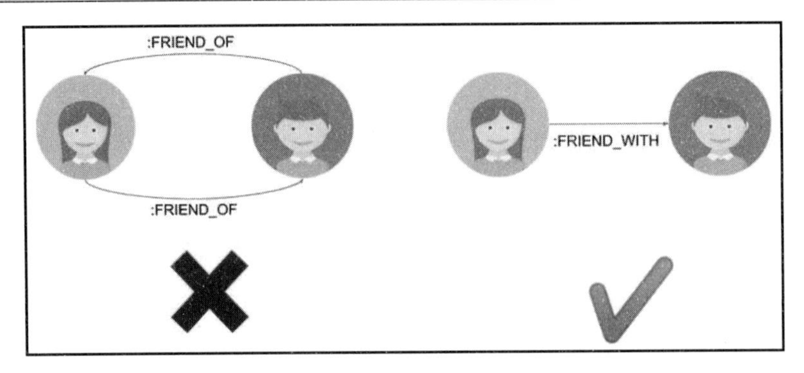

图 1-19

1.5.2　节点和属性的区别

在对图进行建模选择的早期，经常出现的另一个问题是，（分类）特征是否应存储为节点的属性，或者它本身是否就应该作为一个节点。

节点具有以下特点：

- 显式：节点出现在图模式（Schema）中，这使得它们比属性更具可见性。
- 性能：如果要找到共享相同特征的节点，那么使用节点比过滤属性要快得多。
- 更简单：属性有一个值，但它不是复杂的节点和关系结构。如果不需要对属性进行特殊分析，而只希望在处理它所属的节点时可以使用它，那么将它设置为属性即可。
- 可索引（Indexable）：Neo4j 支持对属性的索引。它用于查找图遍历中的第一个节点，并且非常有效（有关更多详细信息，请参见第 2 章“Cypher 查询语言”）。

实际上，对于这个问题没有通用答案，解决方案取决于具体情况。通常建议列出它们，并尝试编写和测试关联的查询，以确保不会落入 Neo4j 的陷阱。

有关图建模的更多信息和更多示例，建议阅读 *Neo4j Graph Data Modeling*（Neo4j 图数据建模）。有关该书的详细信息，参见第 1.7 节“延伸阅读”。

1.6　小　　结

本章讨论了图的数学定义，以及它与图数据库的关系。我们还介绍了一个图数据库的特定实例：Neo4j。我们介绍了它的构建块：带标签和属性的节点，以及必须包含类型的关系（可以带一些可选属性）。

本章还提供了一些重要的解释，包括图的不同类型（加权图、有向图、有环图、稠密图和连通图），以及如何定义最适合给定用例的数据模型。

在第 2 章中，我们将研究 Neo4j 使用的查询语言 Cypher，以及如何馈入数据库并从中检索数据。

1.7 延伸阅读

- 如果你想了解有关图论背后数学知识的更多信息，可阅读由 J.A. Bondy 和 U.S.R. Murty 合著的 *Graph Theory with Applications*（《图论及其应用》）（Elsevier 出版社，1976 年），其第一版可在网上免费获得，网址如下：

  https://www.freetechbooks.com/graph-theory-with-applications-t559

- 有关为图数据选择适当模式的更多信息，可阅读由 M.Lal 编写的 *Neo4j Graph Data Modeling*（《Neo4j 图数据建模》），Packt 出版社出版。
- 以下参考资料提供了有关分离度的更多信息：
  - 关于 Microsoft 研究的论文：
    Jure Leskovec 和 Eric Horvitz 的 *Planetary-Scale Views on an Instant-Messaging Network*（《即时消息网络上的行星比例观点》）。
  - Facebook 研究博客文章：

    https://research.fb.com/blog/2016/02/three-and-a-half-degrees-of-separation/

第 2 章　Cypher 查询语言

Cypher 是用于与 Neo4j 进行交互的语言。它最初由 Neo4j 为 Neo4j 图数据库创建，现已开源为 openCypher，也已被其他图数据库引擎（如 RedisGraph）使用。它还是图查询语言（Graph Query Language，GQL）协会的一部分。GQL 的目标是建立一种通用的图数据库查询语言，就像 SQL 对于关系数据库的意义一样。

无论如何，由于图数据库直观的特性，通过 Cypher 理解如何查询图数据库是一个很好的起点，我们可以通过查询来快速识别节点和关系。

本章将介绍有关 Cypher 的基础知识，包括：增删改查（CRUD）方法，以各种格式批量导入数据，以及通过模式匹配从图中准确提取所需的数据等。

本章还将介绍 Awesome Procedures On Cypher（APOC），该插件是 Cypher 的扩展，引入了强大的数据导入方法以及更多功能。

我们还将讨论更高级的工具，如 Cypher 查询计划器。这有助于理解查询的不同步骤，以及如何调整查询以加快执行速度。

最后，我们还将使用 Facebook 风格的社交图来讨论 Neo4j 和 Cypher 的性能。

本章将包括以下主题：

- 创建节点和关系。
- 更新和删除节点与关系。
- 使用聚合函数。
- 从 CSV 或 JSON 导入数据。
- 评估性能并调整查询速度。

2.1 技术要求

本章所需的技术和安装如下：

- Neo4j 3.5。
- Neo4j Desktop 1.2。
- APOC 插件安装说明：

  https://neo4j.com/docs/labs/apoc/current/introduction/

建议直接通过 Neo4j Desktop 进行安装，这是最简单的方法（版本为 3.5.0.3 或更高版本）。

- ❑ Neo4j Python 驱动程序（可选）安装命令：

```
pip install neo4j
```

- ❑ 本章使用的数据文件网址如下：

https://github.com/PacktPublishing/Hands-On-Graph-Analytics-with-Neo4j/tree/master/ch2

2.2　创建节点和关系

与其他用于图数据库的查询语言（如 Gremlin 或 AQL）不同，Cypher 的语法类似 SQL，旨在简化已经习惯了结构化查询语言的开发人员和数据科学家的学习过渡。

如果你对 Gremlin 感兴趣，可访问以下链接：

https://tinkerpop.apache.org/gremlin.html

AQL 是 ArangoDB 查询语言。

注意：

像 Neo4j 世界中的许多工具一样，Cypher（赛弗）的名字来自 1999 年发行的电影 *The Matrix*（黑客帝国），在该片中，他是一个叛徒。Neo（尼奥）是主角，而 Apoc 也是这部电影中的一个角色。

本节将讨论以下内容：

- ❑ 使用 Neo4j Desktop 管理数据库。
- ❑ 创建节点。
- ❑ 选择节点。
- ❑ 创建关系。
- ❑ 选择关系。
- ❑ MERGE 关键字。

2.2.1　使用 Neo4j Desktop 管理数据库

假定你已经具有初步使用 Neo4j Desktop 的经验。这是一个管理 Neo4j 图、已安装的插件和应用程序的非常简单的工具。建议你为本书创建一个新项目，因为本书将会创建多个数据库。在图 2-1 中，我们创建了一个名为 Hands-On-Graph-Analytics-with-Neo4j 的项目，其中包含两个数据库：Test graph 和 USA。

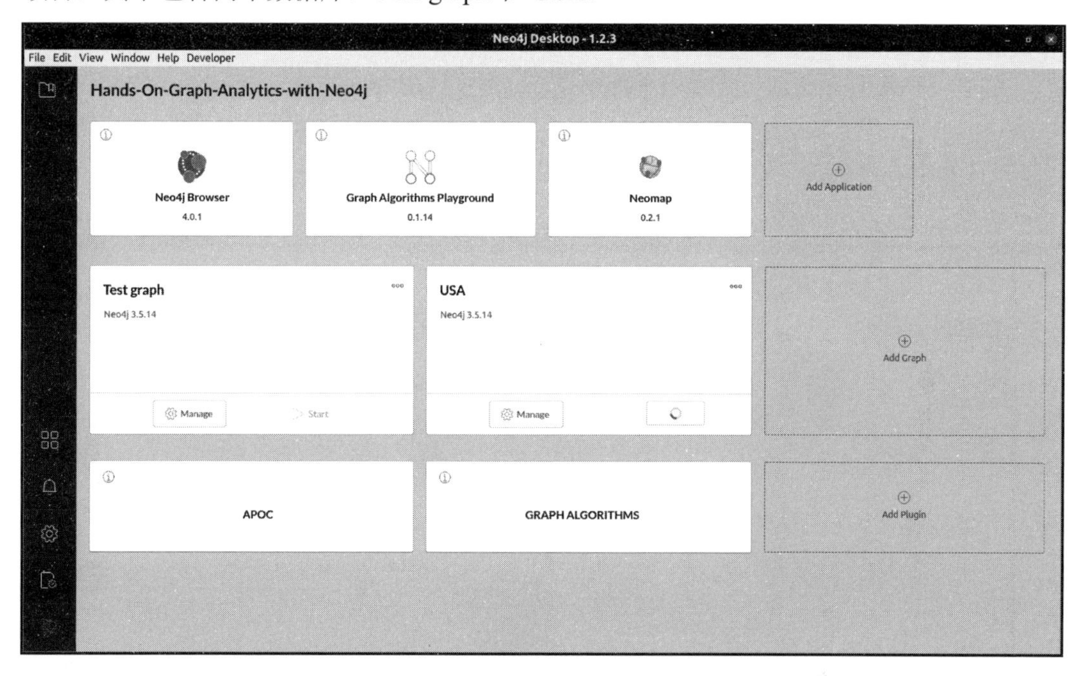

图 2-1

在本书中，我们将使用 Neo4j 浏览器，它是 Neo4j Desktop 默认安装的应用程序。在此应用程序中，可以编写和执行 Cypher 查询，还可以按不同的格式可视化结果，包括可视图、JSON 或表格数据。

2.2.2　创建节点

创建节点的最简单指令如下：

```
CREATE ()
```

它将创建一个没有标签或关系的节点。

提示：

我们可以识别()模式，它用于识别 Cypher 中的节点。每次需要一个节点时，都必须使用括号。

我们可以在此语句之后使用简单的 MATCH 查询来检查数据库的内容，该查询将返回图的所有节点：

```
MATCH (n)
RETURN n
```

这里，我们选择的是节点（由于使用了()），并且还为这些节点指定了一个名称，即别名：n。由于有了这个别名，我们可以在查询的后半部分中引用这些节点，这里仅使用了 RETURN 语句。

图 2-2 显示了此查询的结果。

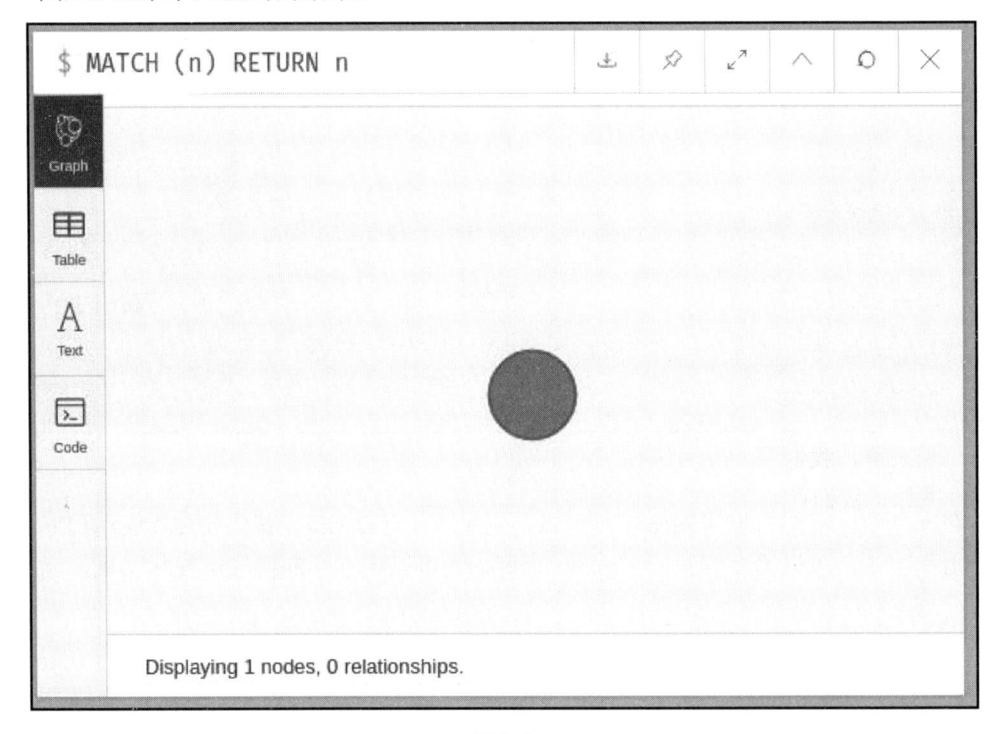

图 2-2

虽然看起来一切正常，但是，对于大多数用例而言，没有标签或属性的单个节点是不够的。如果要在创建节点时为节点分配一个标签，可使用以下语法：

```
CREATE (:Label)
```

现在可以在创建节点时创建属性：

```
CREATE (:Label {property1: "value", property2: 13})
```

接下来，我们将介绍如何修改现有节点：添加或删除标签，以及添加、更新或删除属性。

2.2.3 选择节点

前文已经讨论了以下简单查询，该查询选择了数据库内的所有节点：

```
MATCH (n)
RETURN n
```

提示：

如果你的数据库很大，那么此查询可能会使浏览器或应用程序崩溃。最好执行与 SQL 相同的操作，并添加 LIMIT 语句：

```
MATCH  (n)
RETURN  n
LIMIT  10
```

接下来，让我们尝试以下操作：

- 筛选数据。
- 返回属性。

1. 筛选数据

一般来说，我们不会想选择数据库的所有节点，而只需要选择那些符合某些条件的节点。例如，我们可能只想检索具有给定标签的节点。在这种情况下，可使用以下代码：

```
MATCH (n:Label)
RETURN n
```

或者，如果只想选择具有给定属性的节点，则可以使用以下命令：

```
MATCH (n {id: 1})
RETURN n
```

WHERE 语句对于筛选节点也很有用。与{}表示法相比，它实际上允许更复杂的比较。例如，我们可以使用不等式比较——大于（>）、小于（<）、大于或等于（>=）以及小于或等于（<=）语句，还可以使用 AND 和 OR 之类的布尔运算：

```
MATCH (n:Label)
WHERE n.property > 1 AND n.otherProperty <= 0.8
RETURN n
```

注意：

让人惊讶的是选择节点时，浏览器还会显示它们之间的关系，而我们并没有要求它这样做。这来自 Neo4j 浏览器中的设置，其默认行为是启用节点连接的可视化。可以通过取消选中 Connect result nodes（连接结果节点）复选框来禁用此功能。

2. 返回属性

到目前为止，我们已经返回了整个节点以及与之关联的所有属性。如果对于你的应用程序来说，你仅对匹配节点的某些属性感兴趣，则可以通过使用以下查询指定要返回的属性来减小结果集的大小：

```
MATCH (n)
RETURN n.property1, n.property2
```

使用这种语法，我们不再可以访问 Neo4j Browser 中的图输出，因为它无法访问节点对象，但是表的输出则要简单得多。

2.2.4　创建关系

为了创建关系，我们必须将关系的开始和结束节点告诉 Neo4j，这意味着在创建关系时节点必须已经在数据库中。有两种可能的解决方案：

- 一次性创建节点及其之间的关系：

```
CREATE (n:Label {id: 1})
CREATE (m:Label {id: 2})
CREATE (n)-[:RELATED_TO]->(m)
```

- 创建节点（如果节点尚不存在的话）：

```
CREATE (:Label {id: 3})
CREATE (:Label {id: 4})
```

在创建节点之后再创建关系。在这种情况下，由于关系是在另一个查询（另一个名称空间）中创建的，因此需要首先匹配感兴趣的节点：

```
MATCH (a {id: 3})
MATCH (b {id: 4})
CREATE (a)-[:RELATED_TO]->(b)
```

提示：

节点用圆括号()标识，而关系用方括号[]表示。

如果在第一个查询之后检查图的内容，则结果如图 2-3 所示。

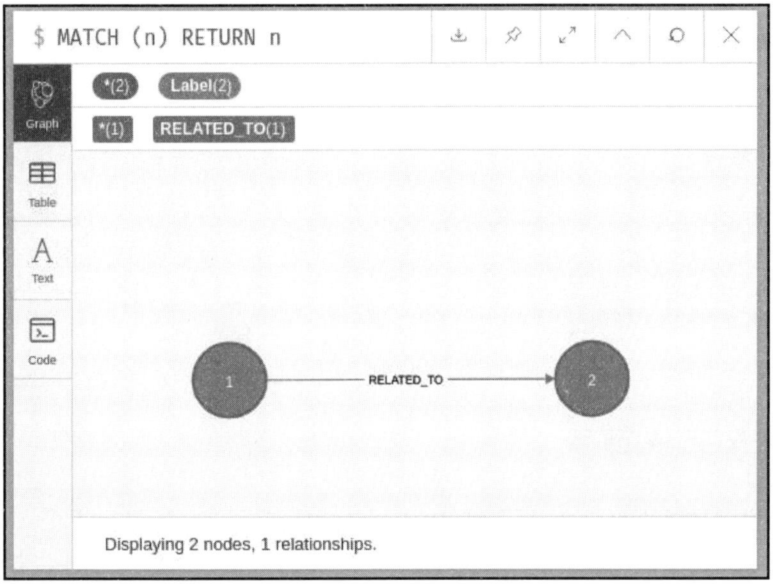

```
$ MATCH (n) RETURN n
```

*(2)　Label(2)

*(1)　RELATED_TO(1)

Displaying 2 nodes, 1 relationships.

图 2-3

值得一提的是，在创建节点时指定节点标签并不是强制性的，关系必须具有类型。以下查询是无效的：

```
CREATE (n)-[]->(m)
```

它会导致以下 Neo.ClientError.Statement.SyntaxError：

```
Exactly one relationship type must be specified for CREATE. Did you forget
to prefix your relationship type with a : (line 3, column 11 (offset: 60))?
```

2.2.5　选择关系

在选择关系时，可编写以下查询——这类似于为节点编写的查询，但使用的是方括号[]，而不是圆括号()：

```
MATCH [r]
RETURN r
```

但是此查询会导致错误。不能以与节点相同的方式来检索关系。如果要以简单的方式查看关系属性，则可以使用以下两种语法之一：

```
// 无筛选
MATCH ()-[r]-()
RETURN r

// 按关系类型筛选
MATCH ()-[r:REL_TYPE]-()
RETURN r

// 按关系属性筛选并返回其属性的子集
MATCH ()-[r]-()
WHERE r.property > 10
RETURN r.property
```

在第 2.4 节“模式匹配和数据检索”中将详细阐释其工作原理。

2.2.6　MERGE 关键字

Cypher 说明文档很好地描述了 MERGE 命令的行为：

“MERGE 既可以匹配现有节点并将其绑定，也可以创建新数据并将其绑定。就像 MATCH 和 CREATE 的组合一样，你还可以指定在匹配或创建数据时的操作。”

来看以下示例：

```
MERGE (n:Label {id: 1})
ON CREATE SET n.timestamp_created = timestamp()
ON MATCH SET n.timestamp_last_update = timestamp()
```

在上述语句中，尝试访问一个包含 Label 标签的节点，并且它还具有单个属性 id（id 的值为 1）。如果图中已经存在该节点，则将使用该节点执行后续操作。在这种情况下，该语句等效于 MATCH。但是，如果不存在带有标签 Label 且 id = 1 的节点，则将创建该节点，在这种情况下，它又等效于 CREATE 语句。

其他两个可选语句也很重要：

- 仅当在数据库中未找到节点且必须执行创建过程时，才会执行 ON CREATE SET。
- 仅当图中已经存在节点时，才会执行 ON MATCH SET。

在此示例中，我们使用这两个语句来记住节点创建的时间，以及在此类查询中最后一次看到该节点的时间。

现在，你已经可以创建节点和关系，并为其分配标签和属性。接下来，我们将介绍可以在这些对象上执行的其他 CRUD 操作：更新和删除。

2.3 更新和删除节点和关系

要让数据库足够实用，仅有能够创建对象的命令是不够的，它还需要可执行以下操作：

- 使用新信息更新现有对象。
- 删除不再相关的对象。
- 从数据库中读取数据。

本节将介绍前两项操作，第 2.4 节“模式匹配和数据检索”将介绍最后一项操作。

2.3.1 更新对象

Cypher 没有 UPDATE 关键字。要更新对象、节点或关系，可使用 SET 语句。

与“更新对象”相关的操作包括：

- 更新现有属性或创建新属性。
- 更新节点的所有属性。
- 更新节点标签。
- 删除节点属性。

1. 更新现有属性或创建新属性

如果要更新现有属性或添加新属性，可使用以下语句：

```
MATCH (n {id: 1})
SET n.name = "Node 1"
RETURN n
```

在上述语句中，RETURN 语句并不是强制性的，但它是一种确认查询是否顺利的方法，例如，可检查结果单元的 Table：

```
{
    "name": "Node 1",
    "id": 1
}
```

2. 更新节点的所有属性

如果要更新节点的所有属性，则有一个实用的快捷操作：

```
MATCH (n {id: 1})
SET n = {id: 1, name: "My name", age: 30, address: "Earth, Universe"}
RETURN n
```

这将生成以下结果：

```
{
    "name": "My name",
    "address": "Earth, Universe",
    "id": 1,
    "age": 30
}
```

在某些情况下，某些操作可能会很痛苦。例如，重复现有的属性以确保不删除 id。在这种情况下，+=语法是可行的方式：

```
MATCH (n {id: 1})
SET n += {gender: "F", name: "Another name"}
RETURN n
```

该操作是有效的，它可以添加 gender 属性并更新 name 字段的值。

```
{
    "name": "Another name",
    "address": "Earth, Universe",
    "id": 1,
    "gender": "F",
    "age": 30
}
```

3. 更新节点标签

除了添加、更新和删除属性外，我们还可以对节点标签执行相同的操作。如果需要向现有节点添加标签，则可以使用以下语法：

```
MATCH (n {id: 1})
SET n:AnotherLabel
RETURN labels(n)
```

同样，上述 RETURN 语句是用来确认操作结果的。其结果如下：

```
["Label", "AnotherLabel"]
```

相反，如果错误地为节点设置了标签，则可以使用 REMOVE 将其删除：

```
MATCH (n {id: 1})
REMOVE n:AnotherLabel
RETURN labels(n)
```

现在节点已经回到了 id 为 1 和标签为 Label 的情况。

4. 删除节点属性

在第 1 章中，我们简要讨论了空值（NULL）。在 Neo4j 中，NULL 值不保存在属性列表中。缺少属性即意味着该属性为空。因此，删除属性非常简单，只要将其设置为 NULL 值即可。示例如下：

```
MATCH (n {id: 1})
SET n.age = NULL
RETURN n
```

其结果如下：

```
{
    "name": "Another name",
    "address": "Earth, Universe",
    "id": 1,
    "gender": "F"
}
```

另一种解决方案是使用 REMOVE 关键字：

```
MATCH (n {id: 1})
REMOVE n.address
RETURN n
```

其结果如下：

```
{
    "gender": "F",
    "name": "Another name",
    "id": 1
}
```

如果要从节点中删除所有属性，则必须为其分配一个空映射，如下所示：

```
MATCH (n {id: 2})
SET n = {}
RETURN n
```

2.3.2　删除对象

要删除对象，可使用 DELETE 语句：

- ❑ 删除关系的示例如下：

```
MATCH ()-[r:REL_TYPE {id: 1}]-()
DELETE r
```

- 删除节点的示例如下：

```
MATCH (n {id: 1})
DELETE n
```

注意：

删除节点要求将其与任何关系分离（Neo4j 不能包含具有 NULL 极值的关系）。

如果尝试删除仍在关系中的节点，则会接收到 Neo.ClientError.Schema.ConstraintValidationFailed 错误，并显示以下消息：

```
Cannot delete node<41>, because it still has relationships. To delete this
node, you must first delete its relationships.
```

该消息清楚地表明，由于节点仍然具有关系，仍然无法删除它。要删除该阶段，必须首先删除其关系，所以需按以下方式操作：

```
MATCH (n {id:1})-[r:REL_TYPE]-()
DELETE r, n
```

Cypher 还为此操作提供了另一种实用的快捷方式，那就是使用 DETACH DELETE。它可以执行和上述语句一样的操作：

```
MATCH (n {id: 1})
DETACH DELETE n
```

现在，你已经掌握了从 Neo4j 创建、更新、删除和读取简单模式的所有工具。接下来，我们将重点介绍模式匹配（Pattern Matching）技术，以最有效的方式从 Neo4j 读取数据。

2.4　模式匹配和数据检索

图数据库（尤其是 Neo4j）的强大之处在于它们能够依循关系以超快的方式从一个节点转到另一个节点。在本节中，我们将阐释如何通过模式匹配从 Neo4j 读取数据，从而充分利用图结构。

本节将讨论以下内容：

- 模式匹配。
- 测试数据。

- 图遍历。
- 可选匹配。

2.4.1　模式匹配

来看以下查询：

```
MATCH ()-[r]-()
RETURN r
```

当编写这类查询时，实际上是在使用图数据库执行所谓的模式匹配。图 2-4 中的模式（Schema）解释了此概念。

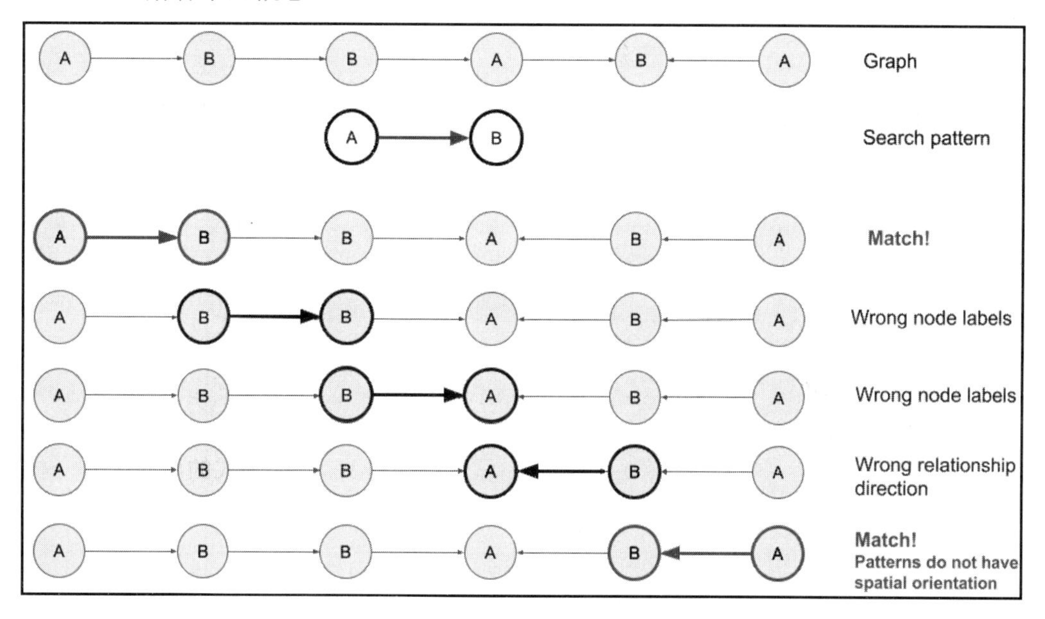

图 2-4

原　　文	译　　文
Graph	图
Search pattern	搜索模式
Match!	匹配！
Wrong node labels	节点标签不匹配
Wrong relationship direction	关系方向不匹配
Patterns do not have spatial orientation	模式匹配不考虑空间方向的问题

在图 2-4 中，我们有一个由带有标签 A 或 B 的节点组成的有向图。我们要寻找的是序列 A→B。模式匹配的含义是：沿该图移动一个图案（Stencil）并查看哪些节点和关系对和它保持一致。

在第一次迭代中，节点标签和关系方向都与搜索模式匹配。

在第二次和第三次迭代中，节点标签与搜索模式不一致，因此这些模式将被拒绝。

在第四次迭代中，标签正确，但是关系方向相反，匹配再次失败。

在第五次迭代中，即使没有按正确的顺序绘制，该模式也被认为是匹配的，因为我们有一个节点 A，它连接的出站关系（Outbound Relationship）是节点 B。

2.4.2　测试数据

现在让我们创建一些测试数据来进行实验。如图 2-5 所示，我们绘制了美国的各个州。图中的一个节点就是一个州，它包含两个字母的代码、州名称和取整的各州人口数作为属性。这些州是连接在一起的，它们通过 SHARE_BORDER_WITH 类型的关系共享公共边界。

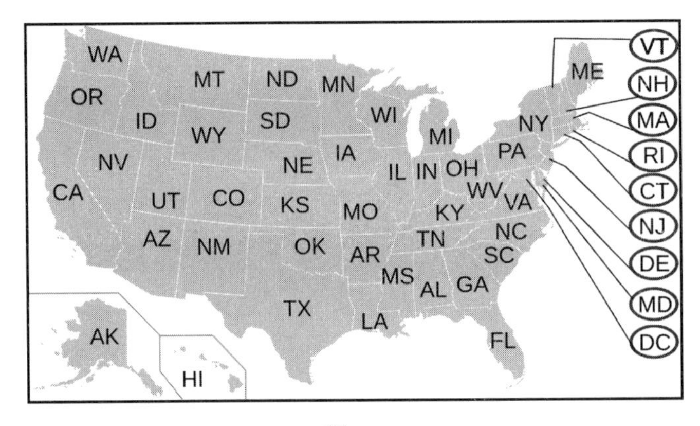

图 2-5

注意：

图片资料来源：

https://commons.wikimedia.org/wiki/File:Labelled_US_map.svg

以下是从图 2-5 创建的示例数据，仅选取了距佛罗里达（FL）最多两个分离度的州：

```
CREATE (FL:State {code: "FL", name: "Florida", population: 21500000})
CREATE (AL:State {code: "AL", name: "Alabama", population: 4900000})
CREATE (GA:State {code: "GA", name: "Georgia", population: 10600000})
```

```
CREATE (MS:State {code: "MS", name: "Mississippi", population: 3000000})
CREATE (TN:State {code: "TN", name: "Tennessee", population: 6800000})
CREATE (NC:State {code: "NC", name: "North Carolina", population: 
10500000})
CREATE (SC:State {code: "SC", name: "South Carolina", population: 5100000})


CREATE (FL)-[:SHARE_BORDER_WITH]->(AL)
CREATE (FL)-[:SHARE_BORDER_WITH]->(GA)
CREATE (AL)-[:SHARE_BORDER_WITH]->(MS)
CREATE (AL)-[:SHARE_BORDER_WITH]->(TN)
CREATE (GA)-[:SHARE_BORDER_WITH]->(AL)
CREATE (GA)-[:SHARE_BORDER_WITH]->(NC)
CREATE (GA)-[:SHARE_BORDER_WITH]->(SC)
CREATE (SC)-[:SHARE_BORDER_WITH]->(NC)
CREATE (TN)-[:SHARE_BORDER_WITH]->(MS)
CREATE (NC)-[:SHARE_BORDER_WITH]->(TN)
```

接下来，我们将使用这些数据来理解图遍历。

2.4.3　图遍历

图遍历（Graph Traversal）是指按给定方向沿着一条边（关系）从一个节点到达其邻居。在进行图遍历时，需考虑：

- 方向。
- 跳数。
- 可变长度模式。

1. 方向

虽然在创建关系时必须先确定它们的方向，但在执行模式匹配时可以考虑也可以不考虑这种方向。两个节点 a 和 b 之间的关系可以是以下 3 种（相对于 a 而言）：

```
OUTBOUND:   (a) -[r]->(b)
INBOUND:    (a)<-[r]- (b)
BOTH:       (a) -[r]- (b)
```

在图 2-5 中，美国各州的图是无方向的，因此可仅使用 BOTH 关系语法。例如，要找到直接与佛罗里达相邻的州并返回其名称，可使用以下语句：

```
MATCH (:State {code: "FL"})-[:SHARE_BORDER_WITH]-(n)
RETURN n.name
```

这将生成以下结果：

"n.name"
"Georgia"
"Alabama"

此外还可以查看州的人口数，并按此值对结果进行排序，其语句如下：

```
MATCH (:State {code: "FL"})-[:SHARE_BORDER_WITH]-(n)
RETURN n.name as state_name, n.population as state_population
ORDER BY n.population DESC
```

以下是相应的结果：

"state_name"	"state_population"
"Georgia"	10600000
"Alabama"	4900000

在此查询中，我们仅对直接与佛罗里达相邻的州感兴趣，这意味着距起始节点仅一跳。但是使用 Cypher，还可以遍历更多的关系。

2. 跳数

如果想要找到佛罗里达州邻居的邻居，则可以使用以下代码：

```
MATCH (:State {code: "FL"})-[:SHARE_BORDER_WITH]-(neighbor)-
[:SHARE_BORDER_WITH]-(neighbor_of_neighbor)
RETURN neighbor_of_neighbor
```

这将返回 6 个节点。如果仔细检查结果，你可能会惊讶地发现它也包含阿拉巴马州，而阿拉巴马州是佛罗里达州的直接邻居。是的，因为阿拉巴马州也是田纳西州的邻居，而田纳西州又是佛罗里达州的邻居，所以阿拉巴马州也是佛罗里达州邻居的邻居。

如果只要找到佛罗里达州邻居的邻居而且不能是直接邻居，则必须明确排除它们：

```
MATCH (FL:State {code: "FL"})-[:SHARE_BORDER_WITH]-(neighbor)-
[:SHARE_BORDER_WITH]-(neighbor_of_neighbor)
WHERE NOT (FL)-[:SHARE_BORDER_WITH]-(neighbor_of_neighbor)
RETURN neighbor_of_neighbor
```

这一次，查询仅返回 4 个结果：南卡罗来纳州、北卡罗来纳州、田纳西州和密西西比州。

3. 可变长度模式

当关系具有相同的类型时，或者如果不关心关系的类型时，可以使用以下快捷方式：

```
MATCH (:State {code: "FL"})-[:SHARE_BORDER_WITH*2]-(neighbor_of_neighbor)
RETURN neighbor_of_neighbor
```

使用以下查询将获得与上述示例相同的 6 个结果：

```
(FL:State {code: "FL"})-[:SHARE_BORDER_WITH]-(neighbor)-
[:SHARE_BORDER_WITH]-(neighbor_of_neighbor)
```

可以使用以下语法为跳数指定较低和较高的值：

```
[:SHARE_BORDER_WITH*<lower_value>..<upper_value>]
```

例如，[:SHARE_BORDER_WITH* 2..3]将返回具有 2 个或 3 个分离度的邻居。

甚至还可以使用带有*符号的任何路径长度，如下所示：

```
[:SHARE_BORDER_WITH*]
```

这将匹配路径而不考虑关系的数量。当然，一般情况下不建议使用此语法，因为它可能会导致性能大幅下降。

2.4.4　可选匹配

美国的有些州不与另一个州共享任何边界。让我们将阿拉斯加州添加到测试图中：

```
CREATE (CA:State {code: "AK", name: "Alaska", population: 700000 })
```

对于阿拉斯加来说，我们之前编写的获取邻居的查询将返回零结果：

```
MATCH (n:State {code: "AK"})-[:SHARE_BORDER_WITH]-(m)
RETURN n, m
```

确实，没有任何模式与序列("AK")-SHARE_BORDER_WITH-()匹配。

在某些情况下，我们可能还是希望在结果中看到阿拉斯加。例如，知道阿拉斯加的邻居数为零本身就是信息，可使用 OPTIONAL MATCH 模式匹配：

```
MATCH (n:State {code: "AK"})
OPTIONAL MATCH (n)-[:SHARE_BORDER_WITH]-(m)
RETURN n.name, m.name
```

该查询返回以下结果：

"n.name"	"m.name"
"Alaska"	null

邻居名称 m.name 为 NULL，因为未找到邻居，但阿拉斯加是结果的一部分。

现在，我们对 Cypher 执行模式匹配的方式有了更好的了解。接下来将显示如何执行诸如 count 或 sum 之类的聚合，以及如何处理对象列表。

2.5　使用聚合函数

计算数据库中实体的一些汇总数量通常非常有用，例如社交图中的好友（粉丝）数量或电子商务网站的订单总价。本节将介绍如何使用 Cypher 进行这些计算。

2.5.1　计数、求和和平均值

与 SQL 相似，你可以使用 Cypher 计算汇总数据。它与 SQL 的主要区别在于，无须使用 GROUP BY 语句。所有不在聚合函数中的字段都将用于创建组：

```
MATCH (FL:State {code: "FL"})-[:SHARE_BORDER_WITH]-(n)
RETURN FL.name as state_name, COUNT(n.code) as number_of_neighbors
```

结果将如下所示：

"state_name"	"number_of_neighbors"
"Florida"	2

在 Cypher 中可以使用以下聚合函数：

- ❑ AVG(expr)：求平均值，可用于数值和持续时间。
- ❑ COUNT(expr)：包含非空 expr 的行数。
- ❑ MAX(expr)：组中 expr 的最大值。
- ❑ MIN(expr)：组中 expr 的最小值。
- ❑ group percentileCont(expr, p)：expr 在组中的 p（百分比），插值。

- percentileDisc(expr, p)：expr 在组中的 p（百分比）。
- stDev(expr)：expr 在组中的标准偏差（Standard Deviation）。
- stDevP(expr)：expr 在组中的总体标准偏差。
- SUM(expr)：求总和，可用于数值和持续时间。
- COLLECT(expr)：请参阅下一节。

例如，我们可以计算某个州的人口与居住在其相邻州的所有人口的总和之间的比率，如下所示：

```
MATCH (s:State)-[:SHARE_BORDER_WITH]-(n)
WITH s.name as state, toFloat(SUM(n.population)) as neighbor_population,
s.population as pop
RETURN state, pop, neighbor_population, pop / neighbor_population as f
ORDER BY f desc
```

注意：

WITH 关键字用于执行中间操作。

2.5.2　创建对象列表

有时将若干行聚合到一个对象列表中很有用。在这种情况下，可使用以下函数：

```
COLLECT
```

例如，如果要创建一个列表，其中包含与科罗拉多州共享边界的州的代码，则可以使用以下语句：

```
MATCH (:State {code: "FL"})-[:SHARE_BORDER_WITH]-(n)
RETURN COLLECT(n.code)
```

这将返回以下结果：

```
["GA","AL"]
```

2.5.3　取消嵌套对象

取消嵌套包括将对象列表转换为行，每行包含该列表的一项。它与 COLLECT 完全相反，后者是将对象组合到一个列表中。

在 Cypher 中，可使用以下函数取消嵌套对象：

```
UNWIND
```

例如，以下两个查询是等效的：

```
MATCH (:State {code: "FL"})-[:SHARE_BORDER_WITH]-(n)
WITH COLLECT(n.code) as codes
UNWIND codes as c
RETURN c

// 和上述语句等效，因为 COLLECT 和 UNWIND 会相互抵消
MATCH (CO:State {code: "FL"})-[:SHARE_BORDER_WITH]-(n)
RETURN n.cod
```

这将返回两个州的代码。

UNWIND 操作对于数据导入很有用，因为某些文件的格式可以将多条信息汇总到一行中。根据数据格式的不同，此函数在将数据导入 Neo4j 时会很有用，这在下一节中可以很清楚地看到。

2.6　从 CSV 或 JSON 导入数据

即使你以 Neo4j 作为核心数据库开始业务，也很有可能必须将一些静态数据导入图中。本书在很多情况下也需要执行这种操作。因此，本节将详细介绍使用不同的工具和不同的输入数据格式批量导入 Neo4j 的若干种方法。

本节包含以下内容：

- 从 Cypher 导入数据。
- 从命令行导入数据。
- APOC 导入工具。
- 导入方法小结。

2.6.1　从 Cypher 导入数据

Cypher 本身包含一些实用程序，可从本地或远程文件导入 CSV 格式的数据。

使用 Cypher 导入数据时，需考虑以下因素：

- 文件位置。
- CSV 文件。
- Eager 操作。

1. 文件位置

无论是导入 CSV、JSON 还是其他文件格式，这些文件都可以位于以下位置：

- 通过公开 URL 在线访问，例如：

  'http://example.com/data.csv'

- 在本地磁盘上，例如：

  'files:///data.csv'

接下来，我们将介绍以下操作：

- 导入本地文件。
- 更改默认配置以从另一个目录导入文件。

1）导入本地文件

在从本地磁盘导入数据时，按 Neo4j 默认配置，该文件必须位于/imports 文件夹中。使用 Neo4j Desktop 可以轻松找到此文件夹。

（1）在感兴趣的图上单击 Manage（管理）按钮。

（2）找到新窗口顶部的 Open folder（打开文件夹）按钮。

（3）单击此按钮旁边的箭头，然后选择 Import（导入）。

这将在图导入文件夹中打开文件浏览器。

如果你更喜欢命令行方式，则可以使用 Open Terminal（打开终端）按钮而不是 Open folder（打开文件夹）。在笔者本机 Ubuntu 安装中，它可以打开一个会话，其工作目录如下：

```
~/.config/Neo4j Desktop/Application/neo4jDatabases/database-c83f9dc8-
f2fe-4e5a-8243-2e9ee29e67aa/installation-3.5.14
```

读者系统上的路径将有所不同，因为你将拥有不同的数据库 ID 以及不同的 Neo4j 版本。

此目录结构如下：

```
$ tree -L 1
.
├── bin
├── certificates
├── conf
├── data
├── import
├── lib
├── LICENSES.txt
├── LICENSE.txt
├── logs
├── metrics
```

```
├── NOTICE.txt
├── plugins
├── README.txt
├── run
└── UPGRADE.txt

10 directories, 5 files
```

以下是有关此目录部分内容的一些说明：

- bin：包含一些有用的可执行文件，例如下文将讨论的导入工具。
- data：真正包含你的数据，尤其是 data/databases/graph.db/。你可以将该文件夹从一台计算机复制到另一台计算机以检索图数据。
- import：在该文件夹中放置的是将要导入图中的文件。
- plugins：如果已安装 APOC 插件，则应该在该文件夹中看到 apoc-<version>.jar。所有插件都将下载到此文件夹中。如果要添加 Neo4j Desktop 官方不支持的插件，则只需将 jar 文件复制到此目录中即可。

2）更改默认配置以从另一个目录导入文件

可以通过更改 conf/neo4j.conf 配置文件中的 dbms.directories.import 参数来配置默认的导入文件夹。

```
# 此设置将所有 LOAD CSV 导入文件限定为 import 目录
# 删除或注释掉此设置即可从文件系统中的任何位置加载文件
# 当然，这也可能会导致出现安全问题
# 有关详细信息，请查阅手册的 LOAD CSV 部分
dbms.directories.import=import
```

2. CSV 文件

在 Cypher 中，可使用 LOAD CSV 语句导入 CSV 文件。根据你是否可以或愿意使用标题，其语法略有不同。以下就将讨论这两种情况：

- 不含标题的 CSV 文件。
- 含标题的 CSV 文件。

1）不含标题的 CSV 文件

如果 CSV 文件不包含列标题，或者你希望忽略它们，则可以按索引引用列：

```
LOAD CSV FROM 'path/to/file.csv' AS row
CREATE (:Node {name: row[1]
```

注意：

列索引从 0 开始。

2）含标题的 CSV 文件

当然，在大多数情况下，你可能会拥有一个包含命名列的 CSV 文件。在这种情况下，使用列标题作为引用而不是数字会更方便。在 Cypher 中，这可以通过在 LOAD CSV 查询中指定 WITH HEADERS 选项来实现：

```
LOAD CSV WITH HEADERS FROM '<path/to/file.csv>' AS row
CREATE (:Node {name: row.name})
```

让我们用一个例子来进行练习。

usa_state_neighbors_edges.csv 文件具有以下结构：

```
code;neighbor_code
NE;SD
NE;WY
NM;TX
...
```

该结构可以解释如下：

- code 是两个字母的州标识符（例如，科罗拉多州的标识符是 CO）。
- neighbor_code 是与当前州共享边界的州的两个字母的标识符。

我们的目标是创建一个图，其中每个州都是一个节点，并且如果两个州共享公共边界，则将在两个州之间创建关系。

因此，可以按以下步骤操作：

- 此 CSV 文件中的字段用分号（;）分隔，因此必须使用 FIELDTERMINATOR 选项（默认值为英文逗号）。
- 第一列包含州的代码，因此需要创建关联的节点。
- 最后一列同样包含州的代码，因此我们必须检查此州是否已经存在，如果不存在则创建它。
- 我们可以在两个州之间创建一个关系，可以任意选择从第一个州到第二个州的关系的方向：

```
LOAD CSV WITH HEADERS FROM "file:///usa_state_neighbors_edges.csv" AS row
FIELDTERMINATOR ';'
MERGE (n:State {code: row.code})
MERGE (m:State {code: row.neighbor_code})
MERGE (n)-[:SHARE_BORDER_WITH]->(m)
```

结果如图 2-6 所示。

有趣的是，纽约州（NY）成了一个特殊的节点（左起第 6 个），它将图完全分为两部分：纽约州一侧的州从不与纽约州另一侧的州相连。第 6 章“节点重要性”将介绍能够检测此类节点的算法。

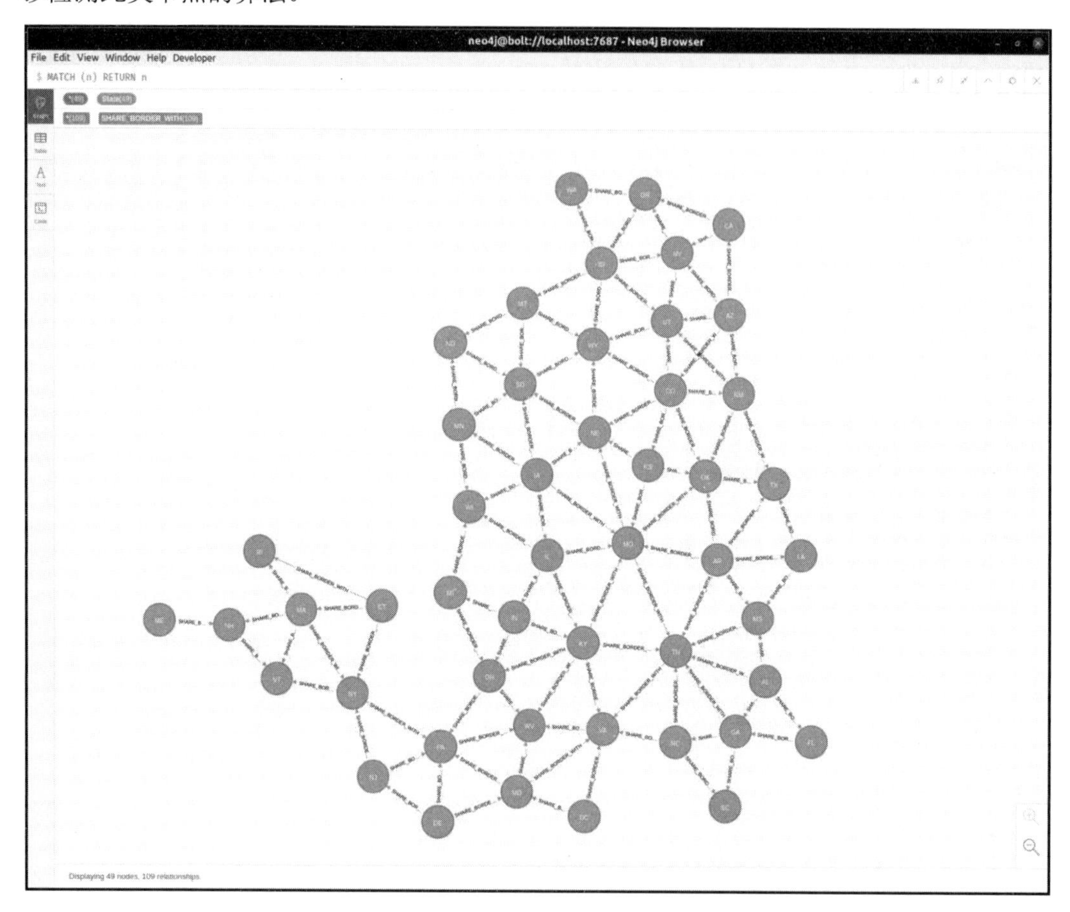

图 2-6

当前的图结构至少存在一个问题：它不包含没有共同边界的州，例如阿拉斯加州和夏威夷。要解决此问题，我们将使用另一个格式不同的数据文件，该文件包含没有共享边界的州，具体如下：

```
code;neighbors
CA;OR,NV,AZ
NH;VT,MA,ME
OR;WA,CA,ID,NV
...
AK;""
...
```

可以看到，现在每个州都有一行，其中包含其邻居的列表。如果该州没有任何邻居，则该州存在于文件中，只是其 neighbors 列包含空值。

提示：

实际上，为防止在 A 州和 B 州之间添加关系之后，又在 B 州和 A 州之间添加第二个关系，neighbors 列仅包含 name<state_name 的邻居。这就是我们明明知道得克萨斯州（TX）确实有邻居却会看到 TX;""行的原因。

导入该文件的查询可以按以下方式编写：

```
LOAD CSV WITH HEADERS FROM "file:///usa_state_neighbors_all.csv" AS row
FIELDTERMINATOR ';'
WITH row.code as state, split(row.neighbors, ',') as neighbors
MERGE (a:State {code: state})
WITH a, neighbors
UNWIND neighbors as neighbor
WITH a, neighbor
WHERE neighbor <> ""
MERGE (b:State {code: neighbor})
CREATE (a)-[:SHARE_BORDER_WITH]->(b)
```

以下说明可帮助你更好地理解此查询：

- 使用 split()函数可以从以逗号分隔的州代码列表中创建一个列表。
- UNWIND 操作符可以为邻居州代码列表中的每个元素创建一行。
- 我们需要从余下查询中过滤掉没有邻居的州，因为合并节点时 Cypher 不能使用 NULL 值作为标识符。但是，由于 WHERE 子句发生在第一个 MERGE 之后，因此仍然会创建没有邻居的州。

如果在使用 LOAD CSV 时看到错误或意外结果，则可以通过返回中间结果进行调试。例如，可以通过以下方式实现：

```
LOAD CSV WITH HEADERS FROM "file:///usa_state_neighbors_all.csv" AS row
FIELDTERMINATOR ';'
WITH row LIMIT 10
RETURN row
```

使用 LIMIT 函数并不是强制性的，但如果使用非常大的文件，则它可以提高性能。

3. Eager 操作

如果仔细观察，Neo4j Desktop 将在查询文本编辑器旁边显示一个很小的警告标志。如果单击此警告，它将显示有关此警告的说明。例如：

```
The execution plan for this query contains the Eager operator, which forces
all dependent data to be materialized in main memory before proceeding
```

该警告的意思是：此查询的执行计划包含 Eager 操作符，该操作符强制所有相关数据在继续执行操作之前保存在主存储器中。

这与数据导入没有直接关系，但这是在导入时经常会遇到的警告消息，因此，有必要仔细了解一下它。

Neo4j 说明文档对 Eager 操作符的定义如下：

“出于隔离目的，该操作符将确保在继续执行操作之前，对后续操作有影响的操作将对整个数据集完全执行。”

换句话说，在移至其他行之前，将对文件的每一行执行查询的每个语句。这通常不是问题，因为 Cypher 语句将处理一百个左右的节点，但是在导入大型数据文件时，开销非常明显，甚至可能导致 OutOfMemory（内存溢出）错误。这是需要考虑的。

在数据导入的情况下，使用 Eager 操作符是因为我们使用的是 MERGE 语句，该语句将强制 Cypher 检查整个数据文件的节点和关系是否存在。

为了克服该问题，可以根据输入数据采用以下两种解决方案：

- 如果确定数据文件不包含重复项，则可以用 CREATE 替换 MERGE 操作。
- 很多时候可能会包含重复项，因此只能将 import 语句分为两个或更多部分。

加载美国各州的解决方案是使用 3 个连续查询：

```
// 如果起始节点不存在，则创建起始的州节点
LOAD CSV WITH HEADERS FROM "file:///usa_state_neighbors_edges.csv" AS row
FIELDTERMINATOR ';'
MERGE (:State {code: row.code})

// 如果末尾节点不存在，则创建末尾的州节点
LOAD CSV WITH HEADERS FROM "file:///usa_state_neighbors_edges.csv" AS row
FIELDTERMINATOR ';
MERGE (:State {code: row.neighbor_code})

// 然后创建关系
LOAD CSV WITH HEADERS FROM "file:///usa_state_neighbors_edges.csv" AS row
FIELDTERMINATOR ';'
MATCH (n:State {code: row.code})
MATCH (m:State {code: row.neighbor_code})
MERGE (n)-[:SHARE_BORDER_WITH]->(m)
```

前两个查询创建的是 State 节点。如果州代码在文件中多次出现，则 MERGE 操作将注意以相同的代码创建两个不同的节点。

完成此操作后，可以再次读取同一文件以创建州之间的邻居关系。

首先使用 MATCH 操作从图中读取 State 节点，然后在它们之间创建唯一关系。在这里，再次使用 MERGE 操作而不是 CREATE 来防止相同两个节点之间两次具有相同关系。

我们必须将前两个语句拆分为两个单独的查询，因为它们作用于同一节点标签。但是，像下面这样的语句将不依赖于 Eager 操作符：

```
LOAD CSV WITH HEADERS FROM "file:///data.csv" AS row
MERGE (:User {id: row.user_id})
MERGE (:Product {id: row.product_id})
```

实际上，由于两个 MERGE 节点包含两个不同的节点标签，因此 Cypher 不必执行第一行的所有操作即可确保与第二行没有冲突，操作是独立的。

在第 2.6.3 节“APOC 导入工具”中，我们将研究美国数据集的另一种表示形式，无须编写 3 个不同的查询即可将其导入。

在此之前，让我们先来看一下内置的 Neo4j 导入工具。

2.6.2　从命令行导入数据

Neo4j 还提供了命令行导入工具。其可执行文件位于 $NEO4J_HOME/bin/import 中。它需要以下若干个 CSV 文件。

- 具有以下格式的节点的一个或多个 CSV 文件：

```
id:ID,:LABEL,code,name,population_estimate_2019:int
1,State,CA,California,40000000
2,State,OR,Oregon,4000000
3,State,AZ,Arizona,7000000
```

- 必须具有节点的唯一标识符。该标识符必须使用:ID 关键字标识。
- 除非使用:type 语法在标头中指定类型，否则所有字段都将解析为字符串。
- 具有以下格式的关系的一个或多个 CSV 文件：

```
:START_ID,:END_ID,:TYPE,year:int
1,2,SHARE_BORDER_WITH,2019
1,3,SHARE_BORDER_WITH,2019
```

创建数据文件并将其放置在 import 文件夹中后，即可运行以下命令：

```
bin/neo4j-admin import --nodes=import/states.csv --
relationships=import/rel.csv
```

如果文件非常大，则导入工具会更方便，因为它可以管理压缩文件（.tar、.gz 或.zip 格式），还可以理解单独文件中的标头定义，这使得打开和更新操作更加容易。

有关导入工具的完整说明文档，请访问：

https://neo4j.com/docs/operations-manual/current/tutorial/import-tool/

2.6.3 APOC 导入工具

如前文所述，APOC 库是 Neo4j 扩展，其中包含一些工具，可简化该数据库的操作：

- 数据导入和导出：通过不同格式（如 CSV 和 JSON）以及 HTML 或 Web API 导入和导出数据。
- 数据结构：高级数据处理，包括类型转换功能、映射和集合管理。
- 高级图查询功能：增强模式匹配的工具，包括更多条件。
- 图投影（Graph Projection）：使用虚拟节点和关系。

图算法的第一个实现是在该库中完成的，但是现在已经基本弃用图算法，而是使用专用插件。当然，本书第 2 篇还会介绍图算法。

注意：

本节仅介绍与数据导入相关的工具，但是我们鼓励你详细研究一下其说明文档，以了解使用此插件可以实现的功能。其网址如下：

https://neo4j.com/docs/labs/apoc/current/

在执行本章余下部分的代码时，可能会显示以下错误：

```
There is no procedure with the name apoc.load.jsonParams registered for
this database instance
```

此错误消息的意思是：没有为此数据库实例注册名称为 apoc.load.jsonParams 的过程。如果出现这种问题，则必须将以下行添加到 neo4j.conf 设置中。要打开该设置文件，可以在 Neo4j Desktop 中 Graph Management（图管理）区域中选择 Settings（设置）选项卡：

```
dbms.security.procedures.whitelist = apoc.load.*
```

接下来，我们将介绍以下操作：

- 通过 APOC 工具导入 CSV 文件。
- 通过 APOC 工具导入 JSON 文件。
- 从 Web API 导入数据。

1. 通过 APOC 工具导入 CSV 文件

APOC 库包含导入 CSV 文件的过程。其语法如下：

```
CALL apoc.load.csv('')
YIELD name, age
CREATE (:None {name: name, age: age})
```

作为一项练习，你可以尝试使用此过程导入美国各州的数据。

提示：

与 LOAD CSV 语句类似，要更新的文件需要位于图的 import 文件夹内。但是，不能包含 file://描述符，否则将触发错误。

2．通过 APOC 工具导入 JSON 文件

更重要的是，APOC 还包含一个从 JSON 导入数据的过程，而 Cypher 尚无法实现该功能。该查询的结构如下：

```
CALL apoc.load.json('http://...') AS value
UNWIND value.items AS item
CREATE (:Node {name: item.name}
```

例如，我们可以使用 GitHub API 从 GitHub 导入一些数据：

https://developer.github.com/v3/

通过使用此请求，可以获得 Neo4j 拥有的存储库列表：

```
curl -u "<your_github_username>" https://api.github.com/orgs/neo4j/repos
```

以下是可以从给定存储库（包含选定字段）获取的数据的示例：

```
{
    "id": 34007506,
    "node_id": "MDEwOlJlcG9zaXRvcnkzNDAwNzUwNg==",
    "name": "neo4j-java-driver",
    "full_name": "neo4j/neo4j-java-driver",
    "private": false,
    "owner": {
        "login": "neo4j",
        "id": 201120,
        "node_id": "MDEyOk9yZ2FuaXphdGlvbjIwMTEyMA==",
        "html_url": "https://github.com/neo4j",
        "followers_url": https://api.github.com/users/neo4j/followers",
        "following_url":
"https://api.github.com/users/neo4j/following{/other_user}",
        "repos_url": "https://api.github.com/users/neo4j/repos",
        "type": "Organization"
    },
    "html_url": "https://github.com/neo4j/neo4j-java-driver",
```

```
    "description": "Neo4j Bolt driver for Java",
    "contributors_url":
"https://api.github.com/repos/neo4j/neo4j-java-driver/contributors",
    "subscribers_url":
"https://api.github.com/repos/neo4j/neo4j-java-driver/subscribers",
    "commits_url":
"https://api.github.com/repos/neo4j/neo4j-java-driver/commits{/sha}",
    "issues_url":
"https://api.github.com/repos/neo4j/neo4j-java-driver/issues{/number}",
    "created_at": "2015-04-15T17:08:15Z",
    "updated_at": "2020-01-02T10:20:45Z",
    "homepage": "",
    "size": 8700,
    "stargazers_count": 199,
    "language": "Java",
    "license": {
        "key": "apache-2.0",
        "name": "Apache License 2.0",
        "spdx_id": "Apache-2.0",
        "node_id": "MDc6TGljZW5zZTI="
    },
    "default_branch": "4.0"
}
```

我们将使用 APOC 将此数据导入新图中。为此，必须将以下行添加到 Neo4j 配置文件（neo4j.conf）中，以启用 APOC 的文件导入：

```
apoc.import.file.enabled = true
```

现在让我们读取这些数据。可使用以下语句查看 apoc.load.json 过程的结果：

```
CALL apoc.load.json("neo4j_repos_github.json") YIELD value AS item
RETURN item
LIMIT 1
```

该查询产生的结果与前面的 JSON 示例类似。要访问每个 JSON 文件中的字段，可以使用 item.<field>表示法。以下代码演示了如何为每个存储库和所有者创建节点，以及在所有者和存储库之间创建关系：

```
CALL apoc.load.json("neo4j_repos_github.json") YIELD value AS item
CREATE (r:Repository {name: item.name,created_at: item.created_at,
contributors_url: item.contributors_url} )
MERGE (u:User {login: item.owner.login})
CREATE (u)-[:OWNS]->(r)
```

检查图的内容，可以看到如图 2-7 所示的模式。

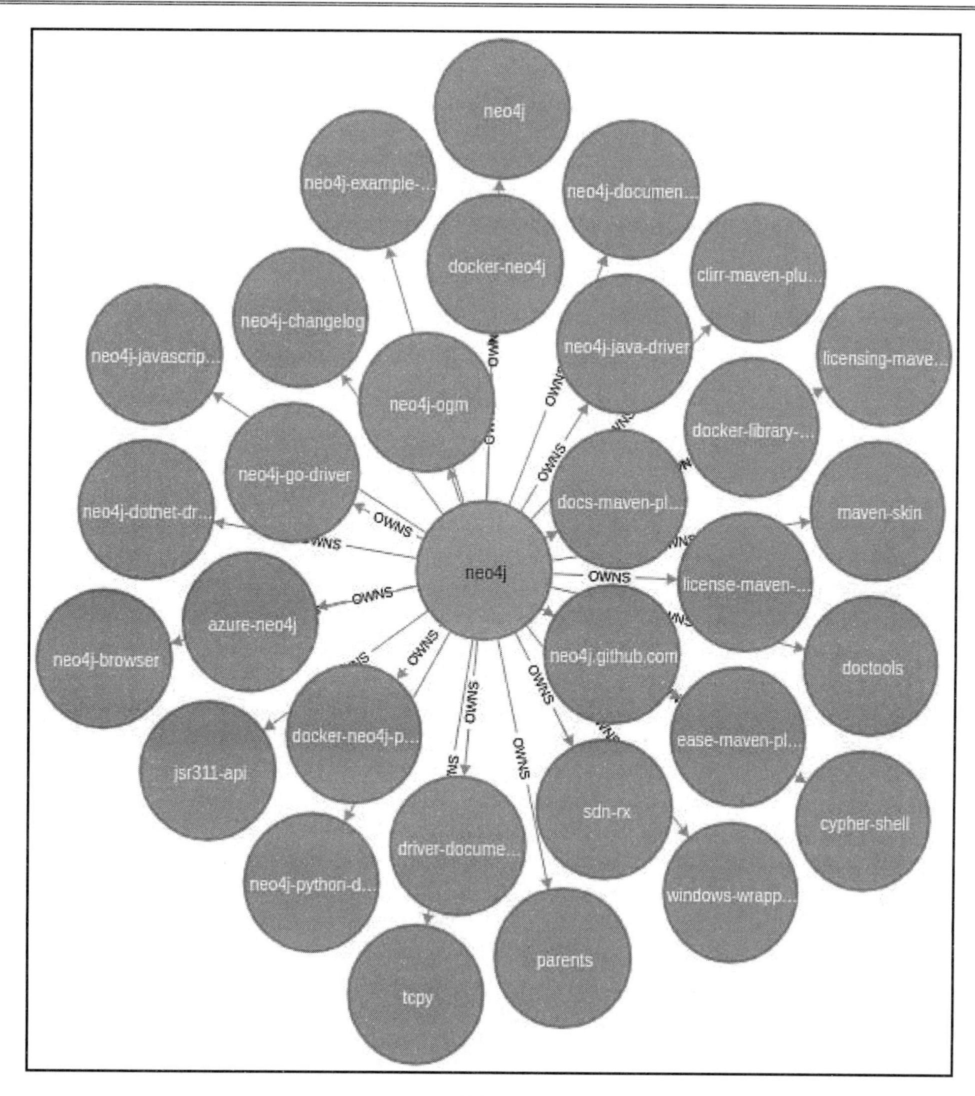

图 2-7

可以执行相同的操作，将所有贡献者导入 Neo4j 存储库：

```
CALL apoc.load.json("neo4j_neo4j_contributors_github.json")
YIELD value AS item
MATCH (r:Repository {name: "neo4j"})
MERGE (u:User {login: item.login})
CREATE (u)-[:CONTRIBUTED_TO]->(r)
```

3. 从 Web API 导入数据

你可能已经注意到，GitHub 返回的 JSON 包含一个 URL，用于扩展我们对存储库或用户的了解。例如，在 neo4j_neo4j_contributors_github.json 文件中，就有一个关注者（Followers）的 URL。可以使用 APOC 将该 API 调用的结果提供给图。

接下来，我们将介绍以下操作：

- ❑ 设定参数。
- ❑ 调用 GitHub Web API。

1）设定参数

可以使用以下语法在 Neo4j Browser 中设置参数：

```
:params {"repo_name": "neo4j"}
```

然后，可以在以后的查询中使用 $repo_name 表示法引用这些参数：

```
MATCH (r:Repository {name: $repo_name}) RETURN r
```

当在查询中的多个位置使用该参数时，这可能非常有用。

接下来，我们将直接从 Cypher 向 GitHub API 执行 HTTP 请求。你将需要一个 GitHub 令牌（Token）进行身份验证并将其保存为参数：

```
:params {"token": "<your_token>"}
```

注意：

令牌不是必需的，但未经授权的请求的速率限制要低得多，因此按照以下说明创建令牌会更容易：

https://help.github.com/en/github/authenticating-to-github/creating-a-personal-access-token-for-the-command-line#creating-a-token

2）调用 GitHub Web API

可以使用 apoc.load.jsonParams 从 Web API 加载 JSON 文件，并在此过程的第二个参数中设置 HTTP 请求标头：

```
CALL apoc.load.json("neo4j_neo4j_contributors_github.json")
YIELD value AS item
MATCH (u:User {login: item.login})
CALL apoc.load.jsonParams(item.followers_url, {Authorization: 'Token ' +
$token}, null) YIELD value AS contrib
MERGE (f:User {login: contrib.login})
CREATE (f)-[:FOLLOWS]->(u)
```

执行导入时，我们得到的是以下结果：

```
Added 439 labels, created 439 nodes, set 439 properties, created 601
relationships, completed after 12652 ms.
```

上述提示的意思是：添加了 439 个标签，创建了 439 个节点，设置了 439 个属性，创建了 601 个关系，完成用时 12652 毫秒。

当你运行此程序时，这可能会有所不同，因为给定用户的关注者会随着时间的推移而变化。图 2-8 显示了其结果图，其中用户以绿色显示，存储库以蓝色显示。

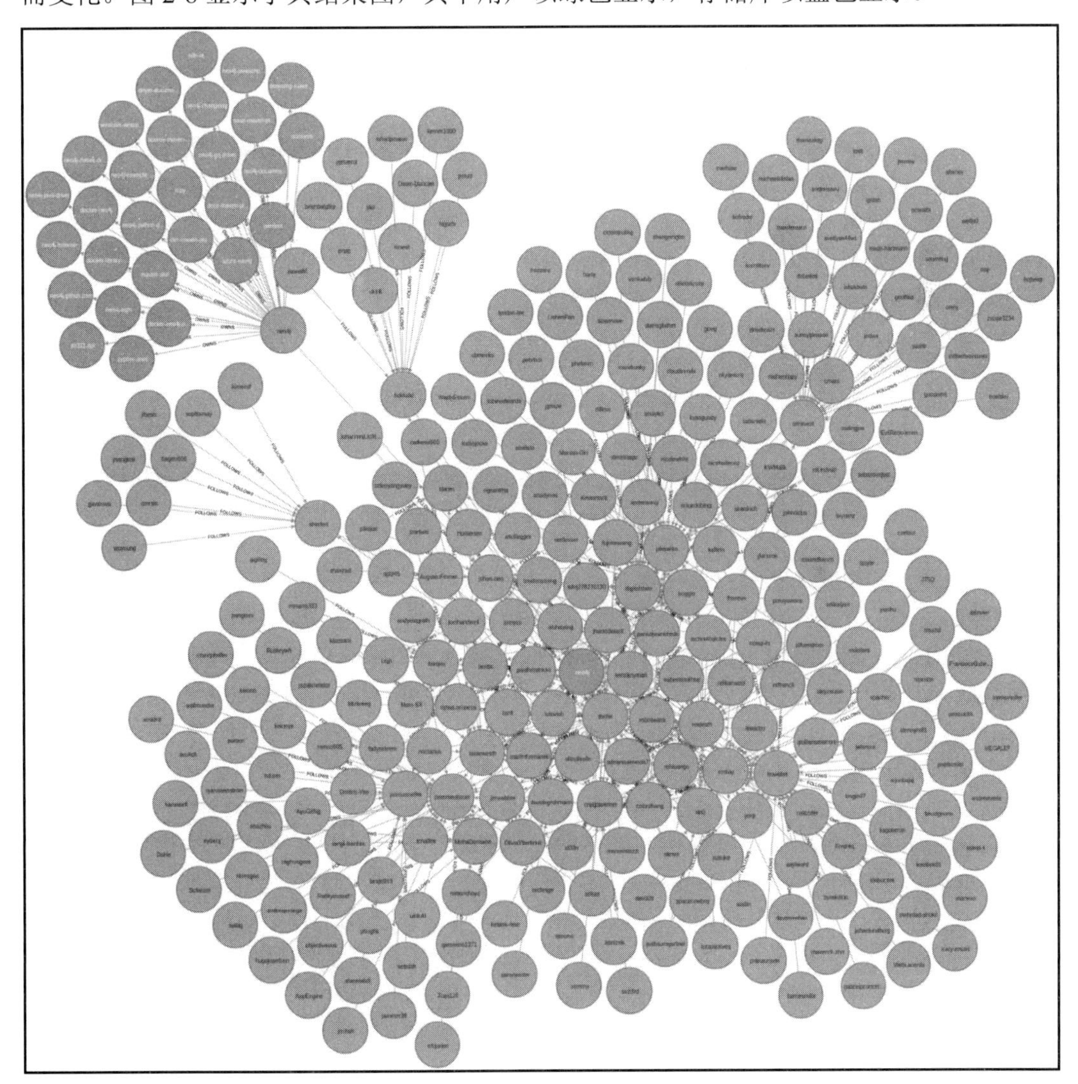

图 2-8

你可以使用任何已提供的 URL 来丰富图，具体取决于你要执行的分析类型。例如，你可以添加提交项、贡献者和问题等。

2.6.4　导入方法小结

选择哪一种合适的工具来导入数据主要取决于其格式。以下是一些总体建议：

- 如果只有 JSON 文件，则 apoc.load.json 是唯一的选择。
- 如果使用的是 CSV 文件，则：
  - 如果数据很大，请从命令行使用导入工具。
  - 如果数据是中小型的，则可以使用 APOC 或 Cypher 的 LOAD CSV。

有关数据导入的讨论至此结束，在本节中，我们学习了如何从 CSV、JSON 甚至通过直接调用 Web API 向 Neo4j 图提供现有数据。本书后续操作将使用这些工具来获取有意义的数据以运行算法。

当然，在介绍算法之前，我们还需要了解一些与性能相关的知识。与 SQL 一样，Cypher 通常会有多个查询产生相同的结果的情况，但并非所有查询都具有相同的效率。因此，接下来我们将向你展示如何评估执行效率并使用一些好的做法。

2.7　评估性能并提高查询速度

为了评估 Cypher 查询的性能，我们将不得不讨论 Cypher 查询计划器（Cypher Query Planner），该计划器可提供后台执行的细节信息。本节将介绍相关概念以了解如何访问 Cypher 执行计划。我们还将使用一些好的做法，以避免出现在性能方面非常糟糕的操作。最后，我们还将讨论著名的“朋友的朋友”示例。

2.7.1　Cypher 查询计划器

就像使用 SQL 一样，你可以检查 Cypher 查询计划器以了解幕后情况以及如何改进查询。这可能有两种选择。

- EXPLAIN（解释）：如果你不希望运行查询，则 EXPLAIN 不会对图进行任何更改。
- PROFILE（性能分析）：这将真正运行查询、更改图，并评估性能。

在本章的余下部分，我们将使用 Facebook 在 2012 年为 Kaggle 举办的招聘竞赛发布的数据集。该数据集可以在以下网址下载：

https://www.kaggle.com/c/FacebookRecruiting/data

我们仅使用了训练样本，其中包含匿名人员之间的联系列表。它包含 1867425 个节点和 9437519 条边。

前文已经讨论了查询计划器中可以识别的一种操作：Eager 操作，由于它们确实会影响性能，因此我们需要尽可能避免使用这些操作。我们可以研究更多的操作符，看看如何调整查询的性能。

可以编写一个简单的查询来选择具有给定 id 的节点并获取 Cypher 查询的解释，具体如下所示：

```
PROFILE
MATCH (p { id: 1000})
RETURN p
```

执行此查询时，结果单元中有一个名为 Plan 的新选项卡，如图 2-9 所示。

PROFILE 查询可显示 AllNodesScan 操作符的用法，该操作符在图的所有节点上执行搜索。在此特定用例下，这不会有太大影响，因为我们只有一个节点标签 Person。但是，如果你的图碰巧有许多不同的标签，则对所有节点执行扫描可能会非常慢。因此，强烈建议在查询中显式设置感兴趣的节点标签和关系类型，示例如下：

```
PROFILE
MATCH (p:Person { id: 1000})
RETURN p
```

在这种情况下，Cypher 将使用 NodeByLabelScan 操作，如图 2-10 所示。

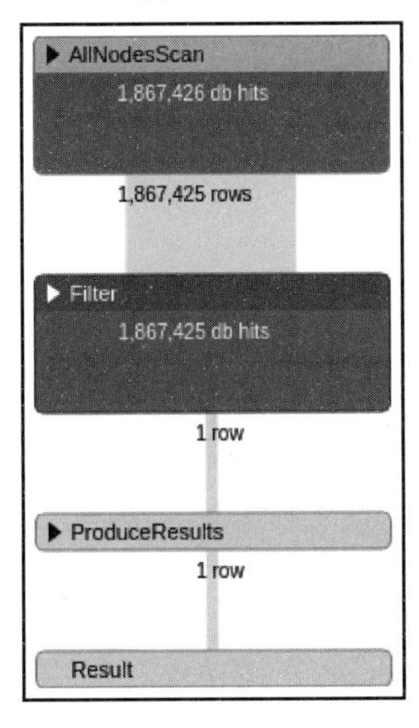

图 2-9

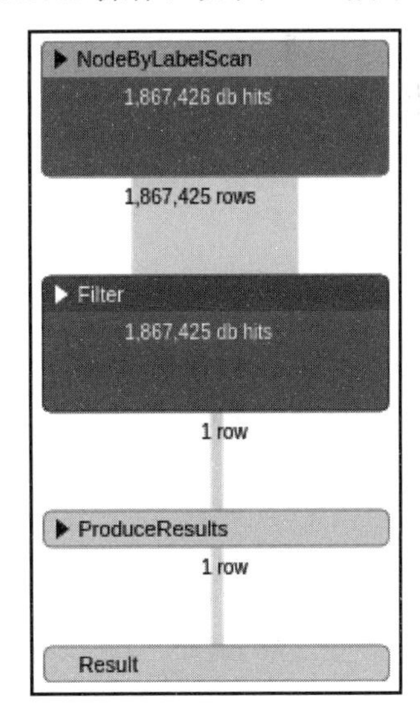

图 2-10

性能方面，该查询的上述两个用例在笔记本电脑上均在大约 650 毫秒内执行完成。在某些情况下，借助 Neo4j 索引，可以进一步提高性能。

2.7.2 Neo4j 索引

Neo4j 索引可用于轻松查找模式匹配查询的起始节点。让我们看看创建索引对执行计划和执行时间的影响：

```
CREATE INDEX ON :Person(id)
```

现在再次运行查询：

```
PROFILE
MATCH (p:Person { id: 1000})
RETURN p
```

可以看到 NodeIndexSeek 操作，表明它使用了索引，这可以将执行时间减少到仅需 1 毫秒，如图 2-11 所示。

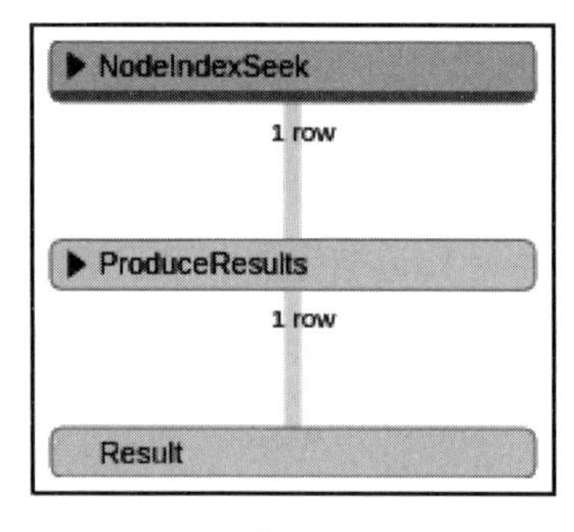

图 2-11

可以使用以下语句删除索引：

```
DROP INDEX ON :Person(id)
```

Neo4j 索引系统还支持组合索引和全文本索引。有关详细信息，可访问：

https://neo4j.com/docs/cypher-manual/current/schema/index/

2.7.3 关于 LOAD CSV 的再讨论

前文已经讨论过 Eager 操作符。我们可以使用 LOAD CSV 语句导入美国各州：

```
LOAD CSV WITH HEADERS FROM "file:///usa_state_neighbors_edges.csv" AS row
FIELDTERMINATOR ';'
MERGE (n:State {code: row.code})
MERGE (m:State {code: row.neighbor_code})
MERGE (n)-[:SHARE_BORDER_WITH]->(m)
```

在第 2.6.1 节“从 Cypher 导入数据”中曾经介绍过可能出现的警告，为了更好地理解它并确定出现警告消息的根本原因，我们可以要求 Neo4j 对其进行 EXPLAIN。然后，我们将获得一个颇为复杂的图，如图 2-12 所示。

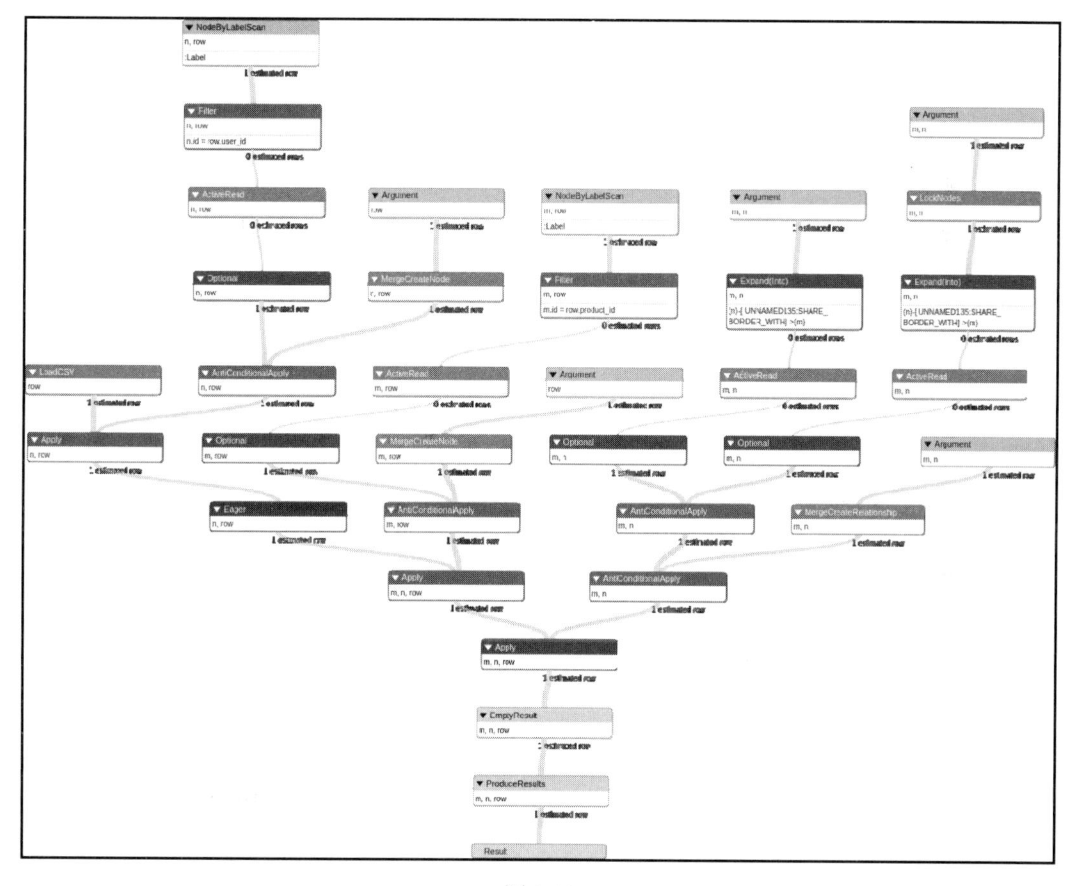

图 2-12

图 2-12 突出显示了 3 个要素：

- ❑ 浅蓝色部分对应第一个 MERGE 语句。
- ❑ 蓝色部分包含与第二个 MERGE 语句相同的操作。

❑ 深蓝色框（左起第 9 个框）是 Eager 操作。

在图 2-12 中可以看到，在第一步（第一次 MERGE）和第二步（第二个 MERGE）之间执行了 Eager 操作。这正是你的查询需要拆分以避免使用此操作符的地方。

现在我们已经理解了 Cypher 在查询时执行的操作，并掌握了识别和修复性能瓶颈的方法。接下来可以通过社交网络中的“朋友的朋友”示例来实践一下。

2.7.4 “朋友的朋友”示例

在论及性能时，朋友的朋友（friend-of-friend）示例是 Neo4j 广受欢迎的原因之一。与其他数据库引擎相比，Neo4j 在遍历关系方面具有令人难以置信的性能优势，因此，该类查询的响应时间非常快捷。

Neo4j Browser 可在结果单元中显示查询的执行时间，如图 2-13 所示。

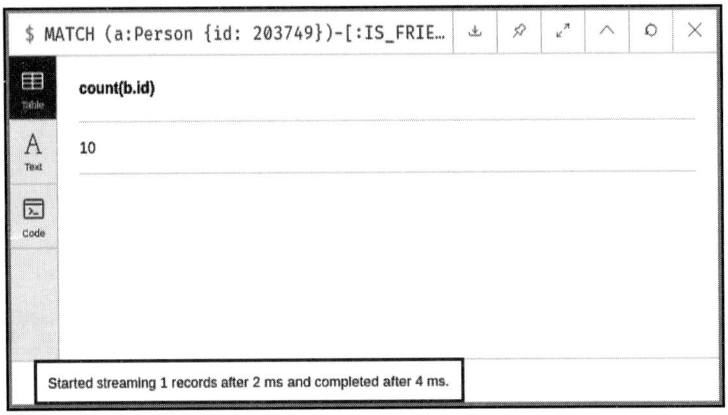

图 2-13

也可以通过程序性的方式进行测量。例如，使用 Neo4j 软件包中的 Neo4j Python 驱动程序，我们可以使用以下语句测量总执行时间和流传输时间：

```
from neo4j import GraphDatabase

URL = "bolt://localhost:7687"
USER = "neo4j"
PWD = "neo4j"

driver = GraphDatabase.driver(URL, auth=(USER, PWD)
query = "MATCH (a:Person {id: 203749})-[:IS_FRIEND_WITH]-(b:Person)
RETURN count(b.id)"
```

```
with driver.session() as session:
    with session.begin_transaction() as tx:
        result = tx.run(query)
        summary = result.summary()
        avail = summary.result_available_after # ms
        cons = summary.result_consumed_after   # ms
        total_time = avail + cons
```

使用该代码，我们能够测量不同起始节点的执行总时间，这些起始节点具有不同的度（Degree）和深度（第一度朋友、第二度……直到第四度）。

图 2-14 显示了具体结果。可以看到，对于所有深度为 1 的查询，执行时间少于 1 毫秒，甚至与节点的第一度朋友的数量无关。

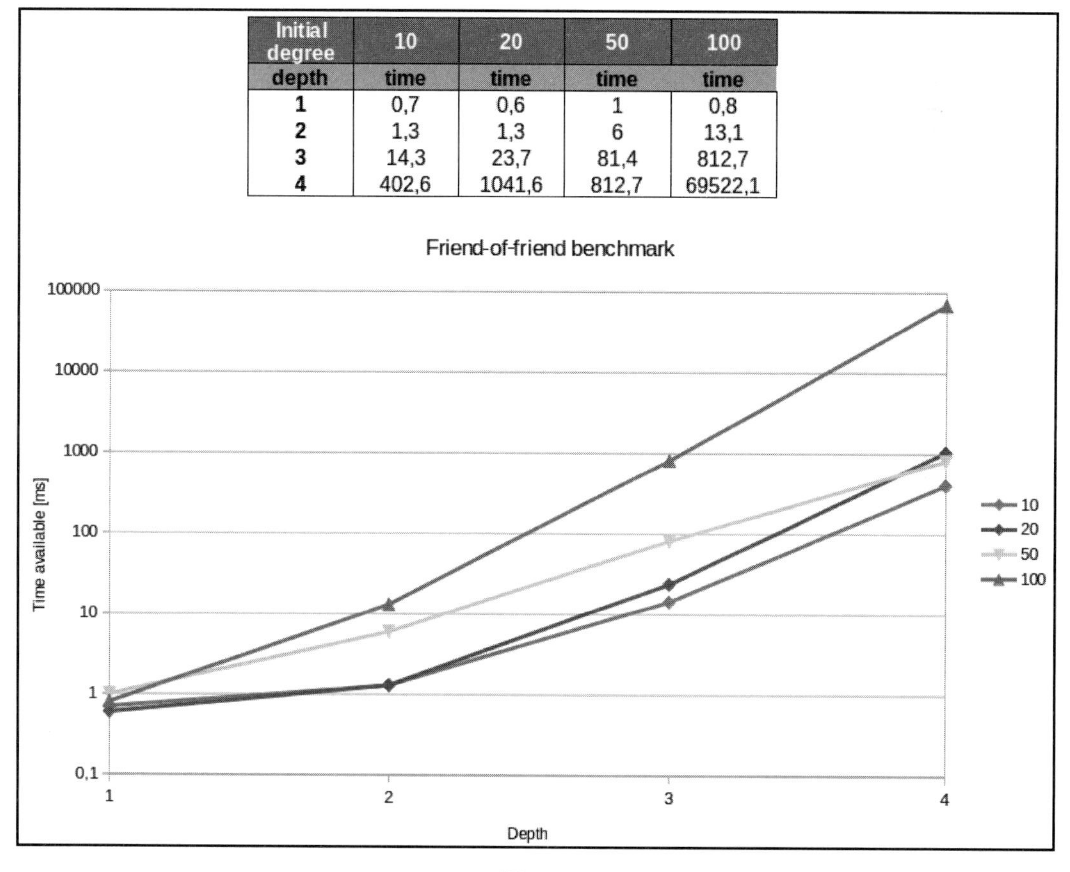

Initial degree	10	20	50	100
depth	time	time	time	time
1	0,7	0,6	1	0,8
2	1,3	1,3	6	13,1
3	14,3	23,7	81,4	812,7
4	402,6	1041,6	812,7	69522,1

图 2-14

正如预期的那样，Neo4j 获得结果所需的时间随查询深度的增加而增加。但是，可以看到，只有当有很多朋友时，初始节点的朋友数量之间的时间差才变得比较明显。当从深度为 4 且有 100 个朋友的节点开始时，匹配的节点数几乎达到 450000，执行时间大约在 1 分钟左右。

注意：

执行此基准测试时，我们未对 Neo4j Community Edition 默认配置进行任何更改。如果能调整其中一些参数——如 Maximum Heap Size（最大堆大小），则性能还有望提升。

有关这些配置的更多信息，可参考第 12 章“Neo4j 扩展”。

2.8 小　　结

本章介绍了如何使用 Cypher 对 Neo4j 图执行增删改查（CRUD）操作，包括创建、更新和删除节点、关系及其属性。

Neo4j 的强大之处在于关系遍历（从一个节点到其邻居非常快）和模式匹配，现在可以使用 Cypher 来执行。

我们还介绍了如何使用 Cypher 查询计划器来衡量查询性能。这可以帮助你避免一些陷阱，例如在加载数据时的 Eager 操作。它还有助于了解 Cypher 内部执行情况，调整查询以提高速度方面的性能。

在掌握了开始真正使用 Neo4j 的一些工具之后，在第 3 章中，我们将学习知识图（Knowledge Graph）。对于许多组织来说，这是图世界的第一个切入点。有了该数据结构，我们才能够为客户实现高性能的推荐引擎和基于图的搜索。

2.9 思　考　题

（1）美国各州图：

- 查找科罗拉多州（代码 CO）的第一度邻居：
  - 这些邻居的代码是什么？
  - 你能使用聚合函数统计出有多少个第一度邻居吗？
- 哪个州的邻居数量最多？哪个州的邻居数量最少？

  考虑使用 ORDER BY 子句。

（2）GitHub 图的改进：

- 在 neo4j_repos_github.json 中，是否可以将提供的项目语言另存为新节点？你可以使用新的 Language 节点标签。

- 如果提供了许可，还可以使用新节点保存许可吗？使用 License 节点标签，并将来自 GitHub 的所有信息保存为属性。
  提示：许可按以下格式提供：

```
"license": {
    "key": "other",
    "name": "Other",
    "spdx_id": "NOASSERTION",
    "url": null,
    "node_id": "MDc6TGljZW5zZTA="
},
```

- 使用 GitHub API，你可以保存用户位置吗？
  提示：用于获取用户信息的 URL 如下：

  https://api.github.com/users/<login>

- 该位置通常包含城市和国家/地区名称，以空格或逗号分隔。你是否可以编写查询以仅保存该对中的第一个元素（假设是城市）？
  提示：不使用 APOC 文本工具。
- 使用 GitHub API，你可以检索每个 Neo4j 贡献者拥有的存储库吗？
  提示：用于获取给定用户的存储库的 URL 如下：

  https://api.github.com/users/<login>/repos

- Neo4j 贡献者中最具代表性的是哪个位置？

2.10 延伸阅读

- Neo4j 创建的 Cypher 使用技巧非常有用，其网址如下：

  https://neo4j.com/docs/cypher-refcard/current/

- 建议仔细阅读 APOC 插件的说明文档，以了解 APOC 的功能，并决定是否值得将它包括在你的项目中：

  https://neo4j.com/docs/labs/apoc/current/

- 有关数据建模和 Neo4j 性能的更多信息，可参考 S.Raj 所著的 *Neo4j High Performance*（《Neo4j 高性能》）（Packt 出版社出版）。

第 3 章　使用纯 Cypher

在前面的章节中，我们介绍了 Neo4j 的概念，并学习了如何使用 Cypher 对其进行查询。现在是时候构建我们的第一个图数据库的有效应用程序了。

进入图数据库生态系统的第一步通常是尝试构建你的业务或行业的知识图（Knowledge Graph，也称为知识图谱）。本章将介绍什么是知识图，以及如何从结构化或非结构化数据中构建知识图。

我们将使用一些自然语言处理（Natural Language Processing，NLP）技术，并查询现有的知识图，如维基数据（Wikidata）。

最后，我们将专注于现实世界中知识图的两种可能的应用：基于图的搜索（Graph-based Search）和推荐引擎（Recommendation Engine）。

本章将包含以下主题：

- 知识图。
- 基于图的搜索。
- 推荐引擎。

3.1 技术要求

本章所需的技术和安装如下：

- Neo4j 3.5。
- 插件：
  - APOC。
  - GraphAware NLP 库：

    https://github.com/graphaware/neo4j-nlp

- 本章的某些部分还需要安装 Python3。在 NLP 方面，将使用 spaCy 软件包。
- 本章的 GitHub 存储库网址如下：

  https://github.com/PacktPublishing/Hands-On-Graph-Analytics-with-Neo4j/tree/master/ch3

3.2 知识图

如果你最近几年一直关注 Neo4j 新闻，那么你可能已经获得了很多有关知识图方面的信息。但是，并不是所有人都很清楚它们是什么。遗憾的是，知识图没有通用定义，所以我们只能尝试了解这个词背后隐藏的概念。

本节将讨论以下内容：

- 尝试给知识图一个定义。
- 从结构化数据构建知识图。
- 使用 NLP 从非结构化数据构建知识图。
- 从 Wikidata 向知识图添加上下文。
- 通过语义图增强知识图。

3.2.1 尝试给知识图一个定义

现代应用程序每天都会产生 PB 级的数据（1 PB=1024 TB，1 TB=1024 GB，1 GB=1024 MB）。例如，在 2019 年，每分钟 Google 搜索的数量估计超过了 44 亿。在相同的时间内，发送了约 1800 亿封电子邮件和超过 500000 条推文，而在 YouTube 上观看的视频数量约为 45 亿。组织这些数据并将其转化为知识是一个真正的挑战。

知识图试图通过将以下内容存储在相同的数据结构中来解决这一难题：

- 与特定领域相关的实体，如用户或产品。
- 实体之间的关系，例如，用户 A 购买了冲浪板。
- 理解上述实体和关系的上下文，例如，用户 A 居住在夏威夷，是一名冲浪教练。

图是存储所有这些信息的理想结构，因为它很容易聚合来自不同数据源的数据：我们只需要创建新节点（可能带有新标签）和关系即可。现有节点无须更新。

这些图可以按多种方式使用。例如，我们可以区分以下知识图。

- 业务知识图（Business Knowledge Graph）：你可以构建这样的图来解决企业中的某些特定任务，例如向客户提供快速准确的推荐。
- 企业知识图（Enterprise Knowledge Graph）：为了统览业务知识图，你可以构建一个图，其目的是支持企业中的多个部门。
- 领域知识图（Field Knowledge Graph）：这会更进一步，并收集有关特定领域（如医学或体育运动）的所有信息。

自 2019 年以来，关于知识图的应用，纽约的哥伦比亚大学甚至举办了专题会议。你可以在以下网址浏览过去事件的记录，并了解有关组织如何使用知识图来增强业务能力的更多信息：

https://www.knowledgegraph.tech/

下文将介绍如何在实践中构建知识图。我们将研究以下几种方法：

- 结构化数据（Structured Data）：此类数据可以来自旧式数据库（如 SQL）。
- 非结构化数据（Unstructured Data）：这包括我们将使用自然语言处理（NLP）技术分析的文本数据。
- 在线知识图（Online Knowledge Graph），尤其是维基数据（Wikidata），其网址如下：

  https://www.wikidata.org

让我们从结构化数据用例开始。

3.2.2　从结构化数据构建知识图

知识图只不过是图数据库，在实体之间具有众所周知的关系。

实际上，我们在第 2 章“Cypher 查询语言”中已经开始构建了知识图。该章构建的图包含 GitHub 上与 Neo4j 相关的存储库和用户：它表示我们对 Neo4j 生态系统的了解。

到目前为止，该图仅包含两种信息：

- Neo4j 组织拥有的存储库列表。
- 每个存储库的贡献者列表。

但是，我们的知识可以远远超出此范围。使用 GitHub API，我们可以做得更深入，例如，收集以下内容：

- 每个 Neo4j 贡献者拥有的存储库列表，或他们贡献的存储库列表。
- 分配给每个存储库的标签列表。
- 这些贡献者关注的用户列表。
- 跟随每个贡献者的用户列表。

例如，我们可以在一个查询中导入每个存储库贡献者及其拥有的存储库：

```
MATCH (u:User)-[:OWNS]->(r:Repository)
CALL apoc.load.jsonParams("https://api.github.com/repos/" + u.login + "/" +
r.name + "/contributors", {Authorization: 'Token ' + $token}, null) YIELD
value AS item
```

```
MERGE (u2:User {login: item.login})
MERGE (u2)-[:CONTRIBUTED_TO]->(r)
WITH item, u2
CALL apoc.load.jsonParams(item.repos_url, {Authorization: 'Token ' +
$token}, null) YIELD value AS contrib
MERGE (r2:Repository {name: contrib.name})
MERGE (u2)-[:OWNS]->(r2)
```

提示：

如果你不使用 GitHub 令牌，则由于 GitHub API 的速率限制，此查询将失败。

你可以扩展 GitHub 上有关 Neo4j 社区的知识图。在以下各节中，我们将学习如何使用 NLP 扩展该图并从项目的 README 文件中提取信息。

注意：

上面的查询使用了我们在第 2 章导入的 neo4j_repos_github.json 中的数据。此外，由于它为每个存储库的每个用户发送一个请求，因此可能需要一些时间才能完成（大约 5 分钟）。

3.2.3　使用 NLP 从非结构化数据构建知识图

自然语言处理（Natural Language Processing，NLP）是机器学习的一部分，其目标是理解自然语言。换句话说，NLP 的最高目标是让计算机回答诸如“今天的天气如何？”之类符合人类语言习惯的问题。

以下将具体讨论：

- ❑ 自然语言处理技术。
- ❑ 用于 NLP 的 Neo4j 工具。

1. 自然语言处理技术

在自然语言处理（NLP）中，研究人员和计算机科学家试图使计算机理解人类语言的句子。他们努力工作的成果已经可以在许多现代应用程序中看到，例如小米公司的语音助手小爱同学、Apple Siri 或 Amazon Alexa 等。

在详细讨论这种高级系统之前，我们需要了解，NLP 可用于执行以下操作：

- ❑ 执行情感分析（Sentiment Analysis）：对特定品牌的评论是正面还是负面的？
- ❑ 命名实体识别（Named Entity Recognition，NER）：是否可以提取给定文本中包含的人员或位置的名称，而不必以正则表达式模式将其全部列出？

这两个问题对于人类来说是很容易的，但对于机器而言却有很大的困难。目前有很多模型都可以用来训练并获得非常好的结果，但它们不在本书的讨论范围内，如果你对此感兴趣的话，可以参考第 3.7 节“延伸阅读”。

接下来，我们将使用斯坦福大学 NLP 研究小组提供的预训练模型，该小组提供了最新的研究成果，其网址如下：

https://stanfordnlp.github.io/

2. 用于 NLP 的 Neo4j 工具

即使没有得到 Neo4j 的正式支持，使用 Neo4j 的社区成员和公司也会提供一些有趣的插件。其中之一是由 GraphAware 公司开发的，它使 Neo4j 用户可以使用斯坦福大学的工具来实现 NLP。这个工具就是我们将在本节中使用的库。

我们将介绍以下工具和操作：

- GraphAware NLP 库。
- 从 GitHub API 导入测试数据。
- 使用 NLP 增强知识图。

1）GraphAware NLP 库

如果你对该 NLP 库的实现和更详细的说明文档感兴趣，可在以下网址找到其代码。

https://github.com/graphaware/neo4j-nlp

要安装此软件包，你需要访问以下地址并下载相应的 JAR 文件：

https://products.graphaware.com/

具体列表如下：

- framework-server-community（对应使用的 Neo4j 社区版）或 framework-server-enterprise（对应使用的 Neo4j 企业版）。
- nlp。
- nlp-standford-nlp。

你还需要从 Stanford Core NLP 下载经过训练的模型，其网址如下：

https://stanfordnlp.github.io/CoreNLP/#download

在下载所有这些 JAR 文件之后，需要将它们复制到在第 2 章“Cypher 查询语言”构建的 GitHub 图的 plugins 目录中。以下是你应该已经下载的 JAR 文件列表，运行本章中的代码将需要这些文件：

```
apoc-3.5.0.6.jar
graphaware-server-community-all-3.5.11.54.jar
graphaware-nlp-3.5.4.53.16.jar
nlp-stanfordnlp-3.5.4.53.17.jar
stanford-english-corenlp-2018-10-05-models.jar
```

一旦这些 JAR 文件位于 plugins 目录中，就必须重新启动图。要检查一切是否正常，可以通过以下查询检查 GraphAware NLP 过程是否可用：

```
CALL dbms.procedures() YIELD name, signature, description, mode
WHERE name =~ 'ga.nlp.*'
RETURN signature, description, mode
ORDER BY name
```

你将看到如图 3-1 所示的结果。

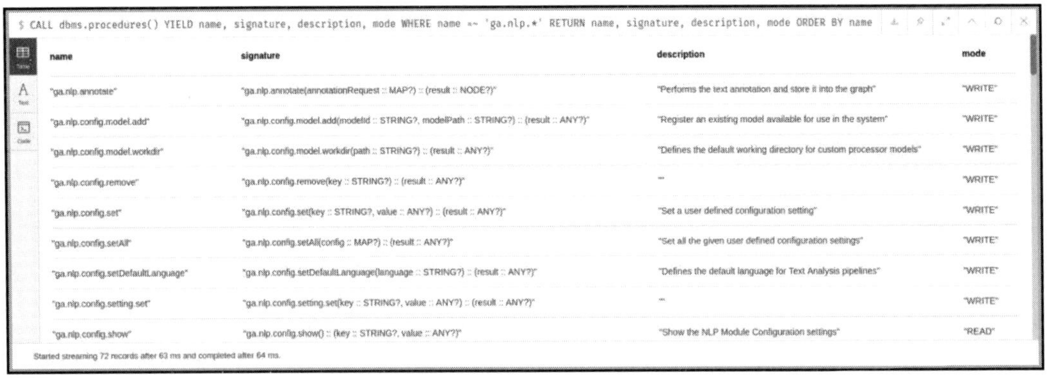

$ CALL dbms.procedures() YIELD name, signature, description, mode WHERE name =~ 'ga.nlp.*' RETURN name, signature, description, mode ORDER BY name

name	signature	description	mode
"ga.nlp.annotate"	"ga.nlp.annotate(annotationRequest :: MAP?) :: (result :: NODE?)"	"Performs the text annotation and store it into the graph"	"WRITE"
"ga.nlp.config.model.add"	"ga.nlp.config.model.add(modelId :: STRING?, modelPath :: STRING?) :: (result :: ANY?)"	"Register an existing model available for use in the system"	"WRITE"
"ga.nlp.config.model.workdir"	"ga.nlp.config.model.workdir(path :: STRING?) :: (result :: ANY?)"	"Defines the default working directory for custom processor models"	"WRITE"
"ga.nlp.config.remove"	"ga.nlp.config.remove(key :: STRING?) :: (result :: ANY?)"	""	"WRITE"
"ga.nlp.config.set"	"ga.nlp.config.set(key :: STRING?, value :: ANY?) :: (result :: ANY?)"	"Set a user defined configuration setting"	"WRITE"
"ga.nlp.config.setAll"	"ga.nlp.config.setAll(config :: MAP?) :: (result :: ANY?)"	"Set all the given user defined configuration settings"	"WRITE"
"ga.nlp.config.setDefaultLanguage"	"ga.nlp.config.setDefaultLanguage(language :: STRING?) :: (result :: ANY?)"	"Defines the default language for Text Analysis pipelines"	"WRITE"
"ga.nlp.config.setting.set"	"ga.nlp.config.setting.set(key :: STRING?, value :: ANY?) :: (result :: ANY?)"	""	"WRITE"
"ga.nlp.config.show"	"ga.nlp.config.show() :: (key :: STRING?, value :: ANY?)"	"Show the NLP Module Configuration settings"	"READ"

Started streaming 72 records after 63 ms and completed after 64 ms.

图 3-1

在开始使用 NLP 库之前，还应该更新 neo4j.conf 中的某些设置。首先，你应该信任 ga.nlp 中的过程，并告诉 Neo4j 到哪里去寻找插件：

```
dbms.security.procedures.unrestricted=apoc.*,ga.nlp.*
dbms.unmanaged_extension_classes=com.graphaware.server=/graphaware
```

然后，在同一 neo4j.conf 文件中添加以下两行（这是与 GraphAware 插件相关的）：

```
com.graphaware.runtime.enabled=true
com.graphaware.module.NLP.1=com.graphaware.nlp.module.NLPBootstrapper
```

在重新启动图之后，你的工作环境即已准备就绪。接下来，让我们导入一些文本数据以运行 NLP 算法。

2）从 GitHub API 导入测试数据

作为测试数据，我们将使用图中每个存储库的 README 文件的内容，并看看可以从中提取到什么样的信息。

从存储库获取 README 文件的 API 如下：

```
GET /repos/<owner>/<repo>/readme
```

与第 2 章类似，我们将使用 apoc.load.jsonParams 将数据加载到 Neo4j 中。

首先，需要设置 GitHub 访问令牌（如果你有的话——可选）：

```
:params {"token": "8de08ffe137afb214b86af9bcac96d2a59d55d56"}
```

然后，可以运行以下查询来检索图中所有存储库的 README 文件：

```
MATCH (u:User)-[:OWNS]->(r:Repository)
CALL apoc.load.jsonParams("https://api.github.com/repos/" + u.login + "/" +
r.name + "/readme", {Authorization: "Token " + $token}, null, null,
{failOnError: false}) YIELD value
CREATE (d:Document {name: value.name, content:value.content, encoding:
value.encoding})
CREATE (d)-[:DESCRIBES]->(r)
```

注意：

与之前从 GitHub API 获取数据的查询类似，此查询的执行时间可能会很长（15 分钟以上）。

从上面的查询中可以看到，我们添加了一个参数{failOnError:false}，以防止当 API 返回的状态码不是 200 时，APOC 引发异常。https://github.com/neo4j/license-maven-plugin 存储库就是如此，它没有任何 README 文件。

检查新文档节点的内容之后，你将看到该内容是 base64 编码的。为了使用 NLP 工具，我们必须对其进行解码。令人高兴的是，APOC 为此提供了一个程序。我们只需要清洗数据并从下载的内容中删除换行符即可，然后可以按以下方式调用 apoc.text.base64Decode：

```
MATCH (d:Document)
SET d.text = apoc.text.base64Decode(apoc.text.join(split(d.content,
"\n"), ""))
RETURN d
```

注意：

如果未在 neo4j.conf 中使用默认的 dbms.security.procedures.whitelist 参数，则需要将

apoc.text 过程列入白名单，以使上面的查询正常工作：

```
dbms.security.procedures.whitelist = apoc.text.*
```

现在，我们的文档节点已经具有人类可读的 text 属性，其中包含 README 的内容。接下来，让我们看看如何使用 NLP 来了解有关存储库的更多信息。

3）使用 NLP 增强知识图

要使用 GraphAware 工具，第一步是建立一个 NLP 管道：

```
CALL ga.nlp.processor.addPipeline({
    name:"named_entity_extraction",
    textProcessor:
    'com.graphaware.nlp.processor.stanford.StanfordTextProcessor',
    processingSteps: {tokenize:true, ner:true}
})
```

这里指定了以下内容：

- 管道名称：named_entity_extraction。
- 要使用的文本处理器：GraphAware 支持 Stanford NLP 和 OpenNLP。在这里，我们使用的是斯坦福模型（StanfordTextProcessor）。
- 处理步骤：
  - 分词（Tokenization）：从文本中提取字词。作为第一近似，可以将字词（Token）视为一个单词。
  - 命名实体识别（NER）：这是识别已命名实体（如人员或位置）的关键步骤。

现在，我们可以通过调用 ga.nlp.annotate 过程在 README 文本上运行此管道，具体如下：

```
MATCH (n:Document)
CALL ga.nlp.annotate({text: n.text, id: id(n), checkLanguage: false,
pipeline : "named_entity_extraction"})
YIELD result
MERGE (n)-[:HAS_ANNOTATED_TEXT]->(result)
```

该过程将真正更新图并向其添加节点和关系。结果图的模式如图 3-2 所示。为使该图更清晰易懂，我们仅包含了一些选定的节点和关系。

现在可以检查在存储库中识别出了哪些人：

```
MATCH (n:NER_Person) RETURN n.value
```

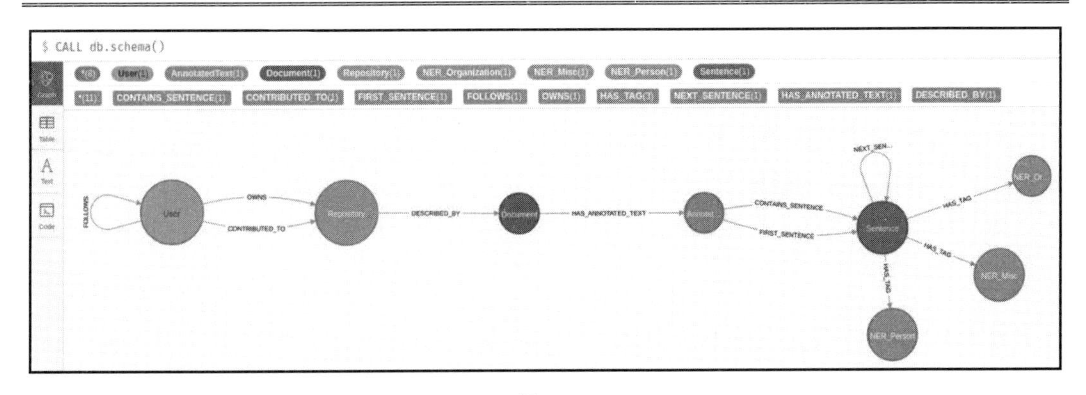

图 3-2

此查询的部分结果如下。

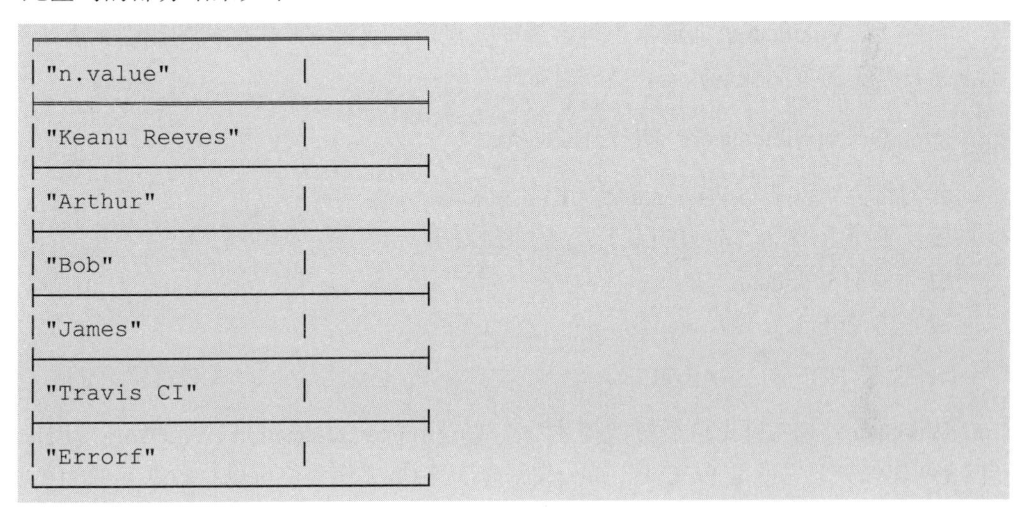

"n.value"
"Keanu Reeves"
"Arthur"
"Bob"
"James"
"Travis CI"
"Errorf"

可以看到，尽管包含一些错误（例如，Errorf 或 Travis CI 被识别为人），但 NER 仍能够成功识别 Keanu Reeves 和其他匿名贡献者。

我们还可以确定在其中识别出 Keanu Reeves 的存储库。根据上面的图模式，必须按以下方式编写查询：

```
MATCH (r:Repository)<-[:DESCRIBES]-(:Document)-
[:HAS_ANNOTATED_TEXT]->(:AnnotatedText)-[:CONTAINS_SENTENCE]->
(:Sentence)-[:HAS_TAG]->(:NER_Person {value: 'Keanu Reeves'})
RETURN r.name
```

该查询仅返回一个结果：neo4j-ogm。对于笔者下载的版本来说，此演员的名字确实在该 README 文件中有所使用。当然，由于 README 文件可能会随时间而变化，因此你在该步骤可能得到不同的结果。

NLP 是扩展知识图并从非结构化文本数据中获取结构的绝佳工具。但是，我们还可以使用另一种信息源来增强知识图。事实上，诸如 Wikimedia 基金会之类的某些组织都可以访问他们自己的知识图。因此，接下来我们将学习如何使用 Wikidata 知识图为数据添加更多上下文。

3.2.4　从 Wikidata 向知识图添加上下文

Wikidata（维基数据）对自己的定义：

"Wikidata 是一个免费且开放的知识库，可以由人类和机器读取和编辑。"

实际上，Wikidata 页面通常还包含诸如编程语言或官方网站之类的属性列表。例如，与 Neo4j 有关的页面就是如此，其网址如下：

https://www.wikidata.org/wiki/Q1628290

我们将介绍以下与 Wikidata 相关的知识和操作：

- 关于 RDF 和 SPARQL。
- 查询 Wikidata。
- 将 Wikidata 导入 Neo4j。

1. 关于 RDF 和 SPARQL

Wikidata 结构实际上遵循资源描述框架（Resource Description Framework，RDF）。自 1999 年以来，它就是 W3C 规范的一部分，这种格式使我们可以将数据存储为（主语、谓语、宾语）这样的三元组：

```
(subject, predicate, object)
```

例如，将 Homer is the father of Bart（荷马是巴特之父）的句子转换为 RDF 格式，结果如下：

```
(Homer, is father of, Bart)
```

可以使用更接近 Cypher 的语法编写此 RDF 三元组：

```
(Homer) - [IS_FATHER] -> (Bart)
```

可以使用 SPARQL 查询语言查询 RDF 数据，该语言也由 W3C 标准化。

接下来我们将介绍如何对 Wikidata 建立简单查询。

2. 查询 Wikidata

接下来我们编写的所有查询都可以使用在线 Wikidata 工具进行测试。其网址如下：

https://query.wikidata.org/

如果你在第 2 章“Cypher 查询语言”的末尾执行了性能评估操作，则 GitHub 知识图上的节点必然带有标签 Location（位置），其中包含声明每个用户居住地的城市。如果你跳过了第 2 章的性能评估步骤，则可以找到本章的 GitHub 存储库知识图。当前知识图的模式如图 3-3 所示。

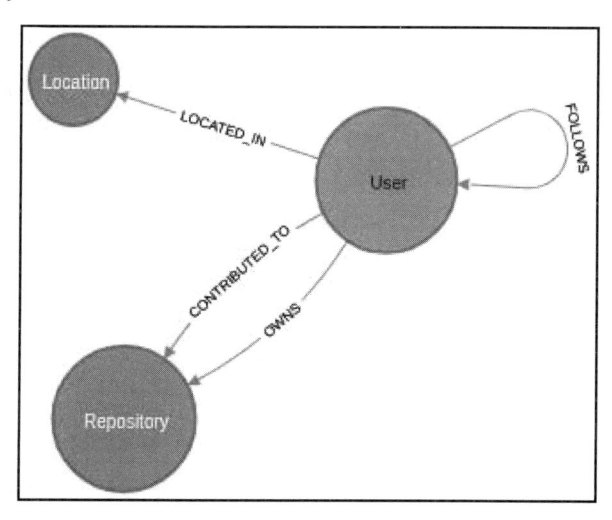

图 3-3

我们的目标是为每个 Location（位置）指定一个国家/地区。让我们从 Neo4j 贡献者中最常出现的位置开始：Malmö（马尔默），这是瑞典的一个城市，负责 Neo4j 构建和维护的公司（Neo Inc.）的总部即位于此。

如何使用 Wikidata 查找 Malmö（马尔默）所在的国家？首先需要在 Wikidata 上找到有关 Malmö 的页面。在搜索引擎上进行简单的搜索应该会链接到以下网址：

https://www.wikidata.org/wiki/Q2211

在这里，需要注意以下两点：

- URL 中的实体标识符：Q2211。也就是说，对于 Wikidata，Q2211 表示 Malmö。

- 如果向下滚动页面，则会找到属性（country），该属性链接到属性 P17 的 Property 页面，即：

  https://www.wikidata.org/wiki/Property:P17

利用这两条信息，我们可以构建和测试第一个 SPARQL 查询：

```
SELECT ?country
WHERE {
    wd:Q2211 wdt:P17 ?country .
```

注意：

WHERE 代码块中的最后一个句点在 SPARQL 中非常重要，它标志着句子的结尾。

该查询如果用 Cypher 的术语来表示，那就是：从标识符为 Q2211（Malmö）的实体开始，寻找类型为 P17（country）的关系，然后在该关系的末尾返回该实体。为了进一步与 Cypher 进行比较，可以使用 Cypher 编写上面的 SPARQL 查询，具体如下：

```
MATCH (n {id: wd:Q2211})-[r {id: wdt:P17}]->(country)
RETURN country
```

如果你在 Wikidata 在线外壳程序中运行前面的 SPARQL，那么你将得到类似 wd:Q34 的结果，并带有指向 Wikidata 中瑞典页面的链接。这说明该代码可以正常工作。但是，如果我们要自动执行此处理的话，则必须单击链接以获取国家/地区名称的方式不是很方便。幸运的是，我们可以直接从 SPARQL 获得此信息。与上一个查询相比，主要区别在于我们必须指定使用哪种语言返回结果。在本示例中，我们指定语言为英语（en）：

```
SELECT ?country ?countryLabel
WHERE {
    wd:Q2211 wdt:P17 ?country .
    SERVICE wikibase:label { bd:serviceParam wikibase:language "en". }
}
```

执行此查询，现在可以在结果的第二列获得国家名称：Sweden。

我们还可以更进一步。要获取城市标识符 Q2211，必须首先搜索 Wikidata 并将其手动引入查询中。难道不能让 SPARQL 为我们执行此搜索吗？答案是肯定的，它可以：

```
SELECT ?city ?cityLabel ?countryLabel WHERE {
    ?city rdfs:label "Malmö"@en .
    ?city wdt:P17 ?country .
```

```
    SERVICE wikibase:label { bd:serviceParam wikibase:language "en". }
}
```

在上面的语句中可以看到，我们不是从一个知名的实体开始，而是在 Wikidata 中执行搜索以查找其标签为 Malmö（英语形式）的实体。

当然，你会注意到，现在运行此查询将返回 3 行，所有行均以 Malmö 作为城市标签，但其中两行位于瑞典，最后一行位于挪威。如果只想选择我们感兴趣的 Malmö，则必须缩小查询范围并添加更多条件。例如，我们只能选择大城市：

```
SELECT ?city ?cityLabel ?countryLabel WHERE {
    ?city rdfs:label "Malmö"@en;
          wdt:P31 wd:Q5119 .
    ?city wdt:P17 ?country .
    SERVICE wikibase:label { bd:serviceParam wikibase:language "en". }
}
```

在此查询中，我们看到以下内容：

- P31 表示 instance of（实例）。
- Q1549591 是 big city（大城市）的标识符。

因此，可以将上述加粗语句翻译成以下内容：

```
查找城市
其英文标签为 Malmö,
AND 它是 big city 的实例
```

现在，我们仅选择瑞典的 Malmö，这是在本节开头识别出的 Q2211 实体。

接下来，让我们看看如何使用此查询结果来扩展 Neo4j 知识图。

3. 将 Wikidata 导入 Neo4j

要自动将数据导入 Neo4j，可使用 Wikidata 查询 API：

```
GET https://query.wikidata.org/sparql?format=json&query={SPARQL}
```

使用 format = json 不是强制性的，它会强制 API 返回 JSON 结果，而不是默认 XML。这是个人喜好问题。我们还可以使用 apoc.load.json 过程来解析结果，并根据需要创建 Neo4j 节点和关系。

请注意，如果你习惯使用 XML 并且更喜欢操纵这种数据格式，则 APOC 还具有将 XML 导入 Neo4j 的过程：

```
apoc.load.xml
```

Wikidata API 端点的第二个参数是 SPARQL 查询本身，例如我们在上一节中编写的查询。我们可以运行该查询以获得 Malmö 的 country 标签（实体 Q2211）：

```
https://query.wikidata.org/sparql?format=json&query=SELECT ?country
?countryLabel WHERE {wd:Q2211 wdt:P17 ?country .
SERVICE wikibase:label { bd:serviceParam wikibase:language "en". }}
```

你可以在浏览器中直接看到的结果 JSON，如下所示：

```
{
    "head": {
        "vars": [
            "country",
            "countryLabel"
        ]
    },
    "results": {
        "bindings": [
            {
                "country": {
                    "type": "uri",
                    "value": "http://www.wikidata.org/entity/Q34"
                },
                "countryLabel": {
                    "xml:lang": "en",
                    "type": "literal",
                    "value": "Sweden"
                }
            }
        ]
    }
}
```

如果要使用 Neo4j 处理此数据，则可以将结果复制到 wikidata_malmo_country_result.json 文件（或从本书的 GitHub 存储库下载此文件），然后使用 apoc.load.json 访问 country 名称：

```
CALL apoc.load.json("wikidata_malmo_country_result.json")
YIELD value as item
RETURN item.results.bindings[0].countryLabel.value
```

请记住，将要导入的文件放在活动图的 import 文件夹中。

你应该还记得第 2 章“Cypher 查询语言”介绍过，APOC 也可以自行执行 API 调用。这意味着我们刚刚执行的两个步骤——查询 Wikidata 并将结果保存到文件中，以及将这些数据导入 Neo4j——可以通过以下方式合并为一个步骤：

```
WITH 'SELECT ?countryLabel WHERE {wd:Q2211 wdt:P17 ?country.
SERVICE wikibase:label { bd:serviceParam wikibase:language "en". }}'
as query
CALL
apoc.load.jsonParams('http://query.wikidata.org/sparql?
format=json&query='+ apoc.text.urlencode(query), {}, null)
YIELD value as item
RETURN item.results.bindings[0].countryLabel.value
```

在这里使用 WITH 子句不是强制性的。但是，如果我们要对所有 Location 节点运行上面的查询，则使用以下语法很方便：

```
MATCH (l:Location) WHERE l.name <> ""
WITH l, 'SELECT ?countryLabel WHERE { ?city rdfs:label "' + l.name + '"@en.
?city wdt:P17 ?country.SERVICE wikibase:label { bd:serviceParam
wikibase:language "en". } }' as query
CALL
apoc.load.jsonParams('http://query.wikidata.org/sparql?
format=json&query=' + apoc.text.urlencode(query), {}, null)
YIELD value as item
RETURN l.name, item.results.bindings[0].countryLabel.value as country_name
```

这将返回如下结果：

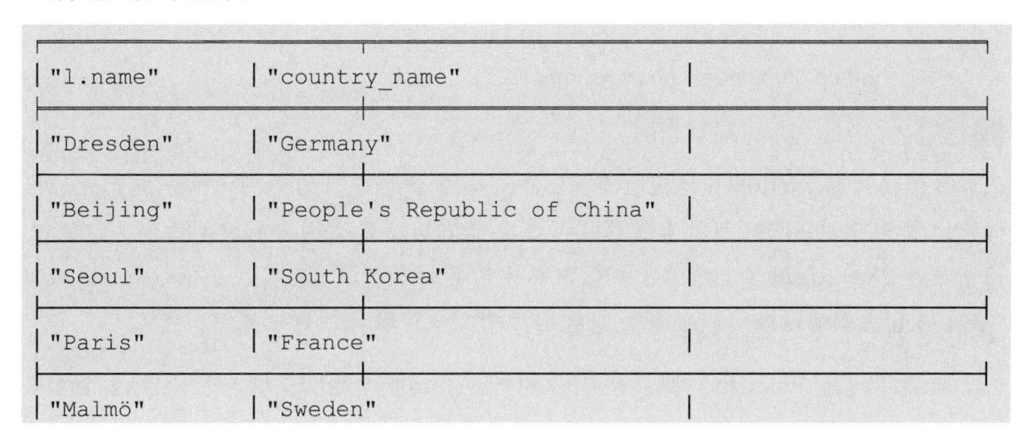

"l.name"	"country_name"
"Dresden"	"Germany"
"Beijing"	"People's Republic of China"
"Seoul"	"South Korea"
"Paris"	"France"
"Malmö"	"Sweden"

```
├────────────────────┼──────────────────────────────────────────────────────────┤
│"Lund"              │"Sweden"                    │
├────────────────────┼──────────────────────────────────────────────────────────┤
│"Copenhagen"        │"Denmark"                   │
├────────────────────┼──────────────────────────────────────────────────────────┤
│"London"            │"United Kingdom"            │
├────────────────────┼──────────────────────────────────────────────────────────┤
│"Madrid"            │"Spain"                     │
└────────────────────┴──────────────────────────────────────────────────────────┘
```

然后，可以使用此结果来创建新的国家/地区节点，并通过以下方式在城市和所标识的国家/地区之间建立关系：

```
MATCH (l:Location) WHERE l.name <> ""
WITH l, 'SELECT ?countryLabel WHERE { ?city rdfs:label "' + l.name + '"@en.
?city wdt:P17 ?country.SERVICE wikibase:label { bd:serviceParam
wikibase:language "en". } }' as query
CALL apoc.load.jsonParams('http://query.wikidata.org/sparql?
format=json&query='+ apoc.text.urlencode(query), {}, null)
YIELD value as item
WITH l, item.results.bindings[0].countryLabel.value as country_name
MERGE (c:Country {name: country_name})
MERGE (l)-[:LOCATED_IN]->(c)
```

由于可以获得免费的在线 Wikidata 资源，我们在 GitHub 上的 Neo4j 社区的知识图也得到了扩展。

提示：

如果必须管理大型 RDF 数据集，则可以使用 Neo4j 的语义扩展代替 APOC：

https://github.com/neo4j-labs/neosemantics

注意：

我们使用的从 GitHub 的用户自定义 Location 提取城市名称的方法充满了近似性，其结果通常并不十分准确（因为用户输入或自定义的位置往往是不规范的），这里仅将其用于教学目的。在现实生活中，我们宁愿使用某种地理编码服务，例如 Google 或 Open Street Map 提供的地理编码服务，以从用户输入中获取标准化位置。

如果你浏览 Wikidata，则还可以看到有许多其他可能的扩展。它不仅包含有关人员和位置的信息，而且还包含一些常用词。例如，搜索 rake（犁耙），你会发现它被归类为 farmers（农民）和 gardeners（园丁）使用的一种 agricultural tool（农业工具），并且可以用 plastic（塑料）、steel（钢铁）或 wood（木材）制成。由此可见，以结构化的方式存储的信息量令人难以置信。

当然，还有更多的方法可以扩展知识图。接下来我们介绍另一种数据源：语义图（Semantic Graph）。

3.2.5　通过语义图增强知识图

如果你有兴趣阅读 GraphAware NLP 软件包的说明文档，那么你会看到我们现在将要使用的过程：enrich 过程。

此过程使用 ConceptNet 图，该图可将具有不同类型的关系的单词联系在一起。我们可以找到同义词和反义词，但也可以使用 created by 或 symbol of 关系表示。有关完整列表，可访问以下链接：

https://github.com/commonsense/conceptnet5/wiki/Relations

让我们看看 ConceptNet 的实际应用。首先，我们需要选择一个 Tag（标签），该标签是先前使用的 GraphAware 注解（Annotate）过程的结果。对于此示例，可使用与动词 make 相对应的 Tag 并查找其同义词。语法如下：

```
MATCH (t:Tag {value: "make"})
CALL ga.nlp.enrich.concept({tag: t, depth: 1,
admittedRelationships:["Synonym"]})
```

allowedRelationships 参数是 ConceptNet 中定义的关系列表。该过程创建了新标签，并在新标签和原始标签 make 之间建立了 IS_RELATED_TO 类型的关系。通过以下查询，我们可以轻松地可视化结果：

```
MATCH (t:Tag {value: "make"})-[:IS_RELATED_TO]->(n)
RETURN t, n
```

结果如图 3-4 所示。可以看到，ConceptNet 知道 produce（产生）、construct（构造）、create（创建）和 cause（造成）等许多动词都是 make（制作）的同义词。

该信息非常有用，尤其是在尝试构建系统以了解用户意图时。

接下来我们将研究知识图的第一个用例：基于图的搜索。

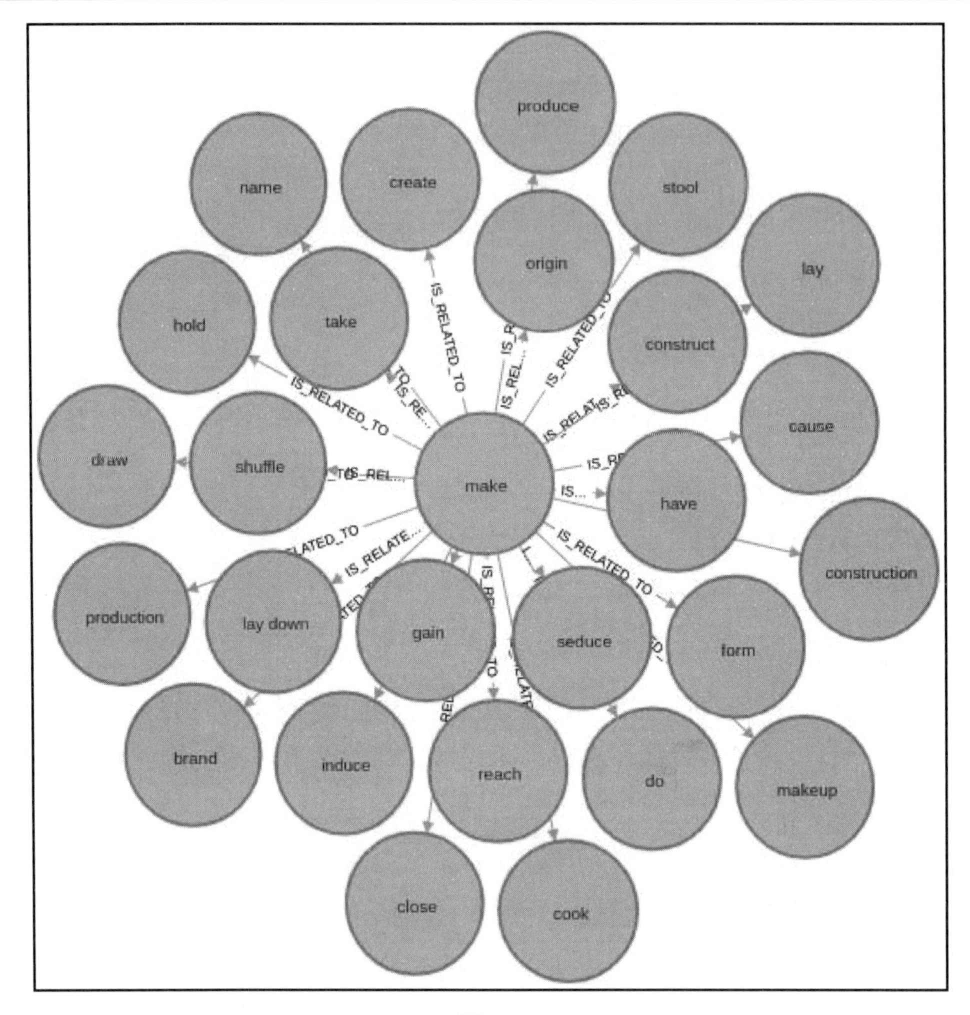

图 3-4

3.3　基于图的搜索

基于图的搜索出现在 2012 年，当时 Google 宣布了其新的基于图的搜索算法。它号称可以提供更准确的搜索结果，比以前更接近人类对人类问题的回答。

本节将讨论不同的搜索方法，以了解基于图的搜索对搜索引擎的巨大改进。然后，我们将讨论使用 Neo4j 和机器学习实现基于图的搜索的不同方法。具体包括：

- ❑ 搜索方法。
- ❑ 手动建立 Cypher 查询。
- ❑ 自动实现从英语到 Cypher 的翻译。

3.3.1　搜索方法

在 Web 应用程序中包含搜索引擎的情况下，可以使用若干种搜索方法。例如，我们可以考虑分配给博客文章的标签，这些标签有助于对文章进行分类，并允许搜索具有给定标签的文章。当你将关键字（Keywords）分配给特定文档时，也会使用此方法。该方法实现起来非常简单，但也有局限性：如果忘记了一个重要的关键字该怎么办？

幸运的是，我们还可以使用全文搜索（Full-Text Search），它由匹配的文档组成，这些文档包含用户输入的文本。在这种情况下，无须使用关键字手动注解文档，可以使用文档的全文索引。Elasticsearch 之类的工具非常擅长为文本文档建立索引，并在其中进行全文搜索。

但是这种方法仍然不是完美的。如果用户选择的措词与你使用的措词不同，但含义相似，该怎么办？例如，在一篇有关“机器学习”的文章中，“数据科学”也可以是其中的重要主题。很多人都应该有过在搜索引擎上不断尝试输入各种可能的关键字以获得自己想要的结果的经历。

这就是基于图的搜索发挥作用的地方。通过将上下文添加到数据中，你将能够识别出“数据科学”和“机器学习”实际上是相关的，即使不是同一件事，搜索这些术语之一的用户也可能会对使用另一种表达的文章感兴趣。

为了更好地理解什么是基于图的搜索，让我们看一下 Facebook 在 2013 年给出的定义：

使用 Graph Search，你只需输入诸如“住在旧金山朋友”“在哥本哈根拍摄的家人照片”或“朋友推荐的牙医”之类的短语，Facebook 就会快速显示拥有你所请求的内容的页面。

资料来源：

https://www.facebook.com/notes/facebook-engineering/under-the-hood-building-graph-search-beta/10151240856103920

基于图的搜索实际上是 Google 于 2012 年首次实现的。从那时起，你就可以提出以下更人性化的问题：

- ❑ 从纽约到澳大利亚有多远？

你将直接得到如图 3-5 所示的答案。

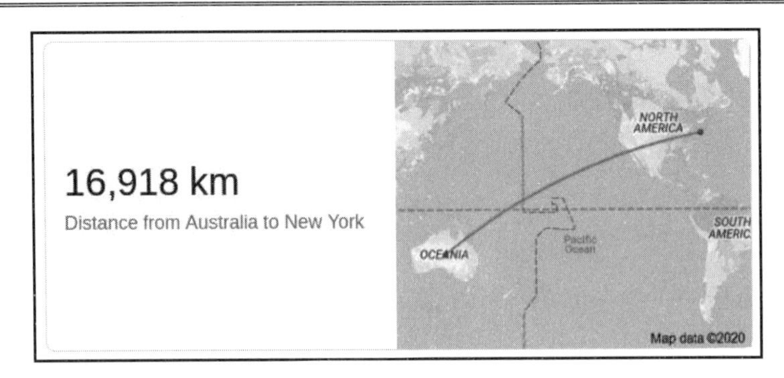

图 3-5

- Movies with Leonardo DiCaprio（莱昂纳多的电影）。

你会在结果页面的顶部看到 Leonardo DiCaprio（莱昂纳多•迪卡普里奥）主演的电影的列表，如图 3-6 所示。

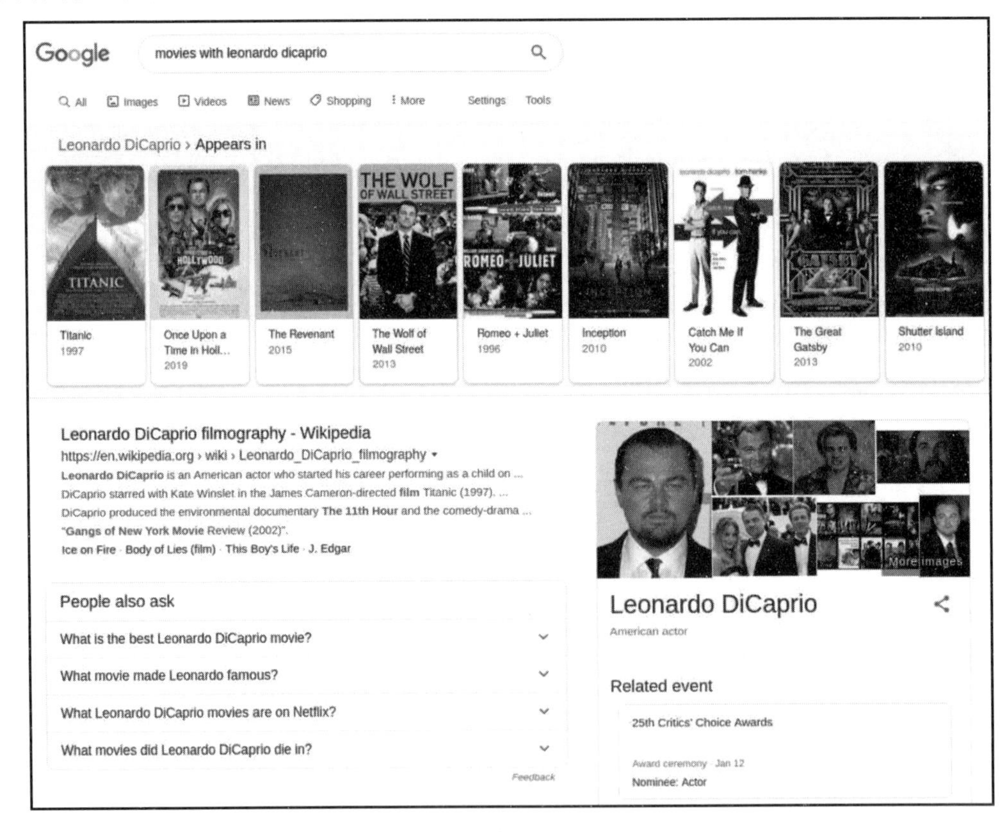

图 3-6

Neo4j 如何帮助实现基于图的搜索？让我们先来看一下 Cypher 是如何回答这个复杂问题的。

3.3.2　手动建立 Cypher 查询

首先，为了理解此搜索的工作方式，我们将手动编写一些 Cypher 查询。

表 3-1 总结了若干个问题类型以及可能获得答案的 Cypher 查询。

表 3-1　问题和 Cypher 查询

问题（英语）	Cypher 查询	答　案
When was the "neo4j" repository created?	MATCH (r:Repository) WHERE r.name = "neo4j" RETURN r.created_at	2012-11-12T 08:46:15Z
Who owns the "neo4j" repository?	MATCH (r:Repository)<-[:OWNS]-(u:User) WHERE r.name = "neo4j" RETURN u.login	neo4j
How many people contributed to "neo4j"?	MATCH (r:Repository)<-[:CONTRIBUTED_TO]-(u:User) WHERE r.name = "neo4j" RETURN count(DISTINCT u.login)	30
Which "neo4j" contributors are living in Sweden?	MATCH (:Country {name: "Sweden"})<-[:LOCATED_IN]-(:Location)<-[:LOCATED_IN]-(u:User)-[:CONTRIBUTED_TO]->(:Repository {name: "neo4j"}) RETURN u.login	"sherfert", "henriknyman", "sherfert", ...

可以看到，Cypher 允许用寥寥几个字符回答许多不同类型的问题。在上一节中基于其他数据源（如 Wikidata）建立的知识也很重要。

当然，到目前为止，该过程假设人类正在阅读问题并将其转换成 Cypher。可以想象，这是不可扩展的解决方案。这就是为什么我们现在要研究一些技术，以通过 NLP 和翻译环境中使用的最新机器学习技术来自动执行此转换。

3.3.3　自动实现从英语到 Cypher 的翻译

为了自动实现从英语到 Cypher 的翻译，我们可以使用基于语言理解的某种逻辑，或者更进一步，使用常见于语言翻译的机器学习技术。

我们将介绍：

- 使用 NLP 技术。
- 使用类似翻译的模型。

1. 使用 NLP 技术

在第 3.2.3 节“使用 NLP 从非结构化数据构建知识图”中，我们使用了一些 NLP 技术来增强知识图。相同的技术也可以用来分析用户编写的问题并提取其含义。在这里，我们将使用一个很小的 Python 脚本将用户的问题转换为 Cypher 查询。

就 NLP 技术而言，Python 生态系统包含若干个可以使用的软件包。对于我们这里的需求，可使用 spaCy。其网址如下：

https://spacy.io/

spaCy 非常易用，特别适合那些不想为技术实现而烦恼的人。它可以通过 Python 包管理器 pip 轻松安装：

```
pip install -U spacy
```

如果你更喜欢使用 conda，则也可以通过 conda-forge 安装。

现在让我们看看 spaCy 帮助构建基于图的搜索引擎的工作原理。

我们可以从一个英语句子开始，例如：

```
Leonardo DiCaprio was born in Los Angeles.
```

spaCy 可以识别句子的不同部分以及它们之间的关系，如图 3-7 所示。

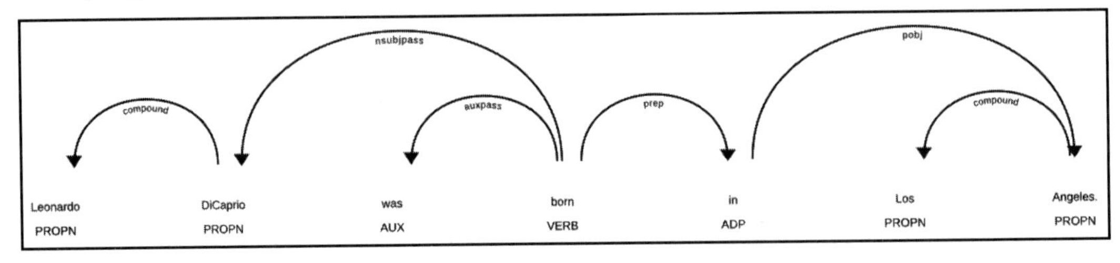

图 3-7

原　　文	译　　文
PROPN	专有名词
AUX	助动词
VERB	动词
ADP	介词

图 3-7 是从以下简单代码段生成的：

```
import spacy
// 载入英语模型
nlp = spacy.load("en_core_web_sm")

text = "Leonardo DiCaprio was born in Los Angeles."

// 分析文本
document = nlp(text)

// 生成 svg 图像
svg = spacy.displacy.render(document, style="dep")
with open("dep.svg", "w") as f:
    f.write(svg)
```

除了图 3-7 中的这些关系之外，我们还可以提取命名实体，就像我们在第 3.2 节“知识图”中使用 GraphAware 和 Stanford NLP 工具所做的那样。上述文本的处理结果将如图 3-8 所示。

图 3-8

可以通过以下方式在 spaCy 中访问此信息：

```
for ent in document.ents:
    print(ent.text, ":", ent.label_)
```

上述代码将显示以下结果：

```
Leonardo DiCaprio : PERSON
Los Angeles : GPE
```

在这里，Leonardo DiCaprio 被识别为 PERSON（人）。而根据以下页面的说明，GPE 代表的是国家（地区）、城市和省（州），因此这里也可以说是正确识别出了 Los Angles（美国洛杉矶市）：

https://spacy.io/api/annotation#named-entities

好了，这两个实体已经被正确识别了，那么有什么用呢？在有了实体之后，我们也就有了节点标签：

```
MATCH (:PERSON {name: "Leonardo DiCaprio"})
MATCH (:GPE {name: "Los Angeles"})
```

上面的两个 Cypher 查询可以从 Python 生成：

```
for ent in document.ents:
    q = f"MATCH (n:{ent.label_} {{name: '{ent.text}' }})"
    print(q)
```

提示：

Python f 字符串将用字符串范围内的 var 变量值替换{var}。为了让 Cypher 中需要的花括号不被解释，必须将它们加倍，因此代码中的{{}}语法将在最后输出为有效 Cypher。

为了确定我们应该使用哪种关系来关联两个实体，可在句子中使用 VERB（动词）：

```
for token in document:
    if token.pos_ == "VERB":
        print(token.text)
```

唯一的输出结果将是 born（出生），因为这是句子中唯一的动词。可以更新上述代码以输出 Cypher 关系：

```
for token in document:
    if token.pos_ == "VERB":
        print(f"[:{token.text.upper()}]")
```

现在将所有代码片段放在一起，即可编写一个查询来检查该语句是否正确：

```
MATCH (n0:PERSON {name: 'Leonardo DiCaprio' })
MATCH (n1:GPE {name: 'Los Angeles' })
RETURN EXISTS((n1)-[:BORN]-(n2))
```

如果要查找的模式存在于我们的工作图中，则此查询返回 True，否则返回 False。

由此可见，NLP 非常强大。如果要执行进一步的分析，还可以借助它做很多事情。当然，所需的工作量也非常高，特别是如果我们要涵盖多个领域（不仅是 Person 和 Location，还包括园艺产品或 GitHub 存储库等），则尤其如此。这就是接下来我们为什么要研究由 NLP 和机器学习支持的另一种可能性：自动实现从英语到 Cypher 的翻译。

2. 使用类似翻译的模型

从上一段中可以看到，自然语言理解有助于将人类语言自动转换为 Cypher 查询，但它是建立在一些规则的基础上的。开发人员必须仔细定义这些规则，并且可以想象，当规则数量增加时，这将会越来越困难。这就是我们要在机器学习技术（尤其是与翻译相关的技术）中寻找帮助的原因，这也是 NLP 技术的另一个组成部分。

翻译包括获取一种（人类）语言的文本，并输出另一种（人类）语言的文本，如图 3-9

所示，要将英语单词翻译为西班牙语，需要通过翻译器（Translator），这是一种机器学习模型，通常依赖于人工神经网络（Artificial Neural Network，ANN）。

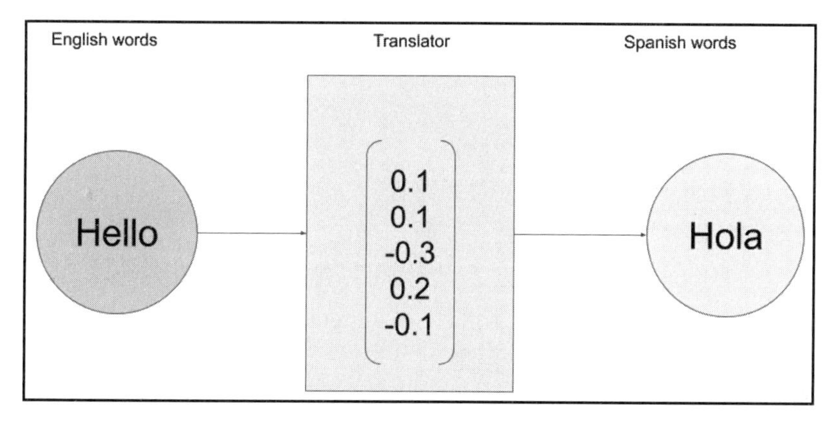

图 3-9

原　　文	译　　文
English words	英语单词
Translator	翻译器
Spanish words	西班牙语单词

翻译器的目标是为每个单词分配一个值（或值的向量），该向量带有单词的含义。在第 10 章“图嵌入——从图到矩阵”中将对此展开详细讨论。

但是，如果不知道过程的细节，我们是否可以想象应用相同的逻辑将人类语言转换为 Cypher 语句？是的，使用与人类语言翻译相同的技术，我们可以构建模型以将英语句子（问题）转换为 Cypher 查询。

Octavian-AI 公司就致力于在他们的 english2cypher 软件包中实现这种模型。有关该软件包的详细信息，可访问：

https://github.com/Octavian-ai/english2cypher

这是使用 TensorFlow 在 Python 中实现的神经网络模型。该模型从有关伦敦地铁的一系列问题中进行学习，并转换为 Cypher 中的查询。其训练集如下：

```
english: How many stations are between King's Cross and Paddington?

cypher: MATCH (var1) MATCH (var2)
        MATCH tmp1 = shortestPath((var1)-[*]-(var2))
        WHERE var1.id="c2b8c082-7c5b-4f70-9b7e-2c45872a6de8"
        AND var2.id="40761fab-abd2-4acf-93ae-e8bd06f1e524"
```

```
        WITH nodes(tmp1) AS var3
        RETURN length(var3) - 2
```

在上面的示例中，英文问题询问的是：在 King's Cross 站和 Paddington 站之间有几站？

即使我们尚未研究最短路径方法（请参阅第 4 章“Graph Data Science 库和路径查找”），我们也可以理解上述查询。

（1）首先获得问题中提到的两个站点。

（2）然后找到这两个站点之间的最短路径。

（3）计算最短路径中的节点（站点）数。

（4）问题的答案是路径长度减去 2，因为可以排除起始站和终点站。

机器学习模型的强大之处在于它们的预测（Prediction）：从一组已知数据（火车数据集）中，它们能够对未知数据发出预测。

例如，上述模型将能够回答诸如“在 Liverpool Street 站和 Hyde Park Corner 站之间有多少个车站？”之类的问题，即使它以前从未见过该问题。

为了在业务中使用这种模型，你必须创建一个训练示例，该训练示例由一系列英语问题组成，并且相应的 Cypher 查询能够回答这些问题。这部分与在 3.3.2 节“手动建立 Cypher 查询”中执行的操作相似。

然后，你还必须训练新模型。如果你不熟悉机器学习和模型训练，则可以参考第 8 章“在机器学习中使用基于图的特征”中讨论的主题。

现在，你已经更好地理解了基于图的搜索的工作原理，以及为什么我们说 Neo4j 是保存数据的良好结构（如果用户搜索对你的公司来说非常重要的话）。当然，知识图的应用不限于搜索引擎，它的另一个有趣应用是推荐引擎，这也是我们接下来要讨论的主题。

3.4　推荐引擎

现在，如果你在电子商务网站搞开发，那么很可能会遇到开发产品推荐模块的任务。例如，淘宝和京东网站上都有“猜你喜欢”之类的版块。但是，电子商务并不是推荐引擎的唯一用例，你还可以在 QQ、微博或 Twitter 上看到与你有共同好友或关注的人，他们都是系统推荐给你的。知识图是生成这些推荐的好方法。

本节将使用 GitHub 图向用户推荐他们可能会贡献或关注的新存储库。我们将探讨若干种可能性，并划分两种情况，一种是你的图中包含一些社交信息（用户可以互相喜欢或关注），另一种是完全没有社交信息。我们将从无法访问任何社交数据的情况开始，因为它是最常见的情形。

本节将讨论以下内容：

- ❑ 产品相似性推荐。
- ❑ 社交推荐。

3.4.1　产品相似性推荐

无论是电影、园艺工具还是聚会，推荐产品都有一些共同的模式。以下是一些可获得良好推荐的常识性认知：

- ❑ 与已经购买的产品处于同一类别的产品可能会对用户很有用。例如，如果用户购买了一把耙子，则可能意味着他喜欢园艺，因此，割草机可能会引起他的兴趣。
- ❑ 有些产品经常一起购买，如打印机、墨水和纸张。如果你购买了打印机，则网站会很自然地推荐其他用户也购买的墨水和纸张。

我们将讨论使用 Cypher 的这两种方法的实现。仍以 GitHub 图为例，图 3-10 显示了该模式结构的重要部分。

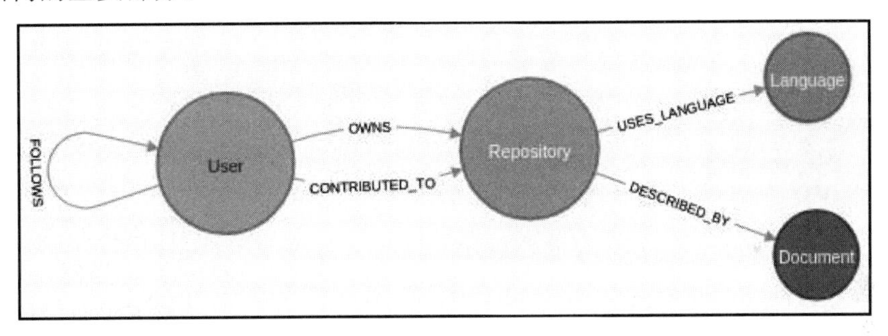

图 3-10

在该模式中包含以下实体：

- ❑ 节点标签：包括 User（用户）、Repository（存储库）、Language（语言）和 Document（文档）。
- ❑ 关系：
  - ➢ 一个 User 节点拥有（Owns）或贡献（Contribute）一个或多个 Repository 节点。
  - ➢ 一个 Repository 节点具有一个或多个 Language 节点。
  - ➢ 一个 User 节点可以关注（Follow）另一个 User 节点。

由于 GitHub API 的存在，USES_LANGUAGE 关系甚至拥有一个属性，该属性可以量化使用该语言的代码的字节数。

接下来，我们将分别介绍以下类型：

- 同类产品。
- 经常一起购买的产品。
- 推荐排序。

1. 同类产品

在 GitHub 图中，我们将把语言视为存储库的分类。例如，所有使用 Scala 语言的存储库都属于同一类别。

对于给定的用户，可以通过以下方式获取他们贡献的存储库使用的语言：

```
MATCH (:User {login: "boggle"})-[:CONTRIBUTED_TO]->(repo:Repository)-
[:USES_LANGUAGE]->(lang:Language)
RETURN lang
```

如果要使用相同的语言查找其他存储库，则可以通过以下方式将路径从语言节点扩展到其他存储库：

```
MATCH (u:User {login: "boggle"})-[:CONTRIBUTED_TO]->(repo:Repository)-
[:USES_LANGUAGE]->(lang:Language)<-[:USES_LANGUAGE]-
(recommendation:Repository)
WHERE NOT EXISTS ((u)-[:CONTRIBUTED_TO]->(repo))
RETURN recommendation
```

例如，用户 boggle 为 neo4j 存储库做出了贡献（部分使用 Scala 语言编写）。使用这种技术，我们将向用户推荐存储库 neotrients 或 JUnitSlowTestDiscovery，它们也是使用 Scala 语言编写的，如图 3-11 所示。

当然，推荐所有使用 Scala 语言的存储库就像因为用户购买了耙子而推荐所有园艺工具一样，它可能不够准确，尤其是当类别包含很多项目时。因此，接下来让我们看看可以使用哪些其他方法来改进此技术。

2. 经常一起购买的产品

一种可能的解决方案是信任你的用户。有关其行为的信息也很有价值。

考虑图 3-12 中的模式。

在图 3-12 中可以看到，用户 boggle 为存储库 neo4j 做出了贡献。另外 3 个用户也对此存储库做出了贡献，并且他们还对存储库 parents 和 neo4j.github.com 做出了贡献。也许 boggle 会对为其中一个存储库做出贡献感兴趣：

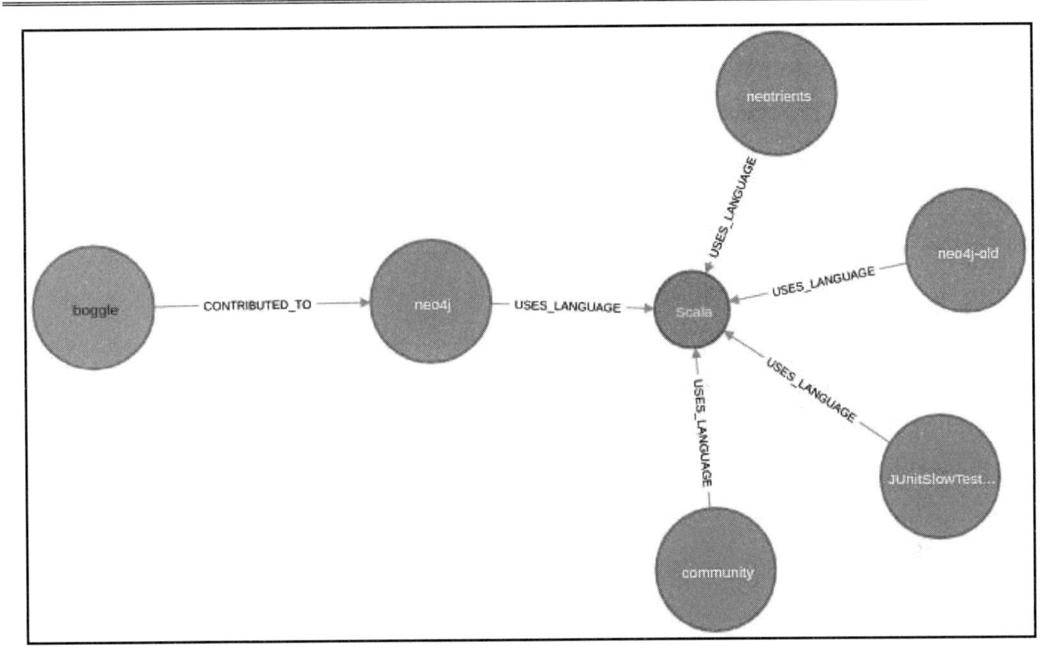

图 3-11

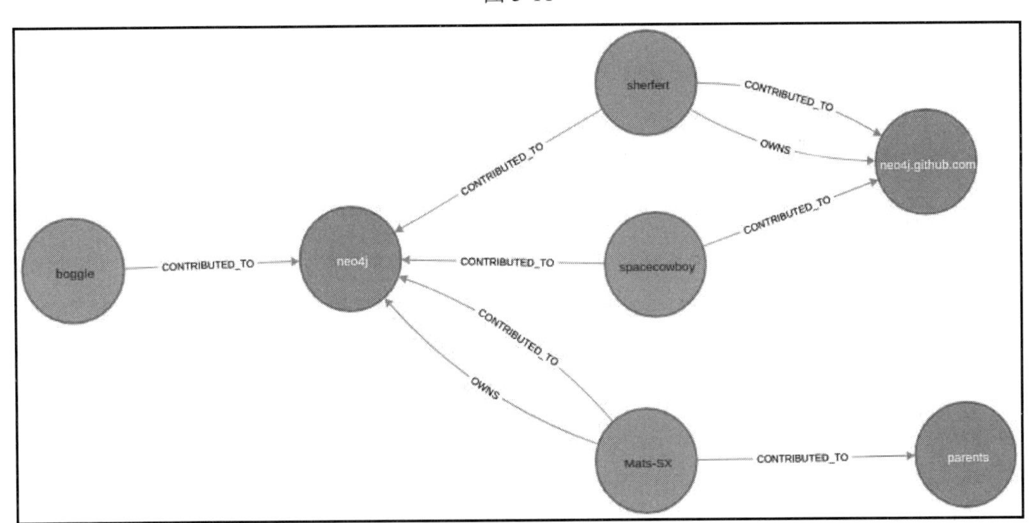

图 3-12

```
MATCH (user:User {login: "boggle"})-
[:CONTRIBUTED_TO]->(common_repository:Repository)<-[:CONTRIBUTED_TO]-
(other_user:User)-[:CONTRIBUTED_TO]->(recommendation:Repository)
```

```
WHERE user <> other_user
RETURN recommendation
```

我们甚至可以将这种方法与上一个方法组合在一起，仅选择使用用户知道的某种语言以及至少有一个共同贡献者的存储库：

```
MATCH (user:User {login: "boggle"})-
[:CONTRIBUTED_TO]->(common_repository:Repository)<-[:CONTRIBUTED_TO]-
(other_user:User)-[:CONTRIBUTED_TO]->(recommendation:Repository)
MATCH (common_repository)-[:USES_LANGUAGE]->(:Language)<-
[:USES_LANGUAGE]- (recommendation)
WHERE user <> other_user
RETURN recommendation
```

当只有几个匹配项时，我们有能力显示所有返回的项目。但是，如果你的数据库不断增长，则会发现很多可能的推荐。在这种情况下，找到一种对推荐项目进行排名的方法将是必不可少的。

3. 推荐排序

如果再看一下图 3-12，你会看到存储库 neo4j.github.com 是两个人共享的，而 parents 存储库只能由一个人推荐。此信息可用于对推荐进行排名。相应的 Cypher 查询如下：

```
MATCH (user:User {login: "boggle"})-
[:CONTRIBUTED_TO]->(common_repository:Repository)<-[:CONTRIBUTED_TO]-
(other_user:User)-[:CONTRIBUTED_TO]->(recommendation:Repository)
WHERE user <> other_user
WITH recommendation, COUNT(other_user) as reco_importance
RETURN recommendation
ORDER BY reco_importance DESC
LIMIT 5
```

在上面的代码中，引入了新的 WITH 子句以执行聚合：对于每个可能的推荐存储库，计算有多少用户会推荐它。

首先是使用用户数据提供准确推荐，其次则是在可能的情况下考虑使用社交关系提供推荐。

3.4.2　社交推荐

如果你的知识图包含与用户之间的社交链接相关的数据（例如 GitHub 或 Medium 都包括这种数据），那么这将向你开放一个全新的推荐领域。因为你知道给定用户喜欢或关注的人，所以你可以更好地了解该用户可能喜欢的内容类型。例如，如果你在 Medium 上关注的某个人收藏了一个故事（Medium 是一个英文写作平台），那么与你在 Medium 上可以找到的任何其他随机故事相比，你很可能更喜欢它。

幸运的是，在 GitHub 知识图中也可以通过 FOLLOWS（关注）关系找到一些社交数据。因此可使用此信息向用户提供其他推荐。

此类推荐最常见的类型是朋友购买过的产品。

如果我们想向 GitHub 用户推荐新的存储库，则可以考虑以下规则：

我关注的用户的存储库很可能也是我感兴趣的，否则我不会关注那些用户。

可以使用 Cypher 来识别这样的存储库：

```
MATCH (u:User {login: "mkhq"})-[:FOLLOWS]->(following:User)-
[:CONTRIBUTED_TO]->(recommendation:Repository)
WHERE NOT EXISTS ((u)-[:CONTRIBUTED_TO]->(recommendation))
RETURN DISTINCT recommendation
```

此查询匹配的模式如图 3-13 所示。

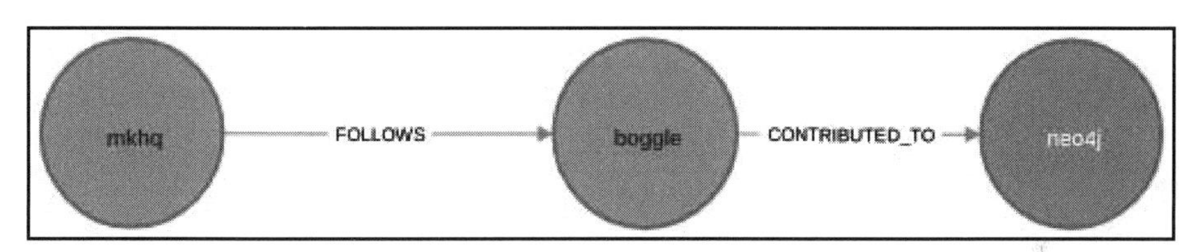

图 3-13

在这里也可以使用推荐排序。在我关注的人里面，对给定存储库做出贡献的人数越多，那么我也为该存储库做出贡献的可能性就越高。这可以通过以下方式转换为 Cypher：

```
MATCH (u:User {login: "mkhq"})-[:FOLLOWS]->(following:User)-
[:CONTRIBUTED_TO]->(recommendation:Repository)
WHERE NOT EXISTS ((u)-[:CONTRIBUTED_TO]->(recommendation))
WITH user, recommendation,
COUNT(following) as nb_following_contributed_to_repo
RETURN recommendation
ORDER BY nb_following_contributed_to_repo DESC
LIMIT 5
```

可以看到，该查询的第一部分与前面的代码完全相同，而第二部分则与在第 3.4.2 节“社交推荐”中编写的查询类似：对于每种可能的推荐，我们计算有多少个类似 mkhg 这样已经关注的用户。

到目前为止，我们已经讨论了若干种基于纯 Cypher 查找推荐的方法。它们可以根据你的数据进行扩展：关于产品和客户的信息越多，推荐就越精确。在后续章节中，我们还将讨论在同一社区内创建节点集群的算法。假设同一个社区内的用户更有可能喜欢或购买相同的产品，则可以在推荐的上下文中使用该社区概念。更多详细信息将在第 7 章“社区检测和相似性度量”中给出。

3.5 小　　结

本章详细描述了如何使用已经结构化的数据（如 API 结果）或可以查询的现有知识图（如 Wikidata）来创建知识图。

我们还学习了如何使用 NLP 和命名实体识别，以便从非结构化数据（如人工编写的文本）中提取信息，并将此信息转换为结构化图。

本章还介绍了知识图的两个重要应用：基于图的搜索和推荐引擎。谷歌使用了基于图的搜索来为用户提供更准确的结果，而商品推荐则是当今电子商务必不可少的步骤。

所有这些都是通过 Cypher 完成的，并通过一些插件（如 APOC 或 NLP GraphAware 插件）进行了扩展。在本书的其余部分中，我们将在处理图分析时广泛使用另一个非常重要的库：Neo4j Graph 算法库。第 4 章将详细介绍它，并在最短路径发现程序挑战的背景下给出应用示例。

3.6 思 考 题

在使用 Wikidata 的情况下，我们可以将哪种上下文信息添加到存储库语言中？

3.7 延 伸 阅 读

- 如果你是 NLP 技术方面的新手，并且想了解更多信息，则建议阅读由 D. Gunning 和 S. Ghosh 合著的 *Natural Language Processing Fundamentals*（《自然语言处理基础》）（Packt 出版社出版）。
- 还可以阅读由 R. Shanmugamani 和 R. Arumugam 合著的 *Hands-On Natural Language Processing with Python*（《使用 Python 进行自然语言处理实战》）（Packt 出版社出版）。

- W3C 规格方面的资料：
  - RDF：

    https://www.w3.org/TR/rdf-concepts/

  - SPARQL：

    https://www.w3.org/TR/rdf-sparql-query/

- Google 翻译使用的神经机器翻译模型：
  - Google 的初始论文：

    https://research.google/pubs/pub45610/

  - 使用 Tensorflow 的实现：

    https://github.com/tensorflow/nmt

第 2 篇

图 算 法

在第 2 篇中，我们将学习图数据的特定数据分析技术，包括具有更高级功能的最短路径方法。

本篇包括以下章节：

第 4 章：Graph Data Science 库和路径查找。

第 5 章：空间数据。

第 6 章：节点重要性。

第 7 章：社区检测和相似性度量。

第4章　Graph Data Science 库和路径查找

本章将首次使用 Graph Data Science 库（GDS 库），它是 Neo4j 的图算法库的后继产品。在介绍了库的主要原理之后，我们将学习寻路算法。然后，我们将通过 Python 和 Java 中的实现来了解它们的工作方式。

本章将学习如何使用这些算法的优化版本（这些算法是在 GDS 插件中实现的）。我们将介绍迪杰斯特拉和 A*最短路径算法，以及其他一些与路径相关的方法，例如旅行商问题和最小生成树（MST）等。

本章包含以下主题：

- GDS 插件简介。
- 通过应用了解最短路径算法的重要性。
- 迪杰斯特拉最短路径算法。
- 使用 A*算法及其启发式算法查找最短路径。
- 在 GDS 库中发现其他与路径相关的算法。
- 使用图优化流程。

4.1　技术要求

本章将使用以下工具：

- Neo4j（3.5 或更高版本），带有 Neo4j Graph Data Science 插件（1.0 或更高版本）。
- 某些代码示例将用 Python（3.6 或更高版本）编写。
- 本章的完整代码文件可在以下位置获得：

  https://github.com/PacktPublishing/Hands-On-Graph-Analytics-with-Neo4j/ch4/

注意：

如果使用的 Neo4j 低于 4.0 版本，则 Graph Data Science（GDS）插件的最新兼容版本是 1.1，如果使用的 Neo4j 版本为 4.0 或以上，则 GDS 插件的第一个兼容版本是 1.2。

4.2　关于 GDS 插件

现在我们从介绍 GDS 插件开始。该插件由 Neo4j 提供，扩展了其图数据库的功能，可用于分析目的。本节将介绍命名约定，并解释一些非常重要的投影图（Projected Graph）概念，本书的后续章节将广泛使用该概念。

该插件的第一个实现是在图算法库（Graph Algorithms Library）中完成的，该库于 2017 年 6 月首次发布。在 2020 年，它被 Graph Data Science（GDS）插件取代。GDS 插件包括针对最常用算法的性能优化，因此它们可以在巨大的图（数十亿个节点）上运行。即使本书将重点介绍优化算法，我们也建议你参考最新说明文档，以确保获得最新信息。该文档的网址如下：

https://neo4j.com/docs/graph-data-science/current/

注意：

GDS 插件的完整代码是开源的，可以在 GitHub 上找到，其网址如下：

https://github.com/neo4j/graph-data-science

本节将讨论以下内容：

- 使用自定义函数和过程扩展 Neo4j。
- GDS 库内容。
- 定义投影图。
- 将结果流式传输或写回到图。

4.2.1　使用自定义函数和过程扩展 Neo4j

在前面的章节中，我们实际上已经使用了若干个 Neo4j 扩展。APOC 和 neo4j-nlp 都是使用 Neo4j 提供的工具构建的，目的是从外部库访问核心数据库。Neo4j 从其 3.0 版本开始提供此功能。

用户也可以自定义函数或过程，不过在此之前我们需要先了解以下内容：

- 过程和函数之间的区别。
- 在 Neo4j 中编写自定义函数。

1．过程和函数之间的区别

函数（Function）和过程（Procedure）之间的主要区别是每行返回的结果数。函数必须每行返回一个且只有一个结果，而过程则可以返回更多值。

以下将分别介绍：

- 函数。
- 过程。

1）函数

要获取正在运行的 Neo4j 实例中可用函数的列表，可以使用以下命令：

```
CALL dbms.functions()
```

默认安装（不带插件）已经包含一些函数，如 randomUUID 函数。

函数的结果可通过常规 Cypher 查询访问。例如，要生成随机的通用唯一识别码（Universally Unique Identifier，UUID），可以使用以下命令：

```
RETURN randomUUID()
```

创建节点时，可以使用该函数来生成随机的 UUID：

```
CREATE (:Node {uuid: randomUUID()})
```

上述语句将使用属性 uuid 创建一个新节点，该 uuid 属性包含随机生成的 UUID。

2）过程

可通过以下查询获取可用过程的列表：

```
CALL dbms.procedures()
```

要调用一个过程，必须使用 CALL 关键字。

提示：

这意味着 dbms.functions 和 dbms.procedures 实际上是过程本身。

例如，db.labels 是默认安装中可用的过程。通过使用以下查询，你将看到活动图中使用的标签列表：

```
CALL db.labels()
```

由于它返回若干行，因此不能像 randomUUID 函数那样使用它来设置节点属性。这就是它是一个过程而不是一个函数的原因。

2. 在 Neo4j 中编写自定义函数

如果你有兴趣编写自己的自定义过程，Neo4j 为此提供了 Java API。在 Maven 项目中，必须包含以下依赖项：

```
<dependency>
```

```
    <groupId>org.neo4j</groupId>
    <artifactId>neo4j</artifactId>
    <version>${neo4j.version}</version>
    <scope>provided</scope>
</dependency>
```

可以使用以下代码来实现用户定义的函数，该函数将两个数字简单地相乘：

```
@UserFunction
@Description("packt.multiply(value, value)")
public Double multiply(
        @Name("number1") Double number1,
        @Name("number2") Double number2
) {
    if (number1 == null || number2 == null) {
        return null;
    }
    return number1 * number2;
}
```

让我们仔细分析一下这段代码。

（1）@UserFunction 注解声明了一个用户定义的函数。同样，也可以使用@Procedure 注解声明过程。

（2）我们声明了一个名为 multiply 的函数，返回类型为 Double（双精度）。它接收两个参数：number1（Double）和 number2（Double）。

（3）如果这些数字中的任何一个为 null，则该函数返回 null，否则，它将返回两个数字的乘积。

在构建项目并将已生成的 JAR 复制到图的 plugins 目录之后，我们将能够按以下方式使用此新函数：

```
RETURN packt.multiply(10.1, 2)
```

注意：

有关更多信息和示例，可查看以下 Neo4j 文档：

https://neo4j.com/docs/java-reference/current/extended-neo4j/procedures-and-functions/

接下来我们将讨论 GDS 插件。

4.2.2　GDS 库内容

GDS 插件包含若干种算法。本章将重点介绍最短路径算法，但在后续章节中，我们还将学习如何执行以下操作：

- 衡量节点重要性：我们为此使用的算法称为中心性算法（Centrality Algorithm）。例如，它们包括 Google 开发的用于对搜索结果进行排名的 PageRank 算法（请参见第 6 章“节点重要性”）。
- 标识节点的社区（请参见第 7 章“社区检测和相似性度量”）。
- 提取特征以执行链接预测（请参见第 9 章“预测关系”）。
- 运行图嵌入算法（Graph Embedding Algorithm）以从图结构中学习特征（请参见第 10 章“图嵌入——从图到矩阵”）。

过程名称具有以下通用语法：

```
gds.<tier>.<algo>.<write|stream>(graphName, configuration)
```

让我们详细了解一下上述语法中的每个组成部分：

- tier：这是可选的。如果过程名称不包含 tier，则表示该算法已完全受支持并具有可用于生产的实现。其他可能的值为 alpha 或 beta。alpha 包含从图算法库移植而来的算法，但尚未进行优化。
- algo：这是算法名称，如 shortestPath。
- write | stream：允许控制结果的渲染方式（下文将对此进行更多介绍）。
- graphName：这是将在其上运行算法的投影图的名称。
- configuration：这是定义算法参数的映射。

本书将详细介绍每种算法的 configuration 映射中可用的选项。但是在此之前，我们需要理解什么是投影图。

提示：

在即将发布的 GDS 版本中，某些算法可能会从 alpha 转换为 beta 或正式版。

要查找过程的确切名称，可使用以下查询：

```
CALL gds.list() YIELD name, description, signature
WHERE name =~ ".*shortestPath.*"
RETURN name, description, signature
```

4.2.3 定义投影图

实际上，大多数情况下，你都不会希望在整个 Neo4j 图上运行 GDS 算法。你可以通过选择特定用例下感兴趣的节点和关系来减少算法中使用的数据大小。为此，GDS 插件实现了投影图（Projected Graph）的概念。

投影图是 Neo4j 图的较轻型化版本，仅包含节点、关系和属性的子集。图的大小因此而减小，使其可以放入 RAM 中，从而使得访问更加轻松快捷。

我们可以使用为会话长度定义的命名投影图（Named Projected Graph），或在运行算法时动态定义匿名投影图（Anonymous Projected Graph）。本书将主要使用命名投影图，虽然这并非强制性的，但它使我们可以划分投影图定义和算法配置。

投影图是高度可定制的。也就是说，你可以选择特定的标签和类型，重命名它们，甚至创建新的标签和类型。

以下将分别介绍：

- ❑ 原生投影。
- ❑ Cypher 投影。

1. 原生投影

创建投影图的第一种方法是列出要包括的节点标签、关系类型和属性。为此，可使用 gds.graph.create 过程创建一个命名投影图。其签名如下：

```
CALL gds.graph.create(
    graphName::STRING,
    nodeProjection::STRING, LIST or MAP,
    relationshipProjection::STRING, LIST or MAP,
    configuration::MAP
)
```

使用此过程的最简单方法是包括所有节点和关系，如下所示：

```
CALL gds.graph.create("projGraphAll", "*", "*")
```

projGarphAll 图现在可用，我们将能够告诉图算法在该图上运行。

如果你需要更多自定义，以下是节点投影的完整签名：

```
{
    <node-label>: {
        label: <neo4j-label>,
        properties: {
            <property-key-1>: {
                property: <neo-property-key>,
                defaultValue: <numeric-value>
            },
            [...]
        }
    },
```

```
    [...]
}
```

以下节点投影包括带有 User 标签和 name 属性的节点。如果给定节点缺少该属性，则使用空字符串（默认值）：

```
{
    "User": {
        label: "User",
            properties: {name: {property: "name", defaultValue: ""}}
    }
}
```

类似地，关系投影的定义如下：

```
{
    <relationship-type>: {
        type: <neo4j-type>,
        projection: <projection-type>,
        aggregation: <aggregation-type>,
        properties: {
            <property-key-1>: {
                property: <neo4j-property-key>,
                defaultValue: <numeric-value>,
                aggregation: <aggregation-type>
            },
            [...]
        }
    },
    [...]
}
```

当我们不想重新定义所有内容时，可采用一种快捷方式。例如，要选择带有 User 标签的所有节点以及所有具有 FOLLOWS 类型的关系，可以使用以下命令：

```
CALL gds.graph.create("myProjectedGraph", "User", "FOLLOWS")
```

此语法已经允许对给定对象进行大量的自定义，以将其包括在投影图中。如果这还不够，则还可以通过 Cypher 查询来定义投影图。

2．Cypher 投影

为了进一步自定义投影图，可以使用 Cypher 投影。它使我们能够动态创建关系（所谓“动态”，就是指关系仅在投影图中创建，而不是在 Neo4j 图中创建）。

用于创建投影图的语法与原生投影图语法非常相似，不同之处在于，节点和关系的配置是通过 Cypher 查询完成的：

```
CALL gds.graph.create.cypher(
    graphName::STRING,
    nodeQuery::STRING,
    relationshipQuery::STRING,
    configuration::MAP
)
```

其约束如下：

- nodeQuery 必须返回一个名为 id 的属性，其中包含节点的唯一标识符。
- relationshipQuery 必须包含两个属性，即 source 和 destination，分别指示源和目标节点标识符。

使用 Cypher 投影的等效 myProjectedGraph 如下所示：

```
CALL gds.graph.create.cypher(
    "myProjectedCypherGraph",
    "MATCH (u:User) RETURN id(u) as id",
    "MATCH (u:User)-[:FOLLOWS]->(v:User) RETURN id(u) as source, id(v) as
destination"
)
```

Cypher 投影对于在投影图中动态添加关系或属性非常有用。在后续章节中，将讨论若干个与此功能相关的示例（参见第 5 章“空间数据”和第 8 章“在机器学习中使用基于图的功能”）。

注意：

如果必须重新启动 Neo4j 实例，则投影图将丢失。

4.2.4　将结果流式传输或写回到图

在为图算法过程（投影图）定义了输入之后，我们还必须决定插件将如何处理结果。这有 3 种可能的选择：

- 流式传输结果：结果将以流的形式提供，可以在 Neo4j Browser 中使用，也可以从 Neo4j 驱动程序以不同的语言（Java、Python、Go 和 .NET 等）读取。
- 将结果写入 Neo4j 图：如果受影响的节点的数量确实很大，则流式传输结果可能不是一个好的选择。在这种情况下，可以将算法的结果写入初始图中。例如，向受影响的节点添加属性或关系。

- 更改投影图：将算法结果另存为内存图（In-Memory Graph）中的新属性。稍后必须使用 gds.graph.writeNodeProperties 过程将它们复制到 Neo4j 图。

本书将使用流或写入模式处理静态投影图。图 4-1 总结了完整的管道。

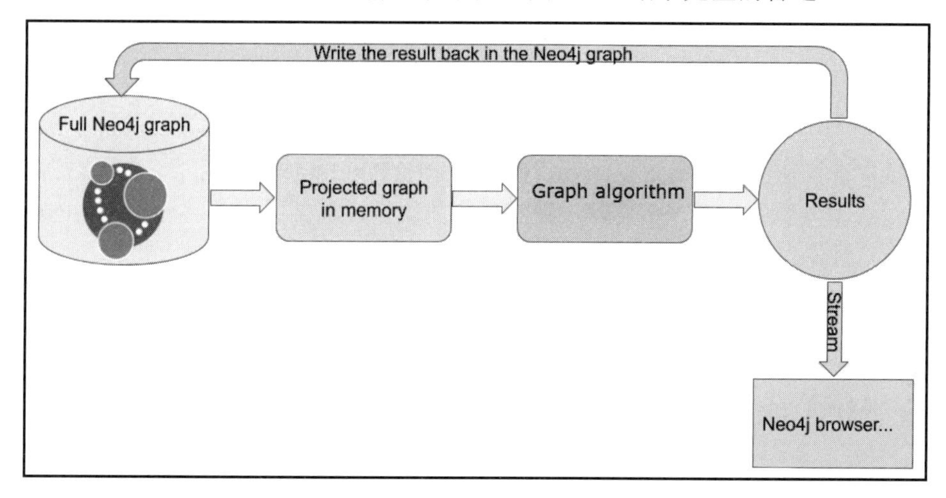

图 4-1

原　　文	译　　文
Write the result back in the Neo4j graph	将结果写回 Neo4j 图
Full Neo4j graph	完整的 Neo4j 图
Projected graph in memory	将图投影到内存中
Graph algorithm	图算法
Results	结果
Stream	流传输

通过过程名称可以在这两种返回模式之间进行选择：

- gds.<tier>.<algo>.stream 获取流式结果。
- gds.<tier>.<algo>.write 将结果写回原始图中。

提示：

类似地，要改变投影图，可以使用 gds.<tier>.<algo>.mutate。

注意：

某些算法并不是两种返回模式都可用的。本书将重点介绍这些内容，但如有更改，请始终参考最新的说明文档。

要深入理解 GDS 的应用，我们可以讨论第一个用例：最短路径算法（Shortest Path Algorithm）。在详细介绍其实现之前，不妨先了解一下用于寻路算法的应用，包括（但不限于）路由应用。

4.3 通过应用了解最短路径算法的重要性

当尝试查找在图上的最短路径寻找器（Shortest Pathfinder）应用时，我们想到了通过 GPS 进行汽车导航的用例，但实际上还有更多的用例，包括非常著名的旅行商问题。

本节将讨论以下内容：

- 网络内的路由。
- 其他应用。

4.3.1 网络内的路由

路由（Routing）通常是指 GPS 导航，但也可能有一些更令人惊讶的应用。

以下将介绍：

- 全球定位系统。
- 社交网络中的最短路径。

1. 全球定位系统

GPS 这个名称实际上用于两种不同的技术：

- 全球定位系统（Global Positioning System，GPS）本身是一种在地球上找到精确位置的方法。通过绕地球轨道运行并发送连续信号的卫星群，全球定位成为一种可能。根据设备接收到的信号，基于三角测量方法的算法可以确定你的位置。

注意：

GPS 系统使用的卫星均属于美国。中国的对应系统称为“北斗卫星导航系统”，简称 BDS，是中国自行研制的全球卫星导航系统，也是继 GPS、GLONASS（俄罗斯）之后的第三个成熟的卫星导航系统。

- 路由算法（Routing Algorithm，也称为路线选择算法）：该算法将获取你的位置和目的地位置，并且充分了解周围道路状况，然后计算出从 A 点（你的位置）到 B 点（目的地）的最短路线。

在有了图之后，路由算法成为可能。正如我们在第 1 章“图数据库”中讨论的那样，道路网络是图的理想应用，其中的路口是图的顶点（节点），而节点之间的路段则是边。本章将讨论最短路径算法，在第 5 章“空间数据”中，我们将创建一个路由引擎。

2. 社交网络中的最短路径

在社交网络中，两个人之间的最短路径称为分离度（Degree of Separation）。研究分离度的分布可以深入了解网络的结构。

4.3.2 其他应用

与图一样，在现实世界中有很多用于寻路算法的应用，在不同的领域中也可以找到更多的用例。我们将介绍以下两个有趣的应用领域：

- 视频游戏。
- 科学领域。

1. 视频游戏

图已在视频游戏中频繁使用。游戏环境可以建模为网格（Grid），而网格又可以看作是一个图，其中的每个单元格是一个节点，相邻的单元格通过一条边连接。在图中找到路径可以使玩家在环境中移动，避免与障碍物碰撞。

2. 科学领域

在多个科学领域，尤其是遗传学领域，已经研究了图内寻路的一些应用。例如，在遗传学领域中，研究人员研究了给定序列中基因之间的关系。

你可能还会联想到各专业领域中的其他应用。

接下来，让我们讨论最著名的最短路径算法，即迪杰斯特拉算法（Dijkstra Algorithm）。

4.4 迪杰斯特拉最短路径算法

迪杰斯特拉算法是由荷兰计算机科学家 E. W. Dijkstra 在 20 世纪 50 年代开发的。其目的是找到图中两个节点之间的最短路径。我们将首先阐释算法的工作方式，然后详细介绍在 Neo4j 和 GDS 插件中迪杰斯特拉算法的应用。

本节将讨论以下内容：

- 理解算法。
- 在 Neo4j 中使用最短路径算法。
- 理解关系方向。

4.4.1　理解算法

迪杰斯特拉算法可能是最著名的路径查找算法。这是一种贪婪算法，它将首先从给定节点（起始节点）开始遍历图的广度（请参见图 4-2），并尝试在每一步中针对最短路径做出最佳选择。

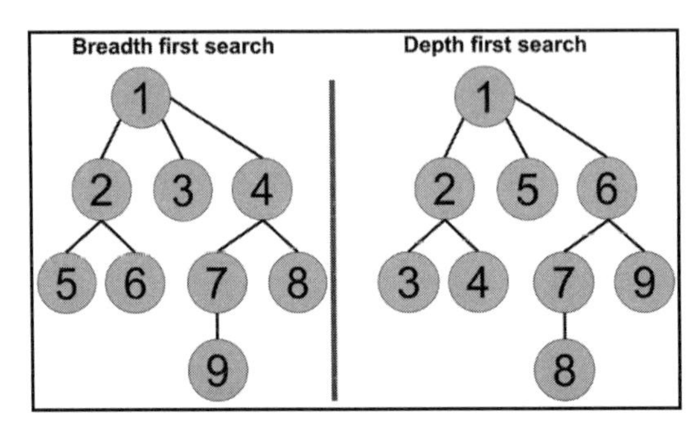

图 4-2

原　　文	译　　文
Breadth first search	广度优先搜索
Depth first search	深度优先搜索

为了更好地理解该算法，我们将：

- ❑　在简单的图上运行迪杰斯特拉算法。
- ❑　提供一个示例实现。

1．在简单的图上运行迪杰斯特拉算法

图 4-3 显示了一个图的示例，它是一个无方向加权图。

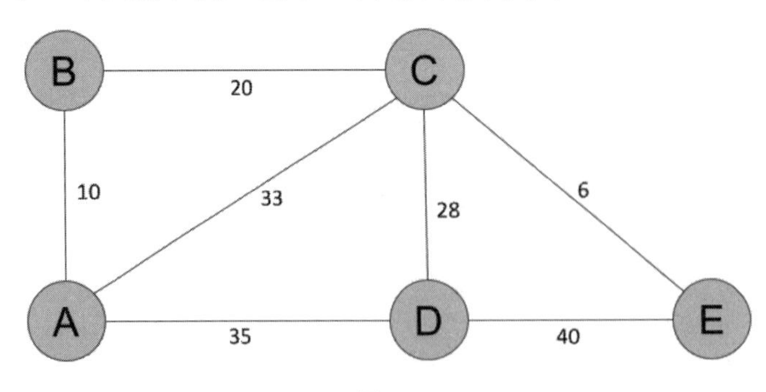

图 4-3

假设我们的任务是要寻找节点 A 和 E 之间的最短加权路径。

具体迭代步骤如下。

（1）初始化（表 4-1 的第一行）：我们将起始节点 A 和所有其他节点之间的距离初始化为无穷大，但从 A 到 A 的距离除外（该距离设置为 0）。

（2）第一次迭代（表 4-1 的第二行）：

- 从节点 A 开始，算法将遍历图，指向每个邻居（即 A、B、C 和 D）。
- 它将记住从起始节点 A 到其他每个节点的距离。如果我们只对最短路径长度感兴趣，则只需要距离即可。但是，如果我们还想知道最短路径是由哪些节点组成的，则还需要保留有关传入节点（父节点）的信息。

  在接下来的迭代中，由于我们从节点 A 开始，因此所有计算出的距离都是相对于节点 A 的。
- 该算法选择到目前为止最接近 A 的节点。在其第二次迭代中，它将从这个新的起始节点执行相同的操作。在本示例中，B 是最接近 A 的节点，因此第二次迭代将从 B 开始。

（3）第二次迭代：从 B 开始，算法访问 C。C 是其唯一邻居，该邻居尚未在算法的任何迭代中用作开始节点。从 A 到 C 到 B 的距离如下：

```
10 (A -> B)+ 20 (B -> C)= 30
```

这意味着从 A 到 C 到 B 的时间要短于直接从 A 到 C 的时间。然后算法记住从 A 到 C 的最短路径是 30，到达 C 之前的上一个节点是 B。换言之，C 的父级是 B。

（4）第三次迭代：在这一次的迭代中，算法将从节点 C 开始，节点 C 在上一次迭代中与 A 的距离为 30。它访问 D 和 E。从 A 到 D（通过 C）的距离是 58，高于从 A 直接到 D 的直接距离（35），因此不记忆此新路径。

（5）第四次迭代：第四次迭代从 D 开始，仅访问节点 E，这是唯一剩余的节点。但是，看起来从 C 到达 E 的距离（10+20+6=36）比从 D 到达 E 的距离（35+40=75）要短得多，因此，该算法只会记住通过 C 从 A 到 E 的路径。

表 4-1 说明了上述步骤。

表 4-1　最短路径迭代步骤

迭　代	起　点	A	B	C	D	E	下一个节点
0	A	0	∞	∞	∞	∞	A
1	A	x	**10 - A**	33 - A	35 - A	∞	B
2	B	x	x	33 - A **30 (10+20) - B**	35 - A	∞	C

续表

迭　代	起　点	A	B	C	D	E	下一个节点
3	C	x	x	x	**35 - A** 58 (30+28) - C	36 (30+6) - C	D
4	D	x	x	x	x	**36 (30+6) - C** 75 (35+40) - D	E

图 4-4 说明了相同的算法。

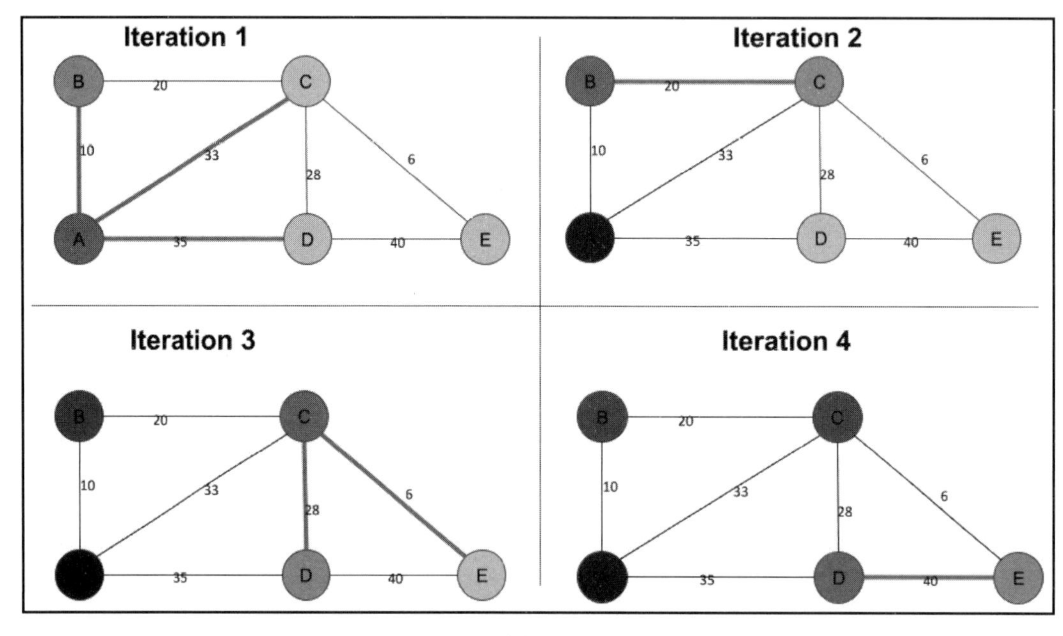

图 4-4

绿色节点代表每次迭代的起始节点。红色节点是已经访问过的节点，蓝色节点是将被选作下一次迭代起点的节点。

注意：

彩色图像在黑白印刷的纸版图书上可能不容易辨识效果，本书还提供了一个 PDF 文件，其中包含本书使用的屏幕截图/图表的彩色图像。可以通过以下地址下载：

http://static.packt-cdn.com/downloads/9781839212611_ColorImages.pdf

现在我们已经研究了初始图中的所有节点。让我们来回顾一下结果。为此，我们将从端节点 E 开始。表 4-1 中的列 E 告诉我们，从 A 到 E 的最短路径的总距离为 36。为了重建完整路径，必须按以下方式在表中导航。

（1）从列 E 开始，寻找路径最短的行，并确定路径中的上一个节点 C。

（2）从列 C 开始重复相同的操作：可以看到，从 A 到 C 的最短路径是 30，而该路径中的上一个节点是 B。

（3）从列 B 开始重复相同的过程，得出结论，A 和 B 之间的最短路径是直接路径，其成本为 10。

总而言之，A 和 E 之间的最短路径如下：

A-> B-> C-> E

注意：

迪杰斯特拉算法假定只有在将新节点添加到路径时，两个节点之间的距离才能增加。这意味着它不支持负权重（Negative Weight）的边。

接下来，我们将给出在纯 Python 中该算法的示例实现。

2. 提供一个示例实现

为了完全理解该算法，让我们看一下 Python 中的示例实现。

提示：

如果你更熟悉 Java，则可以在以下网址中找到使用 Neo4j API 图表示形式的 Java 示例实现：

https://github.com/stellasia/neoplus/blob/master/src/main/java/neoplus/ShortestPath.Java

在该示例实现中，我们需要了解：

- 图的表示形式。
- 算法。
- 显示从 A 到 E 的完整路径。

1）图的表示形式

首先，我们必须定义一个结构来存储图。可以通过多种方式表示图以进行计算。就我们的目的而言，最简单的方法是使用以图节点为键的字典。与每个键关联的值包含另一个字典，表示从该节点开始的边及其相应的权重。例如，本示例中的图可以写成如下形式：

```
G = {
    'A': {'B': 10, 'C': 33, 'D': 35},
    'B': {'A': 10, 'C': 20},
```

```
    'C': {'A': 20, 'B': 33, 'D': 28, 'E': 6},
    'D': {'A': 35, 'C': 28, 'E': 40},
    'E': {'C': 6, 'D' : 40},
}
```

以顶点 A 为例，它连接到其他 3 个顶点：

- B，权重为 10。
- C，权重为 33。
- D，权重为 35。

此结构将用于在图中导航，以找到 A 和 E 之间的最短路径。

2）算法

下面将通过代码重现 4.4.1 节中“在简单的图上运行迪杰斯特拉算法”中介绍过的迭代步骤。

给定一个图 G，shortest_path 函数将遍历该图以寻找起点和终点之间的最短路径。

从 step_start_node 开始，每次迭代都将执行以下操作。

（1）查找 step_start_node 的邻居。

（2）对于每个邻居 n，执行以下操作（如果已经访问过，则跳过 n）：

- 使用与 n 和 step_start_node 之间的边关联的权重，计算 n 和 step_start_node 之间的距离。
- 如果新距离比以前保存的距离（如果有的话）短，则将该距离和传入（父）节点保存到 shortest_distances 字典中。
- 将 step_start_node 添加到已访问节点的列表。

（3）更新 step_start_node 以进行下一次迭代：将从尚未访问的最接近 start_node 的节点开始。

（4）重复直到 end_node 被标记为已访问。

该代码应如下所示：

```
def shortest_path(G, start_node, end_node):
    """迪杰斯特拉算法示例实现

    :param dict G: 图的表示形式
    :param str start_node: 起始节点名称
    :param str end_node: 末尾节点名称
    """
    # 将所有节点的 shortest_distances 初始化为无穷大
    shortest_distances = {k: (float("inf"), None) for k in G}
    # 已访问节点的列表
```

```
    visited_nodes = []
    # 与起始节点的距离为 0
    shortest_distances[start_node] = (0, start_node)
    # 从 start_node 开始第一次迭代
    step_start_node = start_node
    while True:
        print("-"*20, "Start iteration with node", step_start_node)
        # 退出条件：当算法到达 end_node 时
        if step_start_node == end_node:
            # 返回 shortest_distances[end_node][0]
            return nice_path(start_node, end_node, shortest_distances)
        # 对当前 step_start_node 的直接邻居进行迭代
        for neighbor, weight in G[step_start_node].items():
            # 如果邻居已经反问过，则不执行任何操作
            print("-"*10, "Neighbor", neighbor, "with weight", weight)
            if neighbor in visited_nodes:
                print("\t already visited, skipping")
                continue
            # 否则，比较与该节点的距离
            previous_dist = shortest_distances[neighbor][0]
            # 遍历 step_start_node 的新距离
            new_dist = shortest_distances[step_start_node][0] + weight
            # 如果新距离比之前的距离短
            # 则记住新的路径
            if new_dist < previous_dist:
                shortest_distances[neighbor] = (new_dist, step_start_node)
                print("\t found new shortest path between", start_node,
"and", neighbor, ":",  new_dist)
            else:
                print("\t distance", new_dist, "higher than previous one",
previous_dist, "skipping")
        visited_nodes.append(step_start_node)
        unvisited_nodes = {
            node: shortest_distances[node][0] for node in G if node not in
visited_nodes
        }
        step_start_node = min(unvisited_nodes, key=unvisited_nodes.get)
```

可以使用在第 4.4.1 节中“图的表示形式”中定义的图来运行此函数：

```
shortest_path(G, "A", "E")
```

这将产生以下输出：

```
=================== Start ====================
-------------------- Start iteration with node A
----------  Neighbors B with weight 10
    found   new shortest path between A and B : 10
----------  Neighbors C with weight 33
    found   new shortest path between A and C : 33
----------  Neighbors D with weight 35
    found   new shortest path between A and D : 35
-------------------- Start iteration with node B
----------  Neighbors A with weight 10
    already visited, skipping
----------  Neighbors C with weight 20
    found   new shortest path between A and C : 30
-------------------- Start iteration with node C
----------  Neighbors A with weight 20
    already visited, skipping
----------  Neighbors B with weight 33
    already visited, skipping
----------  Neighbors D with weight 28
    distance 58 higher than previous one 35 skipping
----------  Neighbors E with weight 6
    found new shortest path between A and E : 36
-------------------- Start iteration with node D
----------  Neighbors A with weight 35
    already visited, skipping
----------  Neighbors C with weight 28
    already visited, skipping
----------  Neighbors E with weight 40
    distance 75 higher than previous one 36 skipping
-------------------- Start iteration with node E
=============== Result ===============
36
===================   End   ====================
```

可以看到，函数发现的最短路径长度为36，与手动计算的结果一致。

如果我们需要的不止是从节点A到E的距离，例如，还需要获得这条最短路径内的节点，则可以从shortest_distances字典中检索此信息。接下来我们将介绍该操作。

3）显示从A到E的完整路径

shortest_distances变量在shortest_path函数的末尾包含以下数据：

```
{
    'A': (0, 'A'),
```

```
    'B': (10, 'A'),
    'C': (30, 'B'),
    'D': (35, 'A'),
    'E': (36, 'C')
}
```

使用此信息可以显示 A 和 E 之间的完整路径。从末尾节点 E 开始，shortest_distances ["E"] [1]包含最短路径中的上一个节点（C）。类似地，shortest_distances ["C"] [1] 包含从 A 到 E 的最短路径中的上一个节点（B），依此类推。

可以编写以下函数来检索路径中的每个节点和距离：

```
def nice_path(start_node, end_node, shortest_distances):
    node = end_node
    result = []
    while node != start_node:
        result.append((node, shortest_distances[node][0]))
        node = shortest_distances[node][1]
    result.append((start_node, 0))
    return list(reversed(result))
```

此函数返回以下结果：

```
=============== Result ===============
[('A', 0), ('B', 10), ('C', 30), ('E', 36)]
====================  End  ====================
```

这些结果与表 4-1“最短路径迭代步骤”中找到的结果一致。

提示：

本节编写的两个函数（shortest_path 和 nice_path）也可以按递归的方式编写。

我们创建此实现是为了让你理解算法的原理。如果你打算将此算法用于实际应用，那么现有的最新库中已经存在就内存使用而言更为优化的解决方案。在 Python 中，主要的有关图方面的库称为 networkx，其网址如下：

https://networkx.github.io

当然，要使用此库或 Neo4j 存储数据中的另一个库，则需要将数据从 Neo4j 中导出，进行处理，然后才能再次导入结果。如果使用 GDS 库，则此过程将得以简化，因为它使我们能够直接在 Neo4j 内运行优化的算法。

4.4.2　在 Neo4j 中使用最短路径算法

为了测试最短路径算法在 GDS 库中的实现，我们将仍使用前面相同的图为示例。因此，可首先在 Neo4j 中创建以下测试图：

```
CREATE (A:Node {name: "A"})
CREATE (B:Node {name: "B"})
CREATE (C:Node {name: "C"})
CREATE (D:Node {name: "D"})
CREATE (E:Node {name: "E"})
CREATE (A)-[:LINKED_TO {weight: 10}]->(B)
CREATE (A)-[:LINKED_TO {weight: 33}]->(C)
CREATE (A)-[:LINKED_TO {weight: 35}]->(D)
CREATE (B)-[:LINKED_TO {weight: 20}]->(C)
CREATE (C)-[:LINKED_TO {weight: 28}]->(D)
CREATE (C)-[:LINKED_TO {weight: 6 }]->(E)
CREATE (D)-[:LINKED_TO {weight: 40}]->(E)
```

图 4-5 显示了 Neo4j 中的结果图。

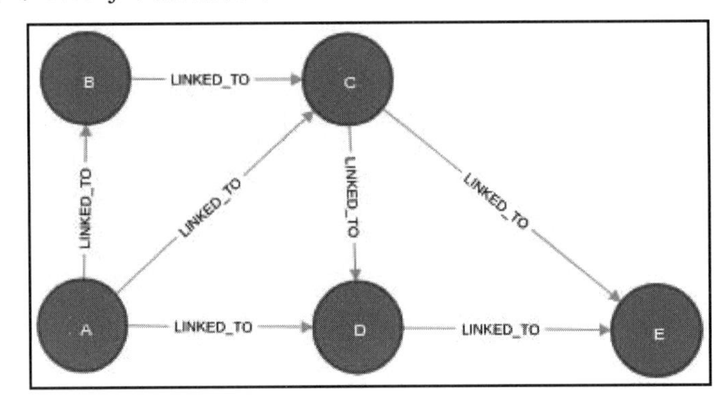

图 4-5

查找两个节点之间最短路径的过程如下：

```
gds.alpha.shortestPath.stream(
    graphName::STRING,
    {
        startNode::NODE,
        endNode::NODE,
        relationshipWeightProperty::STRING
    )
(nodeId::INTEGER, cost::FLOAT)
```

配置参数如下：

- 起始节点。
- 末尾节点。
- 包含要用作权重的关系属性的字符串。

它返回具有以下两个元素的最短路径中的节点列表：

- Neo4j 内部节点 ID。
- 到达该节点的遍历成本。

注意：

GDS 库 1.0 版中的所有最短路径算法都位于 alpha 层，这意味着它们尚未针对生产环境进行优化，并且很有可能进行更改。请始终在以下网址查看最新说明文档，以检查兼容性：

https://neo4j.com/docs/graph-data-science/preview/

让我们使用它来在测试图上查找 A 和 E 之间的最短路径。但是在执行此操作之前，我们需要定义投影图。在本示例中，我们将使用带有 Node 标签的节点以及带有 LINKED_TO 标签的关系，因此创建此投影图的过程调用如下：

```
CALL gds.graph.create("graph", "Node", "LINKED_TO")
```

然后按以下方式使用最短路径过程：

```
MATCH (A:Node {name: "A"})
MATCH (E:Node {name: "E"})
CALL gds.alpha.shortestPath.stream("graph", {startNode: A, endNode: E})
YIELD nodeId, cost
RETURN nodeId, cost
```

该查询的结果如下：

```
┌─────────┬──────┐
│"nodeId" │"cost"│
╞═════════╪══════╡
│45       │0.0   │
├─────────┼──────┤
│48       │1.0   │
├─────────┼──────┤
│49       │2.0   │
└─────────┴──────┘
```

nodeId 列包含 Neo4j 给出的节点 ID（供内部使用）。你获得的值可能与上面显示的值不同，但最重要的是，由于我们不知道它们对应的节点，因此很难解释它们。幸运的是，GDS 插件包含一个辅助函数（gds.util.asNode），用于从其 ID 获取节点。因此，我们可以更新查询以返回更有意义的内容：

```
MATCH (A:Node {name: "A"})
MATCH (E:Node {name: "E"})
CALL gds.alpha.shortestPath.stream("graph", {startNode: A, endNode: E})
YIELD nodeId, cost
RETURN gds.util.asNode(nodeId).name as name, cost
```

该查询可产生以下输出：

```
╒══════╤══════╕
│"name"│"cost"│
╞══════╪══════╡
│"A"   │0.0   │
├──────┼──────┤
│"D"   │1.0   │
├──────┼──────┤
│"E"   │2.0   │
└──────┴──────┘
```

现在，节点名称是可以理解的。但是，该输出还有另一个问题：它与我们在第 4.4.1 节中“显示从 A 到 E 的完整路径”中找到的输出不匹配。这是因为 shortestPath 过程的默认行为是计算从一个节点到另一节点的跳数，而不考虑与图的边（关系）相关联的任何权重。这等效于将所有边的权重都设置为 1。就跳数而言，此结果是正确的——从 A 到 E 的最短路径将通过节点 D。

注意：

迪杰斯特拉算法仅返回一条最短路径。如果存在多个解决方案，则仅返回一个。

要考虑边的权重或节点之间的距离，必须使用 relationshipWeightProperty 配置参数：

```
MATCH (A:Node {name: "A"})
MATCH (E:Node {name: "E"})
CALL gds.alpha.shortestPath.stream("graph", {
        startNode: A,
        endNode: E,
        relationshipWeightProperty: "weight"
    }
)
YIELD nodeId, cost
```

```
RETURN gds.util.asNode(nodeId).name as name, cost
```

如果尝试运行此过程，则会收到以下错误消息：

```
Failed to invoke procedure `gds.alpha.shortestPath.stream`: Caused by:
java.lang.IllegalArgumentException: Relationship weight property
`weight` not found in graph with relationship properties: []
```

确实，我们的投影图（graph）并不包含任何关系属性。你可以使用 gds.graph.list 过程对此进行检查：

```
CALL gds.graph.list("graph")
YIELD relationshipProjection
RETURN *
```

这将得到以下结果：

```
{
    "LINKED_TO": {
        "aggregation": "DEFAULT",
        "projection": "NATURAL",
        "type": "LINKED_TO",
        "properties": {

        }
    }
}
```

可以标识空的属性列表。

要解决此问题，可以创建另一个投影图，这次包括 weight 属性：

```
CALL gds.graph.create("graph_weighted", "Node", "LINKED_TO",   {
        relationshipProperties: [{weight: 'weight' }]
    }
)
```

现在，在 graph_weighted 上调用的列表过程告诉我们，我们有一个属性 weight，与关系类型 LINKED_TO 相关联：

```
{
    "LINKED_TO": {
        "aggregation": "DEFAULT",
        "projection": "NATURAL",
        "type": "LINKED_TO",
        "properties": {
```

```
                "weight": {
                    "property": "weight",
                    "defaultValue": NaN,
                    "aggregation": "DEFAULT"
                }
            }
    }
}
```

现在可以在这个新的投影图 graph_weighted 上运行最短路径过程：

```
MATCH (A:Node {name: "A"})
MATCH (E:Node {name: "E"})
CALL gds.alpha.shortestPath.stream("graph_weighted", {
        startNode: A,
        endNode: E,
        relationshipWeightProperty: "weight"
    }
)
YIELD nodeId, cost
RETURN gds.util.asNode(nodeId).name as name, cost
```

这次可获得预期的结果：

```
╒════╤══════╕
│"id"│"cost"│
╞════╪══════╡
│"A" │0.0   │
├────┼──────┤
│"B" │10.0  │
├────┼──────┤
│"C" │30.0  │
├────┼──────┤
│"E" │36.0  │
└────┴──────┘
```

如果检查此结果的图的可视化效果，则将找到 4 个节点 A、B、C 和 E，以及它们之间的所有现有关系，而无须筛选属于最短路径的关系。这意味着我们失去了需要访问节点的顺序。这是由于 Neo4j Browser 中的配置默认选项的关系。要禁用该选项，需要进入 Neo4j Desktop 中的设置视图，并禁用名为 Connect result nodes（连接结果节点）的选项。在禁用该选项的情况下，运行上述查询将仅显示节点。

接下来，我们将对该查询进行一些调整，以实现路径可视化要可视化已经获得的最短路径，可以先将结果写入图。这并不是强制性的，但是会稍微简化以下查询。

本节将不使用 gds.alpha.shortestPath.stream，而是调用 gds.alpha.shortestPath.write 过程。它们的参数相似，但返回值完全不同：

```
MATCH (A:Node {name: "A"})
MATCH (E:Node {name: "E"})
CALL gds.alpha.shortestPath.write("graph_weighted", {
        startNode: A,
        endNode: E,
        relationshipWeightProperty: "weight"
    }
) YIELD totalCost
RETURN totalCost
```

这会将最短路径算法的结果写入属于最短路径的节点上的 sssp 属性。

提示：

可以通过向配置映射添加 writeProperty 键来配置用于将结果写入原始图的属性名称。

如果要检索该路径（包括关系），则必须找到路径中两个连续节点之间的关系，并将其与节点一起返回。这正是以下查询的作用：

```
MATCH (n:Node)
WHERE n.sssp IS NOT NULL
WITH n
ORDER BY n.sssp
WITH collect(n) as path
UNWIND range(0, size(path)-1) AS index
WITH path[index] AS currentNode, path[index+1] AS nextNode
MATCH (currentNode)-[r:LINKED_TO]-(nextNode)
RETURN currentNode, r, nextNode
```

此 Cypher 查询执行以下操作：

- 通过仅保留具有 sssp 属性的节点并对其进行排序，来选择属于最短路径的节点。
- 使用 collect 语句将所有这些节点分组到一个名为 path 的列表中（如果需要一些提示，请参见第 2 章“Cypher 查询语言”）。
- 遍历此列表的索引，从 0 到 n-1，其中 n 是 path 中的节点数。
- 访问节点（path [index]）及其路径中的后续节点（path [index + 1]）。
- 找到这两个节点之间的 LINDED_TO 类型的关系，并将其作为最终结果的一部分返回。

该查询产生的结果将如图 4-6 所示。

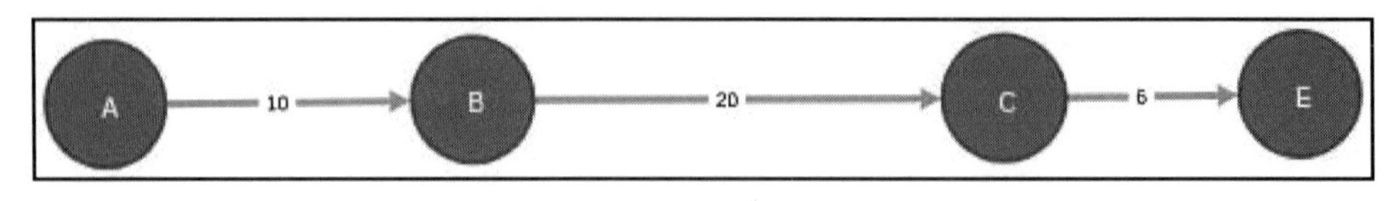

图 4-6

4.4.3 理解关系方向

到目前为止，我们使用的是投影关系方向的默认配置。默认情况下，该方向和 Neo4j 图的方向是相同的。

图 4-7 说明了传出（Outgoing）和传入（Incoming）关系之间的差异。对于节点 A 来说，与 B 的关系是传出的，这意味着它从 A 开始并在 B 中结束；而与 C 的关系则是传入的，这意味着 A 是结束节点。

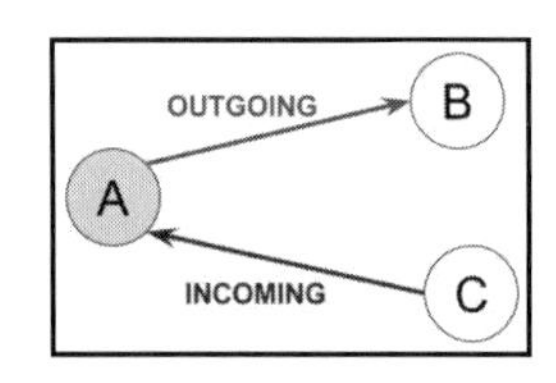

图 4-7

原　文	译　文
OUTGOING	传出
INCOMING	传入

在 GDS 中，始终可以选择是仅使用传出或传入关系，还是使用双向关系。使用双向关系时，允许你将图视为无向图，而所有 Neo4j 关系都必须是有向的。

为了说明这个概念，让我们在测试图中添加新的边：

```
MATCH (A:Node {name: "A"})
MATCH (C:Node {name: "C"})
MATCH (E:Node {name: "E"})
CREATE (C)-[:LINKED_TO {weight: 20}]->(A)
CREATE (E)-[:LINKED_TO {weight: 10}]->(C)
```

现在的图看起来如图 4-8 所示。

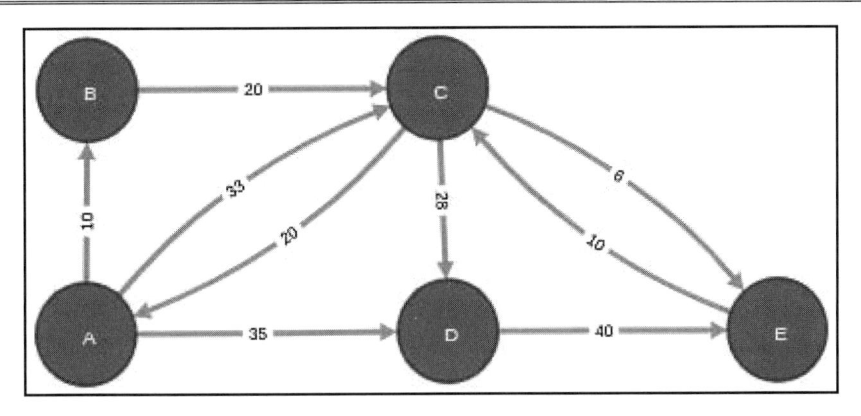

图 4-8

再创建一个新的投影图，该图将使用相反的关系：

```
CALL gds.graph.create("graph_weighted_reverse", "Node", {
        LINKED_TO: {
            type: 'LINKED_TO',
            projection: 'REVERSE',
            properties: "weight"
        }
    }
)
```

可以看到，我们通过将关系属性直接添加到投影的关系定义中简化了图创建查询。现在可以在这个新创建的 graph_weighted_reverse 上运行相同的最短路径算法：

```
MATCH (A:Node {name: "A"})
MATCH (E:Node {name: "E"})
CALL gds.alpha.shortestPath.stream("graph_weighted_reverse", {
        startNode: A,
        endNode: E,
        relationshipWeightProperty: "weight"
    }
)
YIELD nodeId, cost
RETURN gds.util.asNode(nodeId).name as name, cost
```

结果是不同的：

```
┌──────────┬──────────┐
│ "name"   │ "cost"   │
├──────────┼──────────┤
```

```
│ "A"    │ 0.0    │
├────────┼────────┤
│ "C"    │ 20.0   │
├────────┼────────┤
│ "E"    │ 30.0   │
└────────┴────────┘
```

确实，以反向关系来说，最短路径现在直接通过 C 即可。

最后还要注意的是，在投影图的两个方向上都包含关系：

```
CALL gds.graph.create("graph_weighted_undirected", "Node", {
        LINKED_TO: {
            type: 'LINKED_TO',
            projection: 'UNDIRECTED',
            properties: "weight"
        }
    }
)
```

在 graph_weighted_undirected 投影图上，A 和 E 之间的最短路径如下：

```
┌────────┬────────┐
│ "name" │ "cost" │
├────────┼────────┤
│ "A"    │ 0.0    │
├────────┼────────┤
│ "C"    │ 20.0   │
├────────┼────────┤
│ "E"    │ 26.0   │
└────────┴────────┘
```

图 4-9 说明了反方向和无方向两种情况下选择的路径。

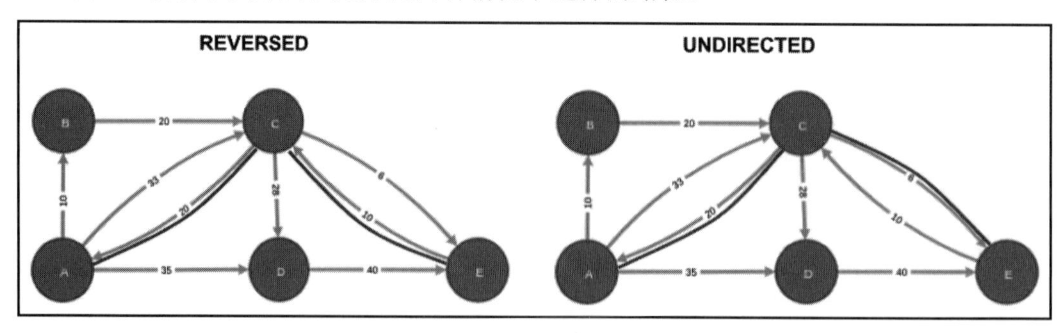

图 4-9

原　　文	译　　文
REVERSED	反方向
UNDIRECTED	无方向

在使用反向路径的情况下，该算法只能选择反方向的关系，这意味着其迭代在起始节点处结束。在无向方案中，它既可以选择传出关系，也可以选择传入关系。最终选择的是使总成本最小化的路径。

对迪杰斯特拉算法的讨论至此结束。现在我们已经能够通过 GDS 插件将其直接应用于存储在 Neo4j 数据库中的图上。值得一提的是，虽然这可能是最著名的寻路算法，但迪杰斯特拉算法并非总是性能最佳。因此，接下来我们将讨论 A*算法，这是一种受迪杰斯特拉算法启发而产生的寻路算法。

4.5　使用 A*算法查找最短路径

P.Hart、N.Nilsson 和 B.Raphael 在 1968 年开发出了 A*算法（发音为 A-star），该算法是迪杰斯特拉算法的扩展。它借助启发式方法，通过猜测遍历方向来尝试优化搜索。该算法比迪杰斯特拉算法要快，尤其是对于大型图而言。

本节将讨论以下内容：

- 算法原理。
- 在 Neo4j GDS 插件中使用 A*算法。

4.5.1　算法原理

在迪杰斯特拉算法中，探索了所有可能的路径。这可能非常耗时，尤其是在大型图上。A*算法试图克服这一问题，其基本思想是猜测哪些路径扩展不太可能是最短路径，由此选择可尝试的路径。这可以通过修改每次迭代时选择下一个起始节点的标准来实现。A*算法不仅使用从起点到当前节点（Current Node）的路径成本，还添加了另一个分量：从当前节点到末尾节点（End Node）的估计成本（Estimated Cost）。这可以表示为：

estimatedTotalCost(endNode)=costSoFar(currentNode)+estimatedCost(currentNode,endNode)

在上式中，costSoFar(currentNode)与迪杰斯特拉算法中的计算相同，都是从起点到当前节点的路径成本，而 estimatedCost(currentNode, endNode)则是对从当前节点到末尾节点的剩余成本的猜测。estimatedTotalCost(endNode)是估计的路径总成本。该猜测函数通常用 h 表示，因为它是一种启发式（Heuristic）函数。因此，下面将介绍定义 A*的启发式。

启发式函数的选择很重要。如果为所有节点设置 h(n) = 0，则 A*算法等效于迪杰斯特拉算法，并且我们不会看到性能改善。如果 h(n)距离实际距离太远，则该算法将有找不到真实最短路径的风险。启发式的选择是速度和准确性之间的平衡问题。

注意：

由于选择 h(n) = 0 等效于迪杰斯特拉的算法，因此 A*算法可以说是迪杰斯特拉算法的一种变体。这意味着它同样受到权重只能为正值而不能为负值的约束。

在 GDS 插件中，已实现的启发式方法使用的是半正矢公式（Haversine Equation）。该公式可以计算地球表面上两个点之间的距离（给定它们的纬度和经度），它对应的是大型球体上的距离，如图 4-10 所示。

图 4-10

猜测函数会忽略网络的确切形状，但是以从 A 点到 B 点为例，要计算它们之间的距离 d_{AB}，你更有可能通过开始向右移动（实线）而不是向左移动（虚线）找到最短路径，这样你在到达目标节点时的迭代次数将会更少。

使用半正矢公式意味着只有在投影图中的节点具有空间属性（纬度和经度）的情况下，才能使用 Neo4j 的 A*算法。

4.5.2　在 Neo4j GDS 插件中使用 A*算法

在 Neo4j GDS 插件中，可通过 gds.alpha.shortestPath.astar 过程访问 A*算法。其签名遵循与其他算法相同的模式：第一个参数是该算法将使用的投影图的名称，而第二个参数则是特定于每种算法的映射。

在 A*算法配置中，可以发现 startNode、endNode 和 RelationshipWeightProperty，这与 shortestPath 过程中使用的节点和关系权重属性相同。除此之外，还添加了两个新属性：propertyKeyLat 和 propertyKeyLon，它们分别对应的是包含纬度（Latitude）和经度（Longitude）的节点属性的名称。

以下是在投影图上的 A*算法的示例调用：

```
MATCH (A:Node {name: "A"})
MATCH (B:Node {name: "B"})
CALL gds.alpha.shortestPath.astar.stream("graph", {
        startNode: A,
        endNode: B,
        relationshipWeightProperty: "weight",
        propertyKeyLat: "latitude",
        propertyKeyLon: "longitude",
    }
) YIELD nodeId, cost
RETURN gds.asNode(nodeId).name, cost
```

注意：

对于 A*算法，仅流式结果可用。

在第 5 章“空间数据”中将使用该算法构建一个真正的路由引擎。

在此之前，我们还将了解与最短路径查找有关的其他算法，如全对最短路径（All-Pairs Shortest Path）或生成树算法（Spanning Trees Algorithm）。

4.6　在 GDS 插件中发现其他与路径相关的算法

能够找到两个节点之间的最短路径很有用，但仅止于此并不够。幸运的是，可以扩展最短路径算法以提取关于图中路径的更多信息。因此，接下来我们将详细介绍在 GDS 插件中实现的那些算法的各个部分。

4.6.1　K 条最短路径算法

迪杰斯特拉算法和 A*算法仅返回两个节点之间的一条可能的最短路径。如果你对第二短路径、第三短路径……感兴趣，则必须选择 K 条最短路径（K-Shortest Path，KSP）算法。该算法也称为 Yen's Algorithm。它在 GDS 插件中的用法与我们之前研究的算法非常相似，不同之处在于必须指定要返回的路径数。在下面的示例中，我们指定 k = 2：

```
MATCH (A:Node {name: "A"})
MATCH (E:Node {name: "E"})
CALL gds.alpha.kShortestPaths.stream("graph_weighted", {
        startNode: A,
        endNode: E,
        k:2,
        relationshipWeightProperty: "weight"}
)
YIELD index, sourceNodeId, targetNodeId, nodeIds
RETURN index,
    gds.util.asNode(sourceNodeId).name as source,
    gds.util.asNode(targetNodeId).name as target,
    gds.util.asNodes(nodeIds) as path
```

其结果如下所示。第一条最短路径是（我们已经知道的路径）A，B，C，E。第二条最短路径是 A，C，E。

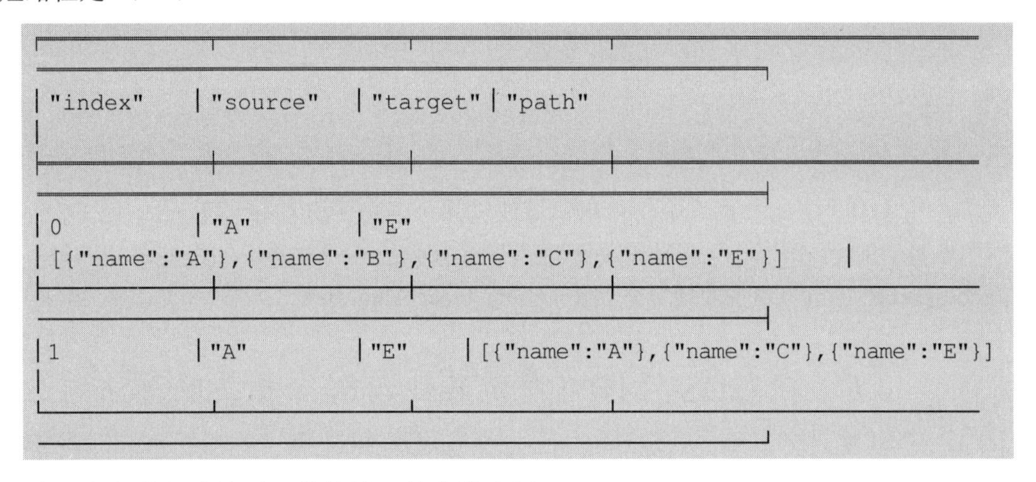

"index"	"source"	"target"	"path"
0	"A"	"E"	[{"name":"A"},{"name":"B"},{"name":"C"},{"name":"E"}]
1	"A"	"E"	[{"name":"A"},{"name":"C"},{"name":"E"}]

尝试定义替代路线时，此算法可能非常有用。

4.6.2　单源最短路径算法

单源最短路径（Single Source Shortest Path，SSSP）算法的目的是找到图中给定节点与所有其他节点之间的最短路径。它也基于迪杰斯特拉算法，但是通过将节点打包到存储桶（Bucket）中并分别处理每个存储桶，算法可以并行执行。

其并行性由存储桶大小决定，而存储桶大小本身则由 delta 参数确定。当设置 delta = 1

时，SSSP 完全等同于使用迪杰斯特拉算法，这意味着不使用并行性。值太高（大于所有边的权重之和）的 delta 值会将所有节点放在同一存储桶中，从而抵消了并行性的影响。

GDS 库中的过程称为 deltaStepping。其签名如下：

```
CALL gds.shortestPath.deltaStepping.stream(graphName::STRING,
configuration::MAP)
```

但是，其配置则略有不同：

- startNode：将从该节点计算所有的最短路径。
- relationshipWeightProperty：包含权重的关系属性。
- delta：控制并行度的 delta 参数。

提示：

这里没有 endNode，因为我们对开始节点和图中所有其他节点之间的最短路径感兴趣。

仍以前面给出的简单图（见图 4-3）为例，我们可以使用以下查询调用 deltaStepping 过程（设置 delta = 1）：

```
MATCH (A:Node {name: "A"})
CALL gds.alpha.shortestPath.deltaStepping.stream("graph_weighted", {
        startNode: A,
        relationshipWeightProperty: "weight",
        delta: 1
    }
)
YIELD nodeId, distance
RETURN gds.util.asNode(nodeId).name, distance
```

返回值如下：

"gds.util.asNode(nodeId).name"	"distance"
"A"	0.0
"B"	10.0
"C"	30.0
"D"	35.0
"E"	36.0

第一列包含图中的每个节点，第二列是从 startNode A 到每个其他节点的距离。这里，我们再次看到从 A 到 E 的最短距离 36。我们还发现了在运行迪杰斯特拉算法时发现的结果：A 和 B 之间的最短距离是 10，而 A 和 C 之间的最短距离是 30。我们还得到了一个新结果：A 到 D 的最短距离为 35。

4.6.3　全对最短路径算法

全对最短路径（All-Pairs Shortest Path，也称为全点对最短路径）算法更进了一步：它返回投影图中每对节点之间的最短路径。这等效于为每个节点调用 SSSP，但是它将通过性能优化提升计算速度。

该算法的 GDS 实现过程如下：

```
CALL gds.alpha.allShortestPaths.stream(graphName::STRING,
configuration::MAP)
YIELD sourceNodeId, targetNodeId, distance
```

和前面介绍的算法一样，该算法的配置参数也包括 relationshipWeightProperty，这是投影图中的关系属性，将用作权重。

还有两个参数用于设置并发线程数：concurrency 和 readConcurrency。

可使用以下语句在测试图上使用它：

```
CALL gds.alpha.allShortestPaths.stream("graph_weighted", {
    relationshipWeightProperty: "weight"
})
YIELD sourceNodeId, targetNodeId, distance
RETURN gds.util.asNode(sourceNodeId).name as start,
    gds.util.asNode(targetNodeId).name as end,
    distance
```

其结果如下：

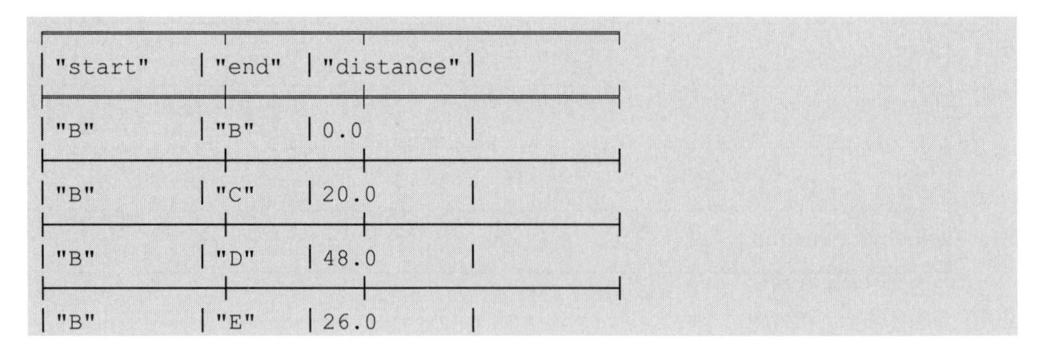

"start"	"end"	"distance"
"B"	"B"	0.0
"B"	"C"	20.0
"B"	"D"	48.0
"B"	"E"	26.0

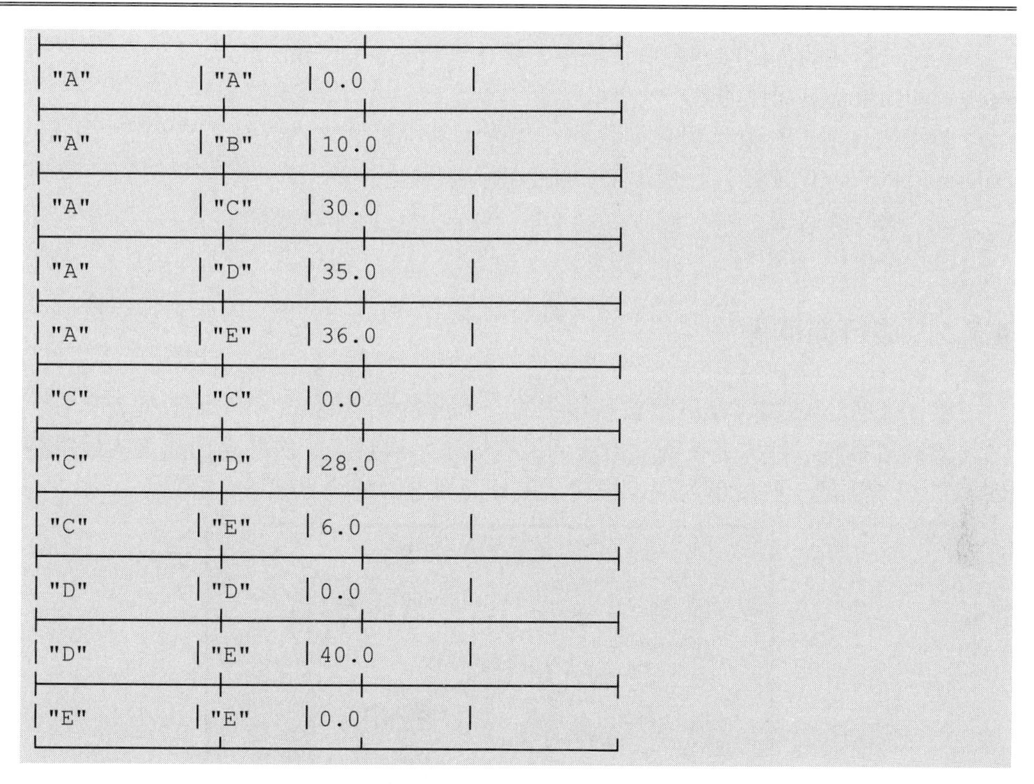

"A"	"A"	0.0
"A"	"B"	10.0
"A"	"C"	30.0
"A"	"D"	35.0
"A"	"E"	36.0
"C"	"C"	0.0
"C"	"D"	28.0
"C"	"E"	6.0
"D"	"D"	0.0
"D"	"E"	40.0
"E"	"E"	0.0

现在可以从图中提取以下与路径有关的信息：

- 两个节点之间的一条或几条最短路径。
- 图中一个节点和所有其他节点之间的最短路径。
- 所有节点对之间的最短路径。

接下来，我们将讨论图优化问题。旅行商问题是最著名的图优化问题。

4.7 使用图优化流程

优化问题的目的是在大量候选对象中找到最佳解决方案（Optimal Solution）。例如，你最喜欢的可乐罐的形状就来自一个优化问题，它试图在给定体积（330 毫升）的条件下最小化要使用的材料量（表面）。在该用例中，表面就是要最小化的量，也称为目标函数（Objective Function）。

优化问题通常会给变量带来一些约束条件。例如，从数学上来说，长度必须为正值的事实已经是一个约束。当然，约束也可以按许多不同的形式表达。

最简单形式的优化问题是所谓的线性优化（Linear Optimization），在该优化中，目标函数和约束都是线性的。

图优化问题也是数学优化问题的一部分。其中最著名的是旅行商问题（Traveling-Salesman Problem，TSP）。接下来，我们将详细讨论：

- ❑ 旅行商问题。
- ❑ 生成树。

4.7.1 旅行商问题

旅行商问题（TSP）是计算机科学中的一个著名问题。给定一个城市列表和每个城市之间的最短距离，目标是找到一条访问所有城市一次且仅一次并返回起点的最短路径。图 4-11 以德国的一些城市为例，说明了旅行商问题的解决方案。

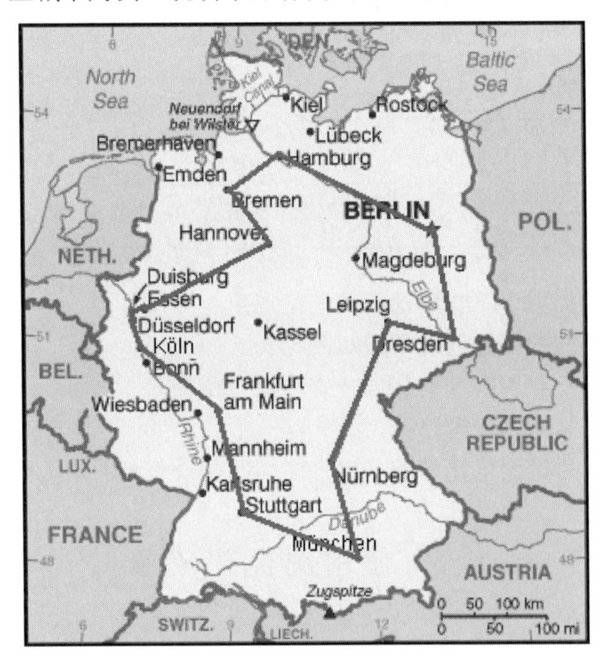

图 4-11

图片来源：https://commons.wikimedia.org/wiki/File:TSP_Deutschland_3.png

对于该问题，存在以下方面的优化：

- ❑ 目标函数（Objective Function）：这里的目标函数就是路径成本。该成本可以是总距离，但是，如果我们仅按小时支付驾驶员工资，那么将总行驶时间用作最小化目标可能会更有用。

- 约束（Constraints）：
  - 每个城市都只能访问一次。
  - 路径必须在同一城市开始和结束。

尽管听起来好像很简单，但这其实是一个非常著名的非确定性多项式困难问题（Non deterministic Ploynomial Hard Problem，NP 困难问题），号称世界七大数学难题之一。要在所有情况下都能获得准确的解，唯一方式就是蛮力方法，也就是说，你只能逐个计算每对节点之间的最短路径（allPairsShortestPath 算法的应用）并检查所有可能的排列。此方法的时间复杂度为 $O(n!)$（n 为节点数）。可以想象，只要多加几个节点，此解决方案对于普通计算机而言就将变成不可能完成的任务。假设每种组合都需要 1 毫秒的处理时间，则如果旅行商的路线中有 15 个节点将需要 15 毫秒，这意味着要测试所有可能的组合要花费 41 年以上的时间。如果使用 20 个节点，则此计算时间将增加到 7700 万年以上。

幸运的是，存在一些算法可以找到不能保证 100%准确但足够接近的解决方案。详尽列出此类解决方案不在本书的讨论范围之内，但是我们可以引用两种最常见的解决方案，这两者都是基于科学和自然界比拟的：

- 蚁群优化（Ant Colony Optimization，ACO）：此算法基于观察到蚂蚁如何利用信息素（气味分子）在蚁群中相互通信以实现完美的同步。在该算法中，基于某些局部优化，许多探路蚂蚁（可比拟为算法中的代理）被发送到图中并沿着其边缘移动。
- 基因算法（Gene Algorithm，GA）：这些算法基于遗传学的比拟，以及如何通过突变和代代繁殖基因以选择更强的个体。

旅行商问题（TSP）甚至还可以扩展到更复杂的用例。例如，如果一家快递公司有多辆货车可用于送货，则可以扩展 TSP 问题，以确定多个快递员的最佳行动方案。这就是所谓的多重旅行商问题（Multiple Traveling-Salesman Problem，MTSP）。事实上，我们还可以添加更多约束条件，例如：

- 容量限制，其中每辆车都有容量限制，只能运载一定数量的货物。
- 时间窗口限制：在某些情况下，只能在特定时间窗口内交付包裹。

这些 TSP 算法尚未在 GDS 插件中实现。但是，我们可以使用生成树算法找到最佳解决方案的上限。

4.7.2 生成树

我们可以从原始图构建生成树（Spanning Tree），以便：

- ❑ 生成树中的节点与原始图中的节点相同。
- ❑ 在原始图中选择生成树的边，连接生成树中的所有节点，而不会创建循环。

图 4-12 说明了本章示例图的一些生成树。

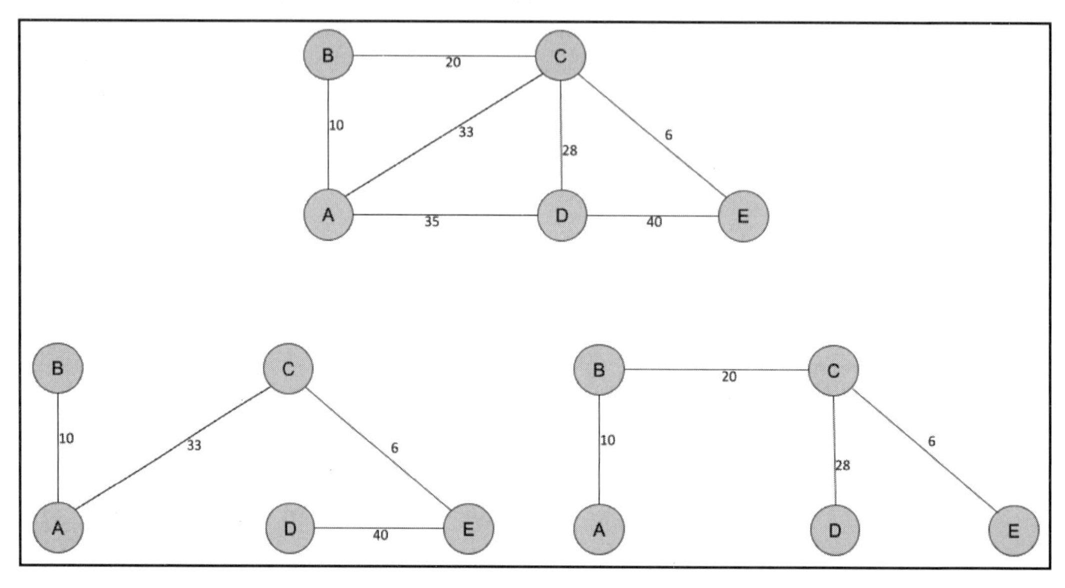

图 4-12

在所有可能的生成树中，最小生成树（Minimal Spanning Tree）是所有边的权重总和最低的生成树。在图 4-12 中，左下角生成树的权重总和为 89（10 + 33 + 6 + 40），而右下角生成树的权重总和为 64（10 + 20 + 28 + 6）。因此，右下角生成树更有可能是最小生成树。为了验证这一点，接下来，我们将讨论：

- ❑ 普里姆算法。
- ❑ 在 Neo4j 图中找到最小生成树。

1. 普里姆算法

以下是普里姆算法在我们的简单测试图上运行的方式：

（1）选择一个起始节点——图 4-13 中的节点 A。

（2）迭代 1：检查连接到节点 A 的所有边，并选择权重最低的边。因此，选择顶点 B，并将 A 和 B 之间的边添加到树中。

（3）从节点 B 开始，访问节点 C。现在 C 和 D 都是已经访问过的节点。权重最低的是 C，因此选择节点 C，并将 B 和 C 之间的边添加到树上。

（4）从节点 C 开始，它可以转到 A、D 和 E。由于已经访问过 A，并且新的边（C->

A）的权重将比现有边高，因此跳过此边。当然，你会看到到达 D 的新边（C->D）的权重比先前选择的边（A->D）的权重低，这意味着将从树中删除前一条边，并添加新的边缘。

（5）检查最后一个节点 E。在这里，在 D 和 E 之间增加的边将使总权重增加 40，而不是 6（C 和 E 之间的边的权重），因此，上一条边将被跳过。

图 4-13 总结了这 4 个迭代，包括边的创建（绿色线）、未考虑的边（绿色虚线）和边删除（红色虚线）。

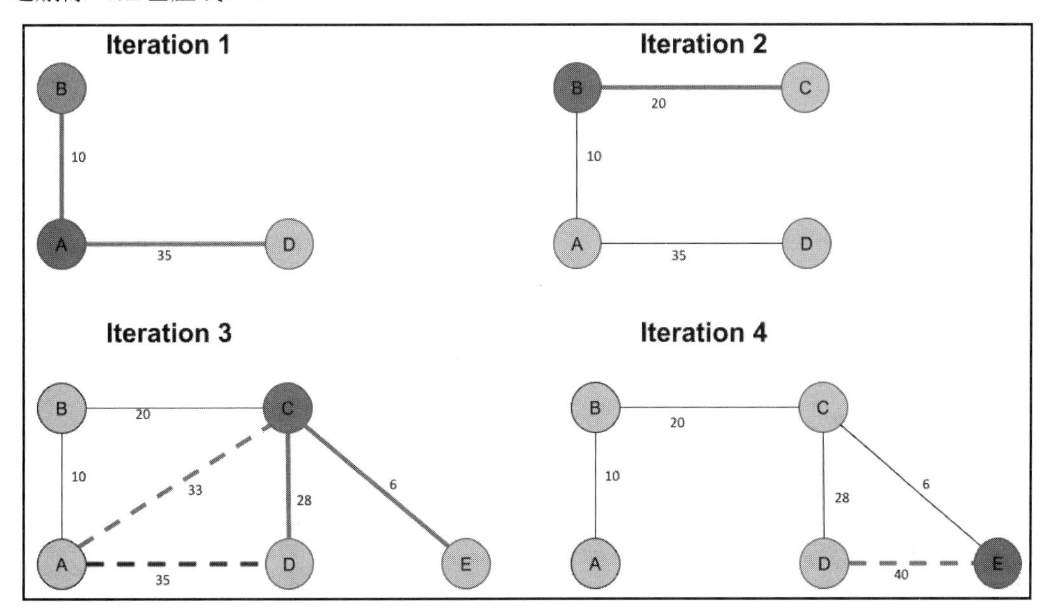

图 4-13

原　　文	译　　文
Iteration 1	迭代 1
Iteration 2	迭代 2
Iteration 3	迭代 3
Iteration 4	迭代 4

现在该图的最小生成树由以下边组成：

```
A-B (weight 10)
B-C (weight 20)
C-D (weight 28)
C-E (weight 6)
```

你可以检查是否所有节点都已连接（图中的每对节点之间都有一条路径）并且总权

重为 64。

接下来，让我们尝试从 Neo4j 检索此信息。

2．在 Neo4j 图中找到最小生成树

在 GDS 插件中查找最小生成树的过程如下：

```
MATCH (A:Node {name: "A"})
CALL gds.alpha.spanningTree.minimum.write("graph_weighted", {
    startNodeId: id(A),
    relationshipWeightProperty: 'weight',
    writeProperty: 'MINST',
    weightWriteProperty: 'writeCost'
})
YIELD createMillis, computeMillis, writeMillis, effectiveNodeCount
RETURN *
```

实际上，这将为最小生成树中的每条边创建新的关系。要检索这些边，则可以使用以下语句：

```
MATCH (n)-[r:MST]-(m)
RETURN n, r, m
```

该查询将产生如图 4-14 所示的输出，与之前通过运行普里姆算法获得的结果一致。

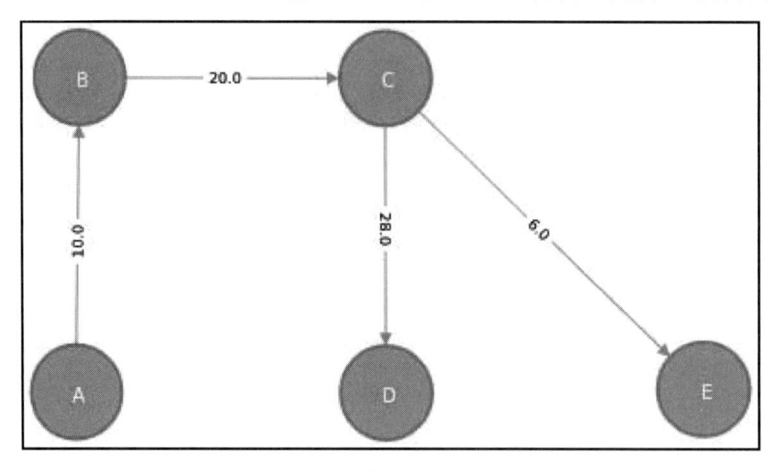

图 4-14

提示：

你还可以找到最大生成树，而 k 生成树（k-Spanning Tree）算法则仅使用 k 个节点来查找生成树。

4.8 小　　结

本章内容较多，因为我们需要详细介绍 GDS 插件。重要的是要了解如何定义投影图和要包含在其中的不同实体。在接下来的章节中，我们将看到更多示例，因为后续章节都需要使用该库。

表 4-2 总结了本章讨论过的各种算法，包括一些需要牢记的重要特征。

表 4-2　与路径查找相关的算法

算　　法	说　　明	流式传输/写回到图	负值权重
shortestPath	使用迪杰斯特拉算法在两个节点之间查找最短路径	两者均支持	否
shortestPath.astar	使用 A*算法和大型球体启发式算法在两个节点之间查找最短路径（需要具有经度和纬度属性的节点）	流式传输	否
kShortestPath	使用 K 条最短路径算法在两个节点之间查找 k 条最短路径	两者均支持	是
shortestPath.deltaStepping	使用单源最短路径算法计算图中节点与所有其他节点之间的路径	两者均支持	否
allShortestPaths	查找图中每对节点之间的路径	流式传输	否
spanningTree.*	查找图中的最小生成树、最大生成树或 k 个生成树	写回到图	是

在后续各章中你将会发现，最短路径还可以用于推断图上的其他指标，例如节点的重要性（详见第 6 章“节点重要性”）。但是在深入介绍这些算法之前，我们还将专门介绍 Neo4j 中的地理数据管理问题，它需要使用内置数据类型和另一个 Neo4j 插件：neo4j-spatial。这正是第 5 章“空间数据”将要讨论的内容。

4.9 思　考　题

为了检查你对本章内容的理解，请尝试回答以下问题。

（1）GDS 插件和投影图：

- ❑ 为什么 GDS 插件要使用投影图？

- ❑ 这些投影图存储在哪里？
- ❑ 命名投影图和匿名投影图之间有什么区别？
- ❑ 创建一个包含以下内容的投影图：
  - ➢ 节点：标签 Node。
  - ➢ 关系：REL1 和 REL2 类型。
- ❑ 创建具有以下内容的投影图：
  - ➢ 节点：标签 Node1 和 Node2。
  - ➢ 关系：REL1 类型以及属性 prop1 和 prop2。
- ❑ 如何使用 GDS 插件中的图算法结果？

（2）寻路：

- ❑ 哪些算法基于迪杰斯特拉算法？
- ❑ 对于这些算法，关于边权重的重要限制是什么？
- ❑ 使用 A*算法需要什么信息？

4.10 延伸阅读

- ❑ 图算法在视频游戏中的应用：
  D.Jallov 所著 *Graph Algorithms for AI in Games [Video]*（《游戏中 AI 的图算法》）（Packt 出版社出版）。
- ❑ 带有自定义函数和过程的示例项目可在以下网址获得，其中包括使用 Neo4j Java API 实现迪杰斯特拉算法的实现：

  https://github.com/stellasia/neoplus
- ❑ A*算法和启发式方法的详细介绍：

  http://theory.stanford.edu/~amitp/GameProgramming/Heuristics.html
- ❑ 由 Google 提供的路由优化求解器，包括旅行商问题：

  https://developers.google.com/optimization/routin

第5章　空间数据

空间数据（Spatial Data）是指需要在地球上定位的任何事物。从将人或兴趣点定位到地球表面的点，到模拟街道或河流路径的线，再到界定国家和建筑物的区域，所有这些几何都是空间数据。它们已在地理信息系统（Geographic Information System，GIS）中进行了协调，该系统提供了用于表示这些对象的统一方法。

本章将介绍 shapefile 和 GeoJSON 格式。这些系统的全部功能在于它们能够轻松地根据这些几何来计算度量：获得线条长度、表面积或计算对象之间的距离。

尽管空间数据在制图领域一直很重要，但是随着配备 GPS 传感器并能够随时定位其载体的智能手机的发展，它引起了越来越多的兴趣。本章将介绍如何使用 Neo4j 管理空间数据。实际上，Neo4j 既提供了用于空间点的内置类型，又提供了用于管理更复杂类型（如直线和多边形）的插件。

最后，本章还将把第 4 章“Graph Data Science 库和路径查找”中介绍的 GDS 插件与空间数据相关联，以构建纽约市的路由引擎。

本章包含以下主题：

- 表示空间属性。
- 使用 neo4j-spatial 在 Neo4j 中创建几何层。
- 执行空间查询。
- 根据距离找到最短路径。
- 使用 Neo4j 可视化空间数据。

5.1　技术要求

本章将使用以下工具：

- Neo4j 图数据库，包含以下插件：
    - neo4j-spatial：

      https://github.com/neo4j-contrib/spatial

    - Graph Data Science（GDS）库。
- Neo4j 桌面应用程序。在常规的 Neo4j Browser 之上，我们还将使用 neomap 进行可视化。

- 本章的代码可在以下 GitHub 存储库中找到：

  https://github.com/PacktPublishing/Hands-On-Graph-Analytics-with-Neo4j/ch5

注意：

neo4j-spatial 尚未与 Neo4j 4.0 兼容（目前最新版本为 0.28）。

如果你使用的 Neo4j 低于 4.0 版，则 GDS 的最新兼容版本是 1.1。

如果你使用的 Neo4j 为 4.0 或更高版本，则 GDS 的第一个兼容版本是 1.2。

5.2　表示空间属性

本节将使用 Neo4j 中的点内置数据类型。在此之前，我们需要详细阐释一些与空间数据有关的概念，包括：

- 理解地理坐标系。
- 使用 Neo4j 内置的空间类型。

5.2.1　理解地理坐标系

本章讨论的空间数据是地球表面上的点。我们要将坐标分配给每个点，但这并不是只有一种方式。

固定半径球体上的点 P 的坐标取决于以下两个角度：

- 经度（Longitude），与参考子午线之间的角度（图 5-1 中的 θ）。
- 纬度（Latitude），相对于赤道的角度（图 5-1 中的 δ）。

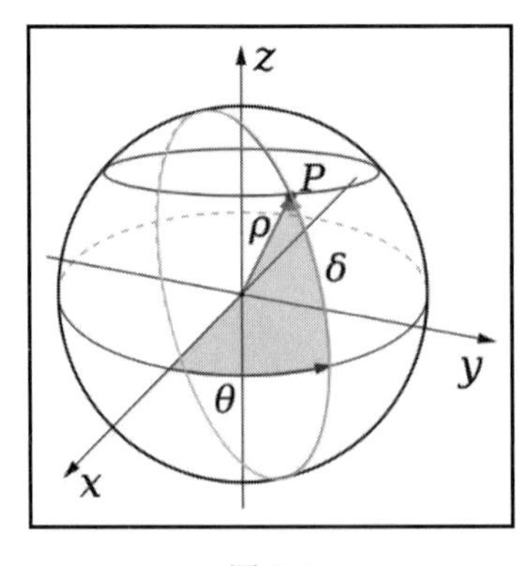

图 5-1

提示：

更改经度时，实际上是沿南北方向移动，该方向与其他投影系统中的 y 轴相对应。这意味着在通常情况下，经度用 x 表示，纬度用 y 表示，这与我们的直觉是相反的。

但是，你可能已经知道，地球并不是一个完美的球体。实际上，由于向心力的作用，靠近赤道的半径（6378km）大于两极处的半径（6357km），如图 5-2 所示。

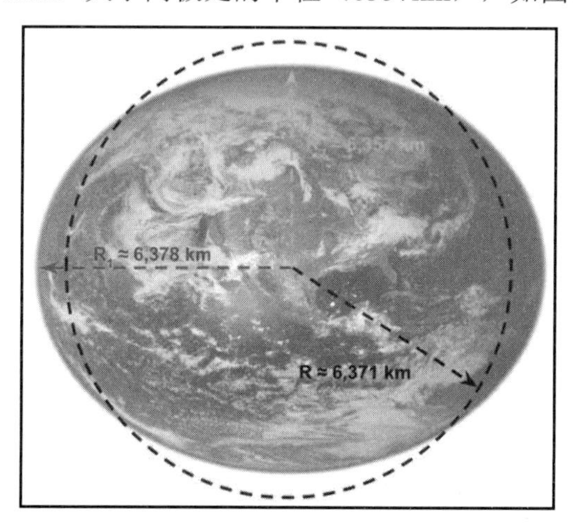

图 5-2

使事情变得更加复杂的是，地球表面不是光滑的，而是由于重力的作用而产生变形的形状。图 5-3 显示了地球的实际形状，并带有夸大的扭曲变形。

为了给这样的形状上的一个点分配唯一的坐标，我们必须在两个权衡方案之间做出决定：

- 全局（Global）：地球的全局模型具有通用性的优点，但其准确性并非在所有地方都是一致的。
- 局部（Local）：局部（本地）模型表示在小范围内（例如，像新西兰这样的国家）有效的地球表面。当准确性至关重要时，需要使用局部（本地）模型。

下文将使用 1984 世界大地测量系统（World Geodetic System 1984，WSG84），该系统是所有 GPS 系统都采用的最广泛使用的系统。WSG84 是一个全局模型，可在地球表面上的任何地方运行。

在选择了一个方便的形状之后，你将面临在平面上绘制地图的问题。球体具有令人讨厌的数学特性：如果没有任何变形，就无法将它们映射到平面中。这意味着，在将球体投影到平面上时，必须选择哪些属性将被保留，哪些属性将被扭曲变形。

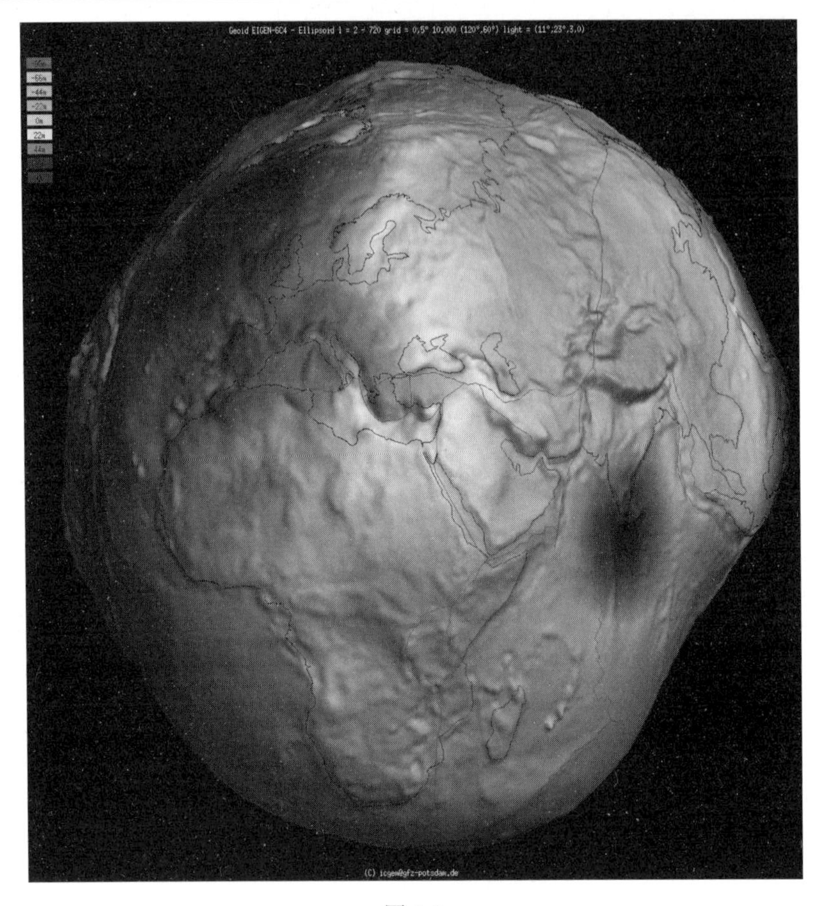

图 5-3

图片来源：https://en.wikipedia.org/wiki/File:Geoid_undulation_10k_scale.jpg

图 5-4 显示了 SRID 3857 和 SRID4326 两种投影标准，它们代表了地球在地图上的两种不同的投影。

每个空间参照系均有一个标识符，称为空间参照标识符（Spatial Reference Identifier，SRID）。SRID3857 以米为单位，SRID4326 以度为单位。

可以看到，与右侧投影相比，左侧投影中沿水平轴的距离要短得多，而且在左侧图像中，沿垂直轴的距离则要高得多。尽管我们通常习惯于使用左侧表示法，但是右侧图像投影（SRID4326）对应于 WSG84，因此本章将坚持使用这种表示法。

SRID4326 是 WGS 84 标准提供的地球的球体参照面。这也是全球定位系统（GPS）使用的空间参照系。WGS 84 的坐标原点是地球的质心，精度可达±1 米。

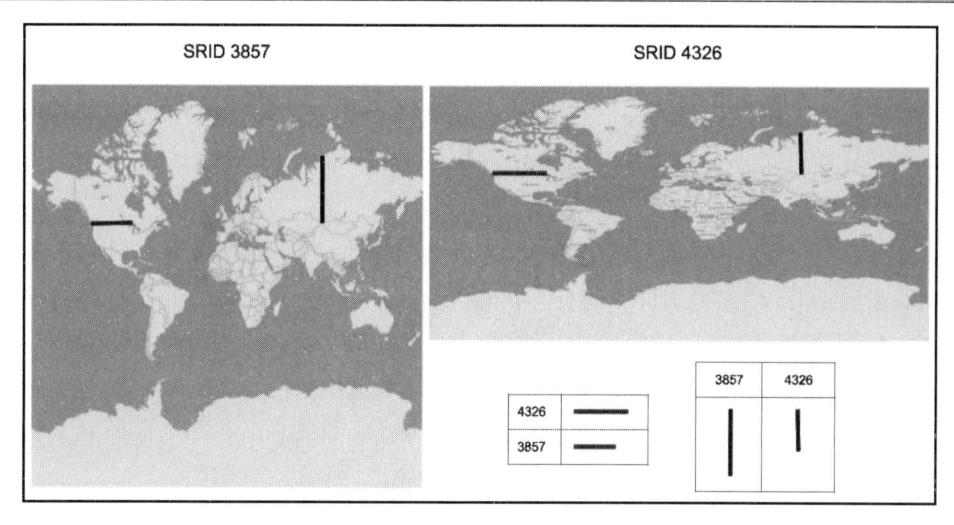

图 5-4

5.2.2　使用 Neo4j 内置的空间类型

如果应用程序仅处理守时坐标（Punctual Coordinates），则 Neo4j 内置空间类型非常适合你。它允许你将位置存储为点，并基于距离执行查询，而无须添加任何外部依赖项。

我们将介绍以下操作：

- 创建点。
- 按距离查询。

1. 创建点

要创建一个点，我们需要提供其纬度和经度：

```
RETURN point({latitude: 45, longitude: 3})
```

点的表示形式如下：

```
point({srid:4326, x:3, y:45}
```

你可以识别 SRID 4326，这意味着在 GPS 投影系统中给出了坐标。如前所述，y 坐标保存纬度，而经度存储到 x 坐标。

还可以通过显式设置 srid 并直接使用 xy 表示法来使用等效语法：

```
RETURN point({srid: 4326, y: 45, x: 3})
```

当然，这样做要谨慎一点儿。如果在上面的表达式中省略了 srid 参数，则该点将被解释为在使用 SRID 7203 的笛卡儿投影中。可以通过以下语法在笛卡儿投影中创建一个点：

```
RETURN point({y: 45, x: 3})
```

上面的查询将返回一个完全不同的点：

```
point({srid:7203, x:3, y:45})
```

如果你尝试在地图上绘制此点，则该点将不在纬度 45 和经度 3 上，因为未使用纬度/经度坐标系（srid = 4326）进行定义。

在本章的其余部分，我们将仅使用纬度和经度进行工作。

当然，点也可以作为属性附加到节点。我们将通过导入一些数据来证明这一点。

NYC_POI.csv 数据集包含曼哈顿（位于纽约市）的多个景点。你可以从以下 GitHub 存储库下载该文件：

https://github.com/PacktPublishing/Hands-On-Graph-Analytics-with-Neo4j/ch5/data/NYC_POI.csv

检查其结构是否如下所示：

```
longitude,latitude,name
-73.9829219091849,40.76380762325644,ED SULLIVAN THTR
-73.98375310434135,40.76440130450186,STUDIO 54
-73.96566408280091,40.79823099029733,DOUGLASS II HOUSES BUILDING 13
```

每行包含有关单个兴趣点（Point Of Interest，POI）的信息：longitude（经度）、latitude（纬度）和 name（名称）。总共有 1076 个兴趣点。

可以使用 LOAD CSV 语句将此数据导入新的 Neo4j 图中：

```
LOAD CSV WITH HEADERS FROM "file:///NYC_POI.csv" AS row
CREATE (n:POI) SET n.name=row.name,
                   n.latitude=toFloat(row.latitude),
                   n.longitude=toFloat(row.longitude),
                   n.point = point({latitude: toFloat(row.latitude),
                                    longitude: toFloat(row.longitude)})
```

可以检查每个创建的节点是否具有 point 属性：

```
MATCH (n:POI) RETURN n LIMIT 1
```

上面的查询返回以下 JSON 结果，其中包括一个 point 关键字：

```
{
   "name": "ST NICHOLAS HOUSES BUILDING 11",
```

```
    "point": point({srid:4326, x:-73.9476517312946, y:40.813276483717175}),
    "latitude": "40.813276483717175",
    "longitude": "-73.9476517312946"
}
```

接下来，让我们看看如何使用此信息。

2. 按距离查询

自 Neo4j 4.0 起，唯一内置的空间操作是 distance 函数，该函数可计算两个点之间的距离。可以按以下方式使用它：

```
RETURN distance(point({latitude: 45, longitude: 3}), point({latitude: 44,
longitude: 2}))
```

根据此函数，这两个随机点（在法国）之间的距离为 136731 米，即大约 137 千米（约 85 英里）。

注意：

distance 函数中的两个点必须在同一参考坐标系（Coordinate Reference System，CRS）中！如果两个点都在 GPS 投影中，则结果以米为单位，否则其单位取决于投影的单位。

接下来我们将通过一个更实际的示例来演示使用此函数。

使用第 5.2.2 节中“创建点”中导入的 NYC_POI.csv 数据集从给定点获取 5 个最近的兴趣点（如时代广场），其 GPS 坐标为(40.757961, −73.985553)：

```
MATCH (n:POI)
WITH n, distance(n.point, point({latitude: 40.757961, longitude:
-73.985553})) as distance_in_meters
RETURN n.name, round(distance_in_meters)
ORDER BY distance_in_meters
LIMIT 5
```

结果如下：

"n.name"	"round(distance_in_meters)"
"MINSKOFF THEATRE"	34.0
"BEST BUY THEATER"	58.0
"MARQUIS THEATRE"	83.0

```
│"LYCEUM THEATRE"       │86.0                    │
├───────────────────────┼────────────────────────┤
│"PALACE THEATRE"       │132.0                   │
└───────────────────────┴────────────────────────┘
```

换句话说，我们在时代广场附近找到了许多剧院。

提示：

这种基于距离的查询可用于推荐靠近用户位置的活动。

如果要表示更复杂的空间数据，例如直线（街道）或多边形（区域边界），则必须使用 neo4j-spatial 插件，接下来将详细介绍它。

5.3　使用 neo4j-spatial 在 Neo4j 中创建几何层

neo4j-spatial 是 Neo4j 的扩展，其中包含表示和操纵复杂空间数据类型的工具。本节将通过导入曼哈顿地区的数据并查找每个地区内的兴趣点来学习此插件。具体操作包括：

- 引入 neo4j-spatial 库。
- 创建点的空间层。
- 定义空间数据的类型。
- 创建包含多边形几何体的层。

5.3.1　引入 neo4j-spatial 库

要安装 neo4j-spatial 插件，可以从以下地址下载最新的发行版 jar 并将其复制到活动图的 plugins 目录中：

https://github.com/neo4j-contrib/spatial/releases

然后，你需要重新启动图以刷新本次更改。

完成此操作后，可以通过调用 spatial.procedures()过程，列出该插件中所有可用的过程，来检查是否启用了空间插件：

```
CALL spatial.procedures()
```

使用此插件，我们将能够执行以下操作：

- 从众所周知的地理数据格式（如 shapefile）导入。
- 使用拓扑操作，如 contains（包含）或 intersects（相交）。

- 利用空间索引实现更快的查询。

在继续操作之前，我们需要先介绍一些概念：关于空间索引的解释。

像任何其他索引一样，空间索引（Spatial Index）是一种避免必须对所有实体执行最复杂操作的方法，这可以更快地运行空间查询。例如，以相交查询为例，我们试图找到与复杂多边形相交的点，如图 5-5 所示。

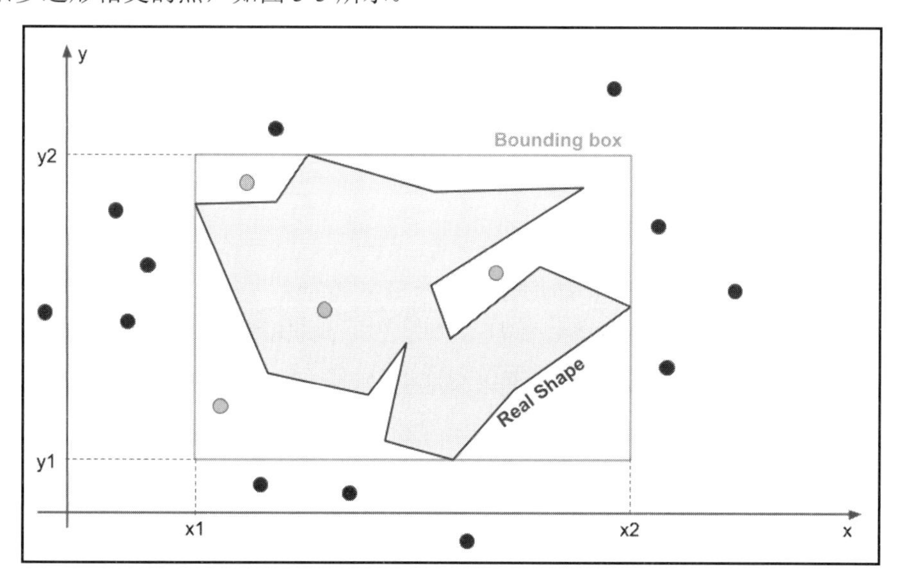

图 5-5

原　　文	译　　文
Real Shape	真实形状
Bounding box	边界框

确定点是否在真实形状内的规则非常复杂。但是，很容易确定相同点是否位于复杂区域周围的矩形内，我们只需要执行 4 个比较即可：

$$x1 < x < x2 \text{ 和 } y1 < y < y2$$

可以仅测试满足此条件的点，以确定它们是否属于真实形状。这样做通常会大大减少要执行的（复杂）操作的次数。

围绕真实形状绘制的矩形称为真实形状的边界框（Bounding Box，也称为包围盒）。它是包含整个形状的较小矩形。

接下来，我们将回到 neo4j-spatial 并创建第一个空间层。

5.3.2　创建点的空间层

neo4j-spatial 能够表示复杂的几何图，但也可以表示点，因此我们不必在使用内置函数的 Neo4j 和使用空间数据的 Neo4j-spatial 之间进行切换。

在接下来的示例中，我们将使用与第 5.2.2 节中“创建点”相同的数据集来创建点的空间层（Spatial Layer），以表示纽约曼哈顿区中的一些兴趣点。

我们将介绍以下操作：

- 定义空间层。
- 向空间层添加点。

1．定义空间层

管理 neo4j-spatial 内的几何形状的第一步是定义一个层。层包含有关其存储的数据类型的信息。要创建一个名为 pointLayer 的简单点层，可以使用 addPointLayer 过程：

```
CALL spatial.addPointLayer('pointLayer');
```

可以看到，此过程将新节点添加到图中。该节点是包含有关层信息的节点。要检查图中的现有层，可以调用以下命令：

```
CALL space.layers();
```

上一条语句的结果如下：

```
┌────────────────────────┬────────────────────────────────────────────────
──────────────────────────────────────────────────────────────────┐
│"name"                  │"signature"
│
├────────────────────────┼────────────────────────────────────────────────
──────────────────────────────────────────────────────────────────┤
│"pointLayer"    │"EditableLayer(name='pointLayer',
encoder=SimplePointEncoder(x='longit│
│ude', y='latitude', bbox='bbox'))"      │
└────────────────────────┴────────────────────────────────────────────────
──────────────────────────────────────────────────────────────────┘
```

到目前为止，我们只为空间数据创建了一个层或一个容器，但是此容器是空的。接下来我们将向其中添加一些数据。

2．向空间层添加点

一旦创建了空间层，我们就可以向其中添加数据，这还将更新空间索引。以下查询可将所有带有 POI 标签的节点添加到名称为 'pointLayer' 的新创建的空间层中：

```
MATCH (n:POI)
CALL spatial.addNode('pointLayer', n) YIELD node
RETURN count(node)
```

此操作可将以下两个属性添加到节点：

- point 属性：类似于内置的 Neo4j 类型。
- bbox 属性：用于查询包含空间索引的数据。

接下来我们将介绍如何使用这些数据。但是在此之前，我们还需要了解一下其他几何类型，以便充分利用 neo4j-spatial。

5.3.3　定义空间数据的类型

到目前为止，我们仅使用了点，定义为一对 x 和 y 坐标。但是在处理几何形状时，还可能会遇到更复杂的数据结构。可用的空间数据类型包括：

- POINT：单个位置。
- LINESTRING：代表线条，即点的有序集合。例如，线条可用于表示街道或河流的形状。
- POLYGON：代表封闭区域，例如城市和国家/地区边界、森林或建筑物。

这些几何类型都有标准的表示形式。下文将使用知名文本（Well-Known Text，WKT）表示形式，它是人类可读的坐标列表。表 5-1 提供了上述 3 种几何类型中每一种的 WKT 表示示例。

表 5-1　几何类型的 WKT 表示示例

类　型	WKT 表示
POINT	POINT (x y)
LINESTRING	LINESTRING (x1 y1, x2 y2, x3 y3, ..., xn yn)
POLYGON	POLYGON (x1 y1, x2 y2, x3 y3, ..., xn yn, x1 y1)

下文将使用一些 POLYGON 几何类型表示曼哈顿地区，使用 LINESTRING 类型来表示该地区的街道。

5.3.4　创建包含多边形几何体的层

接下来，我们将使用曼哈顿数据创建一些 Polygon 几何形状。首先需要下载数据并将其导入 Neo4j。具体操作包括：

- ❑ 获取数据。
- ❑ 创建层。

1. 获取数据

本示例要使用的数据集是根据纽约市发布的数据创建的。可以从以下网址下载：

https://github.com/PacktPublishing/Hands-On-Graph-Analytics-with-Neo4j/ch5/data/mahattan_district.shp

在同一位置还可以找到有关如何创建此文件的更多信息。

该数据文件为 shapefile 格式，这是空间数据专业中的常见格式。它包含纽约市曼哈顿地区内每个社区的边界和名称。图 5-6 显示了我们将要使用的区域。

图 5-6 显示了纽约曼哈顿区的 11 个区。这是使用 QGIS 创建的图像。

像 neo4j-spatial 一样，任何 GIS 都能够解码 shapefile 格式。使用 Neo4j 进行分析的第一步是将数据导入图中。

2. 创建层

使用 neo4j-spatial 可以直接从 shapefile 加载数据。该过程称为 spatial.importShapefile，并接受一个参数：数据文件的路径。它将自动创建一个新的空间层来保存数据，其名称由输入文件名派生，并为每个几何形状创建一个节点。

完整语法如下：

（1）使用给定的名称和类型创建层：

```
CALL spatial.addLayer("manhattan_districts")
```

（2）将 shapefile 数据导入此新创建的层中：

```
CALL spatial.importShapefile("/<absolute_path_to>/
                                    manhattan_districts.shp")
```

运行此过程之后，图数据库中将包含 12 个以上的节点，shapefile 中包含的每个区一个节点。这些节点中的每一个都包含以下信息：

```
{
    "CD_ID": 4,
    "geometry": {....},
    "gtype": 6,
    "ID": 1,
    "bbox": [
        -74.01214813183593,
        40.7373608893982,
        -73.98142817921234,
```

```
        40.77317951096692
    ],
    "NAME": "Chelsea, Clinton"
}
```

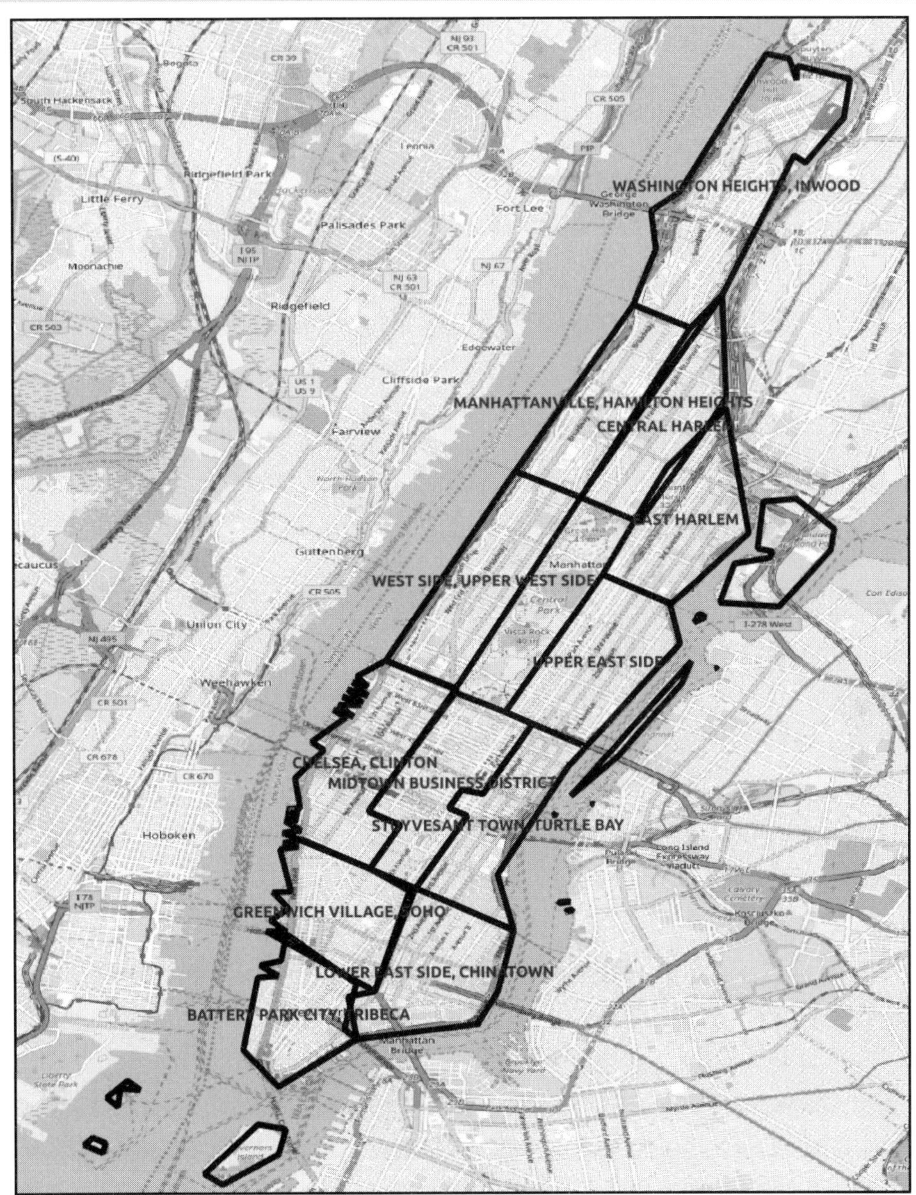

图 5-6

请注意，为节约篇幅计，这里我们已经截除了一些信息（因为它很长），上述代码第 3 行的 geometry 属性并不是空的。可以看到，它还包含一个 NAME 节点（取自 shapefile）和 bbox 属性（由 neo4j-spatial 添加以提供空间索引）。

总而言之，图中现在有两个空间层。

（1）在第 5.3.2 节中“定义空间层”中创建的 pointLayer 类，用于保存兴趣点。

（2）新创建的 manhattan_districts 层，包含曼哈顿 11 个分区的边界。

下文将演示如何使用这些几何形状。

接下来，我们将讨论空间查询，换句话说，就是如何充分利用我们已经知道节点的确切位置和形状这一事实。

5.4 执行空间查询

现在我们的图中已有数据，可使用它来提取地理信息。更准确地说，就是学习如何选择距给定点一定距离内的节点。我们还将发现一个新功能：查找多边形中包含的节点。

5.4.1 寻找两个空间对象之间的距离

使用 neo4j-spatial，可以获取某个节点在一定距离内的所有节点。执行此操作的过程称为 spatial.withinDistance，其签名如下：

```
spatial.withinDistance(layerName, coordinates, distanceInKm) => node,
distance
```

这意味着它将在给定层中搜索距离 coordinates 小于 distanceInKm 的所有点。该过程将返回这些节点，并返回已经计算的节点与 coordinates 之间的距离。

coordinates 参数可以是一个点的实例，也可以是经度和纬度的映射。

例如，通过以下查询，可以找到距时代广场不到 1 千米的兴趣点：

```
CALL spatial.withinDistance("ny_poi_point", {latitude: 40.757961,
longitude: -73.985553}, 1)
YIELD node, distance
RETURN node.name, distance
ORDER BY distance
```

我们也可以寻找 Marquis Theater（马奎斯剧院）附近的景点。在该用例中，将首先找到与 Marquis Theater 相对应的节点，然后将该节点的 point 属性用于空间查询：

```
MATCH (p:POI {name: "MARQUIS THEATRE"})
CALL spatial.withinDistance("ny_poi_point", p.point, 1)
YIELD node, distance
RETURN node.name, distance
ORDER BY distance
```

值得一提的是，距离查询也适用于非点的层：

```
MATCH (p:POI {name: "MARQUIS THEATRE"})
CALL spatial.withinDistance("manhattan_districts", p.point, 1)
YIELD node, distance
RETURN node.NAME, round(distance*1000) as distance_in_meters
ORDER BY distance
```

上面的查询可返回距离 Marquis Theater 小于 1 千米的地区的列表：

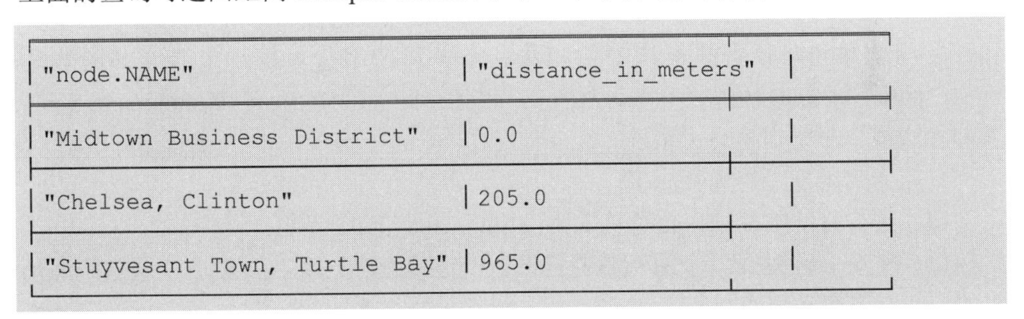

"node.NAME"	"distance_in_meters"
"Midtown Business District"	0.0
"Chelsea, Clinton"	205.0
"Stuyvesant Town, Turtle Bay"	965.0

在学习了编写距离查询的语句之后，接下来，我们将介绍可以对空间数据执行的其他类型的查询。

5.4.2　查找其他对象中包含的对象

在上一节的查询示例中，我们可以推断出 Marquis Theater 位于曼哈顿 Midtown Business District（中城商业区）。但是，通过 intersects 过程，我们还可以找到一种更简单的方法来查询此信息：

```
MATCH (p:POI {name: "MARQUIS THEATRE"})
CALL spatial.intersects("manhattan_districts", p) YIELD node as district
RETURN district.NAME
```

现在，我们仅获得一个结果——Midtown Business District。甚至可以使用图模式通过在兴趣点和匹配的区之间添加关系 CONTAINED_IN 来保存此信息：

```
MATCH (p:POI {name: "MARQUIS THEATRE"})
```

```
CALL spatial.intersects("manhattan_districts", p) YIELD node as district
CREATE (p)-[:CONTAINED_IN]->(district)
```

这样，在插入节点或创建数据时，我们只需要执行一次空间查询，然后仅依靠图遍历和 Cypher 来获取所需的信息，这可以简化查询。

现在我们已经掌握了如何在 Neo4j 中导入、存储和查询空间数据。前文详细讨论了很多有关点之间距离的查询，这与我们在第 4 章“Graph Data Science 库和路径查找”中介绍的最短路径的概念有关。接下来，我们将同时使用空间数据和最短路径算法来构建路由引擎，以指导我们在纽约市周围旅行。

5.5 根据距离查找最短路径

空间数据和路径查找算法密切相关。本节将使用代表纽约道路网络的数据集、neo4j-spatial 和 GDS 插件（有关该插件的详细信息，参见第 4 章“Graph Data Science 库和路径查找”）来构建路由系统。

此路由应用程序的规范如下：

- 用户将开始和结束位置输入为(latitude, longitude)元组。
- 系统必须返回一个用户需要遵循的街道的有序列表，以便通过最短距离从起点位置到达终点。

本节将讨论以下操作：

- 导入数据。
- 准备数据。
- 运行最短路径算法。

5.5.1 导入数据

为了构建路由引擎，我们需要对感兴趣的区域中的道路网络进行精确描述。幸运的是，纽约的街道网络可以作为开放数据使用。可以在本书的 GitHub 存储库中找到此文件以及有关其来源的更多信息，其网址如下：

https://github.com/PacktPublishing/Hands-On-Graph-Analytics-with-Neo4j/ch5/data/manhattan_road_network.graphml.zip

该文件格式称为 GraphML。它是一种类似 XML 的文件格式，具有特定于图的实体。以下是此数据文件的示例：

```
<?xml version='1.0' encoding='utf-8'?>
<graphml xmlns="http://graphml.graphdrawing.org/xmlns"
xmlns:xsi="http://www.w3.org/2001/XMLSchema-instance"
xsi:schemaLocation="http://grap
hml.graphdrawing.org/xmlns
http://graphml.graphdrawing.org/xmlns/1.0/graphml.xsd">
    <key attr.name="geometry" attr.type="string" for="edge" id="d16" />
    <key attr.name="maxspeed" attr.type="string" for="edge" id="d15" />
    <key attr.name="length" attr.type="string" for="edge" id="d9" />
    <key attr.name="name" attr.type="string" for="edge" id="d8" />
    <key attr.name="ref" attr.type="string" for="node" id="d7" />
    <key attr.name="osmid" attr.type="string" for="node" id="d5" />
    <key attr.name="longitude" attr.type="double" for="node" id="d4" />
    <key attr.name="latitude" attr.type="double" for="node" id="d3" />
    <key attr.name="streets_per_node" attr.type="string" for="graph"
id="d2" />
    <key attr.name="name" attr.type="string" for="graph" id="d1" />
    <key attr.name="crs" attr.type="string" for="graph" id="d0" />
    <graph edgedefault="directed">
        <data key="d0">{'init': 'epsg:4326'}</data>
        <data key="d1">Manhattan, New York, USA</data>
        <node id="42459137">
            <data key="d3">40.7755735</data>
            <data key="d4">-73.9603796</data>
            <data key="d5">42459137</data>
        </node>
        <node id="1773060099">
            <data key="d3">40.7137811</data>
            <data key="d4">-73.9980743</data>
            <data key="d5">1773060099</data>
        </node>
        <edge source="42434559" target="1205714910">
            <data key="d8">Margaret Corbin Drive</data>
            <data key="d16">LINESTRING (-73.9326239 40.8632443,
-73.93267090000001 40.8631814, -73.93273120000001 40.8630891,
-73.9327701 40.863009, -73.9338518 40.8594721, -73.93399549999999
40.8594143)</data>
            <data key="d9">491.145731265</data>
        </edge>
    </graph>
</graphml>
```

你应该可以看得出来，第一部分定义了可以与不同实体关联的不同键或属性。这些属性具有名称、类型，被分配给节点或边，并具有键标识符。下文将仅使用这些标识符。例如，ID 为 42459137 的节点（这是上述复制列表中的第一个节点）的 d3 = 40.7137811。检查键的定义，d3 表示 y 或纬度。

在上一个代码片段中，我们加粗显示了本节要使用的字段：

- 对于代表街道之间的交叉路口的节点，我们将使用 latitude 和 longitude 字段。osmid 则用于唯一标识节点。
- 对于代表街道本身的边，我们将主要使用 name 和 length。在第 5.6 节“使用 Neo4j 可视化空间数据”中，还将使用 geometry 属性。

现在可以将该数据导入 Neo4j 图中。本节将不使用本章开头的数据，因此需要将新数据导入新的空白图中。

5.5.2 准备数据

幸运的是，已经有人实现了将该数据加载到 Neo4j 中的导入过程。它是 APOC 插件的一部分。你可以从 Neo4j Desktop 的图 Manage（管理）视图的 Plugins（插件）选项卡中轻松安装它。

此步骤将介绍以下操作：

- 使用 APOC 过程导入数据。
- 创建空间层。

1. 使用 APOC 过程导入数据

在安装 APOC 并将数据文件复制到 import 文件夹之后，可以通过以下方式简单地调用 apoc.import.graphml 过程：

```
CALL apoc.import.graphml("manhattan_road_network.graphml",
{defaultRelationshipType:"LINKED_TO"})
```

几秒钟之后，将看到如图 5-7 所示的结果。

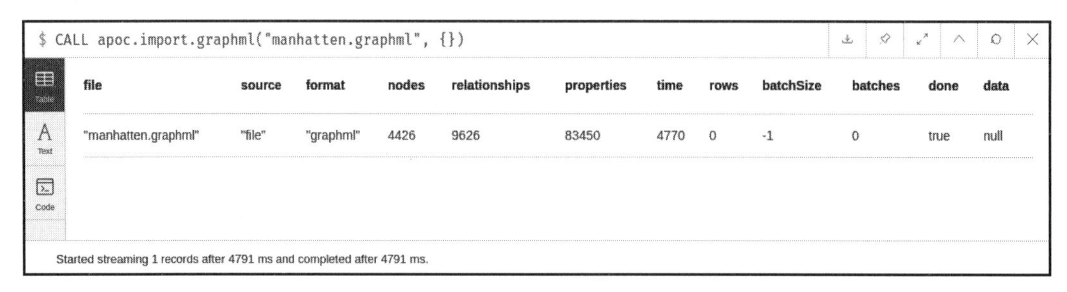
$ CALL apoc.import.graphml("manhatten.graphml", {})

file	source	format	nodes	relationships	properties	time	rows	batchSize	batches	done	data
"manhatten.graphml"	"file"	"graphml"	4426	9626	83450	4770	0	-1	0	true	null

Started streaming 1 records after 4791 ms and completed after 4791 ms.

图 5-7

可以看到，我们插入了 4426 个节点（路口），并在它们之间创建了 9626 个表示路段的 LINKED_TO 类型的关系。

为了方便本章其余部分的查询，我们将为新创建的节点分配标签 Junction：

```
MATCH (n)
WHERE n.latitude IS NOT NULL AND n.longitude IS NOT NULL
SET n:Junction
```

现在，图的导入已经很好地完成了。你可以检查一些节点和关系。例如，与第五大道相关的节点和关系的外观如图 5-8 所示。

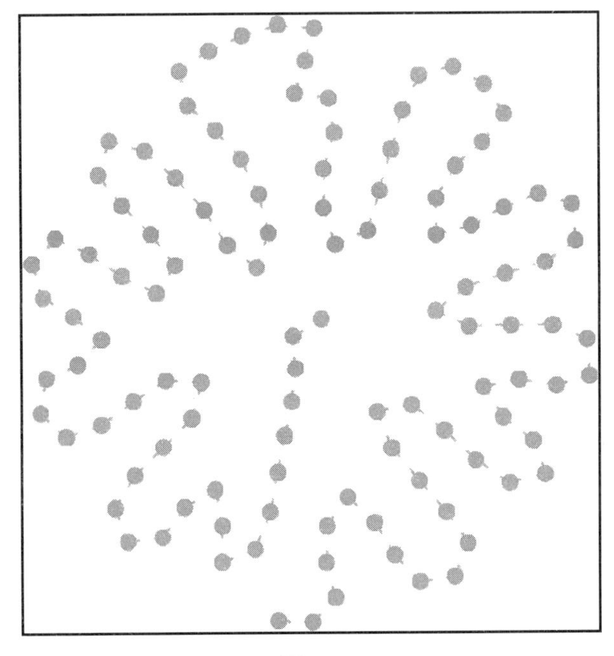

图 5-8

在第 5.6 节“使用 Neo4j 可视化空间数据”中，将介绍如何在地图上表示这些数据，以实现更逼真的可视化。在此之前，我们先来研究一下路由引擎。

2. 创建空间层

交叉路口和街道都具有空间属性。交叉路口具有经度和纬度属性，而街道（在我们的图中为 LINKED_TO 类型的关系）的几何属性包含 LINESTRING 对象的 WKT 表示形式。我们可以为每个实体创建一个空间层。但是，请记住，GDS 路径查找算法在节点之间而不是关系之间起作用。这意味着，从(latitude, longitude)用户输入中，我们必须找到最近的 Junction 节点。因此，需要创建一个空间点层来索引 4426 个交叉路口。目前，无须创建层来容纳街道。以后将根据需要创建它。

然后，让我们创建点层，该层将为带有 Junction 标签的节点建立索引：

```
CALL spatial.addPointLayer("junctions")
```

现在可以添加点：

```
MATCH (n:Junction)
CALL spatial.addNode("junctions", n) YIELD node
RETURN count(node)
```

在几秒钟之后，4426 个节点将添加到 junctions 空间层。

接下来让我们进入练习中最重要的部分，即路径查找算法本身。

5.5.3　运行最短路径算法

在从 GDS 运行任何算法之前，我们需要创建一个投影图。在此阶段，我们需要非常小心包含在此图中的实体。对于最短路径应用程序，我们需要在每个关系的 length 属性中存储的 Junction 节点、LINKED_TO 关系以及每个路段的长度。但是，此属性是 String 类型，与我们在最短路径算法中需要执行的加法操作不兼容。因此，我们将使用 Cypher 投影创建投影图，以便将长度属性转换为投影图：

```
CALL gds.graph.create.cypher(
        "road_network",
        "MATCH (n:Junction) RETURN id(n) as id",
        "MATCH (n)-[r:LINKED_TO]->(m) RETURN id(n) as source, id(m) as
target, toInteger(r.length) as length"
)
```

现在可以使用最短路径查找算法。由于我们的节点确实具有经度和纬度属性，因此可以在 Neo4j 中使用 A*实现，该实现使用半正矢公式（Haversine Formula）作为启发式方法。让我们回顾一下 A*算法的语法：

```
CALL gds.alpha.shortestPath.astar.stream(
    graphName::STRING,
    {
        startNode::NODE,
        endNode::NODE,
        relationshipWeightProperty::STRING,
        propertyKeyLat::STRING,
        propertyKeyLon::STRING
```

```
    }
)
```

在此签名中，具有以下项目：

- ❑ graphName 是我们希望算法在其上运行的投影图的名称。
- ❑ startNode 是路径中的起始节点。我们将使用给定坐标对(latStart, lonStart)的最接近 Junction（路口）。
- ❑ endNode 是目标节点。同样，我们将使用给定坐标对(latEnd, lonEnd)的最接近 Junction（路口）。
- ❑ relationshipWeightProperty 是包含应用于每个链接权重（如果存在）的关系属性。在本示例中，我们将使用街道的长度作为权重。
- ❑ propertyKeyLat 和 propertyKeyLon 是包含每个节点的纬度和经度的属性的名称。A*算法使用它们来推断出最短路径需要采取的方式。

算法的第一步是确定最接近的路口。对于给定的位置（假设是时代广场），可以通过以下查询来实现：

```
WITH {latitude: 40.757961, longitude: -73.985553} as p
CALL spatial.withinDistance("junctions", p, 1) YIELD node, distance
RETURN node.osmid
ORDER BY distance LIMIT 1
```

通过此查询，我们得出最接近时代广场的交叉路口的 osmid = 42428297。

让我们将时代广场设置为起始位置，而目的地则是 Central Park South（中央公园南），其坐标为 (40.767098, -73.978869)。使用与上一个查询类似的查询，我们发现距离结束位置最近节点的 osmid = 42435825。表 5-2 中汇总了此信息。

表 5-2　起始和结束位置信息

	名　称	纬　度	经　度	最近节点 osm id
开始位置	Time Square	40.757961	−73.985553	"42428297"
结束位置	Central Park South	40.767098	−73.978869	"42423674"

有了这些标识符（osmid），就可以使用以下查询执行 A*算法：

```
MATCH (startNode:Junction {osmid: "42428297"})
MATCH (endNode:Junction {osmid: "42423674"})
CALL gds.alpha.shortestPath.astar.stream(
    "road_network",
    {
        startNode: startNode,
        endNode: endNode,
```

```
        relationshipWeightProperty: "length",
        propertyKeyLat: "latitude",
        propertyKeyLon: "longitude"
    }
) YIELD nodeId, cost
WITH gds.util.asNode(nodeId) as node, cost
RETURN node.osmid as osmid, cost
```

这将产生以下结果：

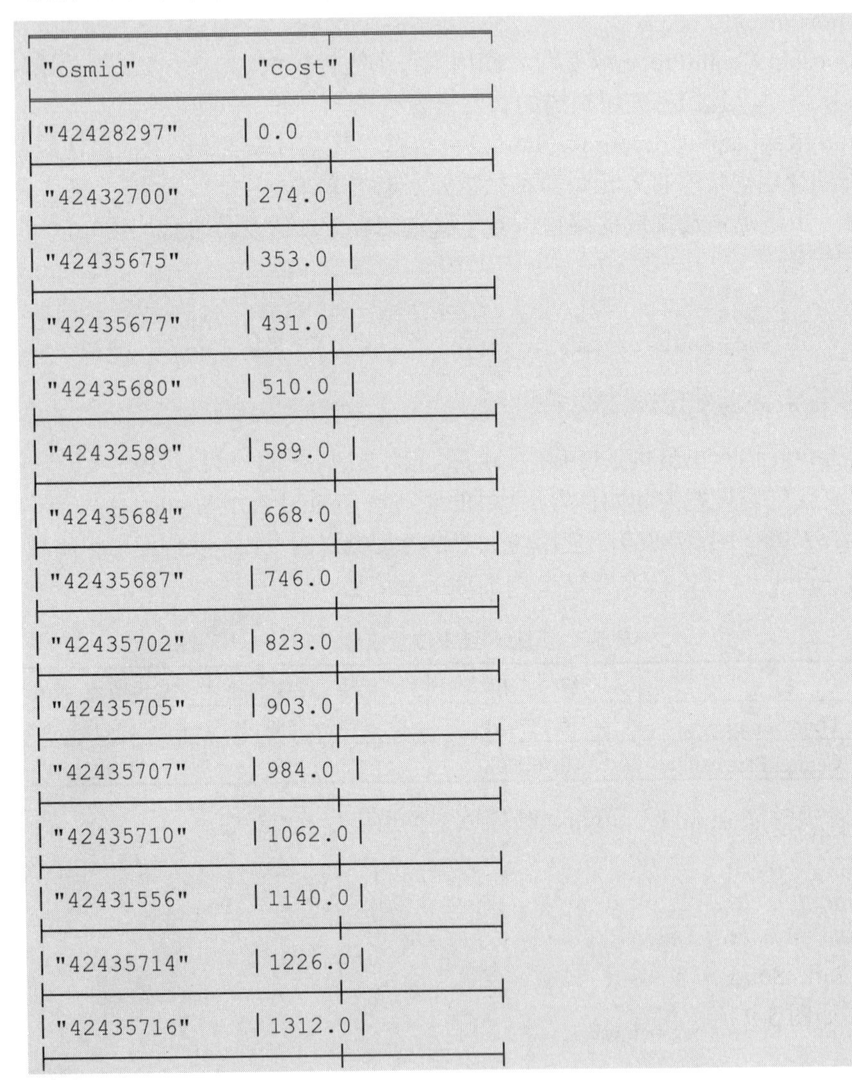

"osmid"	"cost"
"42428297"	0.0
"42432700"	274.0
"42435675"	353.0
"42435677"	431.0
"42435680"	510.0
"42432589"	589.0
"42435684"	668.0
"42435687"	746.0
"42435702"	823.0
"42435705"	903.0
"42435707"	984.0
"42435710"	1062.0
"42431556"	1140.0
"42435714"	1226.0
"42435716"	1312.0

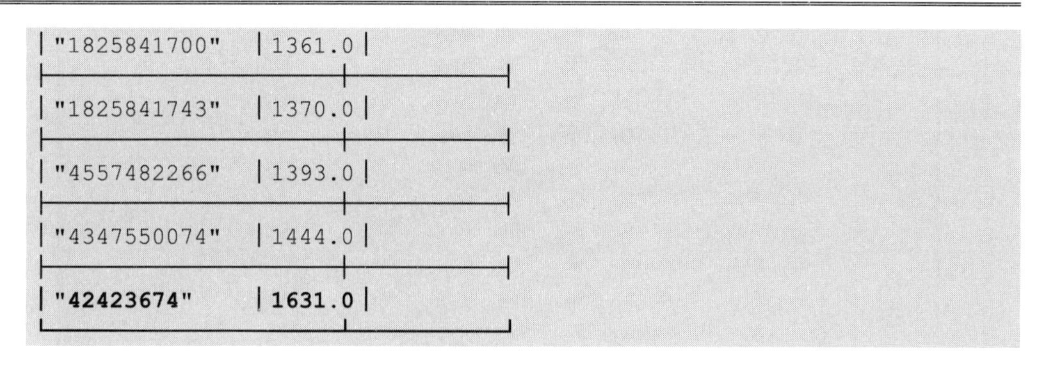

"1825841700"	1361.0
"1825841743"	1370.0
"4557482266"	1393.0
"4347550074"	1444.0
"42423674"	**1631.0**

上面结果的最后一行告诉我们，Time Square（时代广场）和 Central Park South（中央公园南）之间的最短路径约为 1.6 千米。

我们还可以提取更多有用的信息，例如获取街道名称，并对属于同一条街道的所有关系的长度求和。然后，将上述查询中的 RETURN 语句替换为以下代码：

```
WITH gds.util.asNode(nodeId) as node, cost
WITH collect(node) as path, collect(cost) as costs
UNWIND range(0, size(path)-1) AS index
WITH path[index] AS currentNode, path[index+1] AS nextNode
MATCH (currentNode)-[r:LINKED_TO]->(nextNode)
RETURN r.name, sum(toFloat(r.length)) as length
```

完整查询的结果如下：

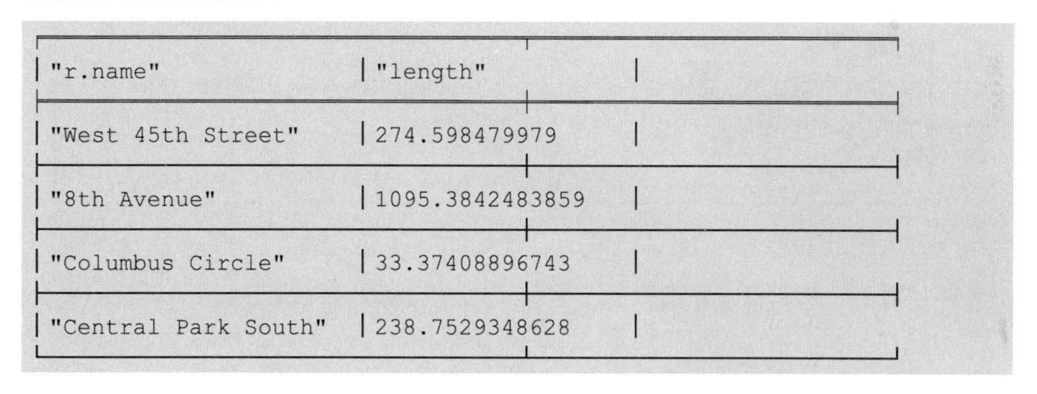

"r.name"	"length"
"West 45th Street"	274.598479979
"8th Avenue"	1095.3842483859
"Columbus Circle"	33.37408896743
"Central Park South"	238.7529348628

这意味着，可以从起始点（时代广场）沿着 West 45th Street（西 45 街）步行 275 米，转入 8th Avenue（第八大道）步行约 1 千米，到达 Columbus Circle（哥伦布环岛）后，再沿着 Central Park South（中央公园南）走 240 米，即可到达目的地。我们可以在地图上检查此结果，如图 5-9 所示。

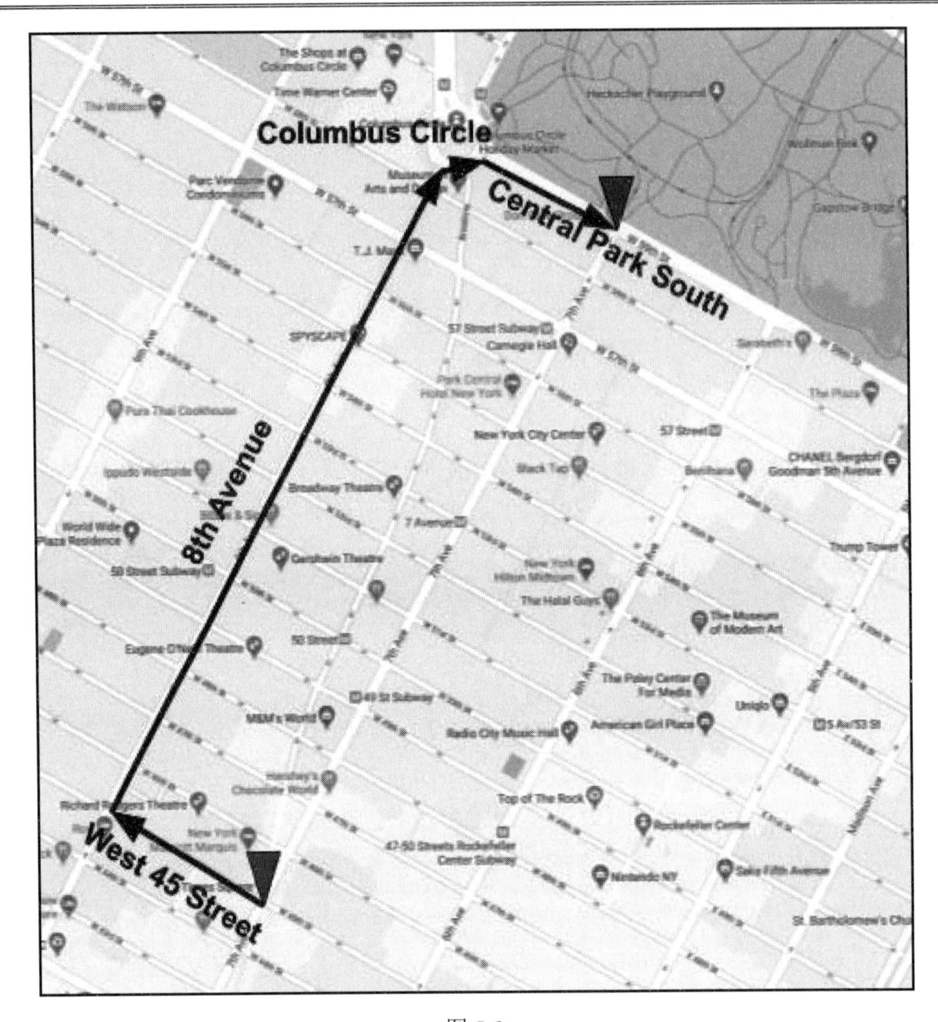

图 5-9

可以看到，从起点（底部绿色三角形）到终点（顶部红色三角形，靠近中央公园）的最短路径是使用第七大道。但是，这是一条单行线，不允许汽车沿南北方向使用。如果我们开车的话，那么上一条路线是正确的。但是，假设我们正在步行，并且不想绕道而行，那么在使用 GDS 插件的情况下，这意味着我们必须创建另一个投影图 road_network_undirected（无方向投影图中，关系的方向将被忽略）。可通过以下方式做到这一点：

```
CALL gds.graph.create.cypher(
    "road_network_undirected",
```

```
    "MATCH (n:Junction) RETURN id(n) as id",
    "MATCH (n)-[r:LINKED_TO]-(m) RETURN id(n) as source, id(m) as target,
toInteger(r.length) as length"
)
```

与 road_network 图相比，差异是用于定义关系的查询：

- 在 road_network 中，我们使用了从(n)到(m)的有向边。

```
MATCH (n)-[r:LINKED_TO]->(m)
```

- 在 road_network_undirected 中，只需删除 Cypher 中的>符号即可使用无向边：

```
MATCH (n)-[r:LINKED_TO]-(m)
```

在 road_network_undirected 上运行相同的路径查找算法，可得到以下结果：

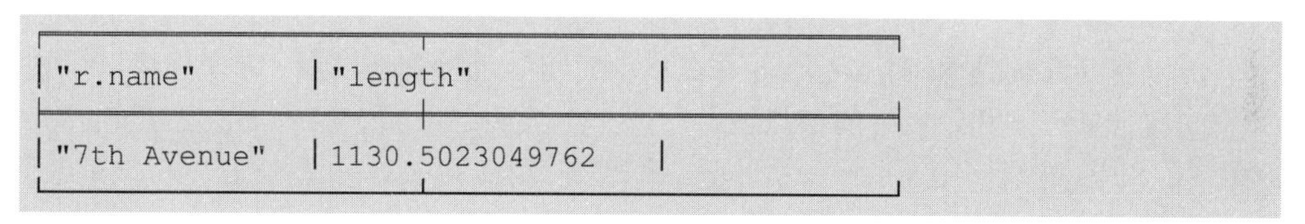

"r.name"	"length"
"7th Avenue"	1130.5023049762

提示：

切记在查询中也要删除>符号，以产生正确结果。

之前的路线需要走大约 1.6 千米，现在只要走大约 1.1 千米，减少了 500 米，这对于步行来说算是较长的一段路。

得益于 Neo4j GDS 插件提供的空间数据和 A*路径查找算法，我们已经构建了功能全面的路由系统。它甚至同时适用于汽车（有向投影图）和行人（无向投影图）。

注意：

为了使步行者完全信任该路由系统，我们需要排除高速公路和不适合步行者的道路。

在下一节中，我们将讨论存储在 Neo4j 图中的空间数据的可视化。

5.6　使用 Neo4j 可视化空间数据

空间数据专家已经开发了若干种工具，用于可视化和手动更新几何形状。ArgQIS 和 QGIS 桌面应用程序使我们可以从各种数据源（如 shapefile）加载数据，创建编辑几何形状以及执行诸如距离计算之类的操作。

本节将研究与 Neo4j 兼容的两种解决方案。第一种解决方案是可以安装到 Neo4j

Desktop 的应用程序，它使我们可以可视化节点。第二种解决方案是使用 Neo4j JavaScript 驱动程序和 Leaflet（后者是一个 JavaScript 库，专门用于可视化地图），创建一个 Web 应用程序以可视化两点之间的最短路径。

因此，本节将讨论以下内容：

- NeoMap——用于空间数据的 Neo4j Desktop 应用程序。
- 使用 JavaScript Neo4j 驱动程序可视化最短路径。

5.6.1 NeoMap——用于空间数据的 Neo4j Desktop 应用程序

NeoMap 是可从以下网址获得的开源应用程序：

https://github.com/stellasia/neomap/

可以将其添加到 Neo4j Desktop 并在启动时将其连接到活动图。它使你可以可视化包含空间属性（纬度和经度）的节点。

注意：

免责声明：本书作者正是此应用程序的作者。据我所知，目前还没有类似应用程序。

我们将讨论 NeoMap 的两个应用：

- 使用简单层可视化节点。
- 使用高级层可视化路径。

1. 使用简单层可视化节点

有两种方法可以在 NeoMap 中创建层。第一个方法（也是最简单的方法）是选择要获取的节点标签（Label），并设置包含纬度和经度的属性的名称。图 5-10 显示了从曼哈顿街道网络图中显示 Junctions 节点所需的简单层配置。

必要时，可以通过更改地图渲染配置将标记转变为热图。

2. 使用高级层可视化路径

高级层模式允许用户更精确地选择要显示的节点。例如，我们可能只想可视化从时代广场到中央公园南的最短路径中涉及的节点。在这种情况下，必须编写 Cypher 查询以匹配节点，并至少返回两个元素：节点的纬度和经度。

在图 5-11 中可以看到用于显示属于最短路径的节点的配置。

此应用程序有助于可视化数据以进行数据分析和理解。但是，如果要在 Web 应用程序中以更具交互性的方式可视化空间属性，则必须研究其他方法。下一节将演示如何使用两个 JavaScript 库（Neo4j JavaScript 驱动程序和 Leaflet）来可视化相同的路径。

图 5-10

图 5-11

在后续小节中，我们将更深入地研究 Neo4j JavaScript 驱动程序，以构建能够与 Neo4j 进行交互的独立网页。

5.6.2　使用 JavaScript Neo4j 驱动程序可视化最短路径

Neo4j 正式提供了 JavaScript 驱动程序。我们将使用该驱动程序来创建一个小型 Web 应用程序，以可视化两个路口之间的最短路径。完整代码可在以下网址找到：

https://github.com/PacktPublishing/Hands-On-Graph-Analytics-with-Neo4j/blob/master/ch5/shortest_path_visualization.html

你只需要使用自己喜欢的网络浏览器将其打开即可查看结果（所有依赖项都已包含在该文件中）。

以下我们将详细介绍：

- Neo4j JS 驱动程序。
- Leaflet 和 GeoJSON。

1．Neo4j JS 驱动程序

首先将连接参数设置为 Neo4j：

```
var driver = neo4j.driver(
    // 根据你自己的配置修改接下来的两行
    'bolt://127.0.0.1:7687',
    neo4j.auth.basic('user', 'password')
);
var session = driver.session();
```

如果不清楚自己的 Bolt 端口设置，则可以在活动图管理窗口中找到 Bolt port（Bolt 端口），如图 5-12 所示。

2．Leaflet 和 GeoJSON

Leaflet 是一个开放源代码的 JavaScript 库，用于可视化地图。像许多地图可视化系统一样，它可以使用叠加的层。每个层可以是不同的类型。

本节将仅使用以下两个类型的层：

- 平铺层（Tile Layer）：显示方形 PNG 图像。根据层的不同，它可以包含街道、地名或兴趣点（POI）。在我们的示例中，将仅使用默认的 Open Street Map（开放街道地图）平铺层。
- GeoJSON 层：以 GeoJSON 格式显示数据。到目前为止，我们仅讨论了存储为知名文本（WKT）的几何形状。GeoJSON 是另一种人类可读的几何的表示形式。以下代码显示了相同形状的 WKT 和 GeoJSON 表示形式：

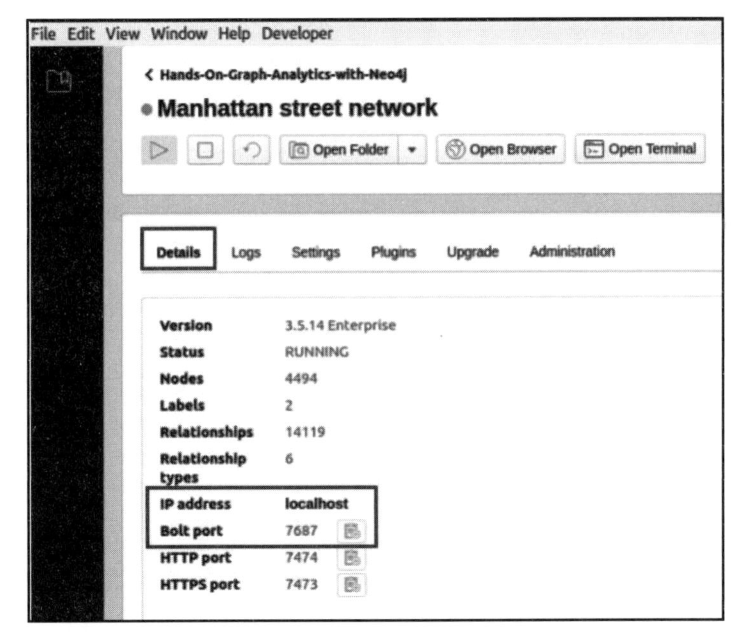

图 5-12

```
WKT:
LINESTRING(-73.9879285 40.7597869,-73.9878847 40.759847)

GeoJSON:
{"type":"LineString","coordinates":[[-73.9879285,40.7597869],[-73.9
878847,40.759847]]}
```

现在可以开始构建地图。创建 Leaflet 地图非常简单，执行以下命令即可：

```
var map = L.map('mapid').setView([40.757965, -73.985561], 7);
```

mapid 参数是 HTML 元素的 ID（地图将在 HTML 中绘制），这意味着我们的文档对象模型（Document Object Model，DOM）需要包含以下内容：

```
<div id="mapid"></div>
```

setView 中的参数分别是地图中心的坐标和初始缩放级别。稍后将会看到，这些对我们而言实际上并不重要。

创建地图后，即可开始向其中添加层。要添加的第一层是 OSM 平铺层，以确定我们的位置，示例如下：

```
L.tileLayer(
    'https://{s}.tile.openstreetmap.org/{z}/{x}/{y}.png', {
```

```
    maxZoom: 19,
    attribution: '&copy; <a
href="https://openstreetmap.org/copyright">OpenStreetMap contributors
</a>'
}).addTo(map);
```

然后，可以查询 Neo4j 并将几何形状添加到地图中。要执行此操作，可以使用本章前面编写的查询来查找两个路口之间的最短路径。Junction 节点的 osmid 将是查询的参数，因此查询的开头必须按以下方式编写：

```
MATCH (startNode:Junction {osmid: { startNodeOsmId }})
MATCH (endNode:Junction {osmid: { endNodeOsmId }})
```

我们将以 WKT 格式显示包含在关系的 geometry 参数中的街道的几何形状，因此请在查询末尾以如下方式返回此信息：

```
RETURN r.name, r.geometry as wkt
```

可以按以下方式定义 query 变量：

```
var query = `
MATCH (startNode:Junction {osmid: { startNodeOsmId }})
MATCH (endNode:Junction {osmid: { endNodeOsmId }})
// [...] 和第 5.5.3 节“运行最短路径算法”的查询相同
RETURN r.name, r.geometry as wkt
`;
```

查询的参数如下：

```
var params = {
    "startNodeOsmId": "42428297",
    "endNodeOsmId": "42423674"
};
```

最后，可以查询 Neo4j 并将结果添加到地图中。这分以下两个步骤完成。

（1）将查询发送到 Neo4j，读取结果，然后将 WKT 数据解析为 Leaflet 可以理解的 GeoJSON 格式：

```
session
    .run(query, params)
    .then(function(result){
        let results = [];
        result.records.forEach(function(record) {
            let wkt = record.get("wkt");
            // 需要过滤掉一些记录
            // 因为并不是任何记录都有几何信息
```

```
            if (wkt !== null) {
                // 将结果从 WKT 解析为 GeoJSON
                let geo = wellknown.parse(wkt);
                results.push(geo);
            }
        });
        return results;
    })
```

（2）一旦有了 GeoJSON 对象的列表，就可以创建新层：

```
.then(function(result) {
        var myLayer = L.geoJSON(
            result,
            {
                "weight": 5,
                "color": "red",
            }
        ).addTo(map);
        map.fitBounds(myLayer.getBounds());
    });
```

我们需要为这个新层设置一些样式属性，以使其更加明显。最后，通过 fitBounds 操作，可以告诉 Leaflet 自动找到正确的视口（Viewport），以使路径完全可见。

如果使用浏览器打开完整的 HTML 文件，则在更新连接参数后，你应该会看到类似于第 5.5.3 节中“运行最短路径算法”中复制的地图（见图 5-9）。虽然外观效果看起来不错，但是路径中会缺少某些段，原因是图中的某些边没有 geometry 属性。由于该区域的街道很直，因此只需要路段的第一个点和最后一个点的位置就可以很好地显示几何形状。这意味着我们可以通过使用路段的起点和终点来手动更新路段的几何形状，如下所示：

```
MATCH (currentNode)-[r:LINKED_TO]->(nextNode)
WHERE r.geometry is null
SET r.geometry = 'LINESTRING (' + currentNode.longitude + ' ' +
currentNode.latitude + ', ' + nextNode.longitude + ' ' + nextNode.latitude
+ ')'
```

如果此更新完成后重新加载 shortest_path_visualization.html 页面，则将看到一条完全着色的路径，如图 5-13 所示。

你还可以在无方向投影图上运行算法，甚至选择不同的开始和结束节点来检查结果。

当然，第一个可视化示例也是可以改进的。在 5.8 节“思考题”中，我们将提出一些改进的思路，并且在后续章节中，我们将学习更多有趣的技术（尤其是 GraphQL），以防止在 JavaScript 代码中公开查询（参见第 11 章“在 Web 应用程序中使用 Neo4j”）。

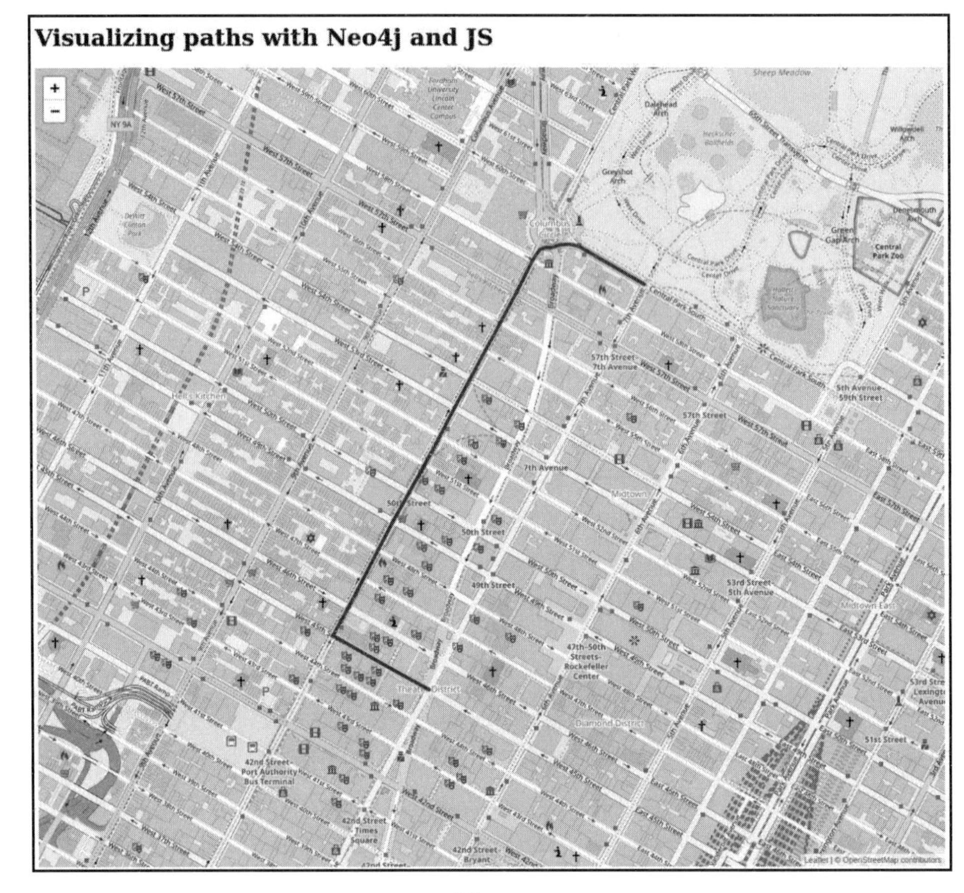

图 5-13

原　　文	译　　文
Visualizing paths with Neo4j and JS	使用 Neo4j 和 JS 可视化路径

5.7　小　　结

本章学习了如何将空间数据存储在信息系统中，以及如何通过 Neo4j 使用它。现在你已经知道如何使用 Neo4j 内置 point 类型并使用它来执行距离查询。你还了解了 neo4j-spatial 插件，该插件可用于更复杂的操作，例如几何相交和一定距离内节点的查询。

最后，我们还学习了如何使用空间数据和 GDS 库中实现的最短路径算法构建基于图的路由引擎。借助一些 JavaScript 代码，甚至还可以在地图上清晰显示路径查找算法的结果。

第 6 章将讨论一种新型算法：中心性算法。根据你对重要性的定义，它们可用于量化节点的重要性。

5.8 思考题

（1）空间数据：

- 在纽约市区中添加一个新的兴趣点，并在该兴趣点和它所属的区之间建立 Neo4j 关系。
- 编写查询以查找给定点(latitude, longitude)最接近的街道。

（2）路由引擎：

- 修改最短路径算法，以找到行驶或步行时间最短而不是距离最短的路径。
- 将高速公路排除在可能的路线之外，改善行人的路线选择引擎。
- 如何找到替代路径？

（3）可视化：

- 修改我们创建的网页，让用户选择开始和结束节点。
- 修改我们创建的网页，以使用户可以选择开始和结束位置——以(latitude, longitude)表示。该脚本将必须找到开始节点和结束节点的 OSM ID，以显示它们之间的最短路径。

5.9 延伸阅读

要了解有关空间数据（尤其是投影）的更多信息，建议阅读以下参考资料：

- *PostGIS Essentials*（《PostGIS 必备手册》），作者：A.Marquez，Packt 出版社出版。
- *Intro to GIS and Spatial Analysis*（《GIS 和空间分析简介》），尤其是第 9 章。作者：M.Gimond，其网址如下：

  https://mgimond.github.io/Spatial/coordinate-systems.html

第 6 章　节点重要性

本章将讨论的节点重要性算法也称为中心性算法（Centrality Algorithm）。目前有不少的技术都是根据给定图和给定问题的重要性定义开发的。不同的解释下判定中心性的度量指标也有所不同，当前最主要的度量指标包括度中心性（Degree Centrality）、接近度中心性（Closeness Centrality）、中介中心性（Between Centrality）和特征向量中心性（Eigenvector Centrality）。我们将学习其中一些比较有名的技术，如度中心性和 Google 使用的 PageRank 算法。对于后者，我们将通过一个示例实现并在一个简单的图上运行它，以充分理解它的工作方式以及何时可以使用它。

在介绍完其他类型的中心性算法（如中介中心性）之后，本章还将说明如何在欺诈检测的环境中使用中心性算法。在此示例中，我们将使用 GDS 提供的工具从 Cypher 创建投影图，以便在节点之间创建伪关系以满足分析需求。

本章包含以下主题：

- 定义重要性。
- 计算度中心性。
- 理解 PageRank 算法。
- 基于路径的中心性指标。
- 将中心性应用于欺诈检测。

6.1　技术要求

本章将使用以下工具：

- 带有 Graph Data Science（GDS）库的 Neo4j 图数据库。
- 本章代码文件的网址如下。

  https://github.com/PacktPublishing/Hands-On-Graph-Analytics-with-Neo4j/tree/master/ch6

注意：

如果你使用的 Neo4j 版本低于 4.0，则 Graph Data Science（GDS）插件的最新兼容版本是 1.1，而如果你使用的 Neo4j 为 4.0 或更高版本，则 GDS 插件的首个兼容版本是 1.2。

6.2　定义重要性

确定图的最重要节点取决于对重要性的定义。此定义本身取决于你要实现的目标。本章将研究以下两个重要性示例：

- 信息在社交网络中传播。
- 道路或计算机网络中的关键节点。

上述这些问题都可以通过中心性算法解决。本节将以图 6-1 为例，以帮助理解重要性（Importance）的不同定义。

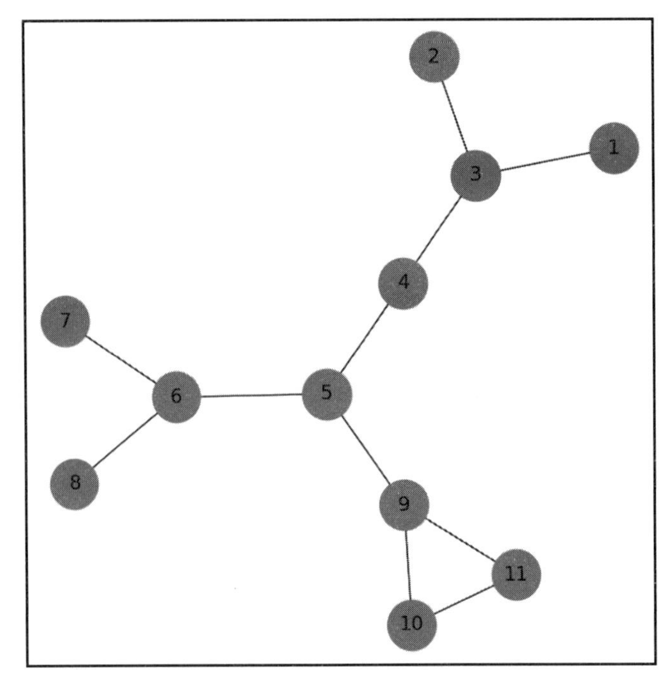

图 6-1

在图 6-1 中，哪个节点在网络中最重要？答案取决于在给定上下文中重要性的含义。让我们思考一下定义重要性的不同方法。

6.2.1　受欢迎程度和信息传播

定义重要性的最明显方法是影响者（Influencer）概念。网络红人（Online Influencer）

就是有影响力的影响者。影响力越大，重要性越高。大多数有影响力的节点都有许多连接，因此，它们很适合传播信息。在社交网络的背景下，网红（影响者）通常会获得与想要利用其影响力并让尽可能多的人知道其产品的品牌的广告合同。以这一点而论，图 6-1 中的节点 3、5、6 和 9 都具有 3 个连接，这使其成为最重要的节点。

为了进一步尝试解开这 4 个节点，研究人员已经提出了其他方法。其中最著名的是网页排名（PageRank）算法，Google 公司就是使用该算法对搜索引擎的结果进行排名。PageRank 会考虑给定节点的邻居的重要性，并以此更新给定节点的重要性。如果某个网页具有来自重要页面的反向链接（Backlink），则与不那么重要的页面所引用的另一个页面相比，其重要性将会增加。

这些方法是基于度（Degree）的，具有从影响到欺诈检测的许多应用。但是，如果你正在寻找道路或计算机网络中的关键节点，则它们并不是最适合的方法。

6.2.2　关键或桥接节点

基于度的中心性算法根据连接确定重要节点。但是，在图 6-1 中，如果节点 5 消失，那么该图会发生什么？最终我们将得到 3 个断开的组件：

- 节点 1、2、3 和 4。
- 节点 6、7 和 8。
- 节点 9、10 和 11。

图 6-2 说明了这种新布局。

可以看到，在这种情况下，从一个组件到另一个组件的通信将变成完全不可能的事情。例如，此时节点 1 和 10 之间将不再有可能的路径。在电信或道路网络中，这种情况可能会产生严重的后果，因为它意味着可能出现了大范围的交通拥堵，或者无法拨打紧急服务电话。必须不惜一切代价避免这种情况，这就需要能够识别出图中最重要的节点（例如本示例中的节点 5），以便对其进行更好的保护。

因此，节点 5 被称为关键节点（Critical Node）或桥接节点（Bridging Node）。

幸运的是，我们有中心性算法来衡量这种重要性，可以将它们归为基于路径的类别。本章后面介绍的接近度中心性（Closeness Centrality）和中介中心性（Between Centrality）算法就是该类别的一部分。

在后续章节中，我们将详细介绍度中心性和 PageRank 算法，并关注基于路径的中心性的两个示例：接近度中心性和中介中心性。

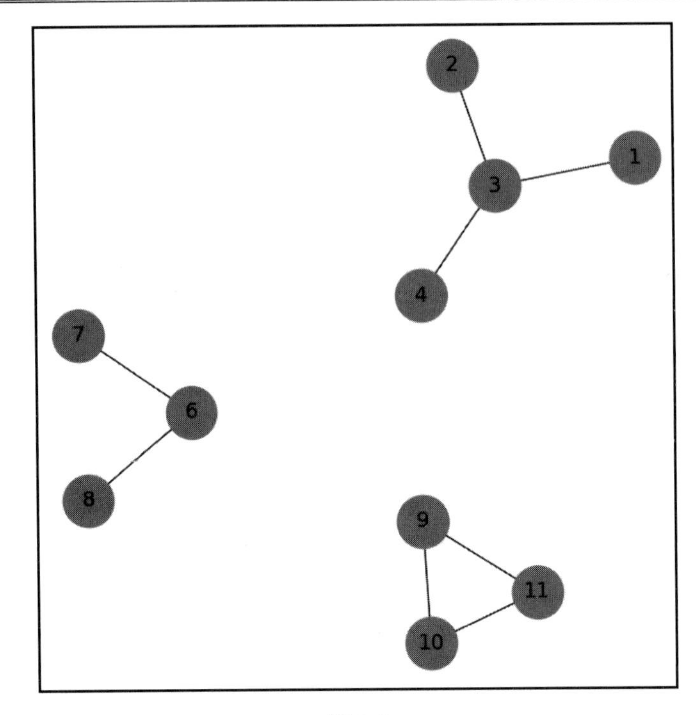

图 6-2

6.3 计算度中心性

计算度中心性（Degree Centrality）其实就是根据节点之间的关系数量对节点进行排序。你可以理解为：一个人的社会关系越多，他/她就越重要。

度中心性可以使用基本 Cypher 进行计算，也可以通过 GDS 插件和投影图进行调用。

本节将讨论以下内容：

- 度中心性公式。
- 在 Neo4j 中计算度中心性。

6.3.1 度中心性公式

度中心性 C_n 定义如下：

$$C_n = \deg(n)$$

其中，deg(n)表示连接到节点 n 的边的数量。

如果你的图是有方向的，则可以将传入和传出的度定义为分别从节点 n 开始的关系数和以节点 n 结束的关系数。

让我们考虑图 6-3 的示例。

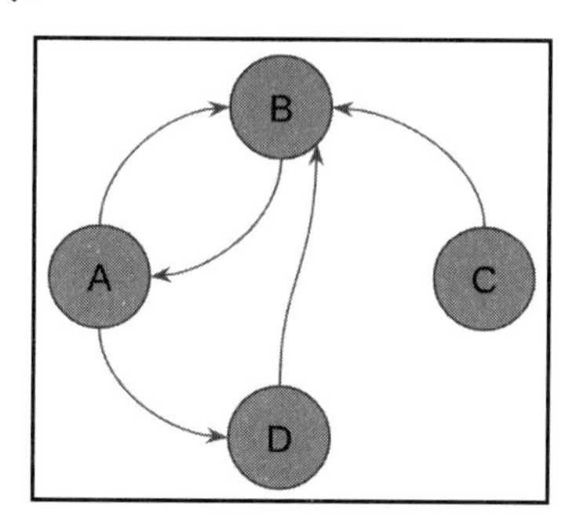

图 6-3

节点 A 有一个传入关系（来自节点 B）和两个传出关系（到节点 B 和 D），因此它的传入度是 1，传出度是 2。表 6-1 总结了每个节点的度。

表 6-1　各个节点的度

节　点	传　出　度	传　入　度	度（无方向）
A	2	1	3
B	1	3	4
C	1	0	1
D	1	1	2

现在让我们看看如何在 Neo4j 中获得同样这些结果。你可以使用以下 Cypher 语句创建此小图：

```
CREATE (A:Node {name: "A"})
CREATE (B:Node {name: "B"})
CREATE (C:Node {name: "C"})
CREATE (D:Node {name: "D"})

CREATE (A)-[:LINKED_TO {weight: 1}]->(B)
CREATE (B)-[:LINKED_TO]->(A)
CREATE (A)-[:LINKED_TO]->(D)
CREATE (C)-[:LINKED_TO]->(B)
CREATE (D)-[:LINKED_TO]->(B)
```

6.3.2　在 Neo4j 中计算度中心性

在 Neo4j 中，仅使用 Cypher 和聚合函数，就可以计算连接到节点的边的数量。例如，以下查询将计算每个节点的传出关系数：

```
MATCH (n:Node)-[r:LINKED_TO]->()
RETURN n.name, count(r) as outgoingDegree
ORDER BY outgoingDegree DESC
```

在第 6.3.1 节“度中心性公式”研究的小图上运行此查询，可得到以下结果：

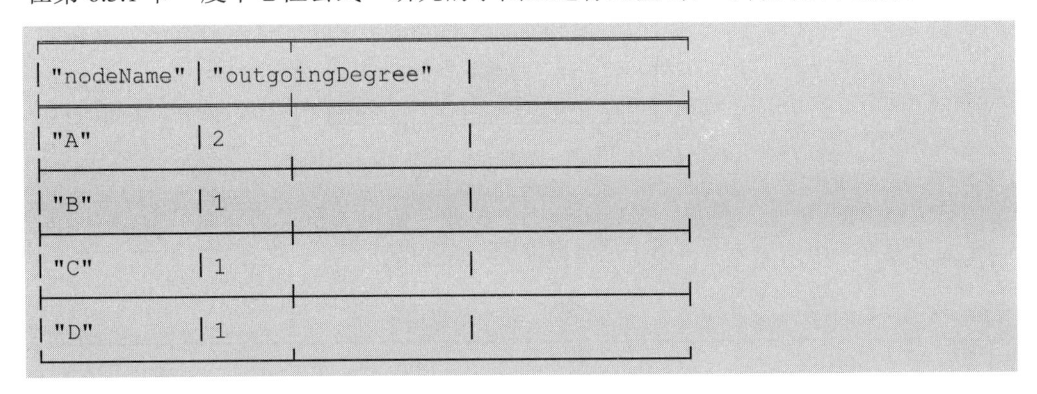

"nodeName"	"outgoingDegree"
"A"	2
"B"	1
"C"	1
"D"	1

传入的度也可以使用稍作修改的 Cypher 查询来计算，我们可以使用`<-[]-`表示法（而不是`-[]->`），使得关系的方向反转：

```
MATCH (n:Node)<-[r:LINKED_TO]-()
RETURN n.name as nodeName, count(r) as incomingDegree
ORDER BY incomingDegree DESC
```

该查询的结果如下：

"nodeName"	"incomingDegree"
"B"	3
"A"	1
"D"	1

可以看到，节点 C 缺少中心性结果（实际上是因为没有任何其他节点传入连接到该

节点）。可以使用 OPTIONAL MATCH 修复此问题，如下所示：

```
MATCH (n:Node)
OPTIONAL MATCH (n)<-[r:LINKED_TO]-()
RETURN n.name as nodeName, count(r) as incomingDegree
ORDER BY incomingDegree DESC
```

这一次的结果包含了节点 C：

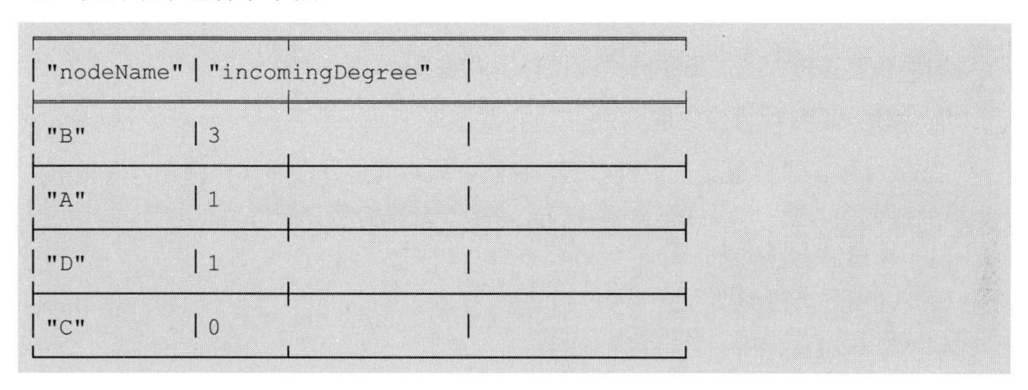

"nodeName"	"incomingDegree"
"B"	3
"A"	1
"D"	1
"C"	0

当然，使用 GDS 实现会更加方便，因为 GDS 实现可自动处理这些组件。

接下来，我们将介绍：

- ❑ 使用 GDS 计算传出度。
- ❑ 使用 GDS 计算传入度。

1．使用 GDS 计算传出度

使用 GDS 时，需要定义投影图。在本示例中，可以使用最简单的语法，因为我们要按自然方向添加所有节点及其所有关系：

```
CALL gds.graph.create("projected_graph", "Node", "LINKED_TO")
```

然后，可以使用此投影图来运行度中心性算法：

```
CALL gds.alpha.degree.stream("projected_graph")
YIELD nodeId, score
RETURN gds.util.asNode(nodeId).name as nodeName, score
ORDER BY score DESC
```

此查询的结果如下：

"nodeName"	"score"

```
│ "A"         │ 2.0        │
├─────────────┼────────────┤
│ "B"         │ 1.0        │
├─────────────┼────────────┤
│ "C"         │ 1.0        │
├─────────────┼────────────┤
│ "D"         │ 1.0        │
└─────────────┴────────────┘
```

如果要计算传入度，则必须更改投影图的定义。

2．使用 GDS 计算传入度

在 GDS 中，需要定义一个投影图，我们可以对其进行命名（并保存以供将来在同一会话中使用），也可以保持不命名。因此，接下来我们将介绍：

- 使用命名投影图
- 使用匿名投影图

1）使用命名投影图

创建一个将具有所有反向关系的投影图时，需要对关系的方向进行详细的配置：

```
CALL gds.graph.create(
    "projected_graph_incoming",
    "Node",
    {
        LINKED_TO: {
            relationship: "LINKED_TO",
            orientation: "REVERSE"
        }
    }
)
```

这个新的投影图（projected_graph_incoming）包含带有 Node 标签的节点。它还将具有 LINKED_TO 类型的关系，该关系将是原始图中 LINKED_TO 关系的副本，但方向相反。换句话说，如果原始图包含(A)-[:LINKED_TO]->(B)关系，则投影图将仅包含(B)-[:LINKED_TO]->(A)模式。可以使用以下查询在新的投影图上运行度中心性算法：

```
CALL gds.alpha.degree.stream("projected_graph_incoming")
YIELD nodeId, score
RETURN gds.util.asNode(nodeId).name as name, score
ORDER BY score DESC
```

结果如下：

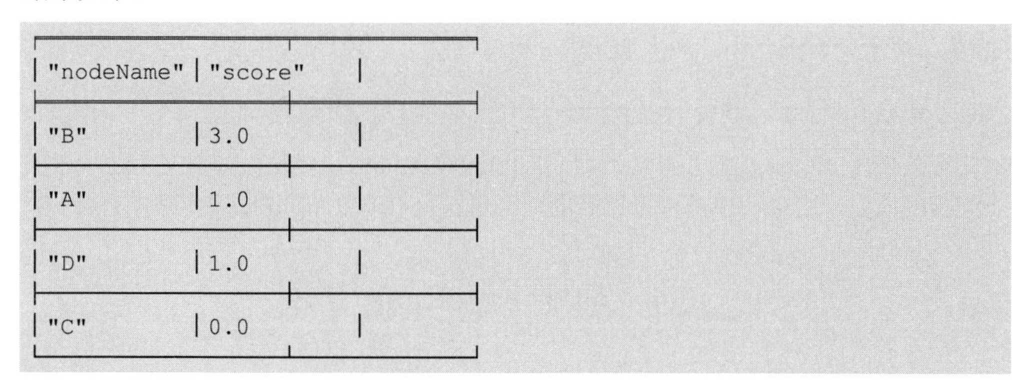

"nodeName"	"score"
"B"	3.0
"A"	1.0
"D"	1.0
"C"	0.0

如果图是无向的，则必须在投影图定义中使用 orientation: "UNDIRECTED" 参数，这和第 4 章“Graph Data Science 库和路径查找”以及第 5 章“空间数据”中的介绍是完全一致的。

2）使用匿名投影图

GDS 还为我们提供了在没有命名投影图的情况下运行算法的选项。在这种情况下，调用 GDS 过程时将动态生成投影图。例如，为了获取无向图节点的度，可使用以下代码：

```
CALL gds.alpha.degree.stream(
    {
        nodeProjection: "Node",
        relationshipProjection: {
            LINKED_TO: {
                type: "LINKED_TO",
                orientation: "UNDIRECTED"
            }
        }
    }
) YIELD nodeId, score
RETURN gds.util.asNode(nodeId).name as nodeName, score
ORDER BY score DESC
```

该查询返回以下结果：

"nodeName"	"score"
"B"	4.0
"A"	3.0

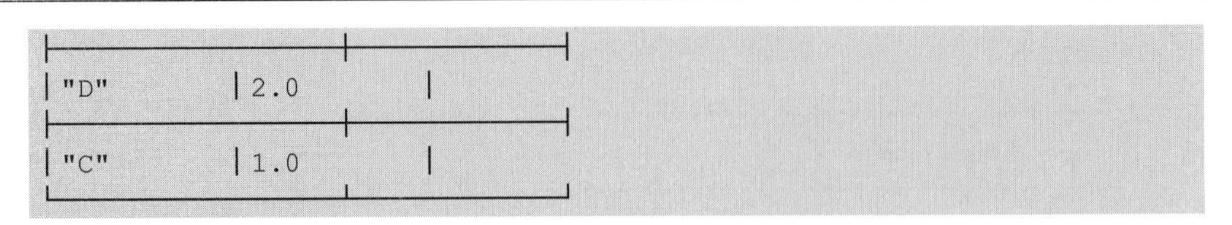

```
├──────────────┼──────────────┤
│"D"           │2.0           │
├──────────────┼──────────────┤
│"C"           │1.0           │
└──────────────┴──────────────┘
```

有关使用 Neo4j 进行度中心性计算的讨论至此结束。但是，如前文所述，考虑到每个连接的质量，度中心性是可以提高的，这也正是 PageRank 算法要实现的目标。

6.4　理解 PageRank 算法

PageRank 算法以 Google 的联合创始人之一 Larry Page（拉里 • 佩奇）命名（但是 Page 也恰好可以是“网页”的意思，所以中文多称之为“网页排名”或“页面排名”算法）。该算法是在 1996 年开发的，目的是对搜索引擎的结果进行排名。在本节中，我们将通过逐步构建公式来理解该算法。然后，我们将在单个图上运行该算法以查看其收敛方式。我们还将使用 Python 实现该算法的一个版本。最后，我们将学习如何使用 GDS 插件从存储在 Neo4j 中的图获取此信息。

本节将讨论以下内容：

- 构建公式。
- 在示例图上运行算法。
- 使用 Python 实现 PageRank 算法。
- 在 Neo4j 中使用 GDS 评估 PageRank 中心性。
- 比较度中心性和 PageRank 结果。
- 变体。

6.4.1　构建公式

让我们在互联网的背景下考虑 PageRank。PageRank 算法基于以下思想：并非所有传入链接都具有相同的权重。例如，假设在《人民网》的文章中有一个反向链接是链接到你的博客文章的，那么它显然比那些一个月只有十几个访客的网站的链接重要得多，因为前者将使更多的用户重定向到你的博客。因此，我们希望《人民网》比低流量网站具有更高的权重（Weight）。这里的挑战就是评估传入连接的权重。在 PageRank 算法中，此权重是页面的重要性或页面的评分（Rank）。因此，我们得出了一个递归公式，在该公式中，每个页面的重要性都是通过与其他页面的比较而衡量的：

$$PR(A) = PR(N_1) + \cdots + PR(N_n)$$

其中，N_i ($i = 1,\cdots,n$) 是指向页面 A（传入关系）的页面。

注意：

如果指向 A 的节点的 PageRank 的总和较高，则节点 A 的 PageRank 倾向于更高。

这不是 PageRank 的最终公式，因为还需要考虑其他两个方面。首先，对于具有许多传出链接的页面，我们将平衡传入链接的重要性。就好像每个页面都有相等数量的票数分配给其他页面，它可以将所有投票投给单个页面，在这种情况下，该链接将显得非常强大（高权重），也可以在许多页面之间共享票数，从而使许多链接的重要性降低。

因此，我们可以按以下方式更新 PageRank 公式：

$$PR(A) = PR(N_1)/C(N_1) + \cdots + PR(N_n)/C(N_n)$$

其中，$C(N_i)$是 N_i 的传出链接数。

其次，对于最终集成到 PageRank 公式中的阻尼系，需要更多解释，因此接下来我们将详细介绍：

- 阻尼系数。
- 归一化。

1. 阻尼系数

PageRank 算法引入了一个阻尼因子（Damping Factor）来减轻邻居的影响。其主要思想是，当从一个页面导航到另一个页面时，互联网用户通常单击链接。但是在某些情况下，用户可能会感到无聊或出于任何其他原因而转到另一个页面。发生这种情况的可能性将通过阻尼系数来建模。来自初始论文的最终 PageRank 公式如下：

$$PR(A) = (1 - d) + d * (PR(N_1)/C(N_1) + \cdots + PR(N_n)/C(N_n))$$

一般来说，阻尼系数 d 设置为 0.85 左右，这意味着用户不按照链接随机导航到其他页面的概率为 $1-d = 15\%$。

对于没有传出链接的节点，也称为孤立节点（Sink），互联网这样的图中存在很多孤立节点，即不被其他节点引用的网页。PageRank 增加了一个策略，就是为所有的节点设置一个最小得分，使得搜索用户有一定概率检索到这些网页。因此，阻尼系数的另一个重要影响是孤立节点的可见性。如果没有阻尼系数，这些节点将倾向于采用邻居给出的页面分数而不回馈，这破坏了算法的原理。

2. 归一化

尽管上述公式是 1996 年介绍 PageRank 算法时原始论文所采用的公式，但是请注意，有时我们也可以使用另一个公式。在原始公式中，所有节点的评分总和为 N，即节点数。更新后的公式则被归一化为 1 而不是 N，其形式如下：

$$PR(A) = (1-d)/N + d * (PR(N_1)/C(N_1) + \cdots + PR(N_n)/C(N_n))$$

可以通过假设所有节点的评分都初始化为 $1/N$ 来轻松理解这一点。然后，在每次迭代中，每个节点将将此评分平均分配给它的所有邻居，以使总和保持恒定。

该公式是为 networkx（用于图操作的 Python 包）中的 PageRank 实现选择的。但是，Neo4j GDS 使用的是原始公式。因此，下文也将使用 PageRank 公式的原始版本。

注意：

PageRank 算法是为有向图（Directed Graph）设计的。

6.4.2　在示例图上运行算法

PageRank 算法可以通过一个迭代过程来实现，在每次迭代时，给定节点的排名（评分）将根据其在先前迭代中的邻居的排名进行更新。重复此过程，直到算法收敛为止，这意味着两次迭代之间的 PageRank 差异低于某个阈值。

为了更好地理解它是如何工作的，我们可以先在第 6.3 节“计算度中心性”中提供的简单图（见图 6-3）上手动运行它。

为了计算 PageRank，需要为每个节点设置一个输出度，这就是从该节点开始的箭头数。在图 6-3 中，这些度如下：

```
A => 2
B => 1
C => 1
D => 1
```

为了运行 PageRank 算法（以其迭代形式），我们需要给每个节点的评分赋予一个初始值。由于没有给定节点的先验偏好，因此可以使用统一值 1 初始化这些值。

请注意，此初始化保留了 PageRank 算法的规范化：初始状态下的 PageRank 的总和仍等于 N（N 是节点数）。

然后，在第一次迭代时，页面评分值将按以下方式更新：

- 节点 A 收到来自节点 B 的一个传入连接，因此其更新的 PageRank 如下：

```
new_pr_A  = (1- d) + d * (old_pr_B / out_deg_B)
          = 0.15 + 0.85 * (1/1)
          = 1.0
```

- 节点 B 具有 3 个传入连接：
  - 一个来自 A。
  - 一个来自 C。
  - 最后一个来自 D。

因此，其页面评分将按以下方式更新：

```
new_pr_B  = (1 - d)
          + d * (old_pr_A / out_deg_A
              + old_pr_C / out_deg_C
              + old_pr_D / out_deg_D)
          = 0.15 + 0.85 * (1 / 2 + 1 / 1 + 1 / 1)
          = 2.275
```

- 节点 C 没有传入连接，因此其等级更新如下：

```
new_pr_C  = (1-d)
          = 0.15
```

- 节点 D 从 A 接收一个连接：

```
new_pr_D  = (1 - d) + d * (old_pr_A / out_deg_A)
          = 0.15 + 0.85 * (1 /2)
          = 0.575
```

二次迭代包括重复相同的操作，但将更改 old_pr 值。例如，在二次迭代之后节点 B 更新的 PageRank 如下：

```
 new_pr_B  = (1 - d) + d * (old_pr_A / out_deg_A + old_pr_C / out_deg_C +
 old_pr_D / out_deg_D)
          = 0.15 + 0.85 * (1.0 / 2 + 0.15 / 1 + 0.575 / 1)
          = 1.191
```

在第二次迭代中，B 的评分下降很多，而 A 的评分则从 0.575 增加到 1.117。

表 6-2 总结了前三次迭代。

表 6-2　迭代过程

迭代/节点	A	B	C	D
初始化	1	1	1	1
0	1.0	2.275	0.15	0.575
1	2.084	1.191	0.15	0.575
2	1.163	1.652	0.15	1.036

注意：

节点 C 的 PageRank 为 0.15，并且不会进化，因为此节点未从其他节点接收任何连接。因此，对于所有迭代，其评分将始终为：

```
new_pr_C = (1-d) = 0.15
```

接下来我们将回答何时停止迭代（即迭代何时收敛）的问题，并使用 Python 实现 PageRank 的版本。

6.4.3　使用 Python 实现 PageRank 算法

为了实现 PageRank 算法，首先需要在图的表示方式上达成一致。为了避免引入其他依赖关系，我们将通过字典使用简单的表示形式。图中的每个节点在字典中都有一个键。关联的值包含另一个字典，该字典的键是该键的链接节点。本节要讨论的图可编写为以下形式：

```
G = {
    'A': {'B': 1, 'D': 1},
    'B': {'A': 1},
    'C': {'B': 1},
    'D': {'B': 1},
}
```

我们将要编写的 page_rank 函数具有以下参数：

- G：指的就是图，算法将为该图计算 PageRank。
- d：阻尼系数，默认值为 0.85。
- tolerance：算法收敛后停止迭代的公差。可将其默认值设置为 0.01。
- max_iterations，进行健全性检查，以确保在算法无法收敛的情况下不会无限循环。作为一个数量级估算，在最初的 PageRank 论文中，作者报告说，对于包含超过 3 亿条边的图，经过约 50 次迭代后才会达到收敛。

以下是函数定义：

```
def page_rank(G, d=0.85, tolerance=0.01, max_iterations=50):
```

接下来需要初始化 PageRank。与第 6.4:2 节“在示例图上运行算法”类似，可以为所有节点分配值 1，因为我们对最终结果没有任何先验值：

```
pr = dict.fromkeys(G, 1.0)
```

我们还将计算每个节点的传出链接数，因为稍后将使用它。根据图 G 的定义，传出链接的数量仅是与每个键关联的字典的长度：

```
outward_degree = {k: len(v) for k, v in G.items()}
```

在初始化了需要的所有变量之后，即可开始迭代过程，最多可以进行 max_iter 次迭代。在每次迭代时，都会将上一次迭代的 pr 字典保存到 old_pr 字典中，并创建一个新的 pr 字典（使用 0 初始化），每次找到与该节点的传入关系时，该字典都会进行更新，以便 old_pr 最终包含每个节点更新后的 pr：

```
for it in range(max_itererations):
        print("======= Iteration", it)
        old_pr = dict(pr)
        pr = dict.fromkeys(pr.keys(), 0)
```

下一步是遍历图的每个节点，并使用固定的(1-d)/N 项及其邻居之一更新其评分：

```
for node in G:
            for neighbor in G[node]:
                pr[neighbor] += d * old_pr[node] /
outgoing_degree[node]
            pr[node] += (1 - d)
        print("New PR:", pr)
```

在每个节点上进行此迭代之后，可以比较上一次迭代（old_pr）和新迭代（pr）的 pr 字典。如果两次迭代之间差异的平均值低于 tolerance 阈值，则表明算法已经收敛，可以返回当前的 pr 值：

```
# 检查收敛
mean_diff_to_prev_pr = sum([abs(pr[n] - old_pr[n]) for n in G]) / len(G)
if mean_diff_to_prev_pr < tolerance:
    return pr
```

最后，可以在前面定义的图上调用此新创建的函数：

```
pr = page_rank(G)
```

在本示例中，经过 9 次迭代后，将获得以下输出：

```
{'A': 1.50, 'B': 1.57, 'C': 0.15, 'D': 0.78}
```

请注意，该实现对于理解算法很有用，但这只是出于我们的演示目的。在实际应用中使用 PageRank 算法时，你可能仍需要依靠经过优化和测试的解决方案，例如在 Neo4j 的 GDS 插件中实现的解决方案。

6.4.4　在 Neo4j 中使用 GDS 评估 PageRank 中心性

和以前一样，在使用 GDS 时，我们需要定义将用于运行算法的投影图。在此示例中，我们将在有向图上运行 PageRank 算法（有向图是投影图的默认行为）。如果在第 6.4.3 节“使用 Python 实现 PageRank 算法”中没有这样做，则可以使用以下查询从具有 Node 标签和 LINKED_TO 类型的关系的节点中创建命名的投影图：

```
CALL gds.graph.create("projected_graph", "Node", "LINKED_TO")
```

然后可以在该投影图上运行 PageRank 算法。Neo4j 中 PageRank 过程的签名如下：

```
CALL gds.pageRank(<projected_graph_name>, <configuration>)
```

配置图接收以下参数：

- dampingFactor：0～1 的浮点数，对应于阻尼系数（在我们的 Python 实现中为 d）。默认值为 0.85。
- maxIterations：最大迭代次数（默认为 20）。
- tolerance：测量收敛的公差（默认值为 1E-7）。

当对所有参数使用默认值时，可以运行 PageRank 算法，并使用以下 Cypher 语句流式传输结果：

```
CALL gds.pageRank.stream("projected_graph", {})
YIELD nodeId, score
RETURN gds.util.asNode(nodeId).name as nodeName, score
ORDER BY score DESC
```

流式传输的结果与我们在本章早些时候通过自定义实现获得的结果相当，虽然它们并不是完全相同的。

注意：

PageRank 算法是 GDS 中生产质量算法（Production-Quality Algorithm）的一部分。从 1.0 版开始，这是其唯一的中心性算法。

6.4.5　比较度中心性和 PageRank 结果

为了更好地理解 PageRank 的工作原理，可以在小型有向图上比较度中心性（Degree Centrality）和 PageRank 算法的结果。表 6-3 显示了该比较。

表 6-3　比较度中心性和 PageRank 结果

节　　点	度 中 心 性	PageRank 中心性
A	2	1.44
B	1	1.52
C	1	0.15
D	1	0.76

虽然节点 A 的传出度最高（2），但它仅接收一个链接，这意味着图中只有另一个页面信任它。另外，节点 B 的传出度为 1，但是网络的其他 3 个页面都指向该节点，因此它具有更高的可信度。这就是为什么在使用 PageRank 中心性的情况下，最重要的节点是 B 而不是 A。

6.4.6　变体

根据应用的目标，PageRank 有若干种变体。这些算法也可以在 GDS 中实现。

我们将介绍以下变体算法：

- ArticleRank 算法。
- 个性化 PageRank。
- 特征向量中心性算法。

1. ArticleRank 算法

ArticleRank 算法是网页排名（PageRank）算法的一种变体，它提出了一种假设，那就是：如果某个链接来自仅具有几个传出链接的页面，那么这样的链接一般不会是很重要的。这是通过在公式中引入平均度（Average Degree）的概念来实现的：

$$AR(A) = (1-d) + d * (AR(N_1)/(C(N_1) + AVG(C)) + \cdots + AR(N_n)/(C(N_n) + AVG(C)))$$

其中，$AVG(C)$就是网络中所有页面的平均传出连接数。

在 GDS 中，ArticleRank 和 PageRank 的用法类似：

```
CALL gds.alpha.articleRank.stream("projected_graph", {})
YIELD nodeId, score
RETURN gds.util.asNode(nodeId).name as name, score
ORDER BY score DESC
```

当然，其评分结果相互之间更加接近：

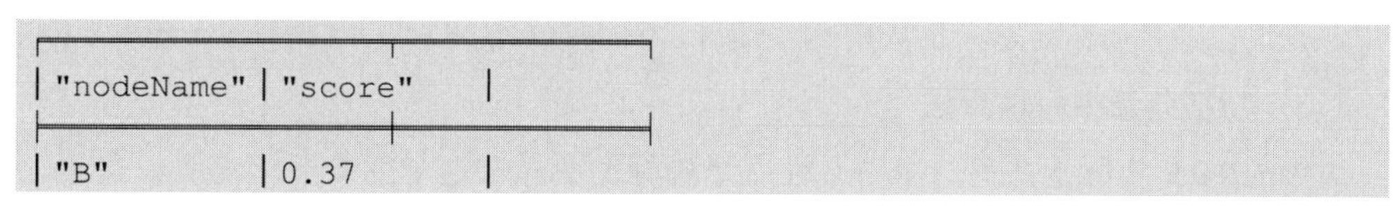

```
┌──────────┬──────────┐
│"nodeName"│"score"   │
├──────────┼──────────┤
│"B"       │0.37      │
```

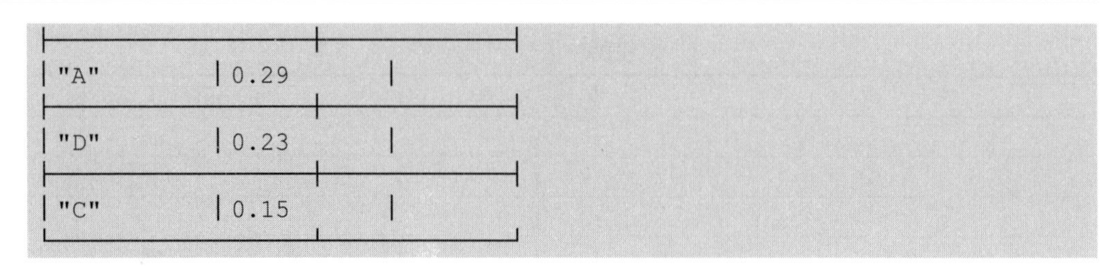

"A"	0.29
"D"	0.23
"C"	0.15

提示：

当利用 Cypher 舍入结果时，可使用 RETURN round(score*100)/100 as score 命令。

2. 个性化 PageRank

在个性化 PageRank（Personalized PageRank）算法中，会将更多权重分配给一些用户定义的节点。例如，可以通过以下查询来给予节点 C 更高的重要性：

```
MATCH (A:Node {name: "A"})
CALL gds.pageRank.stream("projected_graph", {
    sourceNodes: [A]
})
YIELD nodeId, score
RETURN gds.util.asNode(nodeId).name AS nodeName, round(score*100)/100
as score
ORDER BY score DESC
```

结果如下：

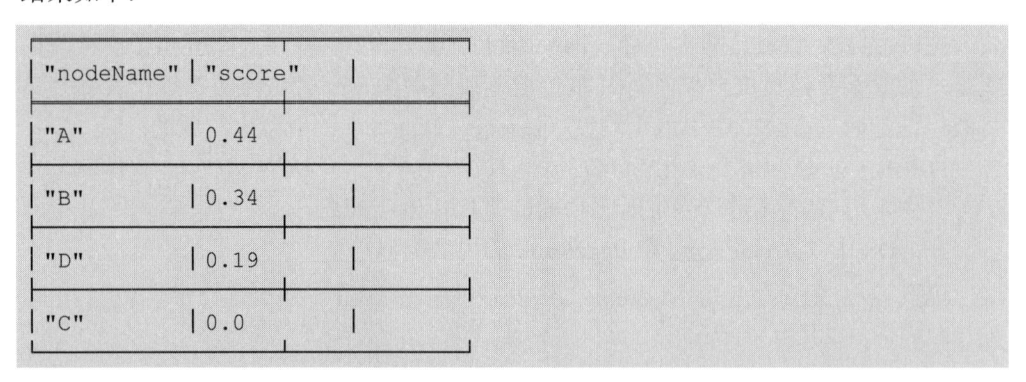

"nodeName"	"score"
"A"	0.44
"B"	0.34
"D"	0.19
"C"	0.0

可以看到，和传统的 PageRank 算法相比，现在节点 A 获得了更高的重要性。

个性化 PageRank 算法也可以应用于推荐（详见第 3.4 节“推荐引擎”），在此类推荐中，我们已经基于给定客户的先前购买情况，对客户可能想要的产品有了一些先验知识。

3. 特征向量中心性算法

PageRank 实际上是另一个中心性度量指标的变体，这个度量指标就是本章开始提到过的特征向量中心性（Eigenvector Centrality）。特征向量中心性的基本思想是，一个节点的中心性是相邻节点中心性的函数。也就是说，与你连接的人越重要，你也就越重要。

一个度中心性很高（即拥有很多连接）的节点其特征向量中心性不一定高，因为所有的连接者有可能特征向量中心性很低。同理，特征向量中心性高并不意味着它的度中心性也很高，因为它可能仅拥有很少的连接，但这些连接者都很重要。

接下来我们将使用矩阵重建 PageRank 公式，以此来介绍一些数学运算。具体包括：

- 邻接矩阵。
- 使用矩阵表示法的 PageRank。
- 寻找特征向量中心性。
- 在 GDS 中计算特征向量中心性。

1）邻接矩阵

为了处理图并模拟其中分布的信息，我们需要一种对复杂的关系模式进行建模的方法。最简单的方法是建立图的邻接矩阵（Adjacency Matrix）。这是一个 2D 数组，如果存在从节点 i 到节点 j 的边，则行 i 和列 j 上的元素等于 1，否则为 0。

在实现 PageRank 算法的过程中研究的图的邻接矩阵如图 6-4 所示。

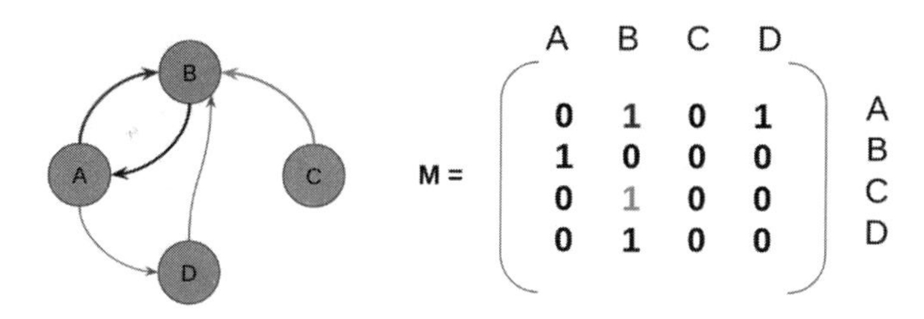

图 6-4

第一行的第一个元素对应于 A 和 A 之间的边缘。由于 A 未与其自身连接，因此该元素为 0。第一行的第二个元素保存有关 A 和 B 之间的边的信息。由于这两个节点之间存在关系，因此该元素等于 1。类似地，邻接矩阵的第二行包含有关从节点 B 传出的边的信息。此节点有一个去往 A 的传出边。A 对应于的矩阵第一列，因此第二行仅第一个元素为 1。

注意：

该定义可以扩展到加权图，其中 m_{ij} 元素的值可以成为节点 i 和 j 之间的边的权重。

可以从此矩阵中提取很多信息。例如，可以通过将给定行中的值相加来找到每个节点的传出度（Outgoing Degree），并通过将给定列中的值相加来找到传入度（Incoming

Degree）。

使用归一化行的邻接矩阵如图 6-5 所示。

$$M_n = \begin{array}{c} \\ A \\ B \\ C \\ D \end{array} \begin{array}{c} \begin{array}{cccc} A & B & C & D \end{array} \\ \begin{pmatrix} 0 & 1/2 & 0 & 1/2 \\ 1 & 0 & 0 & 0 \\ 0 & 1 & 0 & 0 \\ 0 & 1 & 0 & 0 \end{pmatrix} \end{array}$$

图 6-5

2）使用矩阵表示法的 PageRank

现在，让我们考虑节点 A 的情况，它包含一个我们想要传播到其邻居的值。通过简单的点积（Dot Product）即可找到将值传播到图中的方式，如图 6-6 所示。

$$X' = M_n \cdot X = \begin{pmatrix} 0 & 1/2 & 0 & 1/2 \\ 1 & 0 & 0 & 0 \\ 0 & 1 & 0 & 0 \\ 0 & 1 & 0 & 0 \end{pmatrix} \cdot \begin{pmatrix} 1 \\ 0 \\ 0 \\ 0 \end{pmatrix} = \begin{pmatrix} 0 & 1/2 & 0 & 1/2 \end{pmatrix}$$

图 6-6

如果所有初始值都初始化为 1，则会出现如图 6-7 所示的结果。

$$X' = M_n \cdot X = \begin{pmatrix} 0 & 1/2 & 0 & 1/2 \\ 1 & 0 & 0 & 0 \\ 0 & 1 & 0 & 0 \\ 0 & 1 & 0 & 0 \end{pmatrix} \cdot \begin{pmatrix} 1 \\ 1 \\ 1 \\ 1 \end{pmatrix} = \begin{pmatrix} 1 & 2.5 & 0 & 1/2 \end{pmatrix}$$

图 6-7

现在再把阻尼系数 d 考虑进去，如图 6-8 所示。

$$\begin{aligned} X' &= (1-d) + d \times M_n \cdot X \\ &= (1-d) + d \times \begin{pmatrix} 0 & 1/2 & 0 & 1/2 \\ 1 & 0 & 0 & 0 \\ 0 & 1 & 0 & 0 \\ 0 & 1 & 0 & 0 \end{pmatrix} \cdot \begin{pmatrix} 1 \\ 1 \\ 1 \\ 1 \end{pmatrix} \\ &= (1-d) + d \times \begin{pmatrix} 1 & 2.5 & 0 & 1/2 \end{pmatrix} \\ &= \begin{pmatrix} 1 & 2.3 & 0.15 & 0.58 \end{pmatrix} \end{aligned}$$

图 6-8

可以看到，现在得到的值与前面几节中找到的值相同。使用这种形式，则找到每个节点的评分就等于求解以下方程式：

$$X' = (1-d) + d * M\_n * X = X$$

在此方程式中，X 向量的值是每个节点的 PageRank 中心性。

接下来，让我们回到特征向量中心性的讨论。

3）寻找特征向量中心性

寻找特征向量中心性涉及求解一个相似但更简单的方程式：

$$M.X = \lambda.X$$

其中，M 是邻接矩阵。用数学术语来说，这意味着找到该邻接矩阵的特征向量。可能存在若干种具有不同 λ 值（特征值）的解决方案，但是每个节点的中心性必须为正，这一约束导致仅剩下一个解，即特征向量中心性。

由于它与 PageRank 的相似性，因此其用例也相似：当你希望节点的重要性受其邻居的重要性影响时，即可使用特征向量中心性。

4）在 GDS 中计算特征向量中心性

特征向量中心性是在 GDS 中实现的。你可以使用以下代码在你喜欢的投影图上对其进行计算：

```
CALL gds.alpha.eigenvector.stream("projected_graph", {})
YIELD nodeId, score as score
RETURN gds.util.asNode(nodeId).name as nodeName, score
ORDER BY score DESC
```

有关 PageRank 算法及其变体的讨论至此结束。接下来，我们将讨论其他中心性算法，例如中介中心性，它可用于识别网络中的关键节点。

6.5　基于路径的中心性指标

在第 6.2 节“定义重要性”中已经介绍过，哪个节点在网络中至关重要，这一答案取决于给定上下文中重要性的含义。邻居方法并不是衡量重要性的唯一方法，另一种方法是使用图内的路径。本节将讨论两个新的中心性度量指标：接近度中心性（Closeness Centrality）和中介中心性（Between Centrality）。具体包括：

- ❑ 接近度中心性。
- ❑ 中介中心性。

- ❑ 比较中心性指标。

6.5.1 接近度中心性

接近度中心性衡量的是一个节点与图中所有其他节点的平均接近程度。例如，在合影的时候明星们都喜欢抢 C 位，就是因为 C 位的接近度中心性最高（换言之就是最重要）。从几何学角度来看，就是衡量节点是否位于中心。

接下来我们将介绍：

- ❑ 归一化公式。
- ❑ 通过最短路径算法计算接近度。
- ❑ 接近度中心性算法。
- ❑ 多组件图中的接近度中心性。

1．归一化公式

接近度中心性计算的公式如下：

$$C_n = 1\Big/\sum d(n,m)$$

其中，m 表示图中所有不同于 n 的节点，而 $d(n, m)$则是 n 与 m 之间最短路径的距离。

平均而言，更接近所有其他节点的节点将具有较低的 $\sum d(n,m)$，从而导致更高的接近度中心性值。

接近度中心性使我们无法比较节点数不同的图之间的值，因为具有更多节点的图的总和项将更多，因此构造时的接近度中心性值会更低。为了克服这个问题，可以使用归一化的接近度中心性来代替，其公式如下：

$$C_n = (N-1)\Big/\sum d(n,m)$$

这也正是 GDS 选择使用的公式。

2．通过最短路径算法计算接近度

要了解如何计算接近度（Closeness），可使用 GDS 的最短路径过程手动计算它。在第 4 章“Graph Data Science 库和路径查找”中，介绍了单源最短路径算法（deltastepping），该算法可以计算给定起始节点与图中所有其他节点之间的最短路径。我们将使用此过程来找到一个节点到所有其他节点的距离之和，然后推断出中心节点。

为此，我们将使用在第 6.4 节“理解 PageRank 算法”中使用的测试图的无向版本。要创建投影图，请使用以下查询：

```
CALL gds.graph.create("projected_graph_undirected_weight", "Node",
    {
        LINKED_TO: {
            type: "LINKED_TO",
            orientation: "UNDIRECTED",
            properties: {
                weight: {
                    property: "weight",
                    defaultValue: 1.0
                }
            }
        }
    }
)
```

可以看到，除了使用图的无向版本外，我们还为每个关系添加了一个 weight 属性，默认值为 1。

提示：

将属性添加到投影图时，该属性名称必须存在于原始（Neo4j）图中。这就是在本章前面创建测试图时，向其中一种关系添加 weight 属性的原因。

然后可以使用以下查询来调用 SSSP 算法：

```
MATCH (startNode:Node {name: "A"})
CALL gds.alpha.shortestPath.deltaStepping.stream(
    "projected_graph_undirected_weight",
    {
        startNode: startNode,
        delta: 1,
        relationshipWeightProperty: 'weight'
    }
)
YIELD nodeId, distance
RETURN gds.util.asNode(nodeId).name as nodeName, distance
```

现在可以检查距离是否正确。从这里开始，我们可以应用接近度中心性公式：

```
MATCH (startNode:Node)
CALL gds.alpha.shortestPath.deltaStepping.stream(
    "projected_graph_undirected_weight",
    {
```

```
        startNode: startNode,
        delta: 1,
        relationshipWeightProperty: 'weight'
    }
)
YIELD nodeId, distance
RETURN startNode.name as node, (COUNT(nodeId) - 1)/SUM(distance) as d
ORDER BY d DESC
```

其结果如下：

"node"	"d"
"B"	1.0
"A"	0.75
"D"	0.75
"C"	0.6

可以看到，就接近度而言，B 是最重要的节点，这也是符合预期的，因为它链接到图中的所有其他节点。

上面使用 SSSP 过程获得了节点接近度，但其实还有一种更简单的方法可以从 GDS 中获得接近度中心性结果。

3. 接近度中心性算法

幸运的是，接近度中心性是作为 GDS 中的独立算法实现的。我们可以使用以下查询直接获取每个节点的接近度中心性：

```
CALL gds.alpha.closeness.stream("projected_graph_undirected_weight", {})
YIELD nodeId, centrality as score
RETURN gds.util.asNode(nodeId).name as nodeName, score
ORDER BY score DESC
```

提示：

与本章中讨论的其他中心性算法相反，接近度和中介中心性算法的返回值称为 centrality（而不是 score）——注意上述代码中加粗显示的部分。

4. 多组件图中的接近度中心性

一些图可由若干个组件组成，这意味着某些节点可能与其他节点完全断开连接。我们在第 2 章“Cypher 查询语言”中构建的美国各州的图就是这种情况，因为某些州（如阿拉斯加）不与任何其他州共享边界。在这种情况下，两个断开连接的组件中的节点之间的距离是无限的，并且所有节点的中心性都将降至 0。

有鉴于此，GDS 中的中心性算法实现了对接近度中心性公式的修改版本。在修改版中，距离的求和改为在同一组件中的所有节点上执行。在第 7 章“社区检测和相似性度量”中，我们将介绍如何查找属于同一组件的节点。

接下来，我们将学习使用基于路径的技术来测量中心性的另一种方法：中介中心性。

6.5.2　中介中心性

中介中心性（Betweenness Centrality）是衡量中心性的另一种方法，它有点儿像是“社交达人”的概念，我们认识的不少朋友可能都是通过他/她认识的，也就是说，这个人起到了社交中介的作用。

中介中心性指的是一个节点担任其他两个节点之间最短路径的桥梁的次数。一个节点充当“中介”的次数越高，它的中介中心度就越大。如果要考虑归一化的问题，则可以用一个节点承担最短路径桥梁的次数除以所有的最短路径数量。因此，其公式如下：

$$C_n = \sum \sigma(u,v|n) \Big/ \sum \sigma(u,v)$$

其中，$\sigma(u,v)$ 是 u 与 v 之间最短路径的数量，而 $\sigma(u,v|n)$ 则是经过 n 的此类最短路径的数量。

该度量指标对于识别网络中的关键节点（例如道路网络中的桥梁）特别有用。

与 GDS 结合使用的方式如下：

```
CALL gds.alpha.betweenness.stream("projected_graph", {})
YIELD nodeId, centrality as score
RETURN gds.util.asNode(nodeId).name, score
ORDER BY score DESC
```

注意：

如果你使用的 GDS 插件为 1.3 或更高版本，则中介中心性过程已移至生产层，并且命名为 gds.betweenness.stream 和 gds.betweenness.write。

提示：

可以通过以下 Cypher 代码来检查使用的 GDS 版本。

```
RETURN gds.version()
```

以下是测试图的中介中心性排序结果：

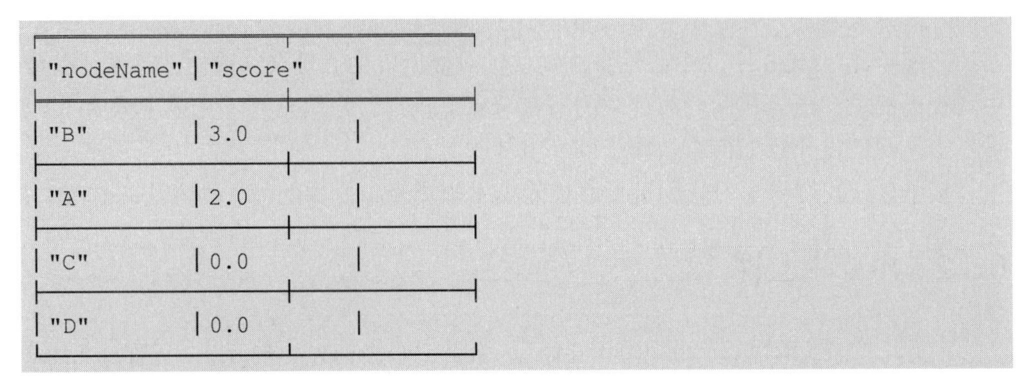

"nodeName"	"score"
"B"	3.0
"A"	2.0
"C"	0.0
"D"	0.0

可以看到，B 仍然是最重要的节点。但是节点 D 的重要性降低了，因为两对节点之间的最短路径都没有经过 D。

现在我们已经理解了多种不同类型的中心性指标。让我们尝试在同一张图上进行比较，以确保了解它们的工作原理以及在哪种情况下使用哪种指标。

6.5.3　比较中心性指标

让我们回到在第 6.2 节“定义重要性”中分析的图。图 6-9 显示了本章讨论过的 4 种中心性算法的比较。

各中心性指标的对比如下：

- 在度中心性图中，有 4 个节点（节点 3、5、6 和 9）都有 3 个连接，因此它们之间的重要性不分轩轾。
- 在 PageRank（实际上是特征向量中心性指标的变体）图中，节点 3 和 6 更加重要，因为节点 1 和 2 完全依赖节点 3，而节点 7 和 8 则完全依赖节点 6。
- 在接近度中心性图中，节点 5 处于中心位置，因此它是最重要的。
- 在中介中心性图中，节点 5 同样是最关键的。如果该节点消失，则图中的路径将完全中断，变成各自孤立的 3 个组成部分。

中心性算法具有多种类型的应用。接下来我们将讨论欺诈检测用例。

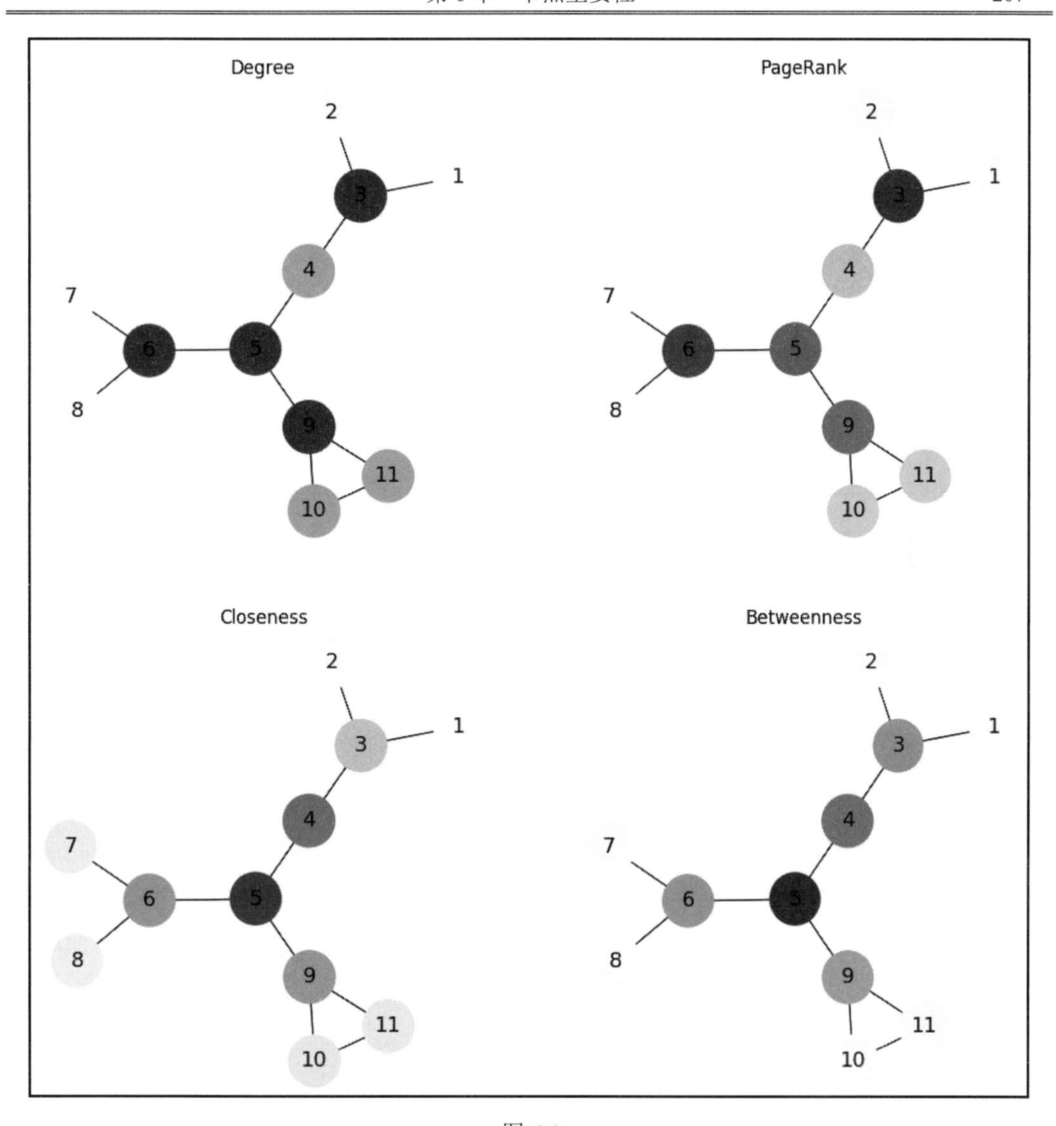

图 6-9

原　　文	译　　文
Degree	度
PageRank	网页排名
Closeness	接近度
Betweenness	中介

6.6　将中心性算法应用于欺诈检测

欺诈交易是私人公司和公共机构损失的主要来源之一。它往往会采取许多不同的形式，从复制用户账户、保险欺诈到信用卡欺诈都有可能。当然，根据你感兴趣的欺诈类型，用于识别欺诈者的解决方案也会有所不同。本节将讨论不同类型的欺诈，以及诸如 Neo4j 之类的图数据库如何帮助识别欺诈。之后，我们还将学习中心性度量指标如何在某些特定情况下提供有关欺诈检测的有趣见解。

因此，本节将涵盖以下内容：

- 使用 Neo4j 检测欺诈。
- 使用中心性指标评估欺诈。
- 中心性算法的其他应用。

6.6.1　使用 Neo4j 检测欺诈

欺诈行为可以有多种形式，并且仍在不断发展。恶意犯罪嫌疑人可能会窃取信用卡并将该卡上的大量资金转入另一个账户。可以使用传统的统计方法或机器学习来识别这种交易。这些算法的目的是发现异常（即罕见事件），这些异常事件与正常的预期模式不符。例如，如果你的信用卡开始从你平常居住地以外的其他国家/地区使用，则该信用卡将高度可疑并可能被标记为欺诈。这就是为什么一些银行会要求你在出国旅行时告知他们，以便你的信用卡不会被冻结。

想象一下，某个犯罪分子从 10 亿张信用卡中提取 1 元，总共盗窃 10 亿元，而不是一个人一次从一张卡中转移 10 亿元。使用上面介绍的传统方法可以轻松识别出后一种情况（资金异常转移），但是要识别前者则困难得多。

当罪犯开始采取联合行动时，事情则会变得更加复杂和难以追踪。欺诈者使用的另一个技巧就是建立同盟，也就是犯罪团伙（Criminal Rings）。他们可以按一种似乎正常的方式一起操作。想象有两个人合作，对他们的汽车保险提出虚假索赔。在这种情况下，需要进行更全面的分析，这就是图能够带来很多价值的地方。顺便说一句，如果你喜欢看犯罪类电影，则经常会看到一些在墙上伪装涂鸦、在羊皮卷上探索路线或在便签纸上画一些连接符的桥段：它们都很像是一个图，这从一个侧面说明了图在犯罪活动检测中的作用。

接下来，让我们回到欺诈主题并研究一个示例。

6.6.2　使用中心性指标评估欺诈

在拍卖销售中，卖方通常会提出一个最低价格目标，感兴趣的买方必须互相竞价，从而推动价格逐渐上涨。但是，有些卖家也可能会串通假买家（也就是所谓的托）对某些拍品出更高的价，这就是典型的欺诈，目的是使最终价格更高。

来看一下图 6-10 中复制的简单图模式。

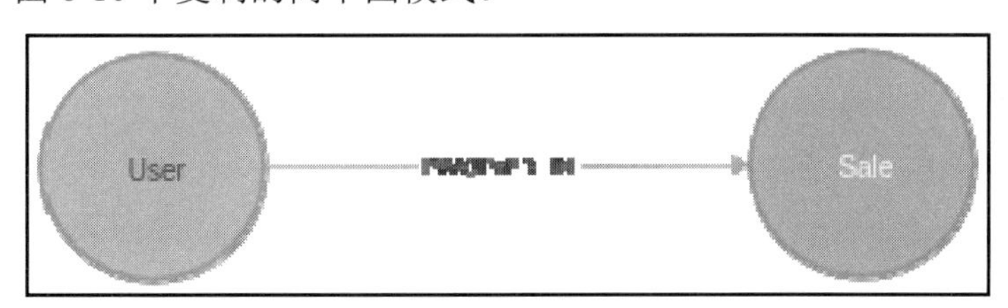

图 6-10

在该模式中，用户（User）仅允许与给定的销售（Sale）进行交互。让我们使用此模式构建一个简单的测试图：

```
CREATE (U1:User {id: "U1"})
CREATE (U2:User {id: "U2"})
CREATE (U3:User {id: "U3"})
CREATE (U4:User {id: "U4"})
CREATE (U5:User {id: "U5"})

CREATE (S1:Sale {id: "S1"})
CREATE (S2:Sale {id: "S2"})
CREATE (S3:Sale {id: "S3"})

CREATE (U1)-[:INVOLVED_IN]->(S1)
CREATE (U1)-[:INVOLVED_IN]->(S2)
CREATE (U2)-[:INVOLVED_IN]->(S3)
CREATE (U3)-[:INVOLVED_IN]->(S3)
CREATE (U4)-[:INVOLVED_IN]->(S3)
CREATE (U4)-[:INVOLVED_IN]->(S2)
CREATE (U5)-[:INVOLVED_IN]->(S2)
CREATE (U5)-[:INVOLVED_IN]->(S1)
```

图 6-11 显示了该图。

在本示例中，使用诸如 PageRank 之类的中心性算法的思路如下：

假定我已经知道用户 1（U1）是欺诈者，那么能确定他们的犯罪伙伴吗？

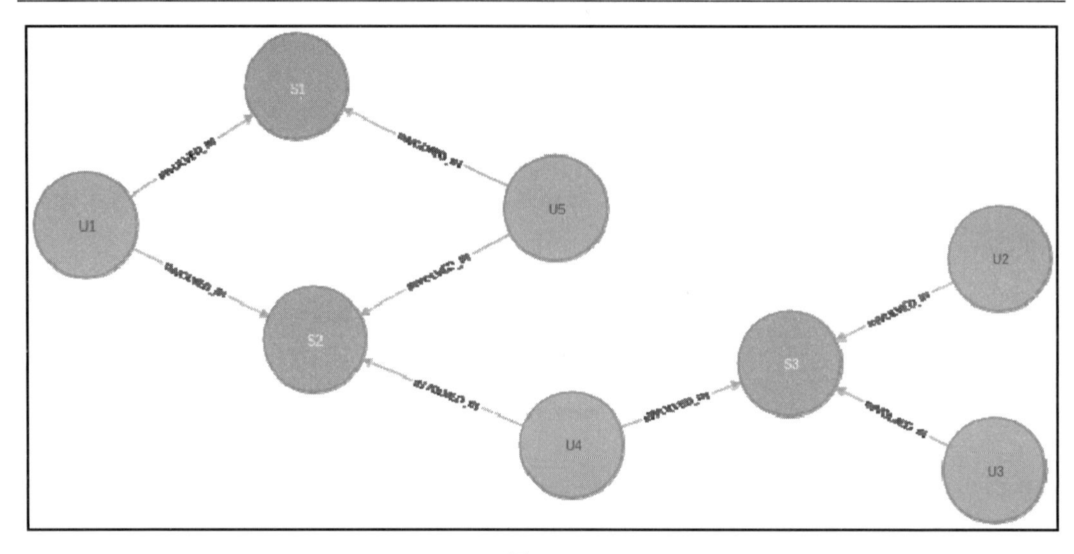

图 6-11

要解决此问题，可使用个性化 PageRank 算法（详见第 6.4.6 节“变体”），通过将 U1 作为源节点（Source Node），可以识别与用户 1 进行更频繁互动的用户。

接下来，我们将介绍使用 Cypher 投影创建投影图。

在我们的拍卖欺诈用例中，用户之间没有直接关系，但是我们仍然需要创建一个图来运行中心性算法。GDS 提供了一种解决方案，可以为此类情况创建投影图（即为节点和关系使用 Cypher 投影）。

可以在用户之间建立虚假的关系（如果用户至少共同参与了一次拍卖，那么就可以视为他们之间有联系）。以下 Cypher 查询可返回这些用户：

```
MATCH (u:User)-[]->(p:Product)<-[]-(v:User)
RETURN u.id as source, v.id as target, count(p) as weight
```

count 汇总将用于为每个关系分配权重：用户共同参与的拍卖次数越多，则两个用户之间的关系就越牢固。

使用 Cypher 创建投影图的语法如下：

```
CALL gds.graph.create.cypher(
    "projected_graph_cypher",
    "MATCH (u:User)
        RETURN id(u) as id",
    "MATCH (u:User)-[]->(p:Product)<-[]-(v:User)
        RETURN id(u) as source, id(v) as target, count(p) as weight"
)
```

上述代码中的要点如下：

- ❑ 使用 gds.graph.create.cypher 过程。
- ❑ 节点的投影需要返回 Neo4j 内部节点标识符，它可以使用 id()函数进行访问。
- ❑ 关系投影必须返回以下内容：
  - ➢ source：源节点的 Neo4j 内部标识符。
  - ➢ target：目标节点的 Neo4j 内部标识符。
  - ➢ 其他将存储为关系属性的参数。

创建的投影图具有以下特点：

- ❑ 无方向。
- ❑ 有权重：如果用户之间的互动频率更高，则我们希望他们之间的边具有更高的权重。

现在可以将个性化 PageRank 算法应用于投影图：

```
MATCH (U1:User {id: "U1"})
CALL gds.pageRank.stream(
    "projected_graph_cypher", {
        relationshipWeightProperty: "weight",
        sourceNodes: [U1]
    }
)
YIELD nodeId, score
RETURN gds.util.asNode(nodeId).id as userId, round(score * 100) / 100 as
score
ORDER BY score DESC
```

其结果如下：

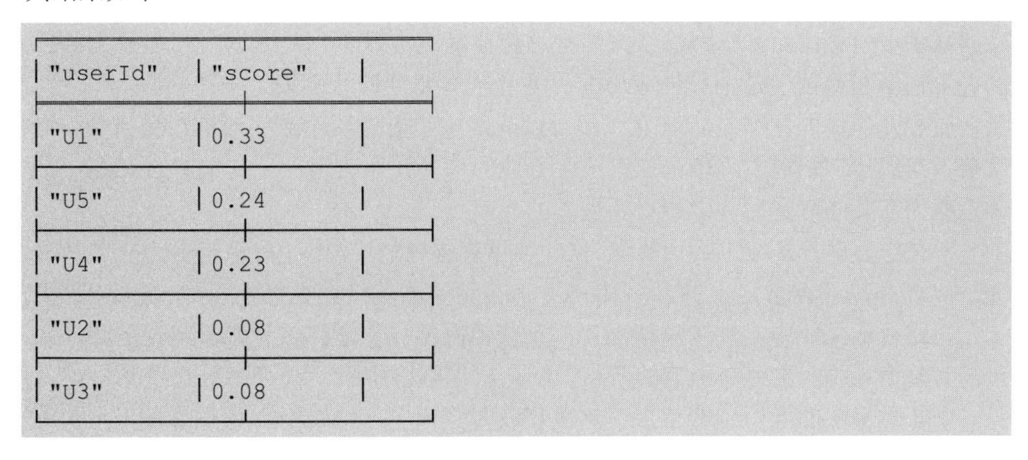

"userId"	"score"
"U1"	0.33
"U5"	0.24
"U4"	0.23
"U2"	0.08
"U3"	0.08

多亏了个性化 PageRank 算法，现在我们可以说用户 5 非常令人可疑，紧随其后的是用户 4，他们都可能是欺诈交易犯罪团伙中的一员，而用户 2 和 3 的欺诈嫌疑则很小。

注意：

众所周知，Cypher 投影要比原生投影慢。对于大型图来说，更好的解决方案是向图中添加额外的关系，这样就不必在每次创建投影图时都重新创建它们。

在本示例中使用了 PageRank 算法将交易联系和欺诈犯罪的概念关联在一起。但是，进行这样的关联时必须谨慎对待结果，并与其他数据源进行仔细比对，因为也可能确实有些用户具有相同的兴趣，并且因此而更频繁地进行交互，但并不涉及合伙欺诈。

当然，这里提供的只是一个过于简化的示例。事实上，在图 6-11 中，我们随便瞟一眼就知道用户 5 的嫌疑最大，因此使用 PageRank 算法无疑是杀鸡用牛刀。但是，如果这是在一个大得多的图上呢？例如，eBay 用户交易图和每天包含数百万笔交易的拍卖图。在这种情况下，本章研究的算法确实很有用，它可以将那些“深藏不露”靠人工监管根本无法发现的欺诈交易挖掘出来。

PageRank 甚至还有其他改进，如 TrustRank，它专门用于识别其他类型的欺诈者。Web 垃圾邮件是一些旨在误导搜索引擎并将流量重定向到它们的页面（即使这些内容与用户无关），而 TrustRank 则可以通过标记受信任的站点来帮助识别此类页面。

6.6.3　中心性算法的其他应用

除了欺诈检测之外，中心性算法还可以在许多情况下使用。前文已经讨论过社交网络中的网红（影响者）检测。到目前为止，你可能已经理解了为什么在这种情况下 PageRank 是一个不错的选择，因为它不仅考虑了给定人的社交联系，而且考虑了这些联系的联系……总体而言，网络红人的信息传播确实快得多。

生物学和遗传学是中心性应用的另外两个重要领域。例如，当在某些酵母内部建立蛋白质相互作用的网络时，研究人员可以确定这些蛋白质中哪些对酵母更重要，哪些不重要。在遗传学领域中，也已探索了中心性的许多其他应用，尤其是 PageRank，它可以确定基因在某些特定疾病中的重要性。

有关中心性算法在生物信息学、化学和体育领域的广泛应用，建议阅读论文 *PageRank beyond the web*（Web 之上的 PageRank），该论文的链接详见第 6.9 节“延伸阅读”。

与路径相关的中心性度量指标可用于任何网络（如道路或计算机网络）中，以识别可能对整个系统产生致命影响的节点，防止出现网络中断（或堵塞）的情况。

中心性算法的应用还有很多，这里仅仅是列出了一小部分。根据你的专业领域，你可能会发现这些算法的更多用例。

6.7　小　　结

本章研究了使用不同方式定义和测量节点重要性（也称为中心性），具体的测量方法是使用每个节点的连接数（度中心性、PageRank 及其衍生指标）或与路径相关的指标（接近度中心性和中介中心性）。

为了使用 GDS 中的这些算法，我们还研究了定义投影图的不同方式（投影图是 GDS 用于运行算法的图）。我们学习了如何使用原生投影和 Cypher 投影创建此投影图。

最后，本章还讨论了中心性算法在欺诈检测中的应用。

与节点重要性相关的主题是图中的社区或模式的概念，第 7 章将对此展开详细讨论。我们将使用不同类型的算法，以无监督或半监督的方式在图中查找社区或聚类，并识别彼此高度连接的节点组。

6.8　思　考　题

以下练习可以测试你对本章的理解。

（1）修改 PageRank 的 Python 实现，将边的权重也考虑进去。

（2）使用 networkx（尤其是使用 networkx.Graph 对象而不是字典）作为输入重新修改上述实现。

（3）将 PageRank 结果存储在新的 node 属性中。

提示：

使用 gds.pagerank.write 过程。

（4）建议添加或删除图 6-9 中的节点和关系，并使用新的测试图来运行不同的中心性算法，查看其结果。这将帮助你理解不同中心性算法的工作原理，并确保你掌握这些算法最合适的应用环境。

6.9　延　伸　阅　读

- PageRank 最初的想法在以下论文中有详细介绍：

S. Brin & L. Page, The anatomy of a large-scale hypertextual Web search engine, Computer Networks and ISDN Systems 30 (1-7); 107-117.

- 有关 Python 中算法的更多信息，可以参考：
  - *Hands-On Data Structures and Algorithms with Python*（《Python 数据结构和算法实战》），作者：Dr. B. Agarwal 和 B. Baka，Packt 出版社出版。
  - 以下 GitHub 存储库包含 Python 中许多算法的实现：

    https://github.com/TheAlgorithms/Python

  - 如果 Python 不是你最喜欢的语言，则可以在以下网址找到你喜欢的语言。

    https://github.com/TheAlgorithms/

- 在网络安全环境中按时间序列进行欺诈检测的示例可以参考：
  Machine Learning for Cybersecurity Cookbook（《有关网络安全的机器学习秘笈》），作者：E. Tsukerman，Packt 出版社出版。
- 以下 Neo4j 白皮书提供了一些使用 Neo4j 进行欺诈检测的示例：
  Fraud Detection: Discovering Connections with Graph Databases（《欺诈检测：发现与图数据库的连接》），作者：G. Sadowksi & P. Rathle，Neo4j。在以下网址可免费获得（需提供你的联系信息）：

  https://neo4j.com/whitepapers/fraud-detection-graph-databases/

- 在 Neo4j 网站上查找与欺诈检测有关的图主题：

  https://neo4j.com/graphgists/?category=fraud-detection

- 论文 *Centralities in Large Networks: Algorithms and Observations*（《大型网络中的中心性：算法和观察》）。作者：U.Kang 等人，演示了一些在大型图上计算中心性的有趣方法，其网址如下：

  https://doi.org/10.1137/1.9781611972818.11

- 论文 *PageRank beyond the web*（《Web 之上的 PageRank》），作者：D. F. Gleich，列出了 Google 和搜索引擎以外的 PageRank 的一些应用。其网址如下：

  https://arxiv.org/abs/1407.5107

第 7 章　社区检测和相似性度量

现实世界的图既不是规则的网格也不是完全随机的网格。它们的边密度各不相同，因此我们总会找到了一些有趣的图案。中心性算法正是利用了“某些节点可以拥有比其他节点更多的连接”这一事实来评估节点的重要性（参见第 6 章“节点重要性”）。本章将讨论一种新型的算法，其目的是识别彼此高度连接的节点组，并形成一个社区（Community）或聚类（Cluster）。GDS 中已经实现了若干种社区检测算法，包括连接组件算法（Connected Components Algorithm）、标签传播算法（Label Propagation Algorithm）和 Louvain 算法。

本章将详细介绍如何使用 JavaScript 构建图的社区表示形式，并带领你认识 NEuler（这是由 Neo4j 开发的 Graph Algorithms Playground 应用）。最后，我们还将学习在 GDS 中实现的不同度量指标，以度量本地两个节点之间的相似性。

本章包含以下主题：

- 社区检测及其应用。
- 检测图组件并可视化社区。
- 运行标签传播算法。
- 了解 Louvain 算法。
- 重叠社区检测。
- 测量节点之间的相似性。

7.1　技 术 要 求

本章将使用以下工具：

- Neo4j 图数据库，包括以下扩展：
  - 插件：Graph Data Science（GDS）库。
  - Neo4j Desktop 应用程序。
  - NEuler：用于图可视化。
- 网页浏览器：打开 HTML 网页和我们将为图可视化构建的 JavaScript 文件。
- Python（建议使用 3.6 及以上版本）：运行某些算法的示例实现。

- 本章的代码可在本书的 GitHub 存储库中找到，网址如下：

  https://github.com/PacktPublishing/Hands-On-Graph-Analytics-with- Neo4j/ch7

注意：

- 如果使用的 Neo4j 低于 4.0 版本，则 Graph Data Science（GDS）插件的最新兼容版本是 1.1。
- 如果使用的 Neo4j 版本为 4.0 或以上，则 GDS 插件的第一个兼容版本是 1.2。

7.2　社区检测及其应用

社区检测收集了已开发出来的用于理解图结构并从中提取信息的技术。然后，可以在许多应用中使用此结构，如推荐引擎、欺诈检测、属性预测和链接预测等。

注意：

本章将使用社区（Community）、聚类（Cluster）或分区（Partition）等术语来指代共享公共属性的一组节点。

本节将介绍以下内容：

- 识别节点聚类。
- 社区检测方法的应用。
- 社区检测技术的简单总结。

7.2.1　识别节点聚类

图 7-1 显示了在第 2 章“Cypher 查询语言”中构建的 Neo4j GitHub 用户图。社区检测算法能够识别出多个社区。

图 7-1 是使用 Louvain 算法和 neoviz.js 生成的图像。在学习完本章之后，相信你也能重现此图像。

在这里我们需要进一步分析以了解属于紫罗兰色社区（图 7-1 右侧）用户的共同属性。对该图进行更深入的分析可以告诉我们，紫罗兰色社区中的用户显然在人群中脱颖而出，并且在很大程度上建立了独特的存储库。

在阐述每种算法的技术细节之前，我们不妨先来讨论一下“知道节点属于哪个社区”带来的优势。尽管我们在这里讨论的是由用户组成的社区，但它同样可以应用于许多其他领域。下文将介绍其中一些示例。

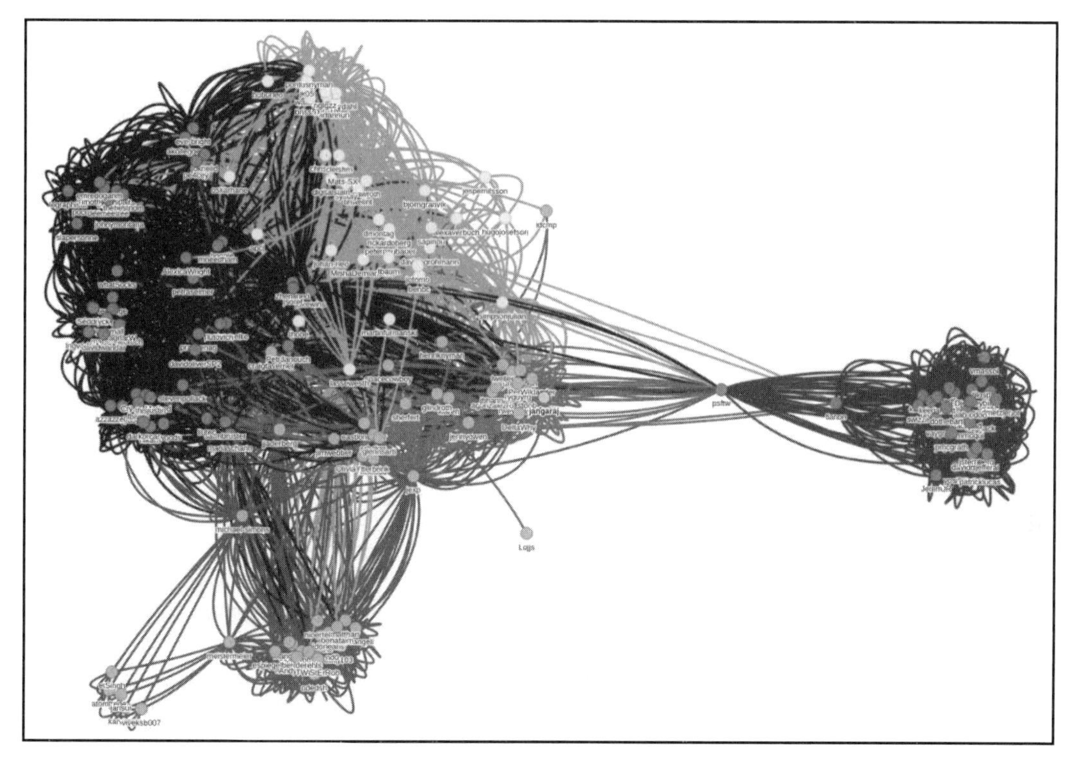

图 7-1

7.2.2　社区检测方法的应用

图在社区检测和聚类方面有许多应用。例如，可以在以下领域中使用它们：

- 生物学：蛋白质-蛋白质相互作用网络可模拟细胞内的蛋白质相互作用。属于同一群落的蛋白质更可能参与相同的功能。
- 神经科学：研究人员将人脑建模为图，其中每个节点都是少量的细胞。事实证明，了解此图的分区结构对于了解大脑的不同部分如何相互协调特别有用。
- 公共卫生：可以利用人口的社区结构来尝试预测疾病的发展和传播。

接下来我们将重点介绍一些更可能直接对你有用的应用程序，具体包括：

- 推荐引擎和有针对性的营销。
- 欺诈识别。
- 预测属性或链接。

1. 推荐引擎和有针对性的营销

在本书第 3 章“使用纯 Cypher”中已经讨论了通过 Neo4j 和 Cypher 实现推荐引擎的操作。但在该章仅仅是使用了图遍历来查找那些客户可能一起购买的产品或通过社交关系推荐当前客户可能感兴趣的产品（因为他的朋友购买过类似产品）。社区检测则为推荐引擎带来了一种新的信息，可以用来提供更多相关的建议。

以下将介绍两种聚类：

- 产品聚类。
- 用户聚类。

1）产品聚类

可以将相似的产品分组在一起，以帮助识别那些通常不会归入同一类别的相似产品。该方法也可以用于查找在 eBay 等市场上不同零售商出售的相同产品。有了这些信息，你就可以避免为给定客户推荐他已经从另一提供商处购买的产品。

2）用户聚类

使用社区检测来改善推荐引擎的另一种方法是尝试创建客户群。这样，你就可以创建具有相似习惯，可以反映相似兴趣的客户群。

在与运动有关的电子商务网站上，可以创建一个钓鱼爱好者社区和一个足球运动员社区，此时你对用户没有任何先验知识（购买的产品除外）：如果购买的产品主要是关于钓鱼的，则你知道此客户可能是一个钓鱼爱好者。该知识可用于扩展相关推荐的列表。例如，如果你确定某个用户是一个足球运动员，则可以将尚未被任何人购买的一些新足球袜推荐给他。

2. 欺诈识别

在第 6 章“节点重要性”中，已经介绍过欺诈检测的应用。我们讨论了欺诈者建立犯罪团伙并相互协作以避免被发现的方式。这种组织很难用传统方法检测到，但是由于其基于关系的原生结构，图对于打击所有类型的欺诈都是非常有用的工具。

在进行欺诈识别时，我们假设欺诈者之间的互动会更多（例如，假用户可能共享相同的电话号码或地址），图可以形成这样一个社区，使得欺诈者更易于被识别。

3. 预测属性或链接

社区检测和上面介绍的大多数应用都有一个基本思想，那就是：属于同一社区的节点共享某些属性。因此，我们也可以基于图的社区结构来进行预测。

让我们从图 7-2 所示的子图开始。

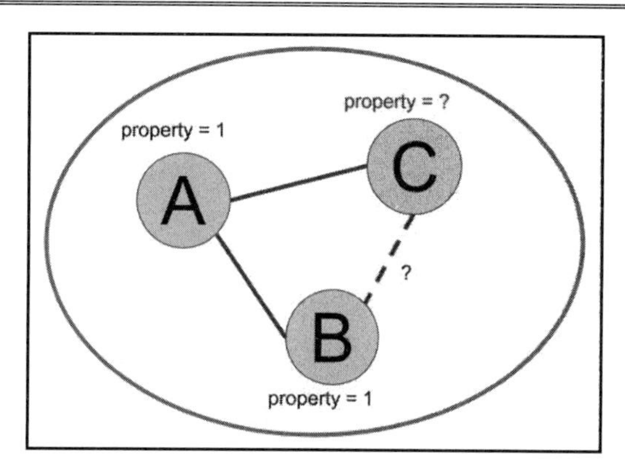

图 7-2

在图 7-2 中，包含 3 个节点 A、B 和 C，以及两条边（(A,B) 和 (A,C)）。这可能是具有更多传出边（Outgoing Edge）的较大图的一部分。节点 A 和 B 具有值为 1 的属性（Property），这可能是某些用户的年龄分类，并非总是可用。用户 A 和 B 填写了该字段，表示他们的年龄在 21～30 岁。最重要的是，一些社区检测算法已设法将所有 3 个节点聚类到同一个社区中。凭直觉，我们可以说，随着对图结构的这一新了解，节点 C 也落入 21～30 岁年龄段的可能性增加了。

同理，如果我们要尝试测量在节点 B 和 C 之间存在边的概率，则对于同一社区中的节点来说，该概率更高。

7.2.3　社区检测技术的简单总结

最早的图结构研究之一是由 Weiss 和 Jacobson 进行的，并于 1955 年发布。自那时以来，人们已经使用不同类型的规则研究和实现了若干种算法。

和节点重要性问题一样，在社区检测问题用例中，首先要考虑的是度量或目标函数的定义，它将量化图分区的好坏程度。

社区最常见的定义是：社区是一组节点，这些节点具有更多的社区下（Infra-Community）连接（指同一社区中的节点之间的边），比社区间（Inter-Community）连接（指两个不同社区中的节点之间的边）更多。

但是，即使有了这个定义，也少有方法能够实现令人满意的分区。

研究人员已经提出了使用不同度量指标的许多算法。例如，层次聚类（Hierarchical Clustering，也称为分层聚类）算法可使用一些规则来创建树状图（Dendrogram），从而创建聚类的层次。Girvan-Newman 算法（Girvan-Newman Algorithm，GN 算法）就是一个层次聚类示例，它使用了中介中心性的扩展，常用于节点到边：中介中心性最高的边是图中两对节点之间最短路径中最常涉及的边。其他层次聚类算法使用相似性的度量指标代替拓扑度量。在第 7.7 节“测量节点之间的相似性”中，我们将学习如何测量节点之间的相似性。

本章将重点介绍在 Neo4j 中实现的以下算法：

- 连接组件算法（Connected Components Algorithm）：这使我们能够检测断开的子图。
- 标签传播算法（Label Propagation Algorithm）：顾名思义，该算法将基于多数表决规则通过图传播社区标签，以将每个节点分配给其新社区。
- Louvain 算法：该算法可以优化模块度（Modularity）。模块度也称模块化度量值，是目前常用的一种衡量网络社区结构强度的方法，其定义为社区下连接数与社区间连接数之差。

我们将讨论这些算法的某些改进（尚未在 GDS 中实现），尤其是 Leiden 算法，它是为解决 Louvain 算法中的某些问题而提出的。我们还将简要介绍社区重叠的问题的解决，上述算法均未涉及该问题。

接下来，我们将从连接组件算法开始社区检测之旅。我们还将讨论以图格式可视化已检测到的社区的工具，这对于理解中型图的结构至关重要。

7.3　检测图组件并可视化社区

图组件（Graph Components）具有清晰的数学定义。在给定的组件中，两个节点始终通过路径相互连接，但不与组件之外的任何其他节点连接。

连接组件有以下两个版本：

- 强连接组件（Strongly Connected Components）：这确保同一组件中两个节点之间的路径在两个方向上都存在。
- 弱连接组件（Weakly Connected Components）：对于弱连接组件而言，在一个方向上存在路径就足够了。

让我们看一下 Neo4j 中的一个示例。这里会使用将算法结果存储在 Neo4j 中的写过程（Write Procedure）——这也是本书首次使用这样的过程。我们还将引入一个新的 JavaScript 库，以自定义大型图的可视化。

让我们从如图 7-3 所示的有向图（Directed Graph）开始。

创建图 7-3 的 Cypher 代码网址如下：

https://github.com/PacktPublishing/Hands-On-Graph-Analytics-with-Neo4j/blob/master/ch7/test_graph.cql

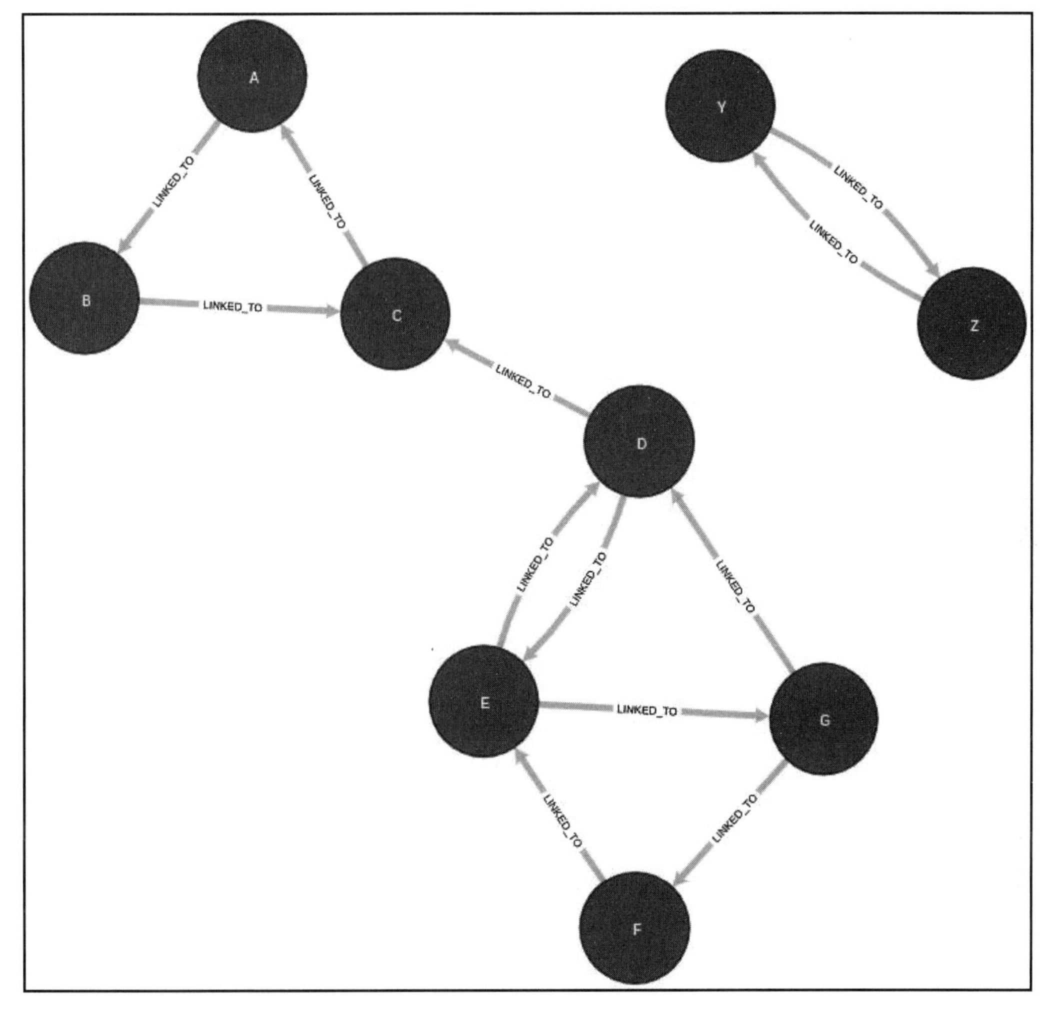

图 7-3

在视觉上，我们可以说该图中至少有两个组件。节点 Y 和 Z 完全与图中的任何其他节点断开连接，因此从这两个节点到图中的任何其他节点都没有任何路径。让我们看看如何从 GDS 实现的算法中学习这些信息。

我们将使用以下投影图：

```
CALL gds.graph.create("simple_projected_graph", "Node", "LINKED_TO")
```

此投影图包含所有带有 Node 标签的节点，并且这些节点在其自然方向中都具有 LINKED_TO 类型的关系（其定义是使用 Cypher 语句创建的，具体可参考创建图 7-3 中图的 Cypher 代码），而未附加任何属性。

7.3.1　弱连接组件

我们将要讨论的第一个算法是弱连接组件或联合查找（Union-Find）。

注意：

弱连接组件以及本章稍后将要介绍的 Louvain 算法和标签传播算法，都是自 GDS 1.0 版起可用于生产环境的算法。

要查看使用弱连接组件进行图分区的结果，可使用以下查询：

```
CALL gds.wcc.stream("simple_projected_graph")
YIELD nodeId, componentId
RETURN gds.util.asNode(nodeId).name as nodeName, componentId
ORDER BY componentId
```

其结果如下：

"nodeName"	"componentId"
"A"	0
"B"	0
"C"	0
"D"	0
"E"	0
"F"	0
"G"	0
"Y"	7
"Z"	7

可以看到，该算法成功地识别出了两个组件：

- 标记为 7 的组件，包含节点 *Y* 和 *Z*。

- 标记为 0 的另一个组件，包含所有其他节点。

注意：

用于标记社区的确切数字无关紧要；这取决于 GDS 内部函数的设置。根据创建图形的方式，获得的数字可能会有所不同，但是检测到的社区应该是一样的。

弱连接组件告诉我们，在图中有两个断开连接的分区（该图是无向的）。如果关系方向很重要（例如在道路网络中），那么我们将不得不使用强连接组件算法。

7.3.2　强连接组件

在强连接组件中，关系的方向很重要。组件中的每个节点都必须能够在两个方向上连接同一组件中的任何其他节点。以节点 A 和 D 为例，在弱连接组件算法中，它们被分组到同一个社区中，但是你可以看到，从一个节点到另一个节点并非总是可以在两个方向上移动。例如，可以从 D 到 A（通过 C），但是不可能从 A 到 D。

要查看使用此更强规则标识的组件，可按以下方式使用 gds.alpha.scc 过程：

```
CALL gds.alpha.scc.stream("simple_projected_graph")
YIELD nodeId, partition as componentId
RETURN gds.util.asNode(nodeId).name as nodeName, componentId
ORDER BY componentId
```

其结果如下：

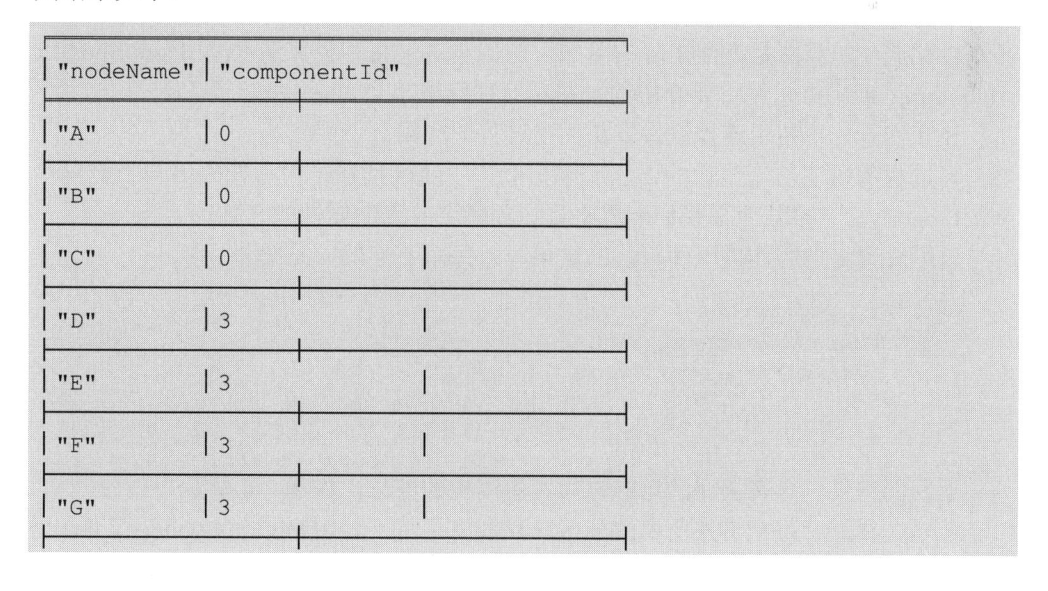

"nodeName"	"componentId"
"A"	0
"B"	0
"C"	0
"D"	3
"E"	3
"F"	3
"G"	3

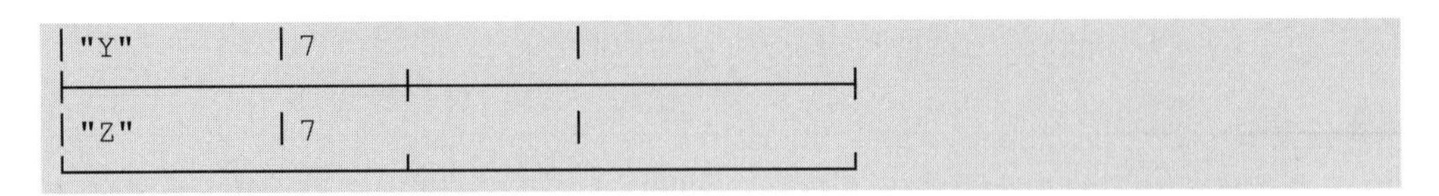

这一次，识别出了 3 个强连接组件：节点 Y 和 Z 仍然是一个组件（标签为 7），节点 A、B 和 C 是一个组件（标签为 0），节点 D、E、F 和 G 是另一个组件（标签为 3）。这 3 个组件中的每个节点都能够在两个方向上连接同一组件中的任何其他节点。

提示：

连接组件对于理解图结构是非常有用的算法。诸如 PageRank 之类的某些算法（参见第 6 章"节点重要性"）可能会在具有多个组件的图上导致意外结果。在图数据分析的数据探索部分中，运行连接组件算法是一个很好的做法。

在继续研究其他社区检测算法之前，我们将讨论一些工具，这些工具可以使我们以更好的格式可视化社区。其中一些需要将社区编号（componentID）作为节点属性。这就是为什么我们现在要提到一个迄今为止尚未使用过的 GDS 功能：将算法的结果写入 Neo4j 图，而不是将其流传输回用户并让他们决定如何进行处理。

7.3.3　在图中写入 GDS 结果

在第 4 章"Graph Data Science 库和路径查找"中介绍了 GDS 的写入功能，使我们可以将算法的结果存储到 Neo4j 中。该功能几乎适用于 GDS 中实现的所有算法。一般来说，不提供此选项的算法是返回矩阵的算法，例如全对最短路径算法（All Pairs Shortest Path Algorithm）或本章末尾将要介绍的一些相似性算法。

让我们看一下使用连接组件算法的写过程的应用。

写过程的语法与流传输的语法非常相似。主要区别在于前者接收另一个配置参数：writeProperty，该参数允许我们配置将添加到每个节点的属性的名称。

以下查询将把弱连接组件算法的结果写入每个节点的 wcc 属性中：

```
CALL gds.wcc.write(
    "simple_projected_graph", {
        writeProperty: "wcc"
    }
)
```

返回的结果包含有关算法运行时间和图结构的信息，如图 7-4 所示。

但是，要查看每个节点所属的分区，我们将不得不使用另一个 Cypher 查询：

```
MATCH (n:Node)
RETURN n.name as nodeName, n.wcc
```

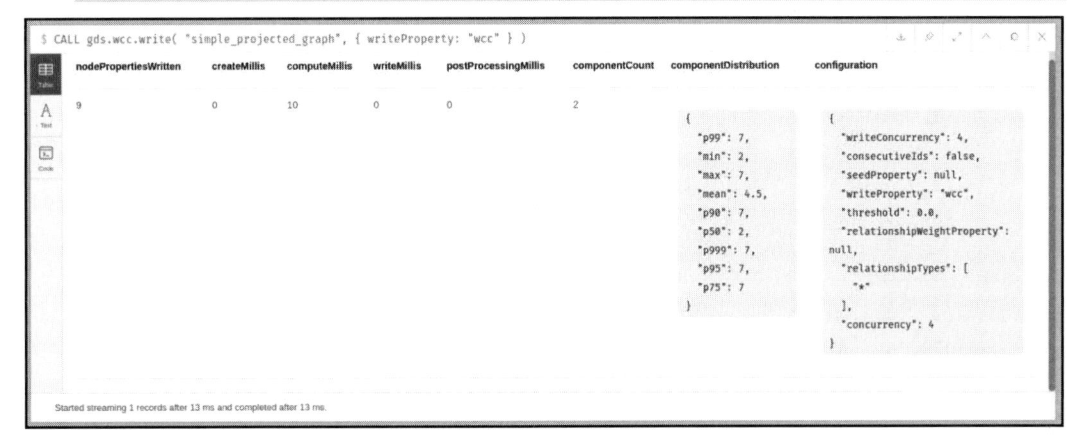

图 7-4

使用强连接组件可以实现相同的目的：

```
CALL gds.alpha.scc.write(
    "simple_projected_graph", {
        writeProperty: "scc"
    }
)
```

现在，除了 name 之外，每个节点还包含另外两个属性，即 wcc 和 scc，根据弱连接组件和强连接组件算法，它们包含的是节点所属组件的 ID（wcc 表示的是弱连接组件，scc 表示的是强连接组件）。以下是节点 D 的内容：

```
{
    "name": "D",
    "scc": 3,
    "wcc": 0
}
```

当图很大时，将结果写入图有时是唯一的解决方案（在第 12 章“Neo4j 扩展”中讨论了大数据的用例）。但这在其他情况下也很有用。接下来将讨论其中一种情况。

到目前为止，我们仅使用了非常小的图，并且通过读取表中的结果，可以轻松理解它们。但这不是图算法的最常见用例，图算法对中型图和大型图才是最有用的。在这两种情况下，以图格式可视化社区检测算法的结果对于理解图的结构可能更为重要。

接下来，我们将讨论两种绘制节点的方法，这些方法将基于节点的属性绘制具有不同大小或颜色的节点：第一种方法是 neovis.js JavaScript 库，用于将图可视化嵌入 HTML 页面中；第二种方法是 NEuler，即 Graph Algorithms Playground，这是基于此软件包的 Neo4j Desktop 应用程序。

7.3.4　使用 neovis.js 可视化图

对于社区来说，拥有一种可视化节点分类及其之间关系的方法总是有用的。图可视化本身就是一个研究领域，并且存在许多用于实现良好可视化的软件包。例如，用于数据可视化的最完整的 JavaScript 库之一 d3.js，还具有绘制图的功能。但是，使用 d3.js 时，必须管理与 Neo4j 的连接、数据检索和格式化。这就是在本节以及本章其余部分中，我们将使用开源 neovis.js JavaScript 库的原因。它非常易于使用，因为与 Neo4j 的连接是在内部进行管理的，我们不需要任何有关 Neo4j JavaScript 驱动程序的知识就可以使其正常工作。neovis.js 还创建了非常漂亮的可视化效果，例如，图 7-1 的可视化就直观显示了 Neo4j GitHub 社区，它具有许多可自定义的参数。

完整的有效示例可在 graph_viz.html 文件中找到，其网址如下：

https://github.com/PacktPublishing/Hands-On-Graph-Analytics-with-Neo4j/ch7/connected_components/graph_viz.html

使用以下命令可从 GitHub 存储库导入 neovis.js 库：

```
<script src="https://rawgit.com/neo4j-contrib/neovis.js/master/dist/
neovis.js"></script>
```

最简易的 HTML 代码如下：

```
<body onload="draw()">
    <div id="graph"></div>
</body>
```

在上面的代码中，加载 body 之后，它将调用前面的 draw 函数，并使用 id = "graph" 将图绘制到 div 中。这里的主要函数是 draw 函数，其中包含配置参数和渲染方法：

```
function draw() {
        let config = {
            // "div" 的 id，图将绘制到该 div 中
            container_id: "graph",
            // Neo4j 图连接参数
            // 默认为 "bolt://localhost:7687"
            server_url: "bolt://localhost:7687",
            server_user: "neo4j",
```

```
            server_password: "*****",
            // 要提取的节点标签
            // 用于自定义每个节点显示的属性
            labels: {
                "Node": {
                    "caption": "name",       // 每个节点旁显示的标签
                    "community": "scc",      // 定义节点颜色
                }
            },
            relationships: {
                "LINKED_TO": {
                    // 禁用关系的标题
                    // 因为它们在本示例中未包含任何相关信息
                    "caption": false,
                }
            },
            arrows: true,                    // 显示关系方向
            initial_cypher: "MATCH (n:Node)-[r:LINKED_TO]->(m) RETURN *"
        };

        let viz = new NeoVis.default(config);
        viz.render();
}
```

提示：

需要更新以下图连接参数：

- server_url。
- server_user。
- server_password。

server_password 对应于在 Neo4j Desktop 中添加新图时要求你创建的密码。

可以使用你喜欢的浏览器打开文件 graph_viz.html，以查看图中的不同社区，这些社区由强连接组件算法标识（scc 属性）。生成的图应类似图 7-5 中显示的图。

如果需要，还可以通过在 draw 函数中指示节点配置的大小参数以及包含其重要性的节点属性来可视化节点重要性。例如：

```
labels: {
    "Node": {
        "caption": "name",       // 每个节点旁显示的标签
        "community": "scc",      // 定义节点颜色
        "size": "pagerank"
    }
},
```

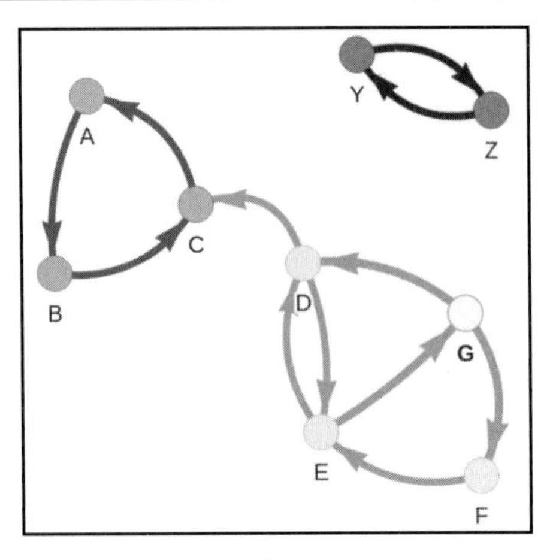

图 7-5

注意：

为了使此代码起作用，需要在投影图上运行带有写入过程的 PageRank 算法，具体如下所示：

```
CALL  gds.pageRank("simple_projected_graph",
{writeProperty:  "pagerank"})
```

需要注意的是，在图断开连接的情况下，PageRank 可能会产生意外的结果。

如果要将图嵌入 HTML 页面，则 neoviz.js 是一个功能强大且有趣的工具。但是，如果只需要测试算法的结果，则还有一个更简单的解决方案：NEuler。

7.3.5　使用 NEuler

NEuler 是 Neo4j Desktop 中集成的开源应用程序，其代码可在 GitHub 存储库中找到，其网址如下：

https://github.com/neo4j-apps/neuler

它是一个非常强大的工具，允许我们测试 GDS 中实现的所有算法，包括路径查找算法（详见第 4 章“Graph Data Science 库和路径查找”）、中心性算法（详见第 6 章“节点重要性”）、社区检测和相似性算法。它还可以使用基于 neoviz.js 的图可视化功能来可视化结果。

本书 GitHub 存储库中提供了安装说明。

下面介绍社区检测可视化的用法。

Graph Date Science Playground 应用程序主界面（见图 7-6）是你可以选择要运行的算法类型的地方。

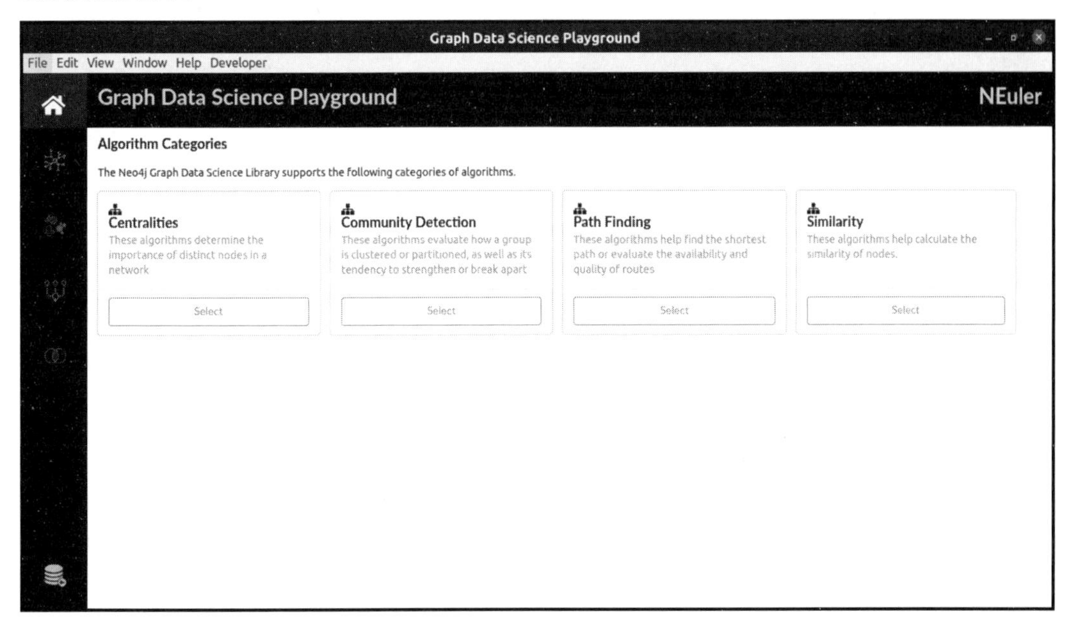

图 7-6

在选择 Community Detection（社区检测）算法之后，可以从上方菜单中选择要尝试的算法。在此示例中，我们将使用 Strongly Connected Components（强连接组件）算法。单击其名称后，即可在右侧栏中配置投影图和算法参数。

如图 7-7 所示，我们将执行的配置如下：

- 在包含节点标签 Node 和关系类型 LINKED_TO 且 orientation = UNDIRECTED 的投影图上运行算法。
- 将结果存储在名为 scc 的属性中。

单击 Run（运行）按钮将调用恰当的 Cypher 过程，这可以通过 Code（代码）选项卡进行检查，如图 7-8 所示。

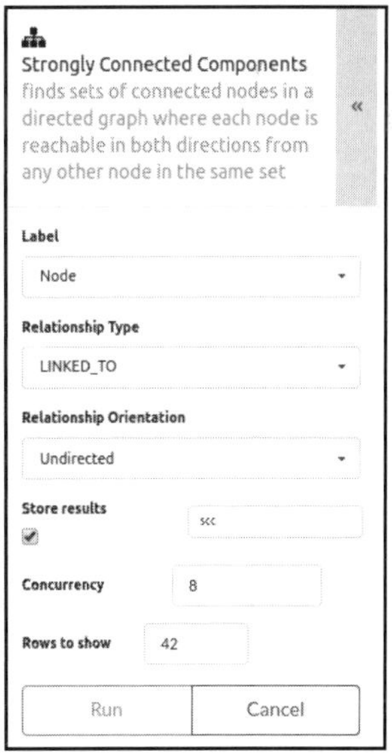

图 7-7

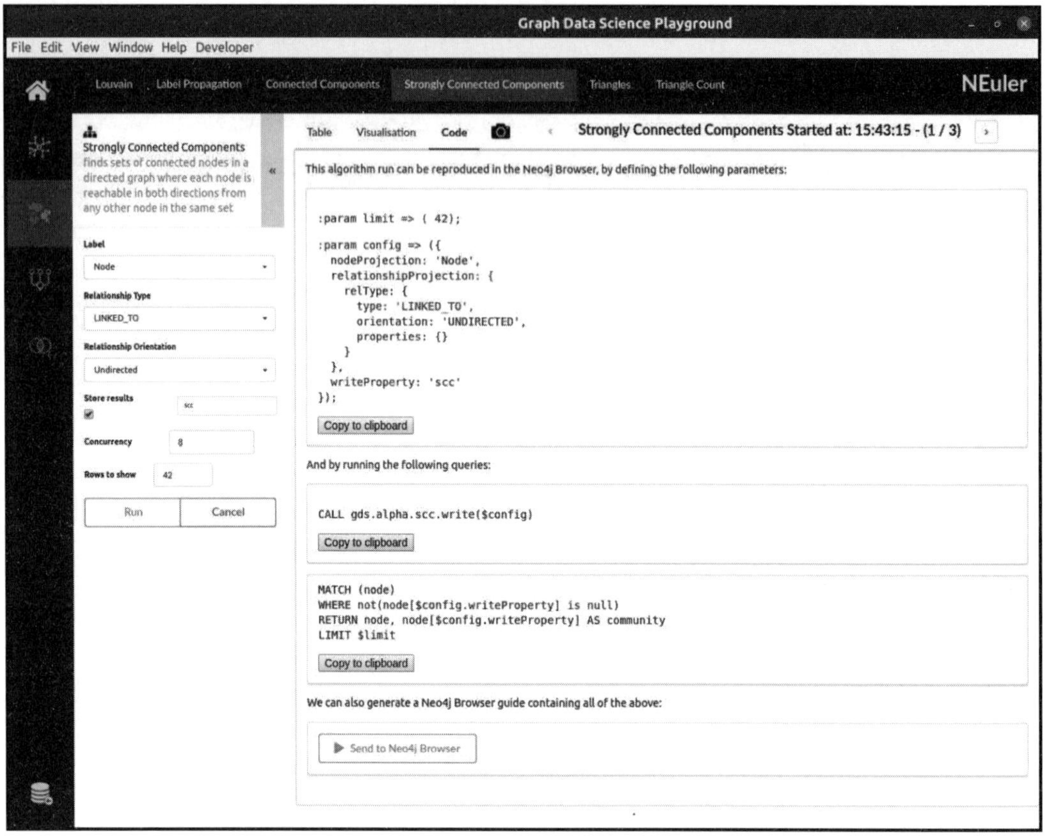

图 7-8

最后，你可以在 Visualization（可视化）选项卡中可视化结果。在该窗格中，可以自定义节点属性，以便为它们着色，就像 neovis.js 中的操作一样，如图 7-9 所示。

有关连接组件算法的讨论至此结束。我们已经了解了弱连接组件和强连接组件算法如何帮助我们确定图中已断开连接的社区。我们还讨论了以两种不同的方式来可视化社区检测算法的结果。下文还将继续使用它们。

接下来，我们将介绍新的社区检测算法：标签传播算法和 Louvain 算法，它们都是 GDS 的生产质量层的一部分。

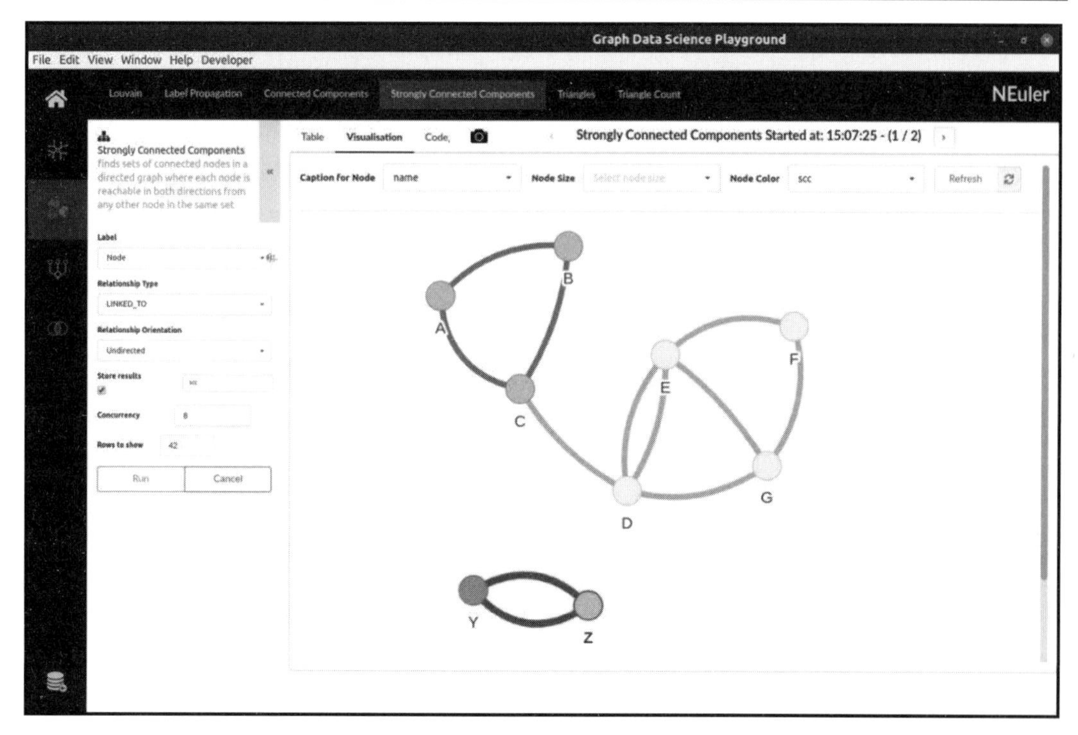

图 7-9

7.4　运行标签传播算法

标签传播是社区检测算法的另一个示例。它在 2017 年提出，其优势在于有可能为已知节点设置一些标签，并以半监督方式（Semi-Supervised Way）获得未知标签。它还可以考虑关系和节点权重。本节将通过一个简单的 Python 实现来详细介绍该算法，并讨论以下具体操作：

- 定义标签传播。
- 在 Python 中实现标签传播。
- 使用 GDS 中的标签传播算法。
- 将结果写入图。

7.4.1　定义标签传播

标签传播存在若干种变体。其主要思想如下。

（1）初始化标签，以使每个节点都位于其自己的社区中。

（2）标签会根据多数投票规则（Majority Vote Rule）进行迭代更新：每个节点都会收到其邻居的标签，并且其中最常见的标签会分配给该节点。当最常见的标签不唯一时，就会出现冲突。在这种情况下，需要定义一个规则，该规则可以是随机的，也可以是确定性的（例如在 GDS 中就是确定性的）。

（3）重复迭代过程，直到所有节点都具有固定标签。

最佳解决方案是使用边数最少的分区，这些边将连接两个具有不同标签的节点。让我们来看一下图 7-10。

在经过若干次迭代之后，该算法将节点 A 和 B 分配给一个社区（可称其为 CR），将节点 E 和 G 分配给另一个社区（可称其为 CG）。根据多数表决规则，在下一次迭代中，节点 C 将被分配给 CR 社区，因为连接到 C 的两个节点已经属于此分区，而节点 D 与 CR 社区仅有一个连接，与另一个社区（CG）则有两个连接，因此节点 D 将分配给 CG 社区。

图 7-11 说明了结果图。

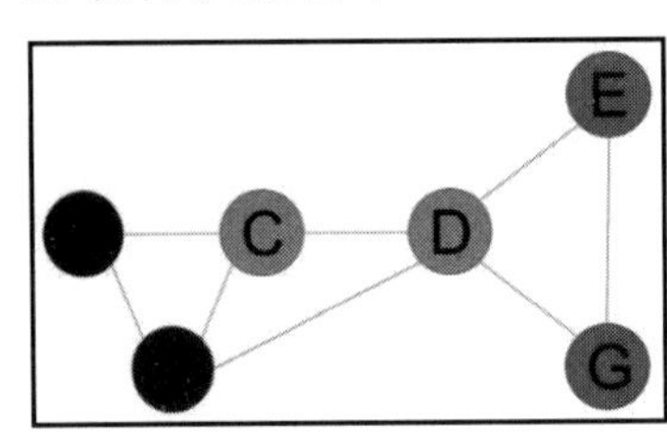

图 7-10

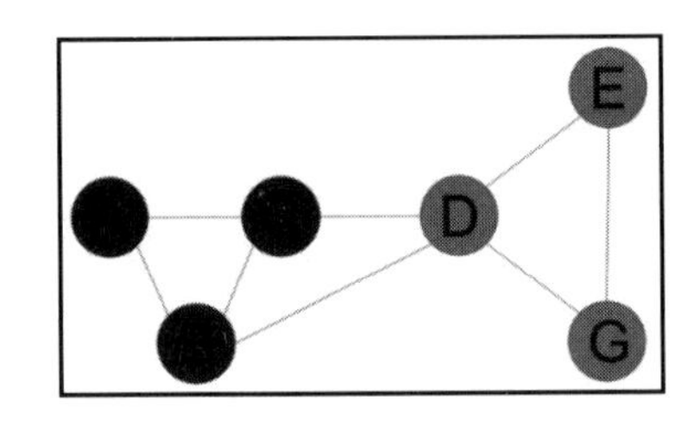

图 7-11

接下来，我们将介绍：

- 加权节点和关系。
- 半监督学习。

1. 加权节点和关系

为了考虑节点或关系的权重，我们可以更新多数投票规则，以便它不仅可以计算具有给定标签的节点数，还可以对它们的权重求和。这样，所选标签将是权重总和（Sum of Weight）最高的标签。

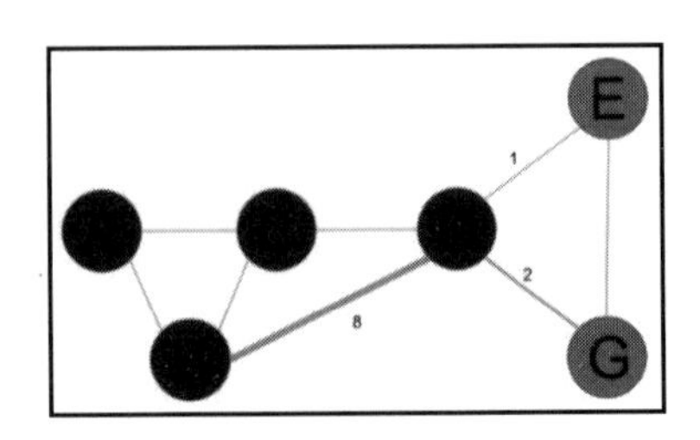

图 7-12

让我们考虑图 7-12 所示的情况，它是图 7-10 的加权版本。

这一次，为了选择节点 D 的标签，我们必须考虑连接到 D 的每条边的权重：

- CR 社区的权重= 1(C) + 8(D) = 9。
- CG 社区的权重= 1(E) + 2(G) = 3。

因此，在图 7-12 这样的加权版本中，节点 D 将属于 CR 社区。

2. 半监督学习

标签传播的另一个有趣方面是其利用先验知识的能力。如果你已经知道某些节点的社区，则可以在初始化阶段使用此信息，而不必设置随机初始值。这种技术被称为半监督学习（Semi-Supervised Learning），因为只有部分节点包含社区标记。

7.4.2　在 Python 中实现标签传播

在本示例中，我们将实现标签传播的简化版本，种子（Seed）标签只能采用两个不同的值：0 或 1。

我们将使用与前几章相同的基于 Python 字典的图的表示形式。本示例中的图将按以下方式表示：

```
G = {
    'A': {'B': 1, 'C': 1},
    'B': {'A': 1, 'C': 1},
    'C': {'A': 1, 'B': 1, 'D': 1},
    'D': {'C': 1, 'E': 1, 'G': 1},
    'E': {'D': 1, 'F': 1, 'G': 1},
    'F': {'E': 1, 'G': 1},
    'G': {'D': 1, 'E': 1, 'F': 1},
}
```

它告诉我们，节点 A 连接到节点 B 和 C，两个边的权重均等于 1。

现在开始算法。在初始化阶段，我们使用唯一值初始化所有标签。查找唯一值的一种方法是在 G 的键上的循环中使用它们的索引，这在 Python 中可通过以下方式实现：

```
labels = {node:k    for k, node in enumerate(G)}
```

提示：

enumerate(iterable) 函数返回一个元组，该元组包含一个计数（从 0 开始）和通过对 iterable 进行迭代而获得的值。这里，iterable 是我们的字典 G，并且在 G 上迭代等同于在 Python 中对其键进行迭代。

然后，我们进入主循环。在每次迭代中，我们在图中的所有节点上执行循环，并为每个节点计算其收到的票数：

```
for it in range(max_iterations):
    print("======= Iteration", it)
    # 创建在上一次迭代中计算的标签的副本
    old_labels = dict(labels)
    for node, neighbors in G.items():
        # 统计每个邻居的票数
        votes = Counter([old_labels[n] for n in neighbors])
```

要找到多数票，可以使用下面的代码段，该代码将迭代接收到的票数，并在每次找到高于当前最大值的值时更新新标签的值：

```
max_vote = -9999
new_label = old_labels[node]
for label, vote in votes.items():
    if vote > max_vote:
        max_vote = vote
        new_label = label
    elif vote == max_vote:
        # 摆脱票数相同的确定性规则（任意）
        if label > new_label:
            new_label = label
labels[node] = new_label
```

为了摆脱两个标签具有相同投票数的情况，我们将使用完全任意的规则来选择具有最高值的标签。

在更新完所有标签后，可以通过检查自上次迭代以来是否未更改标签来检查算法的收敛性，具体如下所示：

```
end = True
for node in G:
    if old_labels[node] != labels[node]:
        # 如果至少有一个节点的标签改变，则转到下一次迭代
        end = False
        break
if end:
    return labels
```

在本节开头定义的图 G 上运行此代码，可得到以下结果：

```
{'A': 3, 'B': 3, 'C': 3, 'D': 6, 'E': 6, 'F': 6, 'G': 6}
```

可以看到，我们识别出了两个社区：第一个社区标记为 3，包含节点 A、B 和 C，而第二个社区标记为 6，包含节点 D、E、F 和 G。请记住，标签本身是没有意义的，因为

它们仅来自图定义中的节点位置。不同的实现将返回不同的标签值，但是社区结构是一样的。

注意：

标签传播算法不能保证收敛，并且最终会出现振荡，其中给定节点的标签是不稳定的，并且每次迭代在两个值之间振荡，从而使收敛失败。

本示例的完整代码可在 GitHub 上找到，其网址如下：

https://github.com/PacktPublishing/Hands-On-Graph-Analytics-with-Neo4j/ch7/label_propagation/label_propagation.py

你可以复制和修改该代码，以了解它的工作原理。例如，可更新代码以考虑节点和关系权重。请注意，实现应保持尽可能简单，以使你能够充分利用有关 Python 的先验知识。例如，如果你已经了解 networkx 和 NumPy，则可以尝试修改此代码以使其与 netwokx 图或使用矩阵公式一起工作（请参阅第 6 章“节点重要性”）。

7.4.3　使用 GDS 中的标签传播算法

标签传播算法是生产质量算法的一部分，这意味着它已针对大型图进行了良好的测试和优化。我们将在第 7.3.1 节“弱连接组件”中研究的图上测试运行标签传播算法。可以在以下网址找到创建它的 Cypher 代码：

https://github.com/PacktPublishing/Hands-On-Graph-Analytics-with-Neo4j/ch7/test_graph.cql

让我们创建一个无向投影图：

```
CALL gds.graph.create(
    "projected_graph",
    "Node",
    {
        LINKED_TO: {
            type: "LINKED_TO",
            orientation: "UNDIRECTED"
        }
    }
)
```

要在此图上执行标签传播算法，可使用以下查询：

```
CALL gds.labelPropagation.stream("projected_graph")
YIELD nodeId, communityId
RETURN gds.util.asNode(nodeId).name AS nodeName, communityId
ORDER BY communityId
```

其结果如下：

"nodeName"	"communityId"
"A"	39
"B"	39
"C"	39
"D"	42
"E"	42
"F"	42
"G"	42
"Y"	46
"Z"	46

可以看到，我们已经识别出了 3 个社区：其中两个与第 7.4.2 节中“在 Python 中实现标签传播”中确定的社区相似，另外还有一个包含节点 Y 和 Z 的社区（标签为 46），这在先前的示例中是没有的。

注意：

和前面的示例一样，communityId 的确切值可能会有所不同；它与 nodeId 属性有关。但是，同一社区中的所有节点将始终具有相同的 communityId。

在继续执行其他操作之前，让我们先来了解一下使用种子。

为了测试我们的算法，首先需要在图上添加一个新属性，该属性将保持我们对节点社区成员资格的先验信心——knownCommunity：

```
MATCH (A:Node {name: "A"}) SET A.knownCommunity = 0;
MATCH (B:Node {name: "B"}) SET B.knownCommunity = 0;
```

```
MATCH (F:Node {name: "F"}) SET F.knownCommunity = 1;
MATCH (G:Node {name: "G"}) SET G.knownCommunity = 1;
```

在某些节点上，我们添加了一个称为 knownCommunity 的属性，该属性存储了我们对每个节点所属社区的先验知识（或信心）。

然后，我们可以创建命名的投影图。此图将包含所有带有 Node 标签的节点以及所有具有 LINKED_TO 类型的关系。为了以半监督方式使用该算法，我们还需要明确告知 GDS 将 knownCommunity 节点属性存储在投影图中。

最后，还需要将该图视为无向的，这可以通过在关系投影中指定 orientation: "UNDIRECTED" 参数来实现：

```
CALL gds.graph.create("projected_graph_with_properties", {
    // 节点投影
    Node: {
        label: "Node",
        properties: "knownCommunity"
    }}, {
    // 关系投影
    LINKED_TO: {
        type: "LINKED_TO",
        orientation: "UNDIRECTED"
    }
})
```

现在，可以在这个命名的投影图上运行标签传播算法，并按以下方式流式传输结果：

```
CALL gds.labelPropagation.stream("projected_graph_with_properties", {
    seedProperty: "knownCommunity"
})
YIELD nodeId, communityId
RETURN gds.util.asNode(nodeId).name AS nodeName, communityId
ORDER BY communityId
```

从结果中可以看到，该算法识别出的社区是一样的，只不过 communityId 现在反映了通过 seedProperty 给出的值。

7.4.4 将结果写入图

要使用第 7.4.3 节中“使用种子”中编写的代码在浏览器中可视化结果，需要将结果存储在图中，这可以通过 gds.labelPropagation.write 过程实现：

```
CALL gds.labelPropagation.write(
    "projected_graph_with_properties", {
        seedProperty: "knownCommunity",
        writeProperty: "lp"
    }
)
```

像标签传播这样的算法是一个很好的示例，它可以说明如何在经典机器学习模型中使用图算法。实际上，在机器学习中，标签传播算法既可用于分类，也可用于回归，其中的传播是通过相似性矩阵（Similarity Matrix）而不是邻接矩阵执行的。有关邻接矩阵的详细信息，可参考第 6.4.6 节“变体”。

接下来，我们将重点介绍另一种重要的社区检测算法：Louvin 算法。

7.5　了解 Louvain 算法

Louvain 算法由比利时鲁汶大学（University of Leuven）的研究人员于 2008 年提出，其名称也来源于此。该算法衡量的是社区内连接的密度（对比与其他节点的连接）。此度量标准称为模块度（Modularity），它是我们首先要了解的变量。

本节将讨论以下内容：

- 定义模块度。
- 重现 Louvain 算法的步骤。
- GDS 中的 Louvain 算法。
- 中间步骤。
- Zachary 的空手道俱乐部图算法比较示例。

7.5.1　定义模块度

模块度是一种度量标准，用于量化同一社区中节点内链接的密度（对比不同社区中节点之间的链接）。

从数学上讲，其定义如下：

$$Q=\frac{1}{2m}*\sum_{ij}\left[A_{ij}-\frac{k_i*k_j}{2m}\right]\delta(c_i,c_j)$$

其中：

- 如果节点 i 和 j 已连接，则 A_{ij} 为 1，否则为 0。

- k_i 是节点 i 的度。
- m 是边携带的所有权重的总和。我们还有关系 $\sum_i k_i = 2m$，因为所有节点上的总和将对每条边计数两次。
- c_i 是由算法分配给节点 i 的社区。
- $\delta(x, y)$ 是 Kronecker delta 函数，如果 $x = y$ 则等于 1，否则等于 0。

要理解该公式的含义，可以分别讨论一下每一项。具有 k_i 边的节点 i 将具有 k_i 的概率被连接到图中的任何其他节点。因此，两个节点 i 和 j 有 $k_i \times k_j$ 个彼此连接的机会。因此，$k_i k_j /(2m)$ 对应于节点 i 和 j 相互连接的概率。

在等式的另一侧，A_{ij} 是 i 和 j 之间的实际连接状态。因此，Σ 符号下的项量化了同一社区（在随机图中）的两个节点之间的实际边数和预期边数之间的差异。

同一社区中的两个节点的连接频率应比平均值更高，因此 $A_{ij} > k_i k_j /(2m)$。Louvain 算法基于此属性，并尝试使模块度 Q 最大化。

注意：

模块度的定义也适用于加权图。在这种情况下，A_{ij} 是 i 和 j 之间关系的权重。

在继续讨论 Louvain 算法之前，不妨先来研究一下特殊的图分区及其模块度值。你可以使用以下简单的模块度方面的 Python 实现来看看其结果：

https://github.com/PacktPublishing/Hands-On-Graph-Analytics-Neo4j/ch7/louvain/modularity.py

为简单起见，本节将使用与第 7.4 节“运行标签传播算法”中的图类似的图，不包括节点 Y 和 Z，以便在单个组件上工作。

在定义模块度时，应考虑以下情形：

- 所有节点都在它们自己的社区中。
- 所有节点都在同一个社区中。
- 最佳分区。

1. 所有节点都在它们自己的社区中

如果所有节点都在它们自己的社区中，则 $\delta(c_i, c_j)$ 始终为 0，因为 c_i 始终与 c_j 不同，但 $i = j$ 的情况除外。

由于我们的图没有自环（Self-Loop，指一个与其自身相连的节点），因此 A_{ii} 始终等于 0，并且只保留了总和中的负项。所以，在这种特定情况下，模块度 Q 为负。在下面，我们将其写为 Q_{diag}，它在图中的值为 $Q_{\text{diag}} = -0.148$。

2. 所有节点都在同一个社区中

在所有节点都在同一社区中的另一种极端情况下，$\delta(c_i, c_j)$ 始终为 1。因此，其模块度如下所示：

$$Q = 1 /(2m)*\Sigma_{ij} [A_{ij} - k_i k_j / (2m)]$$

A_{ij} 项的所有节点对的总和对应于所有边权重的总和，计数两次（分别对于 ij 和 ji 节点对计数）。因此可得：

$$\Sigma_{ij} A_{ij} = 2m$$

让我们重写方程式的第二项：

$$\Sigma_{ij}\, k_i\, k_j /(2m) = \Sigma_i\, (k_i\, (\Sigma_j\, k_j\,))\, /\, 2m = \Sigma_i\, (k_i\, (2m)\, /\, 2m = \Sigma_i\, k_i = 2m$$

因此，在所有节点都在同一社区中的特殊情况下，模块度 $Q = 0$。

3. 最佳分区

我们使用的简单图的最佳分区和前面通过连接组件或标签传播算法获得的分区是类似的：节点 A、B 和 C 在其自己的分区中，而节点 D、E、F 和 G 在另一个社区中。

在 $m = 9$ 的情况下，模块度的计算如下：

$$Q = 1/18\ (2 * (A_{AB} - k_A k_B / 18 + A_{AC} - k_A k_C / 18 + A_{BC} - k_B k_C / 18) + 2 * (A_{DE} - k_D k_E / 18 + A_{DG} - k_D k_G / 18 + A_{DF} - k_D k_F / 18 + A_{EF} - k_E k_F / 18 + A_{EG} - k_E k_G / 18 + A_{GF} - k_G k_F / 18\ )) + Q_{diag}$$

$$= 1 / 18 * 2 * (1 - 2 * 2 / 18 + 1 - 2 * 3 / 18 + 1 - 2 * 3 / 18 + 1 - 3 * 3 / 18 + 1 - 3 * 3 / 18 + 0 - 3 * 2 / 18 + 1 - 3 * 2 / 18 + 1 - 3 * 3 / 18 + 1 - 3 * 2 / 18) - 0.148$$

$$= 0.364 > 0$$

提示：

由于我们的图是无向的，因此我们可以将与 A 和 B 之间的关系相对应的项（A - B）加倍，而不是对项 A->B 和 B->A 求和。

注意：

模块度也可以用于测量由另一种算法检测到的分区的质量。

现在，我们对模块度有了更好的了解，在展示 Neo4j 和 GDS 应用示例之前，还有必要研究一下如何重现 Louvain 算法。

7.5.2 重现 Louvain 算法的步骤

Louvain 算法旨在最大化模块度，它将充当损失函数（Loss Function）。从将每个节点分配给自己的社区（$Q=0$）的图开始，该算法会尝试将节点移至其邻居的社区，并仅在增加模块度的情况下保留此配置。

该算法在每次迭代中执行两个步骤。在第一个步骤期间，将对所有节点执行迭代。对于每个节点 n 及其每个邻居 k，该算法尝试将节点 n 移至与 k 相同的社区。节点 n 被移到社区，从而导致模块度的最高增长。如果无法通过这种操作来增加模块度，则节点 n 的社区在此次迭代中保持不变。

在第二个步骤中，该算法将属于同一社区的节点分组在一起以创建新节点，并对社区间边的权重求和以在它们之间创建新的加权边。

提示：

可以计算出将单个节点从一个社区移动到另一个社区而引起的模块度变化，而无须再次遍历整个图。

7.5.3　GDS 中的 Louvain 算法

Louvain 算法是 Graph Data Science（GDS）库从 1.0 版开始即已推出的生产质量实现的一部分。下面我们将介绍：

- 语法。
- 关系投影中的聚合方法。

1. 语法

Louvian 算法的用法与其他算法相似。要流式传输结果，可使用 gds.louvain.stream 过程，并将命名的投影图作为参数：

```
CALL gds.louvain.stream(<projectedGraphName>)
```

还可以使用等效的 write 过程将结果保存在图中：

```
CALL gds.louvain.write(<projectedGraphName>,{writeProperty:
<newNodeProperty>})
```

在我们的图上使用 Louvain 算法会导致两个常见的分区，其中，节点 A、B 和 C 在一侧，而节点 D、E、F 和 G 在另一侧。要看到这些算法之间的差异，需要使用更大的图来运行算法。下文将提供 Zachary 空手道俱乐部图的算法比较示例。

2. 关系投影中的聚合方法

如果改用 write 过程，则会注意到它返回了最终的模块度等信息。如果在我们先前创建的投影图 projected_graph 上运行此过程，你会注意到它与我们在上一节中获得的模块度值略有不同。这个原因来自我们的投影图。存储在 Neo4j 中的初始图包含 D 和 E 之间的两个关系（一个关系是从 D 到 E，另一个关系是从 E 到 D）。当 GDS 创建投影图时，默认行为是存储两个关系，这等同于增加该边的权重（A_{ij} 项）。因此，我们的投影图等效于以下内容：

```
G = {
    'A':{'B':1,'C':1},
    'B':{'A':1,'C':1},
    'C':{'A':1,'B':1,'D':1},
    'D':{'C':1,'E':2,'G':1},
    'E':{'D':2,'F':1,'G':1},
    'F':{'E':1,'G':1},
    'G':{'D':1,'E':1,'F':1},
}
```

可以看到，D 和 E 之间的边的权重是 2 而不是 1。

如果我们希望投影图只包含两个节点之间的一个关系，则必须在关系投影中添加另一个属性：aggregation: "SINGLE"，这将强制每对节点通过给定类型的单个关系进行连接。以下查询将创建一个启用了该属性的新投影图：

```
CALL gds.graph.create(
    "projected_graph_single",
    "Node",
    {
        LINKED_TO: {
            type: "LINKED_TO",
            orientation: "UNDIRECTED",
            aggregation: "SINGLE"
        }
    }
)
```

使用以下语句在这个新的投影图上运行 Louvain 算法：

```
CALL gds.louvain.write("projected_graph_single", {writeProperty:
"louvain"})
YIELD nodePropertiesWritten, modularity
RETURN nodePropertiesWritten, modularity
```

你将再次找到相同的模块度值，约为 0.36，如图 7-13 所示。

如果查看 gds.louvain 过程的全部结果，则会发现另一个名为 modularities 的字段。它对应于算法每个阶段计算的模块度。

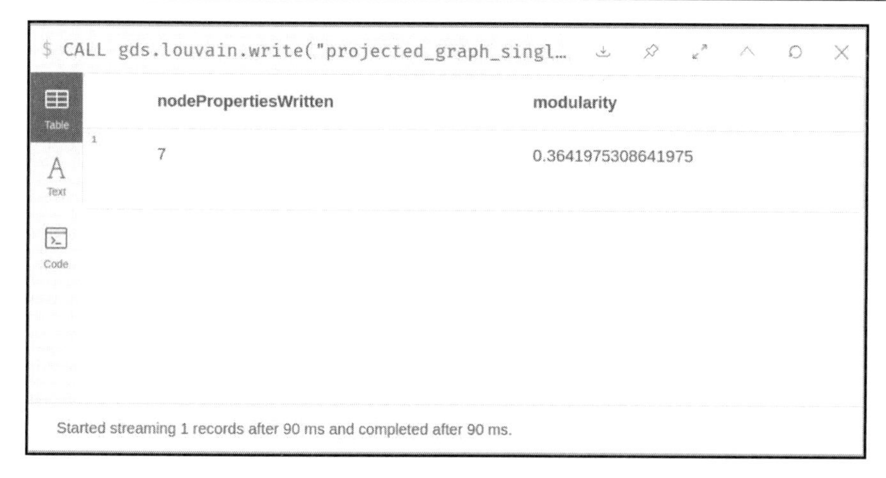

图 7-13

7.5.4　中间步骤

GDS 的一个有趣功能是它能够在算法的中间步骤存储社区。需要通过将配置参数 includeIntermediateCommunities 设置为 true 来启用此选项。

例如，以下查询将为我们的投影图流式传输 Louvain 算法的结果，返回一个额外的列，其中包含每个节点在每次迭代中分配的社区列表：

```
CALL gds.louvain.stream(
    "projected_graph_single",
    {
        includeIntermediateCommunities: true
    }
)
YIELD nodeId, communityId, intermediateCommunityIds
RETURN gds.util.asNode(nodeId).name as name, communityId,
intermediateCommunityIds
ORDER BY name
```

就我们的简单图而言，intermediateCommunityIds 列包含一个列表，其中包含与最终社区相对应的单个元素。这意味着一次迭代就可以收敛，由于图非常小，这不足为奇。在较大的图上使用此算法时，你将能够在每个步骤中看到图的状态。

注意：

如果在 write 过程中使用 middleCommuntiyIds，则写入的属性将包含与中间社区 ID 对应的 ID 列表，而不是仅对最终社区进行编码的单个整数。

7.5.5　Zachary 的空手道俱乐部图算法比较示例

到目前为止，我们介绍算法示例时使用的都是很小的测试图，结果就是我们看到标签传播算法和 Louvain 算法产生了相同的社区，但是一般来说并不会产生这种情况。Zachary 的空手道俱乐部图是一个稍大的图，并且是图专家中最著名的图之一。它是由芝加哥大学的老师 Wayne W. Zachary 收集的。他观察了 20 世纪 70 年代这所大学空手道俱乐部（Karate Club）成员之间的不同连接。

图 7-14 显示了此图中的标签传播算法（左）和 Louvain 算法（右）的结果，其中包含 34 个节点（学生）。可以看到，标签传播算法仅识别出两个社区，而 Louvain 算法则能够检测到 3 个聚类。

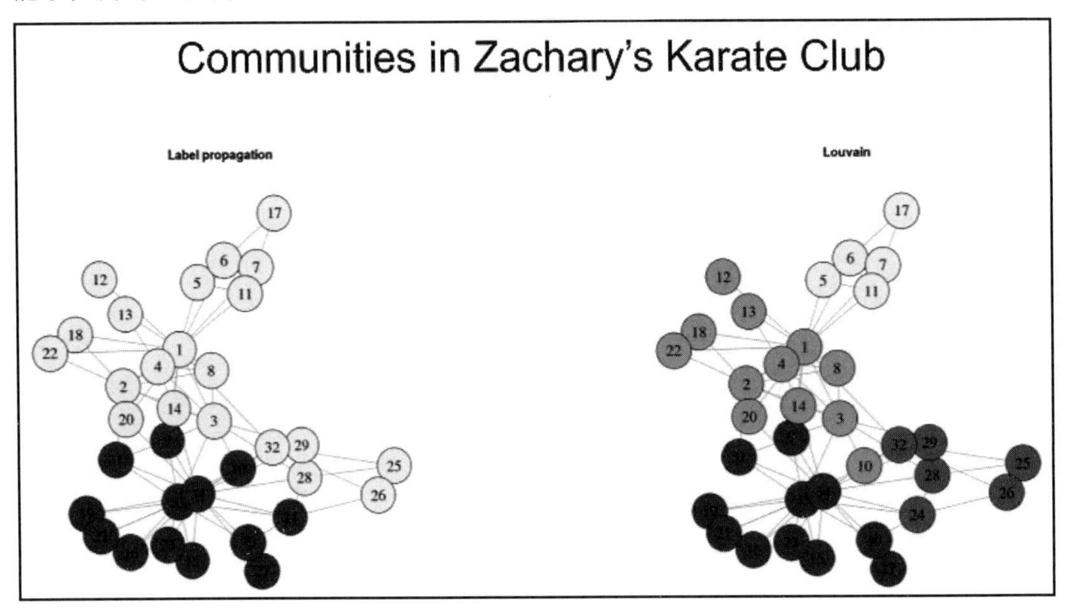

图 7-14

原　　文	译　　文
Communities in Zachary's Karate Club	Zachary 的空手道俱乐部图中的社区
Label propagation	标签传播算法
Louvain	Louvain 算法

这里有必要为你提供更多的背景信息，以便更好地理解此结果。1970 年左右，在芝加哥大学的空手道俱乐部中，两名教练开始发生冲突，导致该俱乐部被分成两个实体。

当时，双方都试图吸引学生，每个教师与学生之间的互动都很重要。Zachary 用图的方式建模了这些交互，其中的每个节点都是一个学生，并且他们之间的边表明了在此期间他们是否有互动。因此，此图的最大优点是具有真实的信息：Zachary 记录了每个成员在俱乐部拆分之后选择去了哪一个部分。

回到两种算法检测到的社区分区，可以看到标签传播是正确的，它检测出与真实学生分区相一致的两个社区。反观 Louvain 算法的结果，似乎还多检测到一个分区。

提示：

就像 scikit-learn 附带一些著名的数据科学数据集一样，Zachary 的空手道俱乐部图也包含在 Python 用于处理图的 networkx 软件包中。其访问方式如下：

```
import networkx as nx G = nx.karate_club_graph()
```

现在我们已经对模块度和 Louvain 算法有了一定的了解。接下来，我们将介绍该算法的一些局限性，以及为改进它而提出的一些替代方案，当然，这些方案尚未在 GDS 中实现。

7.6 Louvain 算法的局限性和重叠社区检测

和其他算法一样，Louvin 算法也有其局限性。了解它们非常重要，本节将尝试做到这一点。我们还将提出一些可能的替代方案。

此外，我们还将讨论一些允许一个节点属于多个社区的算法。

本节将讨论以下内容：

- Louvain 算法的局限性。
- Louvain 算法的替代方案。
- 重叠社区检测。
- 动态网络。

7.6.1 Louvain 算法的局限性

像任何其他算法一样，Louvin 算法也有一些已知的缺点，最主要的是分辨率限制。

如图 7-15 所示，该图由 12 个 Blob 组成，每个 Blob 又由 7 个节点组成。7 个节点之间是强连接，而 12 个 Blob 之间则是弱连接，只有一条边。

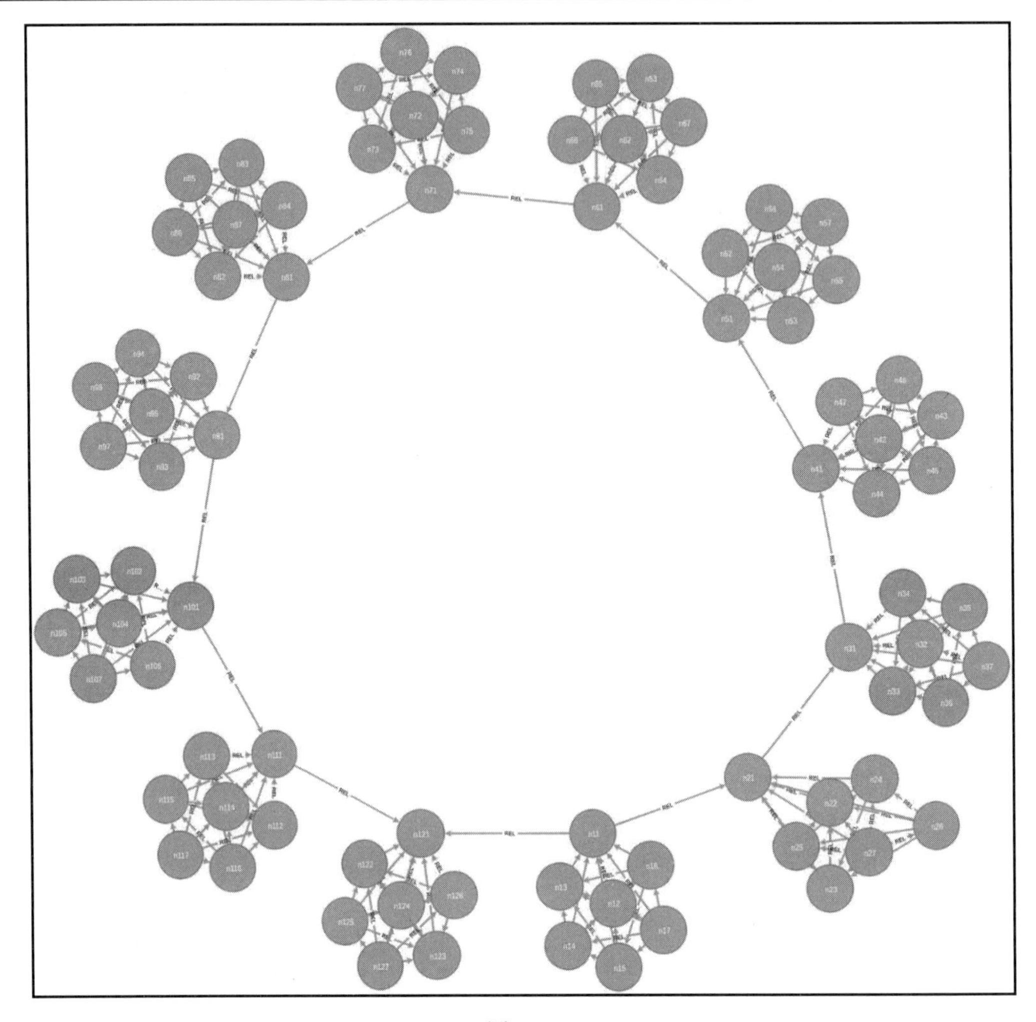

图 7-15

在图 7-15 上运行社区检测，可想而知每个 Blob 都会形成一个社区。尽管这对于小型图上的 Louvain 算法非常有效，但在大型图上则会失败。例如，如果在类似图 7-15 所示结构的图上有 100 个 Blob，那么在该图上运行时，Louvin 算法将仅识别 50 个社区。这个问题被称为分辨率极限问题（Resolution Limit Problem）：对于具有固定大小（节点数）的边和密度的图，通过 Louvain 算法检测到的社区不能大于（或小于）给定数目的节点。这意味着该算法将无法发现大型网络（如这里介绍的 100 个 Blob）中的小型社区。它也无法检测到小型网络中的大型社区。还有一个特殊情况是小型网络中的无社区情况。

提示：

Louvain 算法的 GDS 实现可以返回中间步骤（详见第 7.5.4 节“中间步骤”），利用这一点可尝试识别大型网络。

另一个局限性是，模块度是一个全局度量。因此，图的一部分中的更新就可能会产生与之相距甚远的后果。例如，在图 7-15 中，如果以迭代方式将 Blob 添加到环上，则在某些阶段，即使仅更改了一小部分图，社区也会突然变得有很大的不同。

7.6.2 Louvain 算法的替代方案

研究人员已经提出了 Louvain 算法的许多替代方案。其中包括：

- 为了解决 Louvain 算法的分辨率极限问题，可采用一个分辨率参数 γ。
- Leiden 算法是 Louvain 算法的一种变体，该算法可以拆分聚类而不是仅仅合并它们。这样一来，Leiden 算法就可以保证社区之间的良好联系（连接），而 Louvain 算法则无法做到这一点（有关本主题深入讨论资源的链接信息，详见第 7.10 节“延伸阅读”）。

对于在上一节中提到的分辨率限制问题，这些算法已被证明比 Louvain 算法更好。但是，到目前为止，还没有涉及以下两种情况下的算法：

- 重叠社区（Overlapping Communities）：这是指给定节点可以属于多个社区的情况。
- 动态网络（Dynamic Networks）：当网络随着时间演变（出现新的边或新的节点）时，社区如何变化？

接下来我们将分别探讨这两个主题。

7.6.3 重叠社区检测

到目前为止，我们研究的所有算法都有一个共同点，那就是：每个节点都仅分配给一个社区，并且也仅属于一个社区。但现实社会中并不总是这样的。例如，朋友也可以是同事，同事也可以是家庭成员。也就是说，某些节点可能属于多个社区。如果能够检测到节点属于多个社区，那么这也将带来有关图结构和社区边界的有趣信息，如图 7-16 所示。

重叠社区检测最著名的算法之一是团过滤算法（Clique Percolation Method，CPM，也称为派系过滤算法）。图论中的一个团是节点的子集（Subset），其中每个节点都连接到所有其他节点。*k*-clique 是包含 *k* 个节点的团。团的最简单示例是 3-clique，它是由 3 个完全连接的节点组成的三角形。

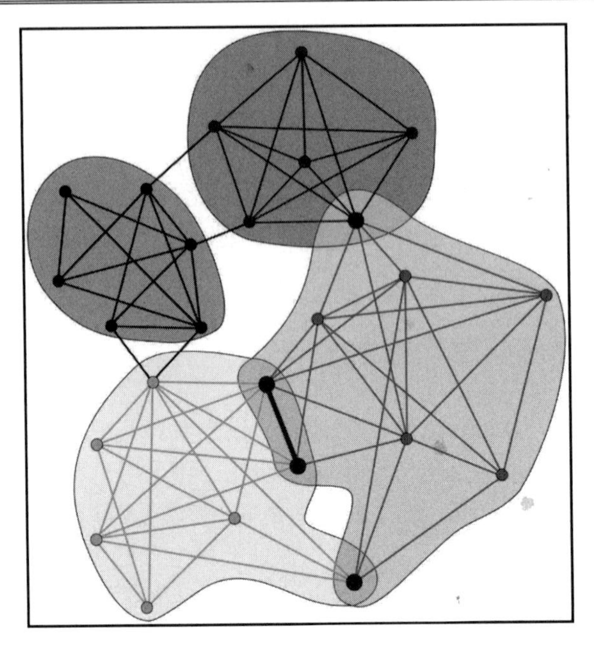

图 7-16

CPM 算法基于相邻的 k-clique 定义社区，如果两个 k-clique 共享 k−1 个节点，则认为这两个 k-clique 是相邻的，这使得第 k 个节点可以分配给多个社区。

7.6.4　动态网络

动态网络是随时间变化的图，可以在其中添加、修改或删除节点和边。社区检测的问题将因此而变得更加复杂，因为社区可以执行以下操作：

- 出现。
- 成长。
- 减少。
- 与另一个社区融合。
- 拆分。
- 消失。

社区也可以保持不变，甚至暂时消失，直到稍后再出现。解决此类问题的技术之一是在不同时间使用图的快照。然后可以在每个快照上使用静态算法（例如本书中讨论的算法）。但是，当比较在两个连续快照中发现的社区时，将很难确定其差异是由于实际的社区发展还是由于算法的不稳定性（例如，Louvain 算法的分辨率极限）。

研究人员已经提出了许多解决方案，以通过平滑技术来解决此问题。例如，可以构建一个算法，要求在时间 t 处的社区与在时间 t-1 处的社区某种程度上相似。有关此主题的更多信息，详见第 7.10 节“延伸阅读”中提供的参考资料。

到目前为止，我们已经讨论了多种社区检测算法，理解了它们的工作原理，了解何时使用它们以及如何在 Neo4j 中通过 GDS 使用它们。此外，我们还介绍了一些用于重叠社区检测的技术。总结一下，社区其实就是将具有相似性的节点分组在一起。所谓相似性（Similarity），在不同的算法中有不同的理解。例如，在标签传播算法中，是指相似的邻居，在 Louvain 算法中，是指相似的边密度（与图的其他部分相比）。

如果要量化两个节点之间的相似性，可以先检查它们是否属于同一社区。但是相似性还存在更精确的指标，这也是我们接下来将要介绍的内容。

7.7　测量节点之间的相似性

有若干种技术可用于量化节点之间的相似性。它们可以分为两类：

- 基于集合的度量：以全局方式比较两个集合的内容。例如，集合(A,B,C)和(C,D,B)具有两个共同的元素。
- 基于向量的度量：按元素比较向量，这意味着每个元素的位置都很重要。欧几里得距离就是这种度量的一个例子。

让我们从基于集合的相似性开始更详细地了解这些指标。

7.7.1　基于集合的相似性

GDS 1.0 实现了两个基于集合的相似性的变体，即：

- 重叠相似性。
- Jaccard 相似性。

1. 重叠相似性

重叠相似性（Overlapping Similarity）是相对于最小集合的大小的两个集合之间公共元素数量的度量。以下我们将对其进行介绍：

- 定义。
- 在 GitHub 图中量化用户相似性。

1）定义

该度量的数学定义如下：

$$O(A, B) = |A \cap B| / \min(|A|, |B|)$$

其中，$A \cap B$ 是集合 A 和 B 之间的交集（公共元素），$|A|$ 表示集合 A 的大小。

GDS 在其 alpha 层中包含一个函数，该函数将使我们能够测试和理解这种相似性度量。可按以下方式使用它：

```
RETURN gds.alpha.similarity.overlap(<set1>, <set2>) AS similarity
```

以下语句可返回 O([1, 2, 3], [1, 2, 3, 4]) 的结果：

```
RETURN gds.alpha.similarity.overlap([1,2,3], [1,2,3,4]) AS similarity
```

集合[1, 2, 3]和[1, 2, 3, 4]之间的交集包含两个集合中的元素：1、2 和 3。该交集包含 3 个元素，因此其大小为 $|A \cap B| = 3$。

在分母上，我们需要找到最小集合的大小。在本示例中，最小的集合是 [1, 2, 3]，其中包含 3 个元素。因此，重叠相似性的期望值为 1，这是 GDS 函数返回的值。表 7-1 包含了更多示例。

表 7-1　集合的相似性计算示例

A	B	A∩B	|A∩B|	min(|A|, |B|)	O(A, B)
[1, 2, 3]	[1, 2, 3, 4]	[1, 2, 3]	3	3	1
[1, 2, 3]	[1, 2, 4]	[1, 2]	2	3	2/3≈0.67
[1, 2]	[3, 4]	[]	0	2	0

提示：

可以看到，重叠相似性是对称的。交换 A 和 B 不会改变结果。

2）在 GitHub 图中量化用户相似性

我们将使用 Neo4j 社区 GitHub 图，其中包含以登录为特征的 GitHub 用户，Neo4j 拥有的存储库，以及用户与其贡献的存储库之间的 CONTRIBUTED_TO 类型的关系。如果你尚未从前文构建图，则可以在本书 GitHub 存储库中获得数据和加载说明。

使用相似性算法的第一步是建立与每个用户相关的一组数据：

```
MATCH (user:User)-[:CONTRIBUTED_TO]->(repo:Repository)
WITH {item: user.login, categories: collect(repo.name)} as userData
RETURN userData
```

对于登录为 j 的给定用户，userData 包含以下内容：

```
{
    "item": "j",
```

```
    "categories": [
        "cypher-shell",
        "neo4j-ogm",
        "docker-neo4j",
        "doctools"
    ]
}
```

在这种情况下，计算两个用户之间的相似性意味着比较他们贡献的存储库（存储在 categories 键中）。为了能被 GDS 使用，只需用 Neo4j 内部 ID 替换我们的用户登录名和存储库名称即可：

```
MATCH (user:User)-[:CONTRIBUTED_TO]->(repo:Repository)
WITH {item: id(user), categories: collect(id(repo))} as userData
RETURN userData
```

然后，可以将 userData 提供给 gds.alpha.overlap.stream 过程：

```
MATCH (user:User)-[:CONTRIBUTED_TO]->(repo:Repository)
WITH {item:id(user), categories: collect(id(repo))} as userData
WITH collect(userData) as data
CALL gds.alpha.similarity.overlap.stream(
    {
        nodeProjection: '*',
        relationshipProjection: 'CONTRIBUTED_TO',
        data: data
    }
)
YIELD item1, item2, count1, count2, intersection, similarity
RETURN *
```

该过程不仅返回 similarity 相似性，而且也会返回中间结果，例如两个类别的集合中的项数和交集的大小。

提示：

item1 和 item2 是节点 ID。要检索节点对象，可以使用 gds.util.asNode 函数。例如，要获取与 item1 对应的用户登录，可以编写以下语句：

```
gds.util.asNode(item1).login
```

以下是从结果中选择的一些行：

```
┌──────────────────────┬──────────────────────┬─────────────┬──────
├──────────┬──────────────────────┬──────────────────────────────────┤
│"user1"               │"user2"
```

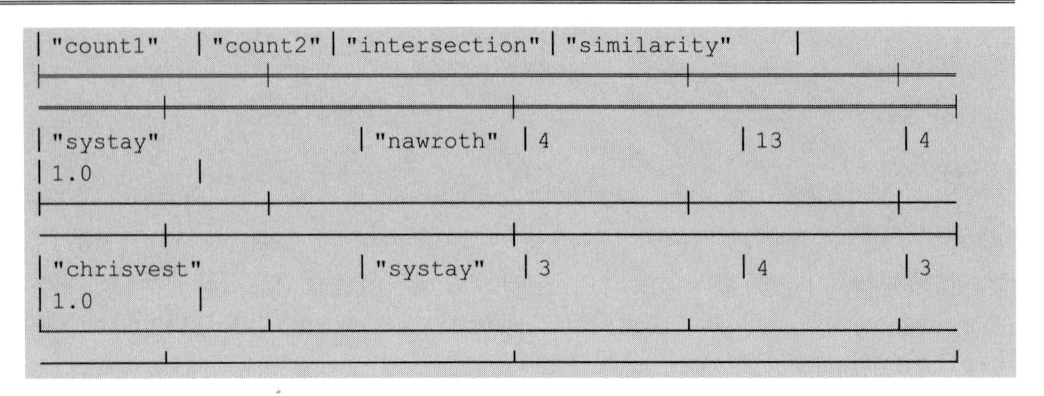

```
│"count1"  │"count2"│"intersection"│"similarity"     │
│"systay"              │"nawroth" │4            │13           │4
│1.0       │
│"chrisvest"           │"systay"  │3            │4            │3
│1.0       │
```

可以看到，即使对于相似性等于 1 的成对节点，交集的大小也存在很大差异：我们会觉得 systay 与 chrisvest（而不是 nawroth）更相似，因为 navroth 比 systay 多贡献了 9 个存储库，而 systay 和 chrisvest 之间的存储库数量差异只有一个。这将通过接下来要讨论的 Jaccard 相似性来解决。

2. Jaccard 相似性

Jaccard 相似性的定义类似重叠相似性，不同之处在于其分母包含的是集合 A 和 B 的并集大小。

$$J(A,B) = |A \cap B| / |A \cup B|$$

在分母中使用两个集合的并集对于识别以下情况很有用：

- ❑ 用户可能会贡献单个存储库，但是这个存储库有多个不同的贡献者。
- ❑ 在使用重叠相似性的情况下，该用户与所有其他贡献者的相似性将为 1。
- ❑ 在使用 Jaccard 公式的情况下，相似性将取决于其他每个用户贡献的存储库数量，并且对于仅为单个存储库做出贡献的贡献者，该相似性等于 1。

在此投影图上运行 Jaccard 相似性算法非常简单：

```
MATCH (u:User)
MATCH (v:User)
RETURN u, v, gds.alpha.similarity.jaccard(u, v) as score
```

可以在该图中检查 systay 和其他用户之间的相似性，请注意，现在它与 chrisvest 的相似性比与 navroth 的相似性高得多。

这些相似性基于连接到的元素节点之间的比较。接下来，我们将讨论如何在 GDS 中使用基于向量的相似性度量，例如欧几里得距离或余弦相似性。即使它们不是特定于图的，它们在数据分析时仍可提供有用的信息。

7.7.2　基于向量的相似性

基于向量的相似性类似于经典机器学习管道中遇到的相似性。它们将比较以下两个向量（这些向量包含数字的有序列表）：

- 欧几里得距离。
- 余弦相似性。

1. 欧几里得距离

欧几里得距离是两点之间距离的量度。它是笛卡儿平面中距离度量的扩展，并使用以下公式计算：

$$d(u, v) = \sqrt{(\,(u_1 - v_1)^2 + (u_2 - v_2)^2 + \cdots + (u_n - v_n\,)^2)}$$

可以看到，上式尝试量化的是每对用户的贡献向量之间的距离，而不是简单地计算他们共有的存储库数量。

这可以通过一个示例使其更加清晰。我们将在一些关系中添加一个新属性，以计算用户向给定存储库贡献的频率：

```
MATCH (u1:User {login: "systay"})-[ct1]->(repo)
SET ct1.nContributions = round(rand() * 10)
```

为简单起见，这里使用了随机数（round(rand() * 10)），这意味着你的结果可能会有所不同。如果对另一个用户（如 chrisvest）执行相同的操作，则可以创建每个用户对每个存储库的贡献向量：

```
MATCH (u1:User {login: 'chrisvest'})-[ct1]->(repo)
MATCH (u2:User {login: 'systay'})-[ct2]->(repo)
WITH collect(ct1.nContributions) as contrib1, collect(ct2.nContributions)
as contrib2
RETURN contrib1, contrib2
```

collect 语句创建了两个列表，每个用户一个列表，其中包含该用户对每个存储库的贡献。要计算这两个向量之间的欧几里得距离，只需要调用 gds.alpha.similarity.euclideanDistance 函数即可：

```
MATCH (u1:User {login: 'chrisvest'})-[ct1]->(repo)
MATCH (u2:User {login: 'systay'})-[ct2]->(repo)
WITH collect(ct1.nContributions) as contrib1, collect(ct2.nContributions)
as contrib2
RETURN gds.alpha.similarity.euclideanDistance(contrib1, contrib2) AS
similarity
```

在本示例中，相似性结果接近 38。

在 GDS 中还包含一些过程，可以在投影图上运行并计算所有节点对之间的欧几里得距离，这与重叠相似性是一样的。

请记住，你可以通过以下方式在 GDS 版本中找到可用函数和过程的全名和签名：

```
CALL gds.list() YIELD name, signature
WHERE name =~ '.*euclidean.*'
RETURN *
```

2. 余弦相似性

余弦相似性（Cosine Similarity）又称为余弦相似度，是通过计算两个向量的夹角余弦值来评估它们的相似性。在 NLP 社区内，余弦相似性可谓大名鼎鼎，因为它被广泛应用于度量两个文本之间的相似性。

余弦相似性不是像欧几里得相似性那样计算两个点之间的距离，而是基于两个向量之间的角度评估相似性。来看如图 7-17 所示的情形。

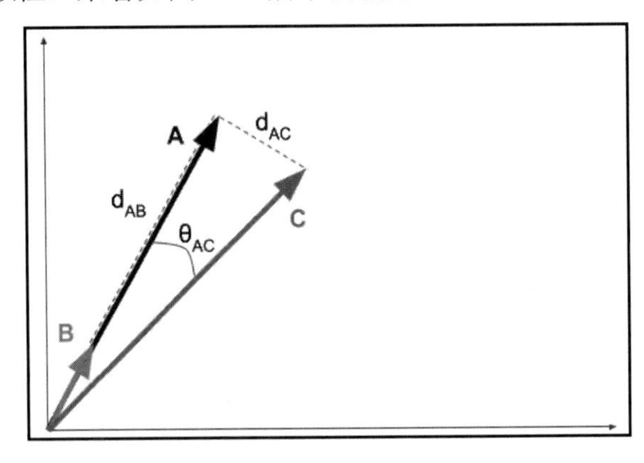

图 7-17

在图 7-17 中，向量 A 和 C 之间的欧几里得距离是 d_{AC}，而 θ_{AC} 则表示余弦相似性。

类似地，A 和 B 之间的欧几里得距离由 d_{AB} 线表示，但它们之间的夹角为 0，并且由于 $\cos(0) = 1$，因此 A 和 B 之间的余弦相似性为 1，远高于 A 和 C 之间的余弦相似性。

要将上述示例代入 GitHub 贡献者语境，可进行以下替换：

- A 对两个存储库 R1 和 R2 都有贡献，其中对 R1（x 轴）有 5 个贡献，对 R2（y 轴）有 10 个贡献。
- B 对相同存储库的贡献是：对 R1 的贡献为 1，对 R2 的贡献为 2，因此 A 和 B 的向量是对齐的。

- C 对 R1 的贡献比 A 和 B 都更大，比如说 8，但是对 R2 的贡献却比 A 更少（比如说 8）。

仅看贡献总数的话，用户 A 和 C 比 A 和 B 更相似。但是，用户 A 和 B 的贡献分布更相似：他们对 R2 的贡献是对 R1 贡献的两倍。这一点可以按余弦相似性编码，即 A 和 B 之间的余弦相似性高于 A 和 C 之间的余弦相似性（参见表 7-2）。

GDS 的余弦相似性用法与欧几里得距离之一相同，使用以下名称：

- 函数：gds.alpha.similarity.cosine。
- 两个过程：gds.alpha.similarity.cosine.stream 和 gds.alpha.similarity.cosine.write。

表 7-2 显示了用户 A、B 和 C 之间的欧几里得相似性和余弦相似性的比较（使用了上面给出的示例值）。

表 7-2　用户 A、B 和 C 之间的欧几里得相似性和余弦相似性的比较

	欧几里得相似性	余弦相似性
A/B	RETURN gds.alpha.similarity.euclidean([5,10], [1, 2]) ~0.10	RETURN gds.alpha.similarity.cosine([5,10], [1, 2]) 1.0
A/C	RETURN gds.alpha.similarity.euclidean([5,10], [8, 8]) ~0.22	RETURN gds.alpha.similarity.cosine([5,10], [8, 8]) ~0.95

有关节点相似性的介绍至此结束。在后续章节探索机器学习模型时，节点相似性可作为模型的特征，那时我们将再次讨论此主题。

7.8　小　　结

本章讨论了很多测量节点之间的相似性的方法，它可以是按全局方式将节点分组到社区中，也可以是执行局部相似性评估（例如，使用 Jaccard 相似性度量指标）。

本章研究了多种算法，包括弱连接组件和强连接组件算法、标签传播算法和 Louvain 算法等。我们还使用了 GDS 提供的功能，该功能使我们将算法的结果写入 Neo4j，以备将来使用。

本章还使用了 GDS 中实现的两个新工具来可视化图和图算法的结果。其中一个工具是 neovis.js，用于将 Neo4j 图可视化嵌入 HTML 页面中，另一个工具是 NEuler，即 Graph Algorithm Playground，通过它可以运行图算法而无须编写代码。

我们对 GDS（1.0）中实现的算法的探索已经完成。接下来，我们将学习如何在机器学习管道中使用图和这些算法进行预测。

7.9 思 考 题

- 连接组件算法：
  - 如果在无向投影图上运行强连接组件算法，会出现什么情况？
  - 如果添加一个从 D 到 C 的关系，则测试图的社区结构将如何改变？
  - 如果删除从 D 到 E 的关系，则测试图的社区结构将如何改变？
- 标签传播算法：
  - 更新本章示例中的算法实现以考虑种子（即有关节点社区的先验知识）。

7.10 延 伸 阅 读

- Applications of community detection techniques to brain graphs: Algorithmic considerations and implications for neural function, J. O. Garcia et al., Proceedings of the IEEE doi: 10.1109/JPROC.2017.278671
- A Method for the Analysis of the Structure of Complex Organizations, R. S. Weiss and E. Jacobson, American Sociological Review, Vol. 20, No. 6, 1955, pp. 661-668. doi:10.2307/2088670
- Louvain 算法原始论文：

  https://arxiv.org/abs/0803.0476

- Community detection in dynamic networks: a survey, G. Rossetti & R. Cazabet, ACM Journal
  其全文链接可通过以下网址获得：

  https://hal.archives-ouvertes.fr/hal-01658399/

第 3 篇

基于图的机器学习

现在我们已经拥有描述图的所有工具，接下来将重点讨论如何使用这一新知识对数据进行预测。我们将从较低的图依赖性开始（这意味着仅向数据集中添加一些基于图的特征），然后逐渐提高图嵌入的技能，使得图结构成为机器学习技术的核心。

本篇包括以下章节：

- 第 8 章：在机器学习中使用基于图的特征。
- 第 9 章：预测关系。
- 第 10 章：图嵌入——从图到矩阵。

第 8 章　在机器学习中使用基于图的特征

本章将阐述有关图、图数据库以及可从图结构中提取的不同类型信息（节点重要性、社区和节点相似性等）的知识，并学习如何将这些知识集成到机器学习管道中，以根据数据做出预测。

我们将从使用经典的 CSV 文件开始（该文件包含来自问卷的信息），并以数据为中心介绍数据科学项目的不同步骤。然后，我们将探讨如何将这些数据转换为图，以及如何使用图算法来获得该图的特征。最后，我们还将学习如何使用 Python 和 Neo4j Python 驱动程序自动执行图处理。

本章包含以下主题：

- 构建数据科学项目。
- 基于图的机器学习的步骤。
- 通过 Pandas 和 scikit-learn 使用基于图的特征。
- 使用 Neo4j Python 驱动程序自动创建基于图的特征。

8.1　技术要求

本章将使用以下工具：

- 包括 GDS 插件的 Neo4j。
- Python：（建议使用 3.6 或更高版本），它还应该满足以下要求：
  - neo4j：官方 Neo4j Python 驱动程序（必须为 4.0.2 或更高版本）。
  - networkx：用于 Python 中的图管理（可选）。
  - Matplotlib 和 Seaborn：用于数据可视化。
  - Pandas。
  - scikit-learn。
  - Jupyter：用于运行 Notebook（可选）。

注意：

如果使用的 Neo4j 低于 4.0 版本，则 Graph Data Science（GDS）插件的最新兼容版本是 1.1，如果使用的 Neo4j 版本为 4.0 或以上，则 GDS 插件的第一个兼容版本是 1.2。

8.2 构建数据科学项目

机器学习（Machine Learning，ML）可以定义为这样一个过程：算法从数据中进行学习，以便能够提取对某些业务或研究有用的信息。

即使所有的数据科学项目都各有不同，但仍可以确定一些通用步骤。

（1）问题定义。

（2）数据收集与清洗。

（3）特征工程。

（4）模型建立与评估。

（5）部署。

即使这些步骤遵循逻辑顺序，但是该过程也不是线性的，而是由这些不同步骤之间的来回操作组成。例如，为了获得所需的结果，在数据收集阶段之后可能会返回问题定义阶段，在建立模型和评估之后也可能返回特征工程和数据收集阶段。图 8-1 说明了在项目的不同步骤之间来回移动的概念。

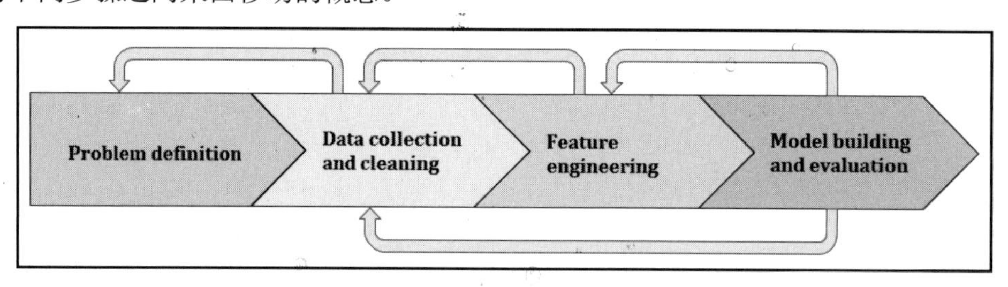

图 8-1

原　　文	译　　文
Problem definition	问题定义
Data collection and cleaning	数据收集和清洗
Feature engineering	特征工程
Model building and evaluation	模型建立和评估

该项目结构在分析图数据时也适用，这就是为什么接下来我们将要详细介绍这些步骤的原因。

本节要讨论的内容包括：

- ❑ 问题定义——提出正确的问题。
- ❑ 本章引入的问题。

- 获取和清洗数据。
- 特征工程。
- 构建模型。

8.2.1 问题定义——提出正确的问题

项目的成功取决于许多因素。无论是哪种项目，项目负责人从一开始就应该对目标和范围有一个很好的了解，这至关重要。著名物理学家阿尔伯特·爱因斯坦（Albert Einstein）就曾经谈到了制定明确目标的重要性：

> “如果我有 1 小时来解决问题，那么我会花 55 分钟思考问题，因为一旦知道了正确的问题，我就可以在不到 5 分钟的时间内解决它。”

这里的比例也许被刻意夸大，但它确实反映了问题定义的重要性：到底需要解决什么问题？如果你自己都不知道要寻找什么，那怎么可能找到它！这听起来是一个很浅显的道理，但是人们在开始一个项目时却往往会忘记或忽视此步骤。实际上，该错误很容易导致数据科学项目的失败。

作为数据分析师或数据科学家，你是现场专家与算法的数学世界之间的桥梁。尽管现场专家具有数据知识和良好的流程直觉，但作为技术专家，你可以判断项目的可行性，并根据输入（数据）、项目的预期长度、可用工具（团队、软硬件资源等）确定是否可以实现目标。因此，你从项目计划过程的开始就起着至关重要的作用。

你的工作是确保所有利益相关者都了解项目的限制。例如，你可能需要解释，数据库中已经存在的图片是可以使用的，但如果要使用视频的话则需要花费大量的时间和金钱（包括视频数据的收集、存储以及学习如何使用工具等）。

当数据科学项目开始时，定义成功标准也很重要，这样日后才能确定该项目是否成功。为此，我们需要定义一个指标，即关键绩效指标（Key Performance Indicator，KPI），这是一个将用作基准的定量变量。一般来说，此 KPI 应该是由管理人员计算出来的，我们需要确保每个人都了解它是如何计算的；另外，它还是可以复制的，这一点很重要。即使必须帮助定义此指标，也必须知道其初始值，以便衡量使用机器学习之后获得的改进。在这个过程中，你可以确定阈值或最小的改进百分比，使得项目对每个人都取得真正的成功，同时又可以使用最新技术来实现。

值得一提的是，作为技术专家，你还扮演着教学的角色，解释通过机器学习技术可以实现的目标、无法实现的目标以及原因。你将会认识到，花时间向项目中涉及的所有人员（从收集数据的人员到最终用户）进行解释是值得的，从长远来看，这将为你节省大量的时间，并能够解决由于他人的误解而出现的问题。

在项目的这一阶段，你应该了解将需要使用的机器学习算法的类型：

- 有监督学习与无监督学习。
- 回归与分类。

1．有监督学习与无监督学习

很多人都愿意将机器学习定义为计算机学习已知观测值后对未见数据做出预测的过程，这一理解虽然没错，但它是片面的，因为它仅反映了机器学习的一个子集，即监督学习（Supervised Learning），只有当算法可以从某些标记数据中学习时，这种定义才可能实现。如果没有标记数据，那么我们就必须依靠无监督学习（Unsupervised Learning）。

当存在标记的数据时，这意味着我们有一些已知结果的观测值。通过这些观测值，我们可以训练一种算法，以基于观测的其他特征（Feature）识别此输出结果。在该训练阶段之后，算法将调整其参数，以便对训练数据进行最佳预测。然后，可以使用这些调整后的参数对未见的观测值（即没有标记的数据）做出预测。这就是在给定同一区域中房屋销售价格的情况下，预测其他房屋价格的方法，也是识别通过机器学习识别信封上的手写数字的基本原理。

无监督学习的原理则完全不同。当我们无法获得基本事实（Ground Truth）或某些数据的真实标签时，就只能使用无监督学习。聚类是无监督学习的最著名示例。在聚类算法（Clustering Algorithm）中，将尝试查找观测值之间的相似性，并创建共享某些共同模式（Patterns）的观测值组，但是并没有先验知识告诉该算法是否正确。

由于在运行算法之前我们对结果没有任何先验知识，因此我们在第 6 章“节点重要性”讨论的中心性算法和在第 7 章“社区检测和相似性度量”讨论的社区检测算法实际上都是无监督的算法。你应该还记得，在 PageRank 实现中，所有节点的评分均按相等的值初始化。同样，在标签传播算法中，节点的标签也被初始化为使每个节点都属于自己的社区。只有经过多次迭代，才能看到分数变化和社区出现。

标签传播是一种特殊的算法，因为当一小部分节点具有已知标签时，可以按半监督（Semi-Supervised）的方式使用它。该知识可用于推断其他节点的标签。

2．回归与分类

根据我们试图预测的变量的性质（即目标变量），我们可能面临回归（Regression）或分类（Classification）问题。如果目标是分类的（意味着目标变量只能取少量的值），那么我们要解决的就是分类问题。分类问题的示例包括：

- 癌症检测：从业人员查看医学影像并确定肿瘤是恶性的还是良性的，实际上就是在进行两类分类（癌症或非癌症）。

- 垃圾邮件检测：分析电子邮件是否为垃圾邮件，这也是一个两类分类示例（垃圾邮件或非垃圾邮件）。
- 情感分析：当试图确定用户对产品的评论是持肯定、否定还是中立态度时，实际上就是将情感分为 3 类。
- 手写数字分类：在该用例中，目标值在 0～9，意味着有 10 种可能的类别。

回归问题在本质上是不一样的，因为其目标变量是一个实数，并且可以取无穷数量的值。房价预测就是回归的一个例子。

8.2.2 本章引入的问题

本章将从使用经典 CSV 文件开始，并逐步介绍更多功能以进行图分析。在此之前，我们将使用该 CSV 文件阐释机器学习项目的不同步骤。

本章要引入的问题的上下文如下：在围绕图的会议中，你向与会者提交了一份问卷调查表，以了解有关他们的更多信息。在这些问题中，其中之一是“用户是否直接对 Neo4j 做出了贡献？”。遗憾的是，并非所有与会者都回答了这个问题，但是你想从给出回答的人中推断出其他人的身份。因此，我们遇到一个监督分类问题，其目标类别包括两个，一个是对 Neo4j 有贡献者，另一个是对 Neo4j 没有贡献者。

注意：

该数据位于 data_ch8.csv 文件中，可以在本书配套代码中找到它。

是否可以使用数据和统计模型解决此问题取决于数据的可用性和质量，接下来我们将对其进行量化。

8.2.3 获取和清洗数据

如果你在某个组织中工作，则可能有权限访问 IT 系统使用的某些数据集。但是，获取数据并进行正确的格式化并不如想象中那么简单。想要让数据保持在有效数据范围，需要指定一些明确的要求，即可用的或需要的特性列表。要获得可用的数据集，可能需要与数据提供方进行多次沟通。在每次沟通中，都需要执行一些数据质量检查。这些检查当然取决于你要解决的问题，但是其中一些检查是强制性的。例如，你始终需要了解这是否是高质量数据以及是否需要更多数据。

我们将介绍以下操作：

- ❑ 数据特征提取。
- ❑ 数据清洗。
- ❑ 数据充实。

1. 数据特征提取

初次查看数据集时，可以执行一定数量的检查。

以下是我们需要从给定数据集中提取的初步信息的详尽列表，这有助于理解数据：

- ❑ 量化数据集大小。
- ❑ 标签。
- ❑ 列。
- ❑ 数据可视化。

1）量化数据集大小

从数据集中提取的最简单的信息可能就是它包含的行数或观察值。很小的数据集可能不需要某些类型的分析。正如你在以下链接的示意图（由 scikit-learn 开发团队创建）中所看到的那样，数据集中的观测值数是选择可用于解决问题的机器学习算法的关键因素。例如，根据 scikit-learn 算法速查表，推荐的用于分析的算法将因数据集中观测值的数量而发生变化。有关详细信息，请访问：

https://scikit-learn.org/stable/tutorial/machine_learning_map/index.html

因此，让我们开始使用 Pandas 将 CSV 文件导入 DataFrame 中来分析数据：

```
import pandas as pd
data = pd.read_csv("data_ch8.csv")
```

可以使用以下函数找到 DataFrame 的长度：

```
len(data)
```

上述函数的结果表明，我们的数据集包含 596 个观测值。这不是一个特别大的数据集，在余下的处理中我们将尽量保持谨慎，不丢弃观察值。

注意：

上述运行代码块所需的 import 操作只会在第一次需要时才被写入。Data_Analyais_CSV.ipynb Jupyter Notebook 中提供了下文将看到的所有代码。

2）标签

一旦知道了数据集的大小，接下来要收集的最重要的信息就是数据集是否包含每个观测值的标签。

标签（Label）是算法应在问题中找到的值。在分类任务的语境中，它可以是文本或整数类；对于回归问题，它可以是实数。

如果数据集包含标签，则说明我们处于监督学习的环境中。否则，我们有两种选择：要么依靠无监督技术，要么尝试从其他来源获取数据标签。

请记住，我们的问题包括确定用户是否对 Neo4j 做出了贡献。该数据集包括 contributed_to_neo4j 列，它其实就是标签，因此我们处于监督分类问题中。

我们可以使用 Python 软件包 Seaborn 检查此变量的分布情况，该软件包是用于数据分析的 Matplotlib 软件包的包装。例如，要绘制一个条形图以显示每个类中元素的数量，只需要一行代码即可（import 语句除外）：

```
import seaborn as sns
sns.countplot(x="contributed_to_neo4j", data=data);
```

提示：

在 Notebook 中的语句末尾添加分号（;）可以防止 Jupyter 显示它（默认行为）。在上面的代码中如果省略了它，则在图形之前可看到以下内容：

```
<matplotlib.axes._subplots.AxesSubplot at 0x7f67c047e950>
```

结果分布如图 8-2 所示。

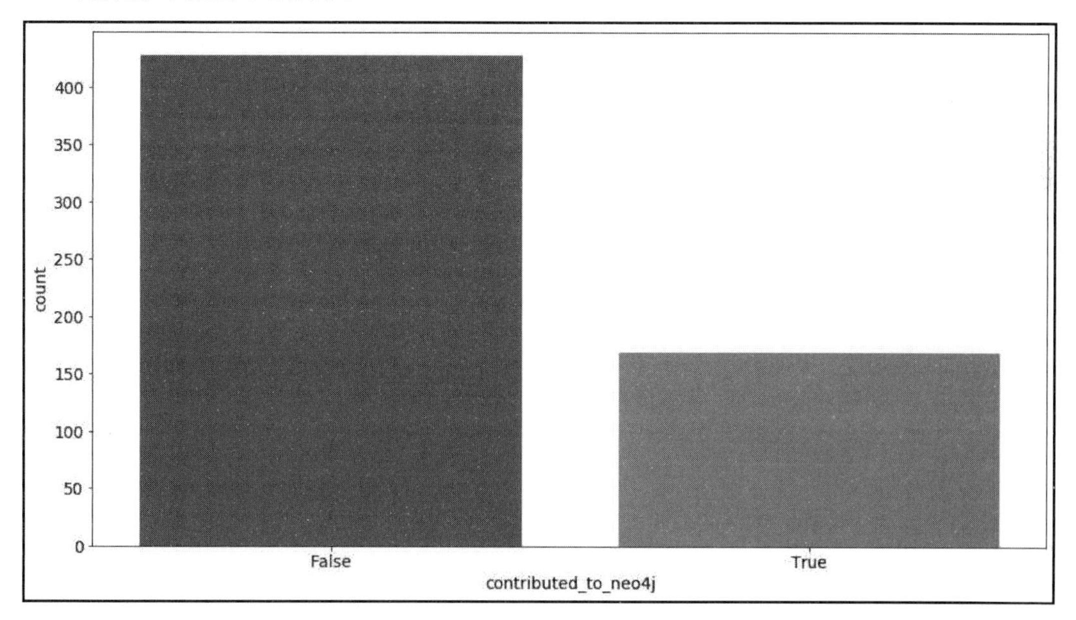

图 8-2

在填写问卷的 596 人中，有 169 人对 Neo4j 有贡献，而 427 人则没有贡献。对 Neo4j 没有贡献的用户数量等于对 Neo4j 有贡献的用户数量的两倍以上。这意味着我们在每个目标类别之间的观测值分布不均匀。

该数据集可以说是不平衡的：与具有 True 标签的观测值相比，在 False 类别中的观测值更多。这是我们需要牢记的重要信息，因为它将影响结果的分析。

3）列

数据集中的列天然包含特征。这是指在进行任何特征工程（Feature Engineering）之前，初始数据集中存在的数据特征。

在该阶段，确保特征定义清晰很重要。例如，如果数据集包含报告产品价格的列，则该价格是否包括增值税？如果价格设置为 0，那么这是真的意味着它是免费的，还是在个人或系统填写数据时在不知道实际值的情况下将其设置为默认值？

所有这些问题都需要回答，并且涉及与数据集所有者的大量沟通。

列定义不是唯一需要清晰描述的信息。在继续之前，你还必须定义每个特征。可能有以下两种定义：

- 数值特征（Numerical Feature）：这种特征的值为整数（例如房屋的楼层数）或浮点数（例如房屋的表面积）。如果特征代表物理量，例如表面长度，则必须包括单位（例如英尺或米）。
- 分类特征（Categorical Feature）：这是代表离散属性（例如人的性别）的特征。它将以文本（如 Male/Female 或 M/F）表示，或编码为数字，例如男性为 1，女性为 2。这就是对特征进行描述非常重要的原因。可以使用数字特征创建分类特征，例如，根据衬衫的长度和宽度将衬衫尺寸定义为 Small、Medium 等。这是特征工程工作的一部分。

Pandas 提供了两种有用的方法，可用于初步了解 DataFrame 的内容。第一个方法是 info，其应用方式如下：

```
data.info()
```

它将为我们的 DataFrame 显示以下结果：

```
<class 'pandas.core.frame.DataFrame'>
RangeIndex: 596 entries, 0 to 595
Data columns (total 4 columns):
#   Column                    Non-Null Count  Dtype
--- ------                    --------------  -----
0   user_id                   596 non-null    int64
1   followers                 594 non-null    float64
```

```
2   publicRepos             594 non-null    float64
3   contributed_to_neo4j    596 non-null    bool
dtypes: bool(1), float64(2), int64(1)
memory usage: 14.7 KB
```

info 方法告诉我们很多事情：

- ❑ DataFrame 包含 596 行（条目）。
- ❑ 它有 4 列：
  - ➢ user_id 的类型为整数，并且永远不会为 null。
  - ➢ followers 被 Pandas 解释为浮点数，并且仅包含 594 个非空条目，这意味着两个观察值没有此信息。
  - ➢ publicRepos 也被解释为一个浮点数，并且也包含两个缺失值。
  - ➢ contributed_to_neo4j 是我们的目标变量，它是一个布尔值，并且永远不会为 null。

要获取有关每一列的更多信息，可使用 describe 方法：

```
data.describe()
```

此方法的结果如下：

```
            user_id      followers    publicRepos
count    596.000000     594.000000     594.000000
mean    3025.988255      93.457912      90.321549
std     5333.331601     525.309949     547.851252
min        1.000000       0.000000       0.000000
25%      188.750000       5.000000      11.000000
50%      337.500000      21.000000      28.000000
75%      486.250000      61.750000      63.750000
max    14599.000000   11644.000000   12670.000000
```

对于所有数字列（int 或 float 类型），Pandas 将显示有关变量分布的一些统计信息：

- ❑ count：非空条目数。
- ❑ mean：平均值。
- ❑ std：标准偏差。
- ❑ min：最小值。
- ❑ max：最大值。
- ❑ median：中位数（50%）。
- ❑ 第一个四分位数：25%。
- ❑ 第三个四分位数：75%。

这些数字可以使我们对变量的可能值范围有所了解。例如，可以看到某些用户没有任何关注者或公共存储库（min = 0）。

从该结果中提取的另一个重要信息是离群值（Outliers，也称为离群值）的存在。75%的用户拥有的公共存储库不足 34 个，但另外有一个用户拥有的存储库多达 12670 个！在数据清洗阶段将处理此类数据。

followers 和 publicRepos 似乎具有相似的分布，并且 describe 方法报告的所有指标的值都非常接近。但是，仅有这些指标是不够的，为了全面理解数据，我们将制作更多图表。

4）数据可视化

除了可以从 DataFrame describe 方法中看到的均值（Mean）、标准偏差和四分位数之外，我们还需要查看实际的数据分布。图 8-3 说明了数据可视化的重要性。

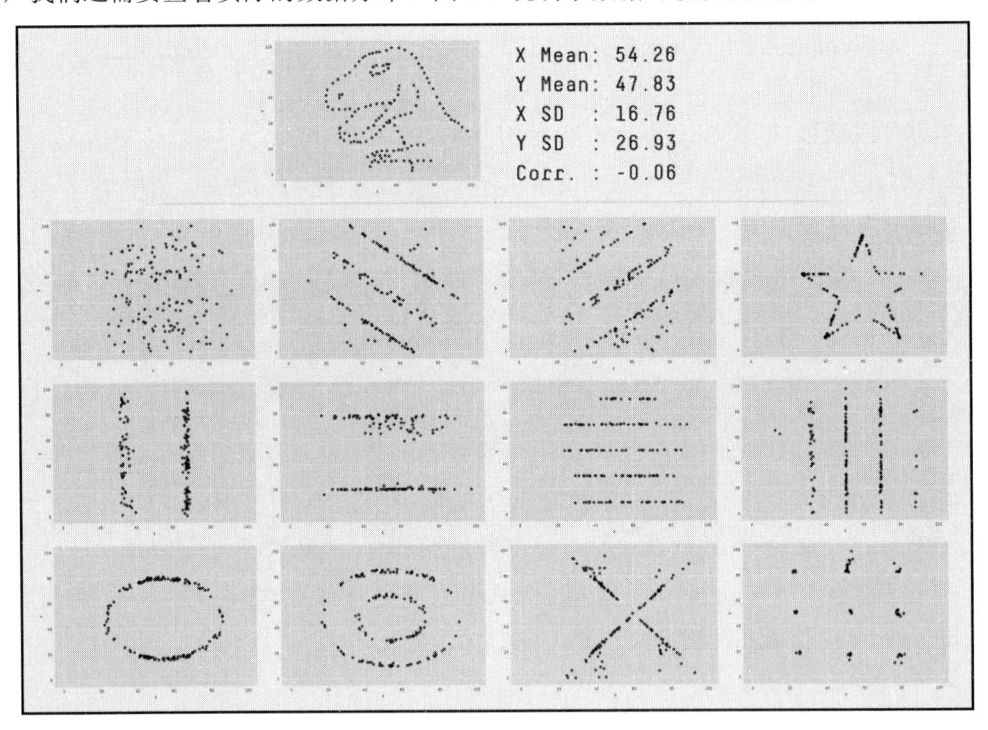

图 8-3

图 8-3 标题为：Same Stats, Different Graphs: Generating Datasets with Varied Appearance and Identical Statistics through Simulated Annealing（相同的统计数据，不同的图形：通过模拟退火算法生成具有各种外观和相同统计数据的数据集），作者：J. Matejka 和 G. Fitzmaurice。其网址如下：

https://www.autodeskresearch.com/publications/samestats

图 8-3 显示了两个变量（x 和 y）的 13 个数据集。在这些数据集中，每个数据集的 x 变量的平均值为 54.26，y 的平均值为 47.83。它们还具有完全相同的标准偏差（最高两位数精度），并且在 x 和 y 之间具有相同的相关性（Correlation）。但是，这些数据集的形状是完全不同的，并且如果你要选择一种算法来从 x 预测 y，则对于左下角的数据集（圆形），可能不会选择与右上角（星形）相同的方法。

我们将使用 Python 软件包 Seaborn 继续进行可视化。例如，可以使用以下代码在一张图中可视化每个特征的分布以及它们之间的相关性：

```
sns.pairplot(data, vars=("followers", "publicRepos"),
hue="contributed_to_neo4j");
```

上述代码将返回如图 8-4 所示的输出。

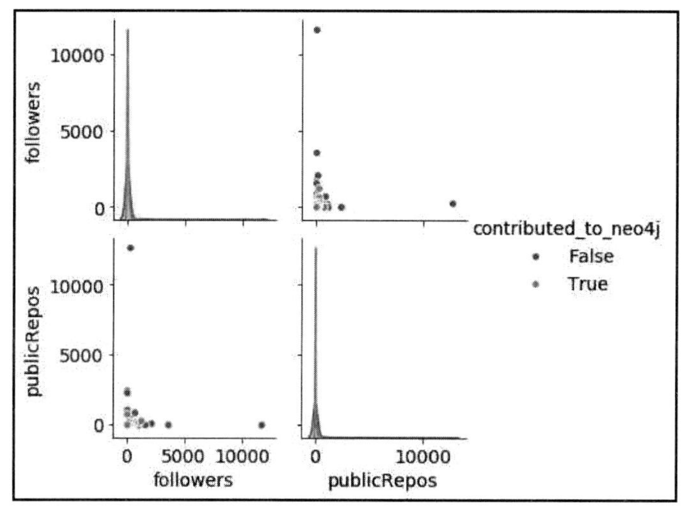

图 8-4

当然，由于我们在前文“列”中已经确定了离群值，因此该图并不是特别有用。

接下来，我们将检查数据质量并在必要时进行一些清洗。

2. 数据清洗

现实生活中的数据从来都不是完美的。它可能包含意外的错误，甚至会由于某种原因而无法收集信息，导致数据缺失。

在数据清洗阶段，需要处理：

- ❑ 离群值检测。

- 缺失数据。
- 变量之间的相关性。

1）离群值检测

离群值在数据集中出现主要有以下两个原因：

- 人为错误：如果值是由人录入的，则录入人员很可能会不时犯错。他们可能会在数字的末尾输入一个额外的零，或者将两个数字搞反了，例如，原价 19 元的产品因为错误输入变成了 91 元。
- 比较稀少的观测值：尽管几乎所有产品的价格都低于100元，但是你也可能会有一些更贵的产品，最高可达 1000000 元甚至更高。例如，要将日用品和奢侈品放在一起进行建模通常是很复杂的。因此，如果它对你不是特别重要，则最好将比较稀少的观测值排除在模型之外。

当然，某些情况下离群值实际上正是你要尝试识别的异常（例如，网络中的欺诈或入侵检测）。有多种方法可以识别离群值并加以处理，有些方法非常简单，有些方法则较为复杂。

在接下来的示例中，我们将使用一种非常简化的方法，即直接将大于 100 的值替换为值 100：

```
data["publicRepos"] = data.publicRepos.clip(upper=100)
data["followers"] = data.followers.clip(upper=100)
```

现在重新绘制之前的图（见图 8-4），相形之下，可以看到新图（见图 8-5）更易阅读。

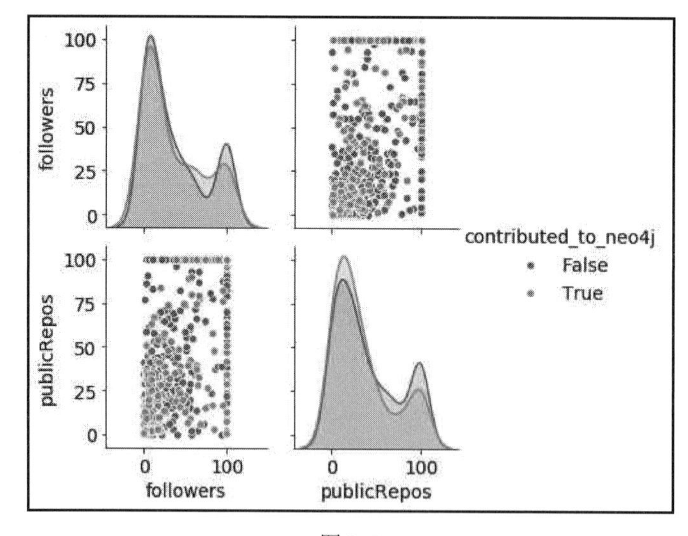

图 8-5

从图 8-5 中可以看出，contributed_to_neo4j（对 Neo4j 有贡献者）的 publicRepos（公共存储库）少于无贡献者。图 8-6 所示的箱形图（Box Plot，也称为箱线图）证实了这一点。

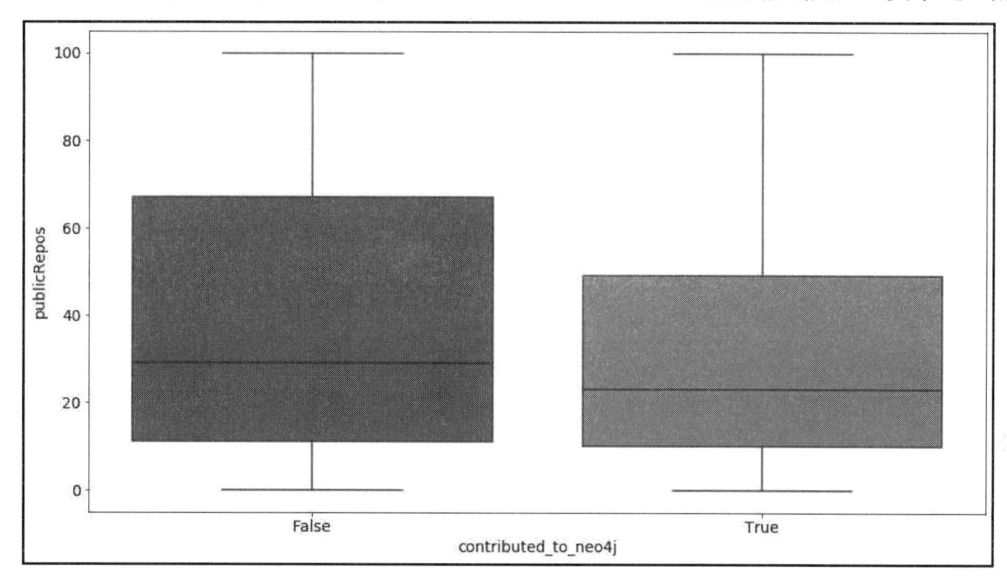

图 8-6

在图 8-7 中，可以看到 followers（关注者）数量也存在类似模式。

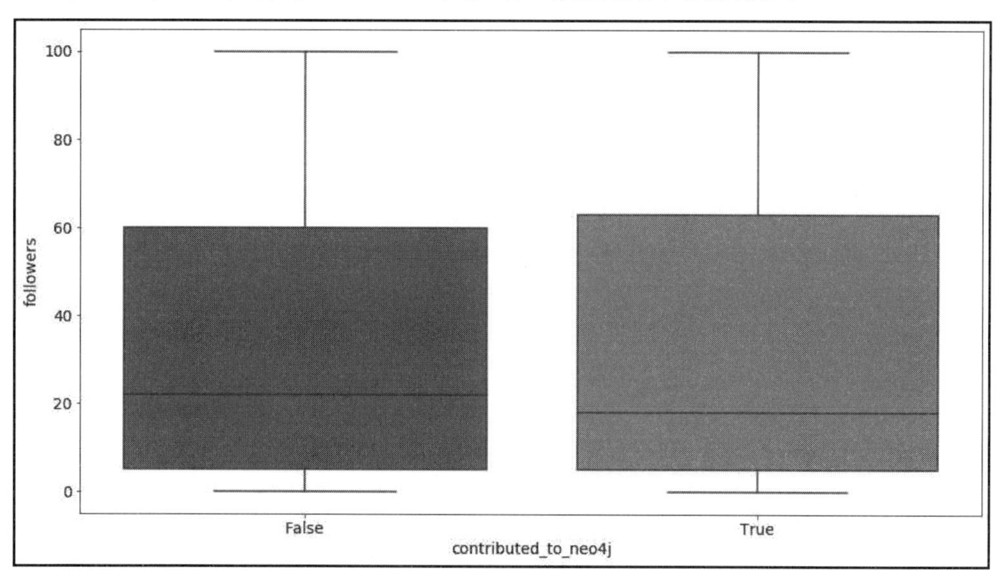

图 8-7

在处理离群值之后，我们还需要讨论一下缺失值的问题，这也是数据清洗任务的一部分。

2）缺失数据

数据缺失是科学家在现实生活中必须处理的另一主题。某些字段可能由于疏忽，信息不足或仅由于信息不相关而无法填写。

尽管某些机器学习算法能够处理缺失数据，但是如果你的数据集包含此类值，则大多数算法将无法正确处理数据并引发错误。因此，找到一种删除它们的方法比较安全。如果你的数据集很大，而缺失的数据仅占其中的一小部分，则可以删除包含不完整信息的观测值。但是，在大多数情况下，更好的做法是保留所有信息，然后尝试弥补缺失的信息。一种方法是将所有已知观测值的平均值用作缺失数据的观测值的默认值。通过这种方式，可以保留观测值，并且在大多数情况下，集成到模型中的虚假数据不会对模型预测产生很大影响。

3）变量之间的相关性

变量之间相关性的检查将使我们更好地理解数据，因此该项检查是问题定义之后的第二个重要步骤。执行该项检查之后，可以排除某些算法在某些类型的数据上表现不佳的问题。如图 8-8 所示就是一个相关矩阵（Correlation Matrix）。

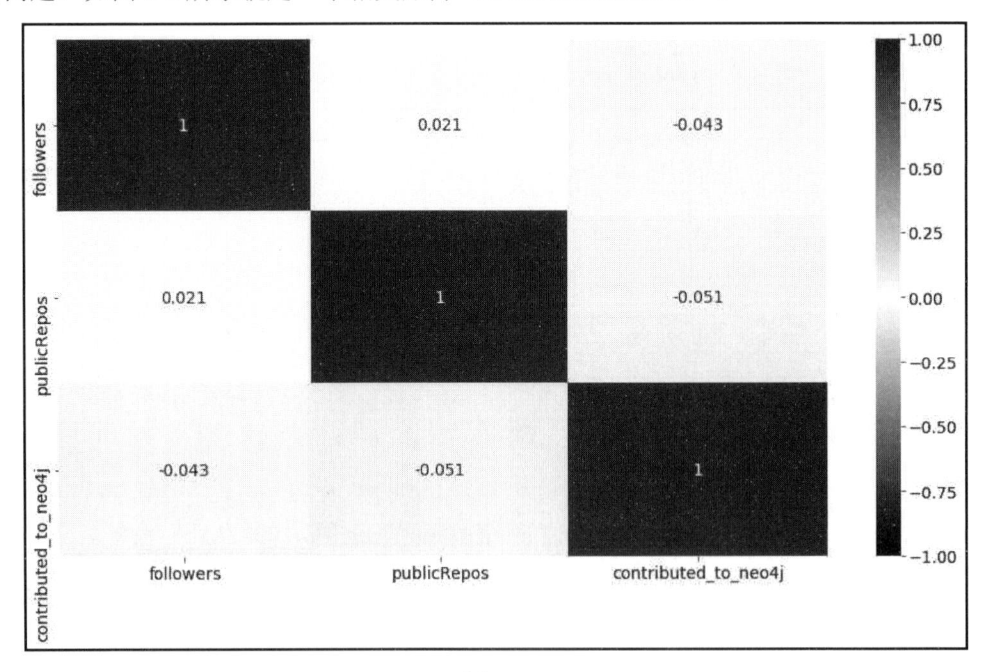

图 8-8

在该相关矩阵中可以看到，我们的目标变量（tributed_to_neo4j）和两个特征（publicRepos 和 followers）之间的相关性非常低。两个特征之间彼此也是弱相关（0.021）的。这告诉我们，应同时保留它们并执行后续操作。

3. 数据充实

在目前这个阶段，我们还必须考虑：现有数据是否足以解决问题？是否缺少重要的特征？是否需要向该数据添加更多信息？

例如，如果你的问题与预测房价有关，并且数据中包含用户输入的房屋地址，则有些人可能会将该地址输入为“6 号楼 6 单元 606 室”，而有些人却可能简化输入为“6-6-609”。在这种情况下，你需要执行一个标准化步骤，以便所有地址都具有相同的格式，并且可以识别公共地址。

此外，以纬度和经度表示的地址位置对于某些功能（如计算距离）很重要。这意味着还需要地理编码步骤。

还可以检查与你的问题相关的开放数据页面。例如：

省市（州）和国家/地区维护网站：这些网站可能会列出官方政府机构发布的所有公共可用数据集。例如，可以在以下网址找到英国的所有公开数据：

https://data.gov.uk/

美国的公开数据网址如下：

https://www.data.gov

在这些网站上可以找到很多信息，从每个地理区域的居民数量到学校或其他公共服务的地点，不一而足。

Google 提供了搜索公共数据集的服务。其网址如下：

https://datasetsearch.research.google.com/

8.2.4　特征工程

特征工程（Feature Engineering）是基于现有“自然”特征为机器学习算法创建新的输入变量的过程。在仔细研究了观测值的特性并与现场专家讨论之后，你可能会想要创建新的特征。例如，房地产经纪人会告诉你，在给定同等面积的情况下，三室一厅的房子比两室一厅的房子要贵。你的数据是否已经包含考虑此信息的特征？如果没有，可以根据平方米数和卧室数量来构建此类特征吗？这些都是在项目的特征工程阶段可以回答的问题。

你还应该意识到，某些算法只能在标准化特征上表现良好，这意味着特征必须是正态分布的。在运行这些算法之前，需要转换数据，以使其分布与预期分布相匹配。

8.2.5 构建模型

一旦对项目目标有了清晰的认识，并且已经收集和清洗了数据，就可以开始建立模型的阶段了。这包括以下操作：

- 训练/测试拆分和交叉验证。
- 训练模型。
- 评估模型性能。

1．训练/测试拆分和交叉验证

当我们有一个数据集时，最好使用所有可用的观测值来训练模型，因为一般来说，更多的数据会导致更好的性能。但是，这样做也可能会遭遇另一个风险，即该模型在已经看到的数据上表现良好，但是对于未见数据则表现非常差，这种现象称为过拟合（Overfitting）。

来看图 8-9 的示例。

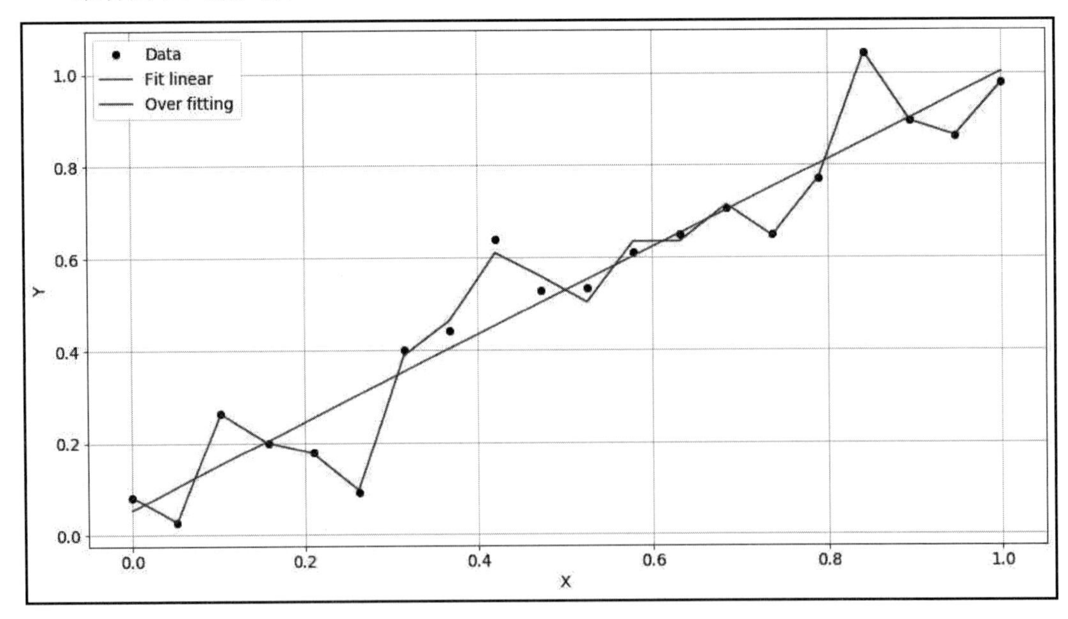

图 8-9

在图 8-9 中，观测值用黑点绘制，绿色线表示真实情况（即真正的底层模型），我们构建的模型则以红线显示结果。该模型在预测现有观测值数据方面表现很好，但是在预测未见数据时效果则很差。换句话说，它在训练集（Training Set）上产生了过拟合。

为避免这种情况，我们需要让一些观测值从整体数据集中拆分出来成为测试集（Testing Set），不在训练阶段使用。训练完成后，再在该测试集上测试模型的性能。如果与训练阶段相比，该模型在测试样本上的效果不佳，则可能表明出现了过拟合。

接下来，我们将介绍使用 scikit-learn 创建训练和测试样本。

将数据拆分为训练集和测试集并不容易。训练集和测试集都必须代表完整的数据集。例如，假设你的数据集包含 15～200m^2 不等的公寓，则只是将面积小于 50m^2 的观测值用作训练集，而将其余部分用作测试集，这样做行不行呢？答案是不行，因为训练和测试样本都必须包含整个面积范围。

一般来说，可以考虑随机拆分数据，这样可以很好地表示两组数据中的特征。

当然，在某些情况下也有必要使用不同的方法。例如，当目标变量（或任何分类特征）不平衡时，意味着某些类占优势。在这种情况下，我们需要确保训练和测试样本都遵循相同的类分区，并包含所有可能的值。这称为分层法（Stratification，也称为层别法），可以使用 scikit-learn 工具来实现。

要执行此操作，首先需要创建目标变量 y 和包含我们感兴趣的特征的 X 数组。到目前为止，我们只有两个特征：关注者数量和用户的公共存储库数量。可以使用以下命令创建这些变量：

```
features = ["followers", "publicRepos"]
y = data.contributed_to_neo4j
X = data[features]
```

y 和 X 都需要分为训练样本和测试样本。这可以通过以下代码段实现：

```
from sklearn.model_selection import train_test_split
X_train, X_test, y_train, y_test = train_test_split(
    X, y, test_size=0.3,
    random_state=123,
    stratify=y
)
```

在上面的代码中使用了 stratify=y 参数，这可以确保训练和测试样本都遵守目标变量（contributed_to_neo4j）的比例。

2．训练模型

这里将使用简单的决策树分类器（Decision Tree Classifier）。可以使用 scikit-learn

对它进行训练，具体代码如下：

```
from sklearn.tree import DecisionTreeClassifier
clf = DecisionTreeClassifier(random_state=123, min_samples_leaf=10)
clf.fit(X_train, y_train)
```

但是，如果在当前数据集上运行此代码，则会收到一些错误，因为决策树不知道如何处理 NaN 或缺失的数据，并且我们有一些包含缺失值的行。

为了填充这些 NaN 值，可使用 SimpleImputer 模型，该模型将用每个特征的平均值替换 NaN 值。按照 scikit-learn API 的要求，我们需要在训练样本中训练该转换器：

```
from sklearn.impute import SimpleImputer
imp = SimpleImputer(strategy='mean')
imp.fit(X_train)
```

然后，需要对训练样本和测试样本进行实际转换：

```
X_train = imp.transform(X_train)
X_test = imp.transform(X_test)
```

一旦数据转换完成，即可执行决策树训练。在模型训练完成之后，可通过以下方式进行预测：

```
clf.predict(X)
```

当然，在将该模型投入实际生产环境中之前，还需要使用我们专门为此保留的测试样本，通过评估模型性能来测试训练的质量。

3．评估模型性能

根据你的目标，可以使用不同的指标来衡量模型的性能。在处理回归问题时，常用的度量指标是均方误差（Mean Squared Error，MSE），用于量化真实值和预测值之间的平均距离。MSE 越低，则模型性能越好。

但是，在分类问题中，使用此度量则没有意义，尤其是对于多类别问题。

运行分类器时，要检查的第一个指标是准确率（Accuracy），它的定义是：正确分类的观测值数除以观测值总数。

可以使用以下命令通过 scikit-learn 计算准确率：

```
from sklearn.metrics import accuracy_score
accuracy_score(y_test, y_pred)
```

可以使用拟合分类器为测试样本计算 y_pred：

```
y_pred = clf.predict(X_test)
```

该函数告诉我们，模型的整体准确率为 66%，对于机器学习模型而言，这并不是一个很好的成绩，让我们看看具体原因。

如前文所述，我们的数据集包含的两个目标类是不平衡的，对 Neo4j 没有贡献的用户数量是对 Neo4j 有贡献的用户数量的两倍。那么，决策树未能对观测值进行正确分类的原因究竟是什么呢？我们需要获得一些更精确的信息。因此，可以来看一下该分类器的混淆矩阵（Confusion Matrix）：

```
from sklearn.metrics import plot_confusion_matrix
plot_confusion_matrix(
    clf, X_test, y_test,
    cmap=plt.cm.Blues,
    values_format="d"
);
```

图 8-10 显示了该决策树的混淆矩阵。

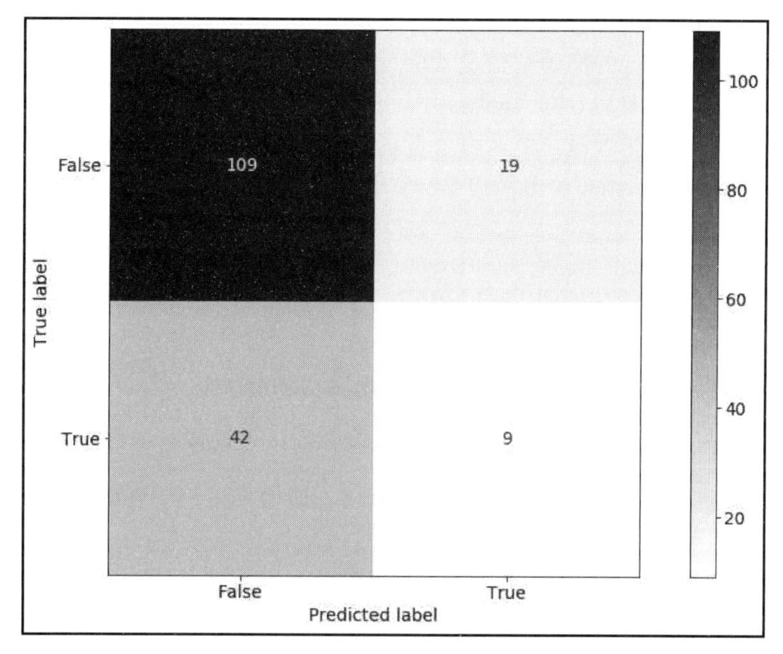

图 8-10

可以看到，对于那些对 Neo4j 没有贡献的用户，分类结果还是相当不错的。

如第一行所示，对于 True 标签等于 False 的用户（也就是对 Neo4j 没有贡献的用户），只有 19 个样本被错误地分类到 True 类别。在总共 128 个（109 + 19）具有 False 标签的测试样本中，有 109 个被正确分类，这意味着该分类的成功率为 85%（109/128≈0.85），此指标称为召回率（Recall）。

另外，我们的模型完全无法识别对 Neo4j 做出贡献的用户。51 个具有 True 标签的测试样本中，只有 9 个被正确识别。

scikit-learn 提供了另一个有用的函数，该函数将显示更为精确的指标，称为分类报告（classification_report）。可按以下方式使用它：

```
from sklearn.metrics import classification_report
print(classification_report(y_test, y_pred))
```

此报告的快照如下：

```
            Precision    recall       f1-score     support
 False      0.72         0.85         0.78         128
 True       0.32         0.18         0.23         51

 Accuracy                             0.66         179
```

可以看到，上面报告的准确率数是 0.66（66%），在测试样本中有 128 个具有 False 标签的观测值，其召回率为 0.85（85%）。

召回率是模型效率的度量（将多少个真正具有 True 标签的样本被预测为 True），而精确度（Precision）则是结果纯度的度量，即所有被算法标记为 True 的观测值有多少是真正具有 True 标签的？

注意：

给定类的分布，模型对每个无贡献者进行分类的准确率为：

```
number_of_users_not_contributing_to_neo4j/number_of_users = 427/596 = 72%
```

因此，可以说我们的模型甚至比虚拟模型还要糟，有很大的改进空间！

本节是对数据科学项目不同步骤的简要总结。如果你是该主题的新手，请参阅本章末尾的第 8.8 节“延伸阅读”。

现在该回到数据收集和特征工程步骤了。由于本书是关于图的，因此接下来我们将研究图如何帮助在分类任务中实现更高的准确率。

8.3　基于图的机器学习步骤

Neo4j 主要是一个数据库，因此可以用来获取数据。当然，你也可以换个角度，将数据视为图，使用图算法，将问题表示为图问题，并以此来开发图结构。

本节将讨论以下内容：

- 建立（知识）图。
- 提取基于图的特征。

8.3.1　建立（知识）图

当开始从数据集中构建图时，需研究的主要问题是：该数据中存在哪些关系？以前面介绍过的 CSV 文件为例，它就未包含太多的关系信息，因为它只有聚合的数据，例如每个用户的关注者数量。

要了解该数据中关系的更多信息，就必须充实该数据集。这可以通过两种方式完成：一是像第 3 章“使用纯 Cypher”一样使用外部数据源；二是改变查看关系数据的方式。

我们将介绍以下操作：

- 从现有数据创建关系。
- 将数据导入 Neo4j。
- 提取图的特征。

1. 从现有数据创建关系

数据可以来自不同类型的数据库。在理想应用场景中（如图分析应用场景），数据可能已经存储在 Neo4j 图中，但是在大多数情况下，可能获得的仍然是更为经典的格式（如 SQL 数据）。在后一种情况下，你仍然可以创建图结构，并以非常简单的方式将此数据导入 Neo4j。

这可以考虑以下 3 个方面的操作：

- 从关系数据创建关系。
- 从 Neo4j 创建关系。
- 使用外部数据源。

1）从关系数据创建关系

可以从现有（关系）数据创建关系。例如，购买过同一产品或观看过同一部电影的客户将具有某种形式的关系，即使这不是真正的社会关系。有了这些信息，我们就可以找到这些人之间的联系。该链接甚至可以加权，具体取决于他们购买的产品数量。

假设我们具有以下简化的 SQL 模式以及 3 个表：

- Users 表，具有 id 列。
- Products 表，具有 id 列。
- Orders 表，具有 user_id 和 product_id 列。

要查找已购买相同产品的用户之间的关系，可使用以下查询：

```
SELECT
    u1.id,
    u2.id,
    count(*) as weight
FROM users u1
JOIN users u2 ON u1.id <> u2.id
JOIN orders o1 ON o1.user_id = u1.id
JOIN orders o2 ON o2.user_id = u2.id AND o1.product_id = o2.product_id
```

该查询的结果可以保存到 CSV 文件中，然后使用 CSV 导入工具（Cypher LOAD CSV 或 Neo4j 导入工具）导入 Neo4j。

2）从 Neo4j 创建关系

如果在观测值之间已经存在某些关系，则相同的数据也已经存储在 Neo4j 图中。当然，我们实际上是对用户交互很感兴趣，除非网站具有允许用户彼此关注的社交组件，否则我们必须以不同的方式在用户之间创建链接。

假设图中包含有关用户和产品的信息，则简化的图模式可能如下所示：

```
(u:User)-[:BOUGHT]->(p:Product)
```

这样，在购买了相同产品的用户之间建立关系就如同一个 Cypher 查询那样简单：

```
MATCH (u1:User)-[:BOUGHT]->(p:Product)<-[:BOUGHT]-(u2:User)
WITH u1, u2, count(p) as weight
CREATE (u1)-[:LINKED_TO {weight: weight}]->(u2)
```

现在，图中包含一个附加关系类型 LINKED_TO，该类型包含用户之间的某种虚拟交互，并且可以帮助你提取更多相关信息。

提示：

本示例已经在 Neo4j 图中创建了关系，但这并非必须如此，尤其是在原型设计阶段。借助 GDS 库，我们可以使用 Cypher 查询创建投影图，从而使投影图包含所需的关系，而不会污染初始 Neo4j 数据库。

3）使用外部数据源

在第 2 章“Cypher 查询语言”和第 3 章“使用纯 Cypher”中，我们研究了从不同数据源——例如外部 API（GitHub）或 Wikidata 中充实和丰富知识图的方法，这样可以向数据中添加更多上下文信息。

本章将利用这些知识。通过 GitHub API 可以检索每个用户的关注者列表。在第 2 章“Cypher 查询语言”中提供了有关此操作的练习，兹不赘述。操作的结果在 data_ch8.edgelist 文件中可用，接下来需要将其导入 Neo4j。

2．将数据导入 Neo4j

要将这些数据导入 Neo4j 并创建图，首先必须导入用户的数据（节点），然后从 edgelist 文件中创建它们之间的关系。

将两个文件都复制到 Neo4j 图的 import 文件夹后，可使用两个查询来导入数据。具体操作如下。

（1）运行以下命令导入节点：

```
LOAD CSV WITH HEADERS FROM "file:///data_ch8.csv" AS row CREATE (u:User)
SET u=row
```

（2）运行以下命令来导入关系：

```
LOAD CSV FROM "file:///data_ch8.edgelist" AS row FIELDTERMINATOR " "
MATCH (u:User {user_id: row[0]})
MATCH (v:User {user_id: row[1]})
CREATE (u)-[:FOLLOWS]->(v)
```

一旦数据被导入 Neo4j 中，即可从这些数据中提取特征。

3．提取图的特征

正如我们之前对表格数据所做的那样，现在需要花一些时间来收集有关图数据的一些常规信息，以便更好地理解它。这些信息包括：

- 节点和边的数量。
- 组件数。

1）节点和边的数量

可以通过一个简单的 Cypher 查询来计算带有 User 标签的节点数：

```
MATCH (u:User) RETURN count(u)
```

但是，如果你的图更复杂并且包含多个节点标签和关系类型，则按以下方式使用 APOC 过程将更加有效：

```
CALL apoc.meta.stats()
```

此时的结果将如图 8-11 所示。

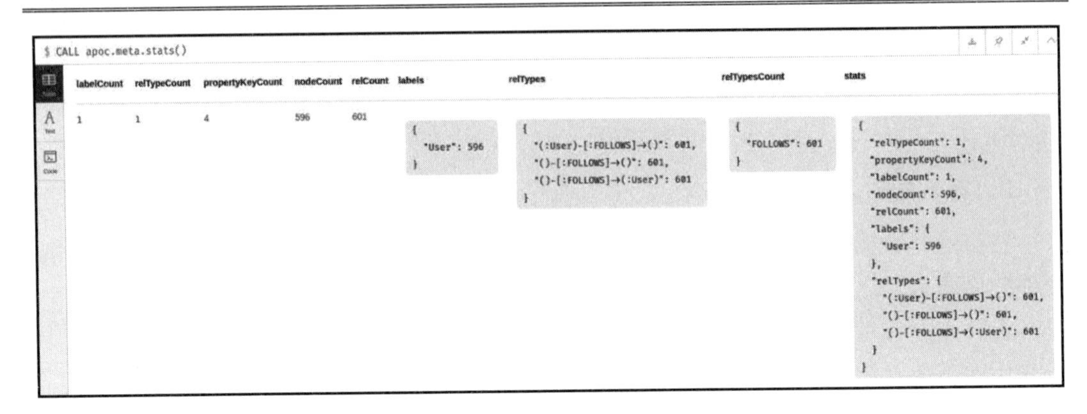

图 8-11

可以看到，第六列（labels）包含每个标签的节点数，而第八列（relTypesCount）则显示了每种类型的关系数。

在同一插件中还有另一个 APOC 过程，其调用方式如下：

```
CALL apoc.meta.data()
```

图 8-12 显示了此过程的结果。

$ CALL apoc.meta.data()

label	property	count	unique	index	existence	type	array	sample	leftCount	rightCount	left	right	other	otherLabels	elementType
"FOLLOWS"	"User"	601	false	false	false	"RELATIONSHIP"	true	null	1911	15543	3	25	["User"]	[]	"relationship"
"User"	"contributed_to_neo4j"	0	false	false	false	"STRING"	false	null	0	0	0	0	[]	[]	"node"
"User"	"followers"	0	false	false	false	"STRING"	false	null	0	0	0	0	[]	[]	"node"
"User"	"user_id"	0	false	false	false	"STRING"	false	null	0	0	0	0	[]	[]	"node"
"User"	"publicRepos"	0	false	false	false	"STRING"	false	null	0	0	0	0	[]	[]	"node"
"User"	"FOLLOWS"	601	false	false	false	"RELATIONSHIP"	true	null	1911	15543	3	25	["User"]	[]	"node"

图 8-12

在图 8-12 中可以看到，我们具有每个节点标签的属性列表。在该图中，包含 User 标签的节点具有 4 个属性（contributed_to_neo4j、followers、user_id 和 publicRepos）。

通过这些函数，我们可以了解数据量。要获得关于图结构的更精确的概念，则需要使用图算法，例如在第 7 章“社区检测和相似性度量”中讨论的弱连接组件（Weakly Connected Component，WCC）社区检测算法。

2）组件数

为了理解图的结构，第一步通常是确定图的组成部分或独立的子图。为此，我们将使用 GDS 中的弱连接组件（WCC）算法。

在此示例中，我们将使用匿名投影图：

```
CALL gds.wcc.write({
    nodeProjection: "User",
    relationshipProjection: {
        FOLLOWS: {
        type: "FOLLOWS",
        orientation: "UNDIRECTED",
        aggregation: "SINGLE"
        }
    },
writeProperty: "wcc"
})
```

此过程将执行以下操作：

- 运行 WCC 算法。
- 将名为 wcc 的属性添加到每个节点，将结果写回到图。
- 使用带有 User 标签的所有节点以及所有具有 FOLLOWS 类型的关系，忽略关系方向，并在两个相同节点之间仅考虑一条边——如果 A 关注 B，B 也关注了 A，并且图是无向的，则我们将在 A 和 B 之间有两条边添加到聚合中，因此，需要通过 SINGLE 参数强制 GDS 仅使用其中之一。

让我们分析该算法的结果。以下查询将返回节点数最多的组件：

```
MATCH (u:User)
  RETURN u.wcc, count(u) as c
  ORDER BY c DESC
  LIMIT 5
```

结果的第一行如下：

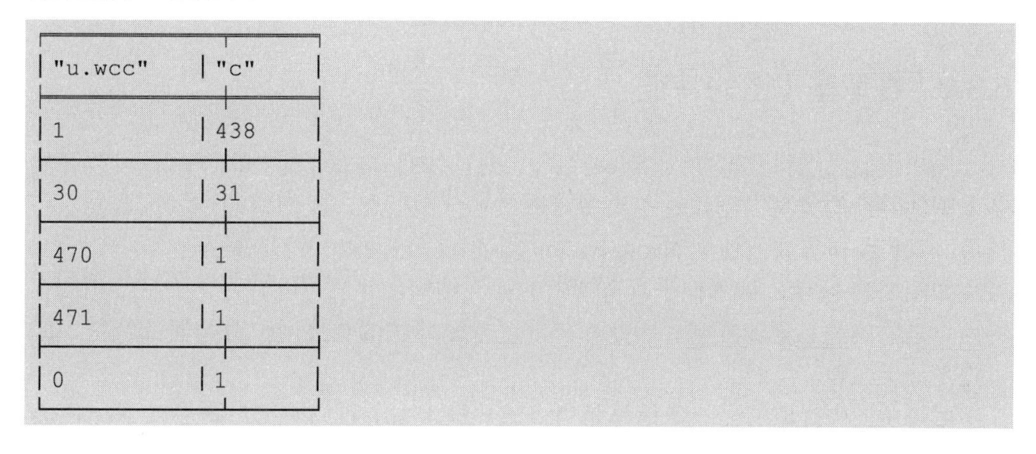

"u.wcc"	"c"
1	438
30	31
470	1
471	1
0	1

注意：

wcc 属性的值在你的本地计算机上可能有所不同——它取决于 GDS 内部行为。但是，组件的数量和属于它们的节点应该是相同的。

可以看到，该图有一个很大的组件，在总共 596 个节点中，有 438 个节点均属于该组件。它还包含另一个较小的组件，由 31 个节点组成。除此之外的 127 个用户（596-438-31=127）未连接到任何其他用户。

为了更深入地了解图结构，可以尝试使用 Louvain 算法之类的算法来识别更精细的社区。图 8-13 使用了第 7 章“社区检测和相似性度量”中讨论的 neoviz.js（详见 7.3.4 节“使用 neovis.js 可视化图”）表示该算法的结果。

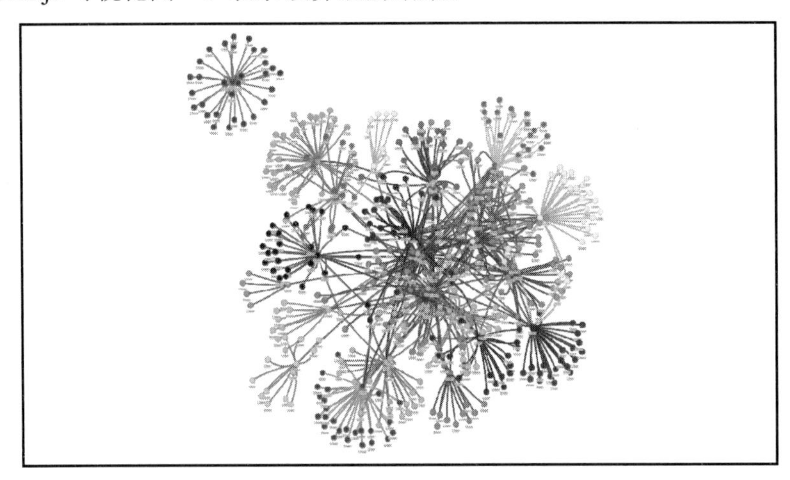

图 8-13

图 8-13 的社区结构忽略了少于 30 个节点的组件。

8.3.2　提取基于图的特征

现在我们已经将数据导入 Neo4j 中，并且对图结构有了更好的了解，可以开始考虑基于图的特征的类型。创建这些类型可以改善分类模型，我们将通过浏览器创建它们。然后，我们将研究如何使用 Neo4j Python 驱动程序自动执行此步骤。

如图 8-13 所示，该图似乎具有清晰的社区结构，并且可以认为，贡献给相同存储库的用户之间的联系更加紧密。因此，将社区检测算法的结果用作分类器的特征，应该可以提高分类性能。

可以从图中提取的另一条信息是节点重要性。由于我们的用户图是以 Neo4j 为中心的，因此可以假设 Neo4j 贡献者是 PageRank 算法中最重要的节点，这是一个较弱的假设。

因此，接下来我们将运行并保存两种算法的结果：

- PageRank 算法：中心性评分。
- Louvain 算法：更狭义的社区检测。

为了在生产中使用 GDS 中的算法，建议执行以下 3 个步骤。

（1）定义并创建投影图：投影图仅包含完整 Neo4j 图中的节点、关系和属性的子集，并且已针对图算法进行了优化。

（2）在此投影图中运行一个或多个算法。

（3）删除投影图：投影图已保存到计算机的实时内存中，因此，良好的做法是在使用完投影图后将其删除。

如果你已阅读前面的章节，则应该已经熟悉这些步骤。但是，在讨论这些新特征如何改善分类模型之前，我们将复习一下这些步骤。

8.4　通过 Pandas 和 scikit-learn 使用基于图的特征

在前面的示例中，我们创建了一个连接用户的图模型，还运行了一些图算法来了解图结构。现在我们将充分利用 GDS 来从 Neo4j Browser 中提取基于图的特征。

在原型设计阶段，能够手动运行单个查询并从中提取数据始终是一件好事。接下来，我们将复习如何在 Neo4j Browser 中通过 GDS 运行图算法，以及如何将数据提取为数据科学工具可用的格式，即 CSV 数据。

我们将讨论以下操作：

- 创建投影图。
- 运行一种或多种算法。
- 删除投影图。
- 提取数据。

8.4.1　创建投影图

可以使用与第 8.3.1 节中“组件数”相同的参数来创建一个命名投影图：

```
nodeProjection: "User",
relationshipProjection: {
    FOLLOWS: {
        type: "FOLLOWS",
```

```
        orientation: "UNDIRECTED",
        aggregation: "SINGLE"
    }
}
```

当然，我们知道该图包含若干个断开的组件，并且在这种图上运行 PageRank 算法可能会导致令人惊讶的结果。为了避免这种情况，我们将仅在弱连接组件（WCC）算法确定的最大组件上运行我们的两种算法。该选择必须通过 Cypher 查询来实现。在为用户数最多的社区确定了 wcc 属性的值之后，可使用以下方法：

```
CALL gds.graph.create.cypher(
    "graph",
    "MATCH (u:User) WHERE u.wcc = 1 AND v.wcc = 1 RETURN id(u) as id",
    "MATCH (u:User)-[:FOLLOWS]-(v:User) RETURN id(u) as source, id(v)
as target"
)
```

8.4.2　运行一种或多种算法

创建投影图后，可使用以下语句运行 PageRank 算法：

```
CALL gds.pageRank.write("graph", {writeProperty: "pr"})
```

也可以使用 Louvain 算法：

```
CALL gds.louvain.write("graph", {writeProperty: "lv"})
```

在前面的图 8-13 中显示了 Louvain 算法的结果。接下来，我们将分析 PageRank 算法的结果。

8.4.3　删除投影图

在算法完成并将特征写入 Neo4j 图后，不再需要投影图，可以将其删除：

```
CALL gds.graph.drop("graph")
```

这将释放笔记本电脑/服务器上的内存。

8.4.4　提取数据

现在，节点还有 3 个属性（wcc、pr 和 lv），我们希望在既有属性的基础之上提取它们。可使用以下 Cypher 代码执行此操作：

```
MATCH (u:User)
  RETURN
  u.contributed_to_neo4j as contributed_to_neo4j,
  u.followers as followers,
  u.publicRepos as publicRepos,
  u.wcc as wcc,
  u.pr as pr,
  u.lv as lv
```

该查询的结果可以直接从浏览器中以 CSV 格式下载。

当尝试构建模型时，这很有用，但是，在生产环境中这是不可行的。因此，接下来我们将使用 Neo4j Python 驱动程序致力于实现这些步骤的自动化。

8.5　使用 Neo4j Python 驱动程序自动创建基于图的特征

使用 Cypher 创建特征很适合测试，但是一旦进入生产阶段，手动执行此类操作是不现实的。幸运的是，Neo4j 正式提供了多种语言的驱动程序，包括 Python、Java、.NET 和 Go 等。本书使用的是 Python，因此接下来我们将讨论以下内容：

- 发现 Neo4j Python 驱动程序。
- 使用 Python 自动创建基于图的特征。
- 将数据从 Neo4j 导出到 Pandas。
- 训练 scikit-learn 模型。

8.5.1　发现 Neo4j Python 驱动程序

Neo4j 正式支持 Python，并且还提供了一个从 Python 连接到 Neo4j 图的驱动程序。其网址如下：

https://github.com/neo4j/neo4j-python-driver

可以通过 pip Python 软件包管理器进行安装：

```
pip install neo4j
```

也可以使用 conda：

```
conda install -c conda-forge neo4j
```

注意：

本节代码在以下 Jupyter Notebook 中可用：

```
Neo4j_Python_Driver.ipynb
```

要使用此数据库，第一步是连接定义，它需要活动图 URI 和身份验证参数。bolt 是 Neo4j 设计的客户端-服务器通信协议。bolt 协议为活动数据库使用的端口可以在 Neo4j Desktop 中图的 Management（管理）区域的 Details（详细信息）选项卡中找到：

```
from neo4j import GraphDatabase driver =
GraphDatabase.driver("bolt://localhost:7687", auth=("neo4j",
"<YOUR_PASSWORD>"))
```

注意：

在配置错误的情况下，将获得以下结果：

- ServiceUnavailable 错误：如果无法通过给定的 URI 访问数据库，则出现该错误。
- AuthError 错误：如果提供的身份验证凭据无效，则出现该错误。

创建驱动程序后，即可开始发送 Cypher 查询并分析结果。以下将介绍：

- 基本用法。
- 事务。

1. 基本用法

在创建连接之后，我们需要从该连接创建一个会话对象。这可以通过一种很简单的方式来实现，示例如下：

```
session = driver.session()
```

在创建的会话使用完成之后，需要关闭它们。这可以通过在代码后调用 session.close() 来完成，但是我们将使用上下文管理器和 with 语句，这是更符合 Python 风格的方法：

```
with driver.session() as session:
    # 使用 session 对象的代码在此
    pass
```

使用此语法，退出 with 代码块时，会话将自动关闭，并且尝试使用该代码块中的 session 对象将引发异常。

现在，让我们实际使用该会话将一些 Cypher 查询发送到图并获取返回的结果。最简单的方法是使用自动提交事务：

```
result = session.run("MATCH (n:Node) RETURN n")
```

要从结果中获取记录，可以使用若干种方法。来看一个使用.peek()方法的示例：

```
record = result.peek()
```

然后从一条记录中获取 Cypher 查询返回的每个值。在本示例中，返回的是一个称为 n 的值：

```
node = record.get("n")
```

node 是 Node 类的实例。为了访问其属性，可以再次使用 get 方法：

```
node.get("user_id")
```

为了获得结果的所有记录，可以遍历它们：

```
for record in result.records():
    print(record.get("n").get("user_id"))
```

注意：

这些结果只能使用一次，意味着如果你尝试在同一结果集上循环两次，则第二个循环将在结果中找不到任何元素（Python 生成器行为）。

2. 事务

Neo4j 还支持事务（Transaction），这意味着操作代码块只有在所有操作成功的情况下才会改变图。

假设必须执行以下语句：

```
with driver.session() as session:
    session.run(statement_1)
    session.run(statement_2)
```

如果一切顺利，则没有问题。但是，如果执行 statement_2 失败会怎么样呢？在某些情况下，这会导致图中的数据不一致，因此是需要避免的事情。

假设你要保存现有客户的新订单。statement_1 创建新的 Order 节点，而 statement_2 则创建 Customer 节点和 Order 节点之间的关系。如果 statement_2 执行失败，那么你将最终获得一个 Order 节点，而该节点将无法链接到任何 Customer 节点。

为了避免这些令人沮丧的情况，我们可以改用事务。在事务中，如果 statement_2 失败，则整个事务代码块（包括 statement_1）都不会保留在图中。这样可以确保数据始终保持一致。例如，如果由于网络错误导致连接缺失，它也使重试失败的事务变得更加容易，而不必担心成功执行了哪些操作——你只需要重新启动所有操作即可。

使用 Neo4j Python 驱动程序创建事务非常简单：

```
with driver.session() as session:
    # 启动一个新事务
    tx = session.begin_transaction()
    # 运行 cypher...
    tx.run(statement_1)
    tx.run(statement_2)
    # 将修改推送到图
    tx.commit()
```

使用这种语法之后，如果 statement_1 执行完成但是 statement_2 执行失败，则 statement_1 和 statement_2 都不会保留在图中。

现在，我们对 Neo4j 的 Python 驱动程序有了更多了解，接下来将回到最初的任务——以编程方式在执行管道中添加基于图的特征。

8.5.2　使用 Python 自动创建基于图的特征

本示例代码在 Python_GDS.ipynb Jupyter Notebook 中可用。我们将介绍以下操作：

- ❑ 创建投影图。
- ❑ 调用 GDS 过程。
- ❑ 将结果写回图。
- ❑ 删除投影图。

1. 创建投影图

你应该还记得，我们可以使用原生投影和 Cypher 投影创建命名投影图。在本示例中，我们将仅重点讨论原生投影。一个非常简单的投影可以写成如下形式：

```
CALL gds.graph.create("my_simple_projected_graph", "User", "FOLLOWS")
```

my_simple_projected_graph 包含所有带有 User 标签的节点以及所有 FOLLOWS 类型的关系，而无须对 Neo4j 图进行修改（特别是保留关系方向）。但是请记住，这样的投影图不包含任何节点或关系的属性。为了将属性包括在投影图中，必须使用更复杂的格式来定义投影图，如下所示：

```
CALL gds.graph.create(
    "my_complex_projected_graph",
    // 节点投影
    {
        User: {
            label: "User",
```

```
            properties: [
            ]
        }
    },
    // 关系投影
    {
        FOLLOWS: {
            type: "FOLLOWS",
            orientation: "UNDIRECTED",
            aggregation: "SINGLE",
            properties: [
            ]
        }
    }
)
```

甚至还有一些更复杂的示例也具有使用键-值和列表结构来定义投影的优点，这些投影可以在 Python 中使用列表和字典进行复制。

上述代码块中定义的节点投影可以用 Python 表示如下：

```
nodeProj = {
    "User": {
        "label": "User",
        "properties": [],
    }
}
```

关系投影可由以下字典定义：

```
relProj = {
    "FOLLOWS": {
        "type": "LINKED_TO",
        "orientation": "FOLLOWS",
        "aggregation": "SINGLE",
    }
}
```

为了在 Cypher 查询中使用这些变量，可使用参数。以下 3 个参数将是必需的：

- 图名称（string 字符串）。
- 节点投影定义（dict 字典）。
- 关系投影定义（dict 字典）。

可按以下方式编写 Cypher 查询：

```
cypher = "CALL gds.graph.create($graphName, $nodeProj, $relProj)"
```

为了使用上述代码中定义的参数执行此查询，可执行以下语句：

```
with driver.session() as session:
    result = session.run(
    cypher,
    graphName="my_complex_projected_graph",
    nodeProj=nodeProj,
    relProj=relProj
    )
```

在执行此代码后，检查 result.data()的结果，可以看到与 Neo4j Browser 中的显示相同的信息，这表明查询已成功执行：

```
[{'graphName': 'my_complex_projected_graph', 'nodeProjection': {'User':
{'properties': {}, 'label': 'Node'}}, 'relationshipProjection': {'FOLLOWS':
{'orientation': 'UNDIRECTED', 'aggregation': 'SINGLE', 'type': 'FOLLOWS',
'properties': {}}},
'nodeCount': 596,
'relationshipCount': 1192,
'createMillis': 8}]
```

现在我们已经成功创建投影图，可以尝试从 GDS 运行算法。

2. 调用 GDS 过程

我们将以 PageRank 过程为例，该过程可根据每个节点的邻居的重要性为每个节点分配一个重要性分数。有关 PageRank 算法的详细说明，请参阅第 6 章“节点重要性”。

GDS 中的 PageRank 过程的签名如下：

```
gds.pageRank.stream(<graphName>, <algoConfiguratioMap>)
```

首先需要定义配置图。如果要使用不同的阻尼系数（默认值为 0.85），则需要以如下方式进行指定：

```
algoConfig = {
    "dampingFactor": 0.8,
    }
```

与图的创建查询类似，可使用以下参数构建查询：

```
"CALL gds.pageRank.stream($graphName, $algoConfig)"
```

可按以下方式执行：

```
with driver.session() as session:
    result = session.run(
        "CALL gds.pageRank.stream($graphName, $algoConfig)",
        graphName=graphName,
        algoConfig=algoConfig,
    )
```

可以在 result 对象上使用循环查看结果：

```
for record in result:
    print(record.data())
```

输出的结果将如下所示：

```
{'nodeId': 0, 'score': 0.15}
{'nodeId': 1, 'score': 1.21}
{'nodeId': 2, 'score': 0.94}
{'nodeId': 3, 'score': 0.40}
{'nodeId': 4, 'score': 0.65}
```

为了获得更有意义的结果，可以使用 gds.util.asNode 辅助过程从 GDS 过程返回的 nodeId 中获取节点。Cypher 查询则稍微复杂一些，但是也可以使用完全相同的 Python 代码从中获取结果。具体如下：

```
with driver.session() as session:
    result = session.run(
        """CALL gds.pageRank.stream($graphName, $algoConfig)
        YIELD nodeId, score
        RETURN gds.util.asNode(nodeId) as node, score
        """,
        graphName=graphName,
        algoConfig=algoConfig,
    )

    for record in result:
    print(record.get("node").get("user_id"), record.get("score"))
```

由于有了 Neo4j Python 驱动程序，现在我们可以创建命名投影图并调用 GDS 过程（如 PageRank）。

3. 将结果写回图

将结果写回图时，必须使用.write 过程而不是.stream。此外，还需要一个额外的强制性参数——将添加到每个节点并保存算法结果（在本示例中，也就是 PageRank 评分）的属性名称。该属性是通过 writeProperty 配置进行配置的，因此可以将其添加到 algoConfig 字典中，如下所示：

```
algoConfig["writeProperty"] = "pr"
```

然后，可以使用与前文“调用 GDS 过程中”中相同的代码运行此过程，只不过需要将 gds.pageRank.stream 过程替换为 gds.pageRank.write 过程：

```
with driver.session() as session:
    result = session.run(
    "CALL gds.pageRank.write($graphName, $algoConfig)",
    graphName=graphName,
    algoConfig=algoConfig,
)
```

现在检查结果的内容，可以看到它仅包含有关算法执行的一些统计信息：

```
>>> result.single().data()

{'nodePropertiesWritten': 596,
'createMillis': 0,
'computeMillis': 132,
'writeMillis': 6,
'ranIterations': 20,
'didConverge': False,
'configuration': {'maxIterations': 20,
'writeConcurrency': 4,
'sourceNodes': [],
'writeProperty': 'pr',
'relationshipWeightProperty': None,
'dampingFactor': 0.85,
'relationshipTypes': ['*'],
'cacheWeights': False,
'tolerance': 1e-07,
'concurrency': 4}}
```

要查看 PageRank 评分的结果，必须运行另一个 Cypher 查询。例如，可通过以下查询获得具有最高 PageRank 分数的节点：

```
MATCH (n:User)
    RETURN n.user_id, n.pr
    ORDER BY n.pr DESC
    LIMIT 1
```

我们还可以检查具有更高 PageRank 并为 Neo4j 做出贡献的用户。图 8-14 对此进行了图示说明，其中，黄色节点代表对 Neo4j 有贡献的用户，其 PageRank 得分约为 10，绿色节点代表其他用户，其 PageRank 得分低于 1。

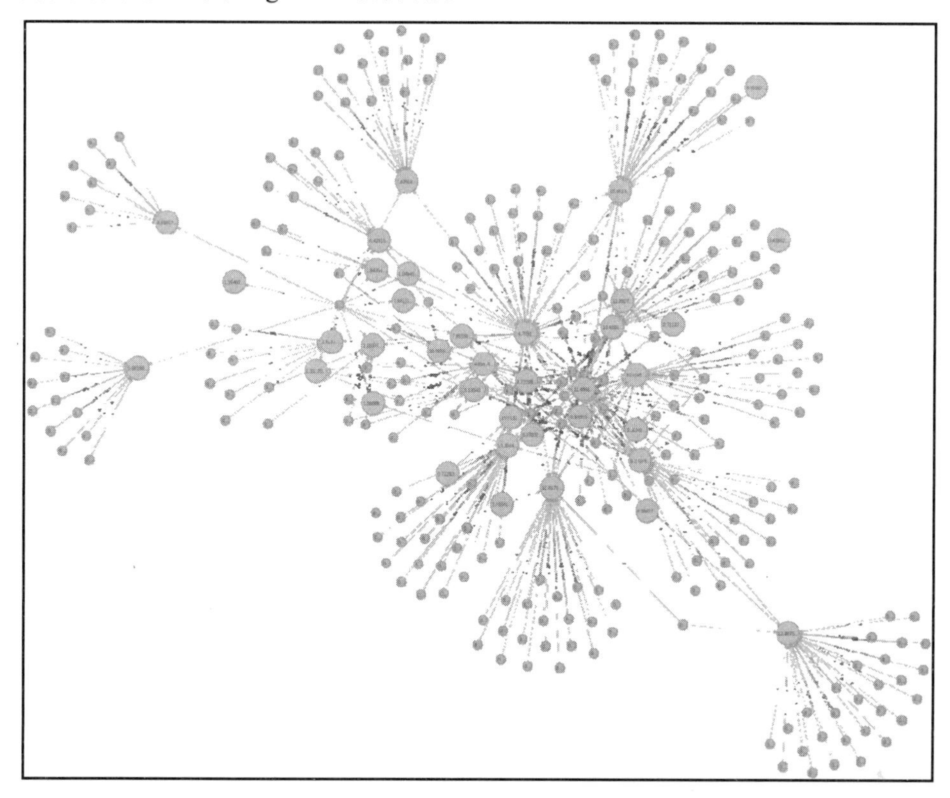

图 8-14

要从 Neo4j Browser 创建此图像，可以将特定标签添加到 contributed_to_neo4j = true 的节点上，并在图渲染单元中更改此新节点标签的大小和颜色：

```
MATCH (u:User {contributed_to_neo4j: true})
  SET u:Contributor
```

在第 8.5.3 节“将数据从 Neo4j 导出到 Pandas”中，会讨论如何将此结果提供给 Pandas DataFrame 做进一步的分析。

但是，在此之前，我们需要先讨论删除投影图这一重要步骤。

4. 删除投影图

命名投影图存储在内存中，并且可能很大，具有许多节点、关系和属性。因此，一旦执行完所有操作，则还有一个重要步骤就是删除它们。

这可以通过下面的代码实现，你现在应该很熟悉这些代码：

```
with driver.session() as session:
    result = session.run(
        "CALL gds.graph.drop($graphName)",
        graphName=graphName,
    )
```

提示：

如有需要，result.data()包含重新创建投影图的必要信息。

回到数据分析管道，现在我们能够直接从 Python 向图添加基于图的特征。接下来，我们将继续朝着这个方向前进，学习从 Neo4j 读取数据以创建 Pandas DataFrame 的方法。

8.5.3　将数据从 Neo4j 导出到 Pandas

Pandas 支持多种数据类型，从 CSV、JSON 到 HTML 均可。在本示例中，我们将在 CSV 文件中使用 Neo4j 的导出功能。

前面我们学习了如何从 Python 运行 Cypher 查询并获取结果。现在我们感兴趣的函数是 result.data()函数，该函数可返回一个记录列表，其中每个记录都是一个字典。我们对它感兴趣的原因是，Pandas 有一种简单的方法，可以根据这种结构创建 DataFrame，这种方法就是使用 pd.DataFrame.from_records 函数。

首先，让我们来看一个示例并定义一个记录列表，如下所示：

```
list_of_records = [
    {"a": 1, "b": 11},
    {"a": 2, "b": 22},
    {"a": 3, "b": 33},
]
```

按以下方式从该列表创建一个 DataFrame：

```
pd.DataFrame.from_records(list_of_records)
```

它创建的 DataFrame 具有两列（列名为 a 和 b），另外还有 3 个行索引（从 0 到 2），具体如下所示：

```
   a  b
0  1  11
1  2  22
2  3  33
```

每行对应一个节点或观测值，每列对应一个特征。

相同的方法也可用于从 Cypher 查询的结果创建 DataFrame。这可以使用以下代码段通过 Neo4j Python 驱动程序执行：

```
with driver.session() as session:
    result = session.run(
        "MATCH (n:Node)
        RETURN n.name as name, n.pr as pr"
    )
    record_data = result.data()
    data = pd.DataFrame.from_records(record_data)
```

在本示例中，data 有两列，即 name 和 pr 列，并且其行数等于图中带有 Node 标签的节点数。

然后，我们可以再次执行数据分析管道的不同步骤。例如，图 8-15 显示了成对绘制的图形，包含每个类每个特征的分布。

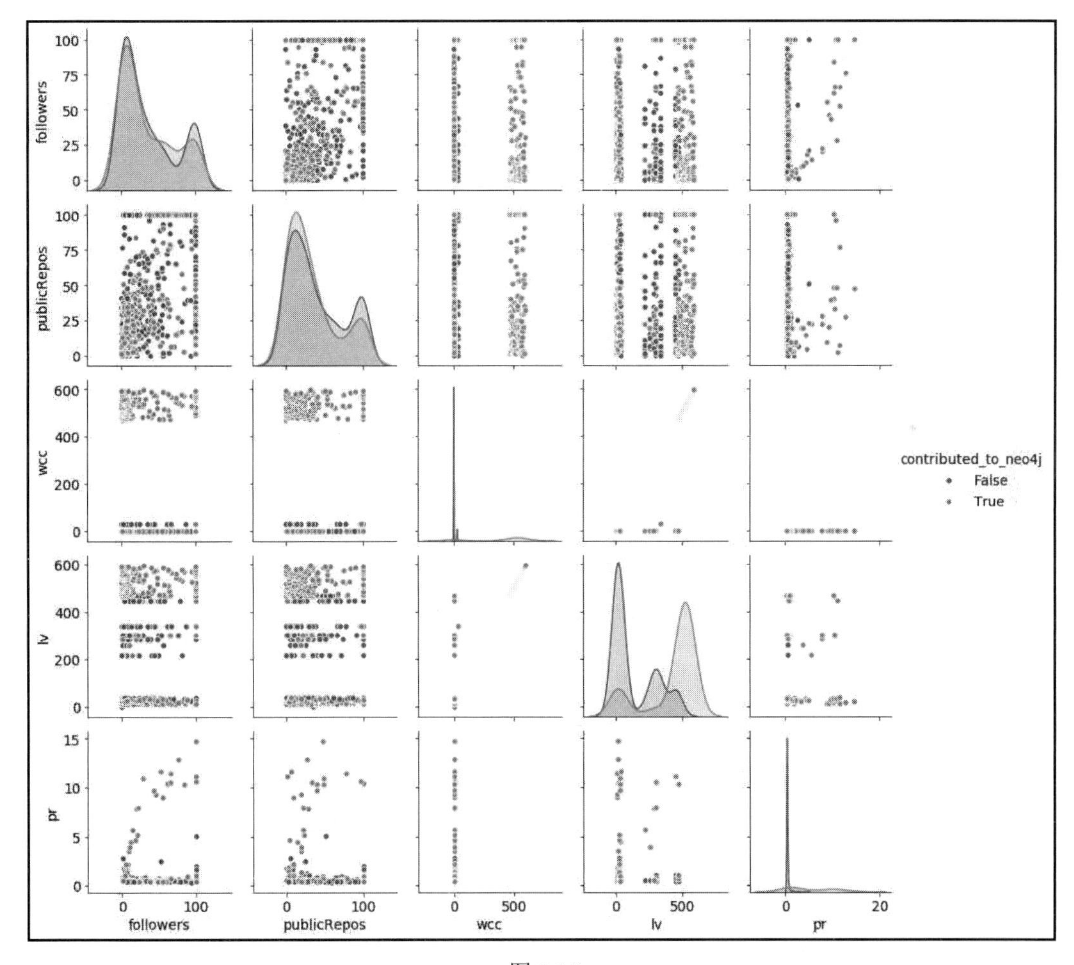

图 8-15

可以看到，新引入的变量 wcc、lv（用于 Louvain 社区）和 pr（PageRank 评分）根据目标类具有完全不同的形状。这很可能使分类器的结果更加准确。

8.5.4　训练 scikit-learn 模型

最后，让我们汇总一下前面所学的知识，并尝试在上一节示例中的数据集上运行分类器。

Data_Analysis_Graph.ipynb Jupyter Notebook 中提供了此示例的代码。

我们将介绍以下操作：

- 引入社区特征。
- 同时使用社区和中心性特征。

1. 引入社区特征

社区特征是分类特征（无论是 wcc 还是 lv 均如此）。例如，假设节点 A 属于社区 1，节点 B 属于社区 2，节点 C 属于社区 35。我们并不能因为节点 A 和 B 的社区编号更接近就认为节点 A 和 B 比节点 A 和 C 更相似。我们只知道节点 A 和 B 不属于同一个社区，就像节点 A 和 C 或节点 B 和 C 一样。

处理机器学习中分类特征的方法之一是通过独热编码器（One-Hot Encoder）对它们进行转换。它的作用是将具有 N 个类别的向量特征转换为 N 个向量，并且这些向量元素的值要么为 0 要么为 1：

```
[    [
     1, [1 0 0]
     2, [0 1 0]
     3, [0 0 1]
     1, = [1 0 0]
     1, [1 0 0]
     3 [0 0 1]
]    ]
```

但是，由于 wcc 特征包含 129 个唯一值，因此会将 129 个特征添加到模型中。这太多了，特别是考虑到我们总共只有几百个观测值！为了避免维数方面的麻烦，可以考虑至少具有两个观察值的社区，并且以后也可以对该数字进行调整。

要在 wcc 向量中创建列表，以便日后用于创建独热编码特征，可使用以下代码：

```
wcc_community_distribution =
data.wcc.value_counts().sort_values(ascending=False)
wcc_keep = sorted(wcc_community_distribution
```

```
[ wcc_community_distribution > 1].index)
```

然后，可按以下方式构建管道：

```
from sklearn.impute import SimpleImputer
from sklearn.preprocessing import OneHotEncoder
from sklearn.tree import DecisionTreeClassifier
from sklearn.pipeline import make_pipeline
from sklearn.compose import make_column_transformer

pipeline = make_pipeline(
    make_column_transformer(
        (OneHotEncoder(categories=[wcc_keep], handle_unknown="ignore"),
        ["wcc",]), (SimpleImputer(strategy="mean"), ["publicRepos",
        "followers"]),
        # remainder='passthrough'
    ),
    DecisionTreeClassifier(random_state=123, min_samples_leaf=10)
)
```

可以看到，该管道的构建包含以下两个步骤。

（1）数据转换：

- OneHotEncoder：用于 wcc 特征，仅使用 wcc_keep 类别。
- SimpleImputer：从 publicRepos 和 followers 特征中删除 NaN。

（2）使用分类器 DecisionTreeClassifier。

该管道可用作普通的 scikit-learn 模型，以一次性拟合转换器和模型：

```
pipeline.fit(X_train, y_train)
```

然后，使用拟合之后的转换器转换数据，并一次性调用模型的 predict 方法来执行预测：

```
y_pred = pipeline.predict(X_test)
```

通过添加社区信息，可使用此新模型获得混淆矩阵：

```
array([[128, 0], [ 22, 29]])
```

与第 8.2.5 节中的“评估模型性能”中的初始模型不同，在本示例中，未对 Neo4j 做出任何贡献的用户都被正确分类（128），而在为 Neo4j 做出贡献的 51 位用户中，有 29 位被正确识别。相形之下，初始模型没有使用基于图的特征，它仅正确识别 9 个用户。

接下来，让我们看看是否可以通过以下方法进一步改善此模型：

- ❑ 使用 Louvain 算法获取更多社区信息。
- ❑ 使用 PageRank 算法获取节点重要性数据。

2．同时使用社区和中心性特征

按照与第 8.5.4 节中“引入社区特征”完全相同的步骤，使用 Louvain 社区和 PageRank 评分，可以为决策树分类器得出以下最终结果：

```
                precision   recall     f1-score   support
False           0.91        0.99       0.95       128
True            0.97        0.75       0.84       51

accuracy                               0.92       179
macro avg       0.94        0.87       0.90       179
weighted avg    0.93        0.92       0.92       179
```

此时的混淆矩阵如图 8-16 所示。

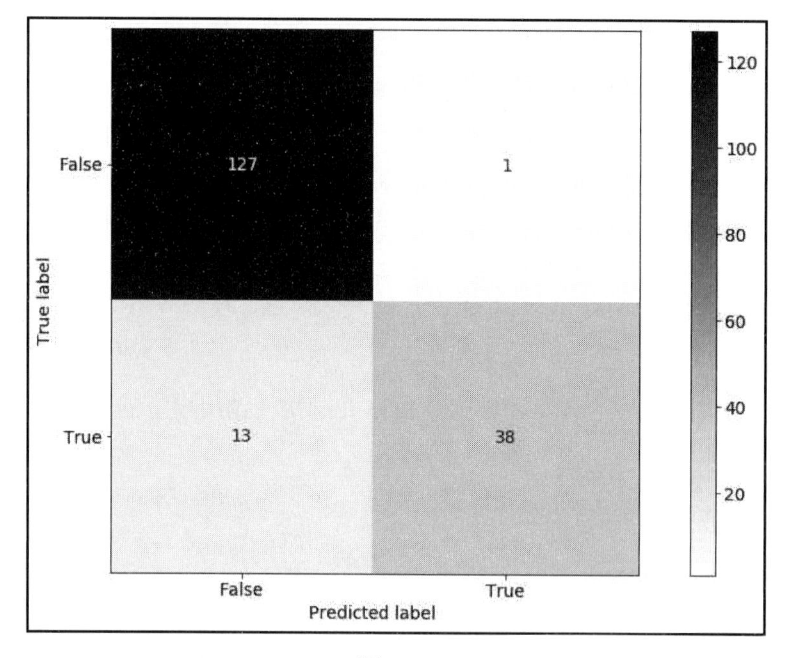

图 8-16

可以看到，现在的整体准确率从 66%跃升至 92%。更重要的是，在未采用图特征时，仅正确识别出了 9 位对 Neo4j 有贡献的用户；仅使用 WCC 信息时，正确识别出了 29 位；而在同时使用了社区和中心性特征之后，算法现在能够正确识别 38 位对 Neo4j 有贡献的用户，进步很大。

有关特征重要性的研究表明，此模型中最有影响力的特征是 PageRank 评分（pr），如图 8-17 所示。

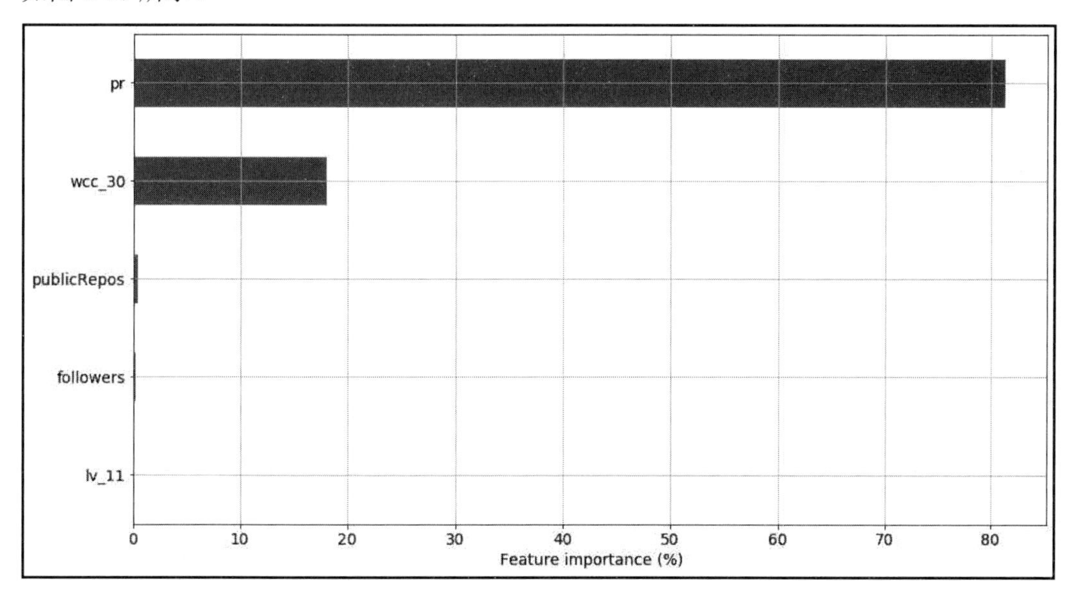

图 8-17

这意味着我们关于 Neo4j 贡献者形成社区的假设并没有真正通过图再现。但是，就连接和 PageRank 而言，这些用户显然是最重要的。

8.6　小　　结

本章阐述了经典数据科学管道以及如何将图数据集成到其中。由于有了 Neo4j Python 驱动程序，现在我们可以将 Neo4j 数据导入 Pandas DataFrame 中，然后在任何其他应用程序中正常使用它，例如使用 scikit-learn 进行模型训练。

本章还详细介绍了如何在 GDS 中以编程方式运行图算法，以及如何将其结果用作机器学习模型的新特征。

在后续章节中，我们将继续进行图分析之旅。例如，在第 9 章中将学习如何使用图结构来回答链接预测问题。

8.7 思考题

（1）请尝试完成以下练习，以巩固本章学习到的概念：

- 使用 Python 创建投影图：修改本章代码以创建 Cypher 投影图。
- PageRank 分数分布：你能解释对 Neo4j 无贡献者（label = False）的 PageRank 分数分布的形状吗？

（2）尝试根据数据创建图，并尝试在自己的数据科学管道中包括基于图的特征。

8.8 延伸阅读

The business understanding stage of the Team Data Science Process lifecycle（《Team Data Science Process（TDSP》）生命周期中的业务理解阶段），作者：Microsoft，其网址如下：

https://docs.microsoft.com/en-us/azure/machine-learning/team-data-science-process/lifecycle-business-understanding

第 9 章　预测关系

图是数据表示的一种特定形式。在前面的章节中，我们学习了如何以无监督或半监督的方式从图中提取信息。我们探索了如何将这些信息用作经典机器学习模型的特征，节点则被视为观测值。本章将处理一种只有图才可能出现的全新类型的问题：链接预测（Link Prediction）。

在确切了解什么是链接预测问题以及如何将其应用于不同情形之后，我们将介绍在 Graph Data Science（GDS）库中实现的函数，这些函数可以帮助我们找到问题的解决方案。最后，我们还将使用 Python 及其数据科学工具箱研究实际示例应用问题。

本章包含以下主题：

- 为什么使用链接预测？
- 使用 Neo4j 创建链接预测指标。
- 使用 ROC 曲线建立链接预测模型。

9.1　技术要求

本章将使用以下工具：

- Neo4j 图数据库（3.5 或更高版本），附加插件：GDS 库（1.0 或更高版本）。
- 本章将使用 Python（3.6 或更高版本）给出代码示例，另外还将使用以下软件包进行数据建模和数据可视化：
  - 为存储数据并创建 DataFrame，将使用 Pandas。
  - 为构建模型，将使用 scikit-learn。
  - 为进行数据可视化，将使用 Matplotlib。

在以下 GitHub 存储库可找到本章的配套代码：

https://github.com/PacktPublishing/Hands-On-Graph-Analytics-with-Neo4j/ch9

注意：

如果使用的 Neo4j 版本低于 4.0，则 Graph Data Science（GDS）插件的最新兼容版本是 1.1，如果使用的 Neo4j 版本为 4.0 或以上，则 GDS 插件的第一个兼容版本是 1.2。

9.2　使用链接预测的原因

链接预测包括猜测现在或将来，图中现有节点之间的哪些未知连接更可能是真实的。通过适当的公式化，这可以变成机器学习中的问题。但是，对于任何数据科学任务而言，在尝试建立用于链接预测的模型之前，我们必须首先对问题有深刻的理解。这将是本节中的目标。首先，通过使用动态图的上下文，我们将定义隐藏在链接预测背后的确切内容。我们还将讨论从市场营销到科学研究的一些应用。

具体来说，本节将讨论以下内容：

- 动态图。
- 应用领域。

9.2.1　动态图

到目前为止，本书研究的都是静态图。换句话说，我们从外部数据源导入了图，并且图的内容（节点或关系）从未改变。以这种方式研究图结构，固然可以为我们提供一些有关其表示形式的数据信息。但是，在现实生活中，无论你的图是对道路网络还是电子商务网站进行建模，它都会随时间推移而发生变化。在动态图中，图的所有部分都可以变化。以下是一些图变化方式的示例：

- 节点添加：有新用户订阅了服务，有新产品添加到目录，有新的路口产生。
- 节点删除：某产品不再生产，或某客户取消所有订阅彻底离开。
- 链接添加：现有客户购买另一种产品，或者在两个交叉路口之间又添加一条道路。
- 链接删除：道路封闭，或客户取消订阅某些服务，但维持了其他产品的订阅。

预测所有这些变化可能非常具有挑战性。因此，假设节点没有改变，我们将集中讨论链接（关系）的预测。在此假设下，图 G 在时间 t_2 的状态由下式给出：

$$G(t_1) + \text{added\_links} - \text{removed\_links} = G(t_2)$$

其中，added_links 表示新增的链接，removed_links 表示删除的链接。

图 9-1 以图示方式解释了上述公式。

由于我们仅关注新增的链接，因此这里的目标是预测图中是否有两个目前未连接的节点将来可能会连接。为此可以考虑许多不同类型的应用。

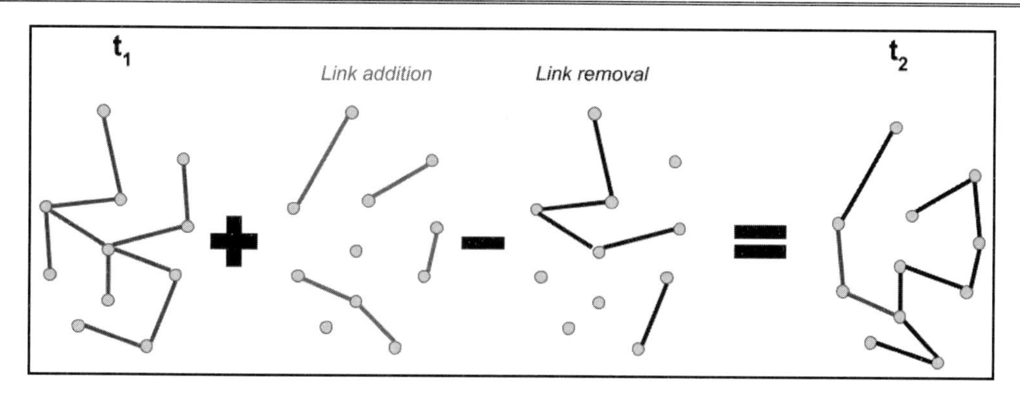

图 9-1

原　　文	译　　文
Link addition	新增的链接
Link removal	删除的链接

9.2.2　应用领域

预测将来的链接是链接预测的目标之一。但是也可以找到其他应用，特别是在我们掌握的信息不完整的情况下。

接下来，我们将讨论：

- 恢复缺失的数据。
- 推荐引擎。
- 使用链接预测算法进行推荐。

1. 恢复缺失的数据

有时我们的图数据并不能代表完整的图景。我们的知识将不完整，图中实体之间的某些链接可能会缺失。至少有以下两种用例经常发生这种情况：

- 犯罪行为打击。
- 科学研究。

1）犯罪行为打击

在犯罪行为打击方面，警察显然并不了解犯罪组织内部和组织之间的所有节点或关系。链接预测方法可用于推断缺失的链接，找到最有可能在将来合作实施犯罪的嫌疑人。

2）科学研究

就本质而言，科学研究一直在发展和变化过程中。当使用图对某个主题的知识进行建模时，由于研究仍在进行中，并且我们还没有完全了解图的所有元素之间的相互作用，因此该知识通常只是部分知识。

链接预测技术已在生物学中被大量使用，例如，基于对遗传疾病的最新知识，尝试鉴定与某些疾病有关的基因。

2. 推荐引擎

在日常生活中，链接预测可用于在社交网络和电子商务环境中向用户提出好友推荐或商品推荐。因此接下来我们将介绍以下两种类型的推荐：

- ❑ 社交链接。
- ❑ 产品推荐。

1）社交链接

诸如 Facebook、Twitter 和 LinkedIn 之类的网站都可以使用连接图来表示：

- ❑ Facebook 可以对好友进行建模，产生无向图。
- ❑ LinkedIn（专业求职网站）也可以使用无向图表示专业联系。
- ❑ Twitter 采用的是有向图（你可以关注未关注你的人，反之亦然）。

所有这些社交媒体网站都包含诸如“你可能认识的人”这样的推荐引擎。这些推荐可以基于不同的因素。例如，他们可以使用以下事实：

- ❑ 你们参加了同一所大学的演讲，因此，即使在社交媒体上未正式建立这种关系，你们也可能会彼此认识。
- ❑ 你们有共同的朋友，因此你们可能会彼此认识，或者将来会在聚会、婚礼或其他涉及共同朋友的活动中被介绍。

与连接（关系）推荐一样，链接预测也可以用于产品推荐。

2）产品推荐

想象一下如图 9-2 所示的图模式。

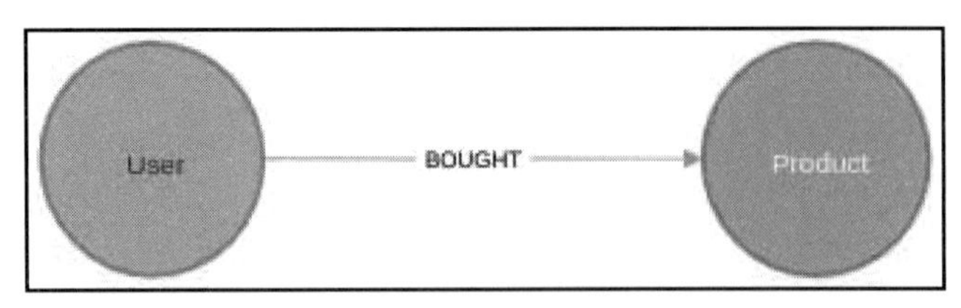

图 9-2

原　文	译　文
User	用户
BOUGHT	购买
Product	产品

在图 9-2 中，用户链接到他们购买过的产品。因此，为每个用户推荐产品其实就是一个链接预测问题，在此我们将尝试预测用户和产品之间的新链接。

当然，这种链接预测与社交网络中使用的链接预测之间存在根本差异。这种差异来自图的性质。具有一个节点类型和关系类型的图被称为单分图（Monopartite Graph），而用户-产品图则是二分图（Bipartite Graph）。图 9-3 说明了这种差异。

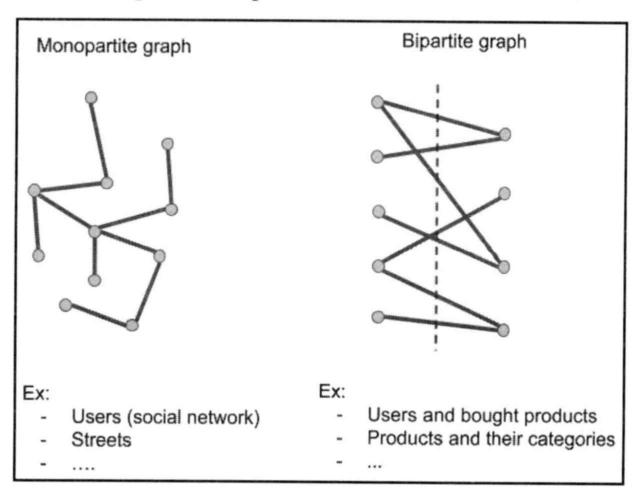

图 9-3

原　文	译　文
Monopartite graph	单分图
Ex： - Users(social network) - Streets - …	示例： - 用户（社交网络） - 街道 - …
Bipartite graph	二分图
Ex： - Users and bought products - Products and their categories - …	示例： - 用户和购买的产品 - 产品及其分类 - …

在图 9-3 显示的二分图中，图由两组节点（N 和 M）组成，中间的虚线分隔了 N 和 M，任何一个关系只能在两组之间进行连接（即边必须将节点 N 连接到节点 M）。我们可以将虚线左侧的节点组 N 假定为用户，将虚线右侧的节点组 M 视为产品，通过连接线（边）可以看到，用户可以购买多个产品，一个产品也可以有多个用户，但是用户与用

户之间是没有关系的，产品与产品之间也没有关系（没有连接线）。

本章研究的技术主要是针对单分图设计的。最后部分才会讨论到如何将链接预测技术应用于二分图的问题。

3. 使用链接预测算法进行推荐

在第 8 章“在机器学习中使用基于图的特征”中，我们研究了包含多列的数据集，具体如图 9-4 所示。

	user_id	followers	publicRepos	contributed_to_neo4j
0	1	0.0	34.0	False
1	31	148.0	27.0	False
2	32	594.0	217.0	True
3	33	29.0	66.0	False
4	34	17.0	22.0	False

图 9-4

如果你已经掌握了第 2 章“Cypher 查询语言”的内容，那么你可能已经注意到该数据集与我们在本章研究的图之间的相似性。它是从 GitHub 公共 API 构建的，包含与 Neo4j 组织相关的数据，具体来说就是：

- ❑ Neo4j 组织的贡献者。
- ❑ 贡献者贡献的存储库。
- ❑ 新存储库的贡献者。

该图的模式如图 9-5 所示。

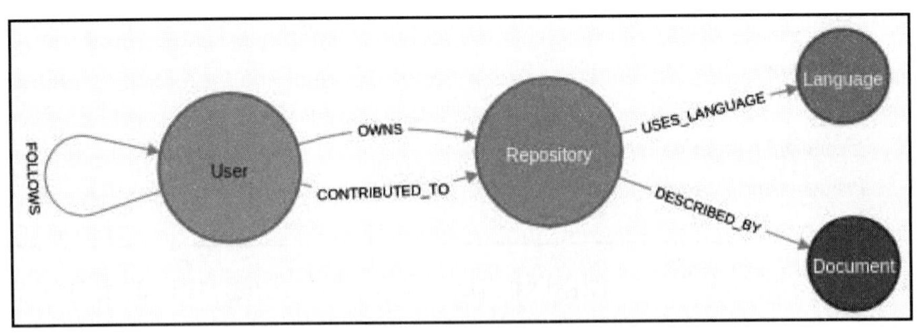

图 9-5

在图 9-5 中，Language（语言）和 Document（文档）是一些特殊节点，是通过对存储库的自述文件进行基于自然语言处理（NLP）的分析而添加的。在这里，我们将重点放在 User（用户）和 Repository（存储库）标签上。

以该图为例，可以使用以下 Cypher 查询构建在第 8 章中使用过的数据：

```
MATCH (u:User)
OPTIONAL MATCH (u)-[:CONTRIBUTED_TO]->(r:Repository)<-[:OWNS]-(:User
{login: "neo4j"})
WITH u, COLLECT(r) as rs
RETURN id(u) as user_id,
       u.followers as followers,
       u.publicRepos as publicRepos,
       size(rs) > 0 as contributed_to_neo4j
ORDER BY user_id
```

OPTIONAL MATCH 语句使我们能够检索所有用户，甚至包括那些没有为 Neo4j 做出贡献的用户。

使用 COLLECT 语句是必要的，这样，对于 Neo4j 拥有的多个存储库都做出过贡献的用户就不会被重复计数。

现在再次来看一下图模式。在第 8 章中我们试图回答的问题是“该用户是否对 Neo4j 拥有的存储库有贡献？”，这个问题也可以转换为一个链接预测问题：

“用户和 Neo4j 拥有的存储库之间是否存在链接？”

多年来，研究人员已经开发出了若干种技术来找到解决该问题的方法。接下来，我们将探索已在 GDS 插件中实现的主要算法。

9.3　使用 Neo4j 创建链接预测指标

在链接预测问题中可以使用许多指标。本书前面已经详细阐释了部分指标，本节将结合链接预测的问题来复习它们。当然，针对此类应用，我们还将介绍其他一些指标，这些指标位于 GDS 插件的 linkprediction 命名空间下。

链接预测算法的思想是创建一个矩阵 $N×N$，其中，N 是图中的节点数。矩阵的每个 ij 元素都必须指示节点 i 和 j 之间存在链接的概率。

可以使用不同类型的指标来实现此目标。其中之一是节点相似性度量指标，例如我们在第 7 章“社区检测和相似性度量”中研究过的 Jaccard 相似性。在这种方法中，通过比较节点邻居的集合，我们可以了解节点的相似性以及它们将来的连接可能性。

相似性（Similarity）度量只是可以在链接预测环境中使用的指标的一个示例，目前人们已经开发出更多的指标。接下来我们将介绍其中一些比较有名的指标，具体包括：

- 基于社区的指标。
- 与路径相关的指标。
- 使用局部邻居信息。
- 其他指标。

9.3.1　基于社区的指标

基于社区的指标包含有关图结构的信息。第 7 章“社区检测和相似性度量”介绍了有关该指标的多种算法。具体包括：强连接组件和弱连接组件算法（用于发现孤立的节点组），以及标签传播和 Louvain 算法（用于更细微的社区识别）。

在许多情况下，我们都可以放心地假设同一社区中的两个节点更可能连接在一起。图 9-6 说明了此概念。

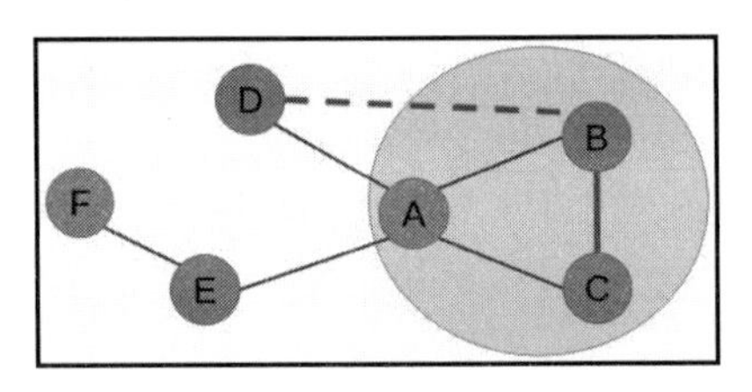

图 9-6

在图 9-6 中，节点 B 和 C 的关系（以红色实线表示）与节点 B 和 D 的关系（以红色虚线表示）是不同的，因为 B 和 C 在同一个社区中，因此下一步可能在 B 和 C 之间建立链接。在这种情况下，其评分函数如下：

如果 u 和 v 在同一个社区中，则 score $(u, v) = 1$，否则为 0。

在这种情况下，我们可以使用 GDS 插件的 sameCommunity 函数。假设将社区存储为每个节点的节点属性，这将仅检查两个节点是否在同一社区中：

```
MATCH (u:User {user_id: 32})
MATCH (v:User {user_id: 12464})
RETURN gds.alpha.linkprediction.sameCommunity(u, v, "louvain") as
sameCommunity
```

这完全等同于使用以下语句：

```
MATCH (u:User {user_id: 32})
MATCH (v:User {user_id: 12464})
RETURN u.louvain = v.louvain as sameCommunity
```

9.3.2 与路径相关的指标

两个节点之间的距离可以作为其紧密程度和将来可能连接的另一个指标。为此，我们将详细解释：

- 节点之间的距离。
- Katz 指标。

1. 节点之间的距离

再来看一下图 9-7。

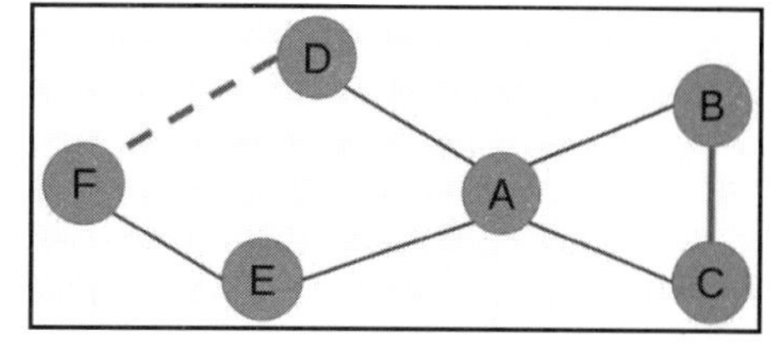

图 9-7

在图 9-7 中，可以看到节点 B 和 C 之间的关系（以红色实线表示）比节点 D 和 F 之间的关系（以红色虚线表示）更可能是真实的，因为节点 B 和 C 之间的最短路径只有 2（无权图），而节点 D 和 F 之间的最短路径为 3。

因此，我们可以设想一个评分函数，如下所示：

$$\text{score}(u, v) = 1 / \text{d}(u, v)$$

其中，$\text{d}(u, v)$是节点 u 和 v 之间的最短路径。

在第 4 章“Graph Data Science 库和路径查找”中，我们讨论了全对最短路径算法（详见第 4.6.3 节“全对最短路径算法”），如果基于距离的链接预测指标与你的问题相关，则该方法在这里很有用。可使用以下查询在先前创建的命名投影图 graph 上运行该算法：

```
CALL gds.alpha.allShortestPaths.stream("projected_graph", {})
YIELD sourceNodeId, targetNodeId, distance
WITH  gds.util.asNode(sourceNodeId) as startNode,
      gds.util.asNode(targetNodeId) as endNode,
      distance
RETURN  startNode.name as start,
        endNode.name as end,
        distance
```

为了将此距离转换为链接预测分数，我们将采用距离的倒数，并根据此新指标将结果按升序排序。这将导致最接近的节点首先出现。如果只想显示不存在的链接，则必须添加一个额外的过滤器，以删除已经通过直接链接彼此连接的节点对。这两个操作都可在以下 Cypher 查询中执行：

```
CALL gds.alpha.allShortestPaths.stream("projected_graph", {})
YIELD sourceNodeId, targetNodeId, distance
WITH gds.util.asNode(sourceNodeId) as startNode,
```

```
    gds.util.asNode(targetNodeId) as endNode,
    1.0 / distance as score
WHERE NOT ((startNode)-[:LINKED_TO]->(endNode))
RETURN startNode.name, endNode.name, score
LIMIT 10
```

由于断开连接的节点彼此相距至少两跳，因此无权图中的最高可能得分将为 0.5。在得分为 0.5 的两个节点 B 和 C 之间创建边的步骤包括：闭合由 3 个节点 B、C 及其公共邻居 A 组成的三角形。节点 C 和 B 相距两跳，因为它们之间的最短路径经过了节点 A。将它们连接起来将闭合顶点为 A、B 和 C 的三角形，如图 9-8 所示：

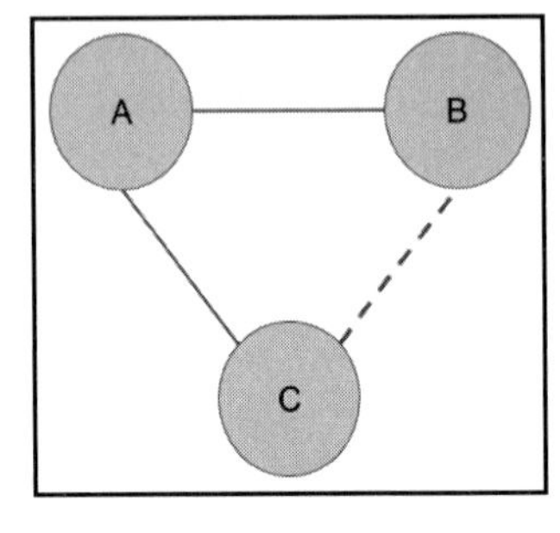

图 9-8

当然，在比较大型的图中，我们可能有许多节点，在这种情况下，闭合所有三角形几乎是不可行的。幸运的是，基于局部邻居，存在更完善的技术。

2. Katz 指标

计算节点之间的最短距离是一种非常基本的方法，它没有考虑节点之间的可能连接。接下来我们要介绍一个较为复杂的版本，称为 Katz 指标（Katz Index，KI），它可以区分各个邻居节点的不同影响力。Katz 指标将给邻居节点赋予不同的权重，对于短路径赋予较大的权重，而长路径赋予较小的权重。Katz 指标将对两个节点之间的所有路径求和，包括增加的长度。其计算公式如下：

$$\text{score}(u,v)=\sum_{l}\beta^{l}p(u,v;l)$$

其中：

- l 是路径长度，从 1 到∞。
- $p(u, v; l)$ 是节点 u 和 v 之间长度为 l 的路径数。
- β 是权重参数，其值在 0 和 1 之间选择，以便为最短距离赋予更多权重。

在实践中，可使用邻接矩阵计算该分数，因为可以证明长度为 l 的 u 和 v 之间的路径数等于邻接矩阵的 uv 元素的 l 次幂：

$$\text{score}(u,v)=\sum_{l}\beta^{l}A(u,v)^{l}$$

Katz 指标被证明是基于路径的链接预测算法中性能最佳的。有关详细信息，可参考第 9.7 节“延伸阅读”中标题为 *Link Prediction in Complex Networks: A Survey*（复杂网络中的链接预测：调查）的论文。

9.3.3　使用局部邻居信息

为了理解以下公式背后的数学运算，让我们首先介绍一些符号，这些符号与第 7 章“社区检测和相似性度量”中使用的符号类似：

- u、v 和 i 是图的节点。
- $N(u)$表示节点 u 的邻居集。
- $|N(u)|$是集合的大小，表示节点 u 的邻居数。

在理解这些符号之后，即可学习以下算法和指标：

- 共同邻居算法。
- Adamic-Adar 指标。
- 邻居总数指标。
- 优先连接。

1．共同邻居算法

共同邻居（Common Neighbor）算法支持以下假设：

与没有共同朋友的人相比，有共同朋友的两个人更容易被介绍认识。

共同邻居指标度量的是 u 和 v 之间的共同邻居集合的大小：

$$\text{score}(u, v) = |N(u) \cap N(v)|$$

在 GDS 插件中，链接预测指标是函数，可按以下方式进行计算：

```
MATCH (u) MATCH (v)
RETURN id(u), id(v), gds.alpha.linkprediction.commonNeighbors(u, v)
```

2．Adamic-Adar 指标

Adamic-Adar 指标（Adamic-Adar Index，AA 指标）的评分是对共同邻居算法的改进。Adamic-Adar 假设稀有联系比普通联系提供的信息更多。该指标根据共同邻居的节点的度给每个节点赋予一个权重值（即为每个节点的度的倒数），然后把节点对的所有共同邻居的权重值相加，其和作为该节点对的相似度值。在 Adamic-Adar 公式中，与邻居的每个关系都按邻居的度的倒数加权：

$$\text{score}(u,v) = \sum_i 1/\log|N(i)|, i \in N(u) \cap N(v)$$

图 9-9 解释了该算法的思路。

在图 9-9 中，虽然左右两图中的节点 u 和 v 均通过 x 的两侧连接，但是在左图中，x 的度数较低，所以它与 u 和 v 的关系更为重要，因此 u 和 v 之间更可能连接（以红色实

线表示）。而在右图中，u 和 v 只是 x 众多朋友中的两个普通朋友，所以 u 和 v 之间被介绍认识的可能性比左图要低（以红色虚线表示）。

3. 邻居总数指标

当以下假设合理时，可使用邻居总数指标（Total Neighbors Metric）：

节点的连接越多，它的社交性就越高，则接收新链接的可能性就越大。

在量化节点 u 和 v 连接的可能性时，可以使用属于两个节点的邻居集合的节点数：

$$\text{score}(u,v)=\left|N(u)\cup N(v)\right|$$

可通过考虑如图 9-10 所示的两个图来理解此公式。

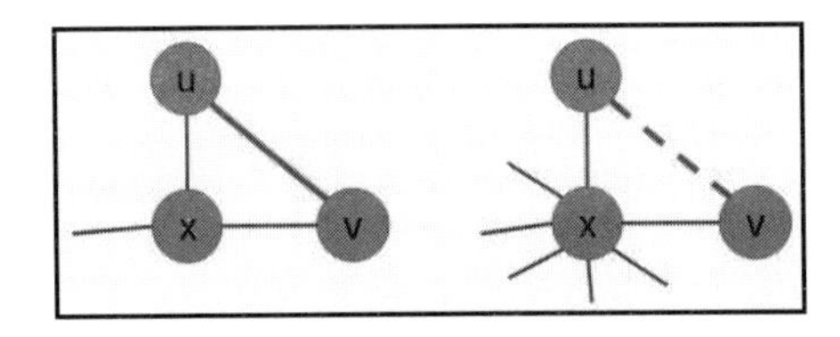

图 9-9

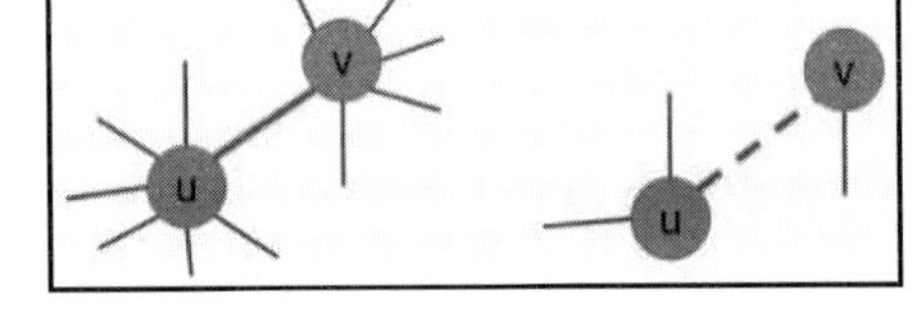

图 9-10

在图 9-10 中，左图的节点 u 和 v 有很多连接，显示它们的社交性都很高，因此连接的可能性很大（以红色实线表示），而右图的节点 u 和 v 就像宅男一样只有寥寥一两个朋友，所以连接的可能性更低（以红色虚线表示）。

4. 优先连接

在某些情况下，以下假设是合理的：

较受欢迎的人更有可能与其他受欢迎的人建立联系。

如果两个用户拥有的好友数量越多，那么他们就越有可能更愿意去建立联系，这其实也就是“富人越富”原则。基于这一假设，优先连接（Preferential Attachment）指标将使用两个用户的好友数量的乘积作为评分。也就是说，节点 u 和 v 的优先连接评分等于节点 u 和 v 的度数的乘积：

$$\text{score}(u,v)=|N(u)|\times|N(v)|$$

此分数也可以在 GDS 插件的 gds.alpha.preferentialAttachment 函数下实现：

```
MATCH (u), MATCH (v)
RETURN  id(u), id(v),
        gds.alpha.linkprediction.preferentialAttachment(u, v, {
                        relationshipType: "REL",
```

```
            direction: "BOTH"
})
```

需要指出的是，我们可以指定用于查找邻居的关系的类型和方向（这是可选项）。下文将会讨论一些示例应用。

9.3.4　其他指标

上述指标并非全部都可以同时使用。在哪一种情况下使用哪一种指标效果最好取决于控制图增长的底层过程。在许多情况下，有必要测试多个指标以找到最合适的指标。我们甚至可以想象更多的指标，例如：

- 对等（Reciprocity）指标：链接的存在使得节点在相反方向上添加链接的可能性更大，而对等链接一般不太可能删除。在社交网络中，对等指标反映的其实就是互相关注（互粉）关系。
- 新链接劣势（Newness Weakness）：与旧的链接相比，新形成的链接不太可能持久，因此权重较小。
- 不稳定性（Instability）：如果连接到节点 u 和 v 的属性或链接经常变化，则 u 和 v 之间的边也更有可能无法生存并且权重较小。

在了解了有关链接预测的各种评分方法之后，接下来我们将使用 Neo4j 和 scikit-learn 构建链接预测模型。

9.4　使用 ROC 曲线建立链接预测模型

到目前为止，在我们研究的所有图分析问题中，观测值都是图的节点。但是，现在我们需要转向另一个概念：观测值是边（Edge）。边就是节点之间的链接，反映的是节点之间的关系。数据集的每一行应包含有关图的一条边的信息。

由于我们的目标是预测链接将来会出现还是从当前的知识中丢失，因此可以将问题转换为一个二元分类问题，即边可以有以下两类：

- True 类，链接存在或可能被创建。
- False 类，链接不太可能出现。

由于我们将要建立分类模型，因此数据集中必须同时包含现有的边和不存在的边（对应二元分类器的两个类）。

本节将讨论以下操作：

- ❑ 将数据导入 Neo4j。
- ❑ 拆分图并计算每条边的分数。
- ❑ 衡量二元分类模型的性能。
- ❑ 使用 scikit-learn 建立更复杂的模型。
- ❑ 将链接预测结果保存到 Neo4j 中。
- ❑ 预测二分图中的关系。

9.4.1 将数据导入 Neo4j

本章其余部分使用的数据是随机生成的几何图。这种图具有许多有趣的特征，其中之一就是它具有重现某些现实生活中的图（如社交图）行为的能力。

下载数据并将其放置在图的 import 文件夹中之后，我们可以使用以下 Cypher 语句将其导入 Neo4j：

```
LOAD CSV FROM "file:///graph_T2.edgelist" AS row
FIELDTERMINATOR " "
MERGE (u:Node {id: toInteger(row[0])})
MERGE (v:Node {id: toInteger(row[1])})
MERGE (u)-[:KNOWS_T2]->(v)
```

注意：

该图仅包含 500 个节点和 3565 个关系，这就是我们可以忽略上述查询中有关 Eager 运算符的警告的原因。

该训练集包含在 t_2 时图中已经存在的边。因此，我们还需要导入在之前的时间（t_1）时的图。在 t_1 时，这些节点与已经存在的节点相同，因此我们可以使用 MATCH 子句而不是 MERGE 语句：

```
LOAD CSV FROM "file:///graph_T1.edgelist" AS row
FIELDTERMINATOR " "
MATCH (u:Node {id: toInteger(row[0])})
MATCH (v:Node {id: toInteger(row[1])})
MERGE (u)-[:KNOWS_T1]->(v)
```

因此，我们现在有了一个包含两种关系类型的图：

- ❑ 如果在时间 t_1 节点彼此认识，则 KNOWS_T1 链接两个节点。
- ❑ 如果在时间 t_2 节点彼此认识，则 KNOWS_T2 链接两个节点。类型为 KNOWS_T1 的关系集是类型为 KNOWS_T2 的关系集的子集，因为在时间 t_1 彼此认识的两个

节点在时间 t_2 仍然彼此认识。

接下来，我们将介绍如何计算图的链接预测分数。

9.4.2 拆分图并计算每条边的分数

为了使用链接预测分数进行预测，需遵循以下步骤：

（1）定义图在给定时间 t_1 的状态。

（2）在时间 t_1，为图中的每对节点计算链接预测得分。

（3）将这些预测与 t_1 和 t_2 之间创建的链接进行比较。

（4）确定一个分数阈值，分数高于该阈值的节点对更有可能在 $t_2 > t_1$ 时出现。

在我们的示例中，已经通过 KNOWS_T1 关系提供了 t_1 时图的状态。

现在我们可以使用新创建的关系，仅考虑 t_1 时的知识，即可为图中的每对节点计算链接的预测得分。在这里，我们选择使用 Adamic-Adar 得分：

```
MATCH (u) MATCH (v) WHERE u <> v
RETURN  u.id as u_id,
        v.id as v_id,
        gds.alpha.linkprediction.adamicAdar(u, v, {
            relationshipQuery: "KNOWS_T1",
            direction: "BOTH"
        }) as score
LIMIT 10
```

上述查询中最重要的部分如下：

- 链接预测函数将仅使用一种类型的关系，即 KNOWS_T1，而忽略了有关后验关系的信息（后验关系是我们想要预测的关系）。
- 该图被认为是无向的。即如果 A 知道 B，那么也可以认为 B 知道 A。

通过 Adamic-Adar 算法识别出的一些最可能的节点对如下：

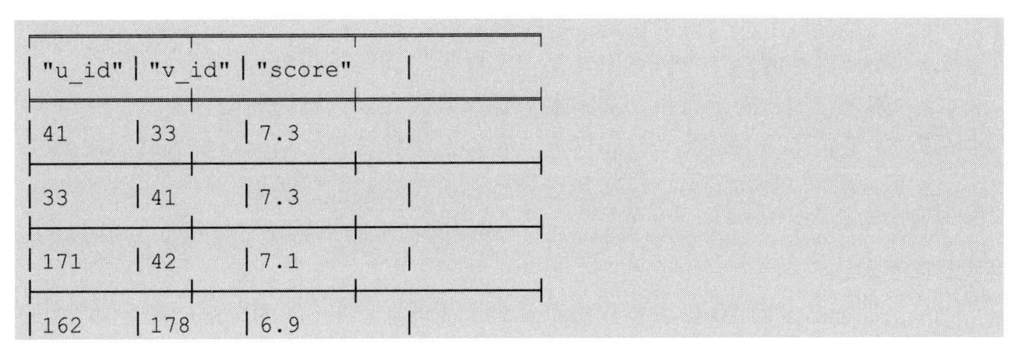

"u_id"	"v_id"	"score"
41	33	7.3
33	41	7.3
171	42	7.1
162	178	6.9

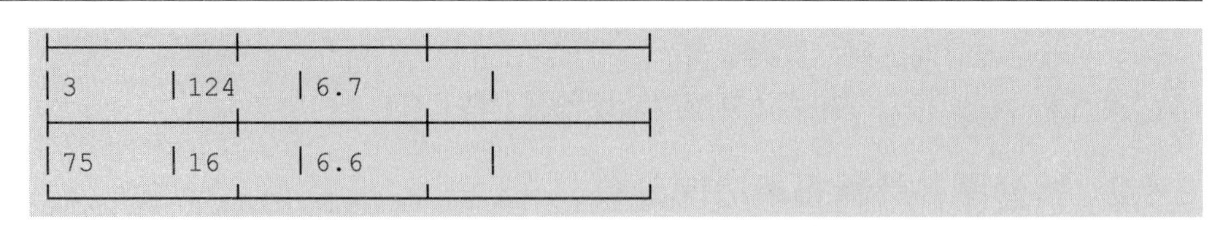

```
├─────────┼─────────┼─────────┤
│3        │124      │6.7      │
├─────────┼─────────┼─────────┤
│75       │16       │6.6      │
└─────────┴─────────┴─────────┘
```

要在模型中使用此分数，我们需要量化其识别能力，这可以通过接收者操作特性（Receiver Operation Characteristics，ROC）曲线实现。我们还需要找到分数的最佳截止点，以确定将来是否会出现链接。例如，我们应该在 score = 5，score = 4.5 甚至更低时停止吗？接下来我们就将讨论这两个主题。

9.4.3　衡量二元分类模型的性能

此问题是二元分类（Binary Classification）任务。我们的观测值是链接，因此必须确定它们属于以下两个类中的哪一个：

- 链接将在时间 t_1 和 t_2 之间创建。
- 在时间 t_1 和 t_2 之间将不会创建链接。

为了衡量给定模型的性能，可使用接收者操作特性（ROC）曲线。为此，我们需要先了解一些基础概念和相应操作：

- 理解 ROC 曲线。
- 提取特征和标签。
- 绘制 ROC 曲线。
- 确定最佳截止点并计算性能。

1. 理解 ROC 曲线

ROC 曲线据称最早是作为评估雷达可靠性的指标，这也是其名称中 Receiver（接收者）的由来。雷达需要将其接收的信号中真正的飞机信号和噪声（比如一只大鸟飞过）区分开来，这有以下 4 种情况：

- 如果它预测的是飞机（阳性），实际上也确实是飞机，这称为真阳性。
- 如果它预测的是飞机，实际上却是一只大鸟，这称为假阳性。
- 如果它预测的是大鸟（阴性），实际上也确实是大鸟，这称为真阴性。
- 如果它预测的是大鸟，实际上却是飞机，这称为假阴性。

ROC 曲线分析方法就是衡量真阳性率和假阳性率的指标，它被广泛运用于医学以及机器学习领域。

到目前为止，我们获得了哪些信息？对于测试样本来说，我们的图在时间 t_2 处，对于每对节点，我们都知道以下内容：

❑　在时间 t_2 处它们之间是否确实存在链接（即基本事实）。

❑　根据链接预测指标计算出的分数。

从这些信息中，我们可以得出每个标签的分数分布。来看图 9-11 所示的绘图示例。

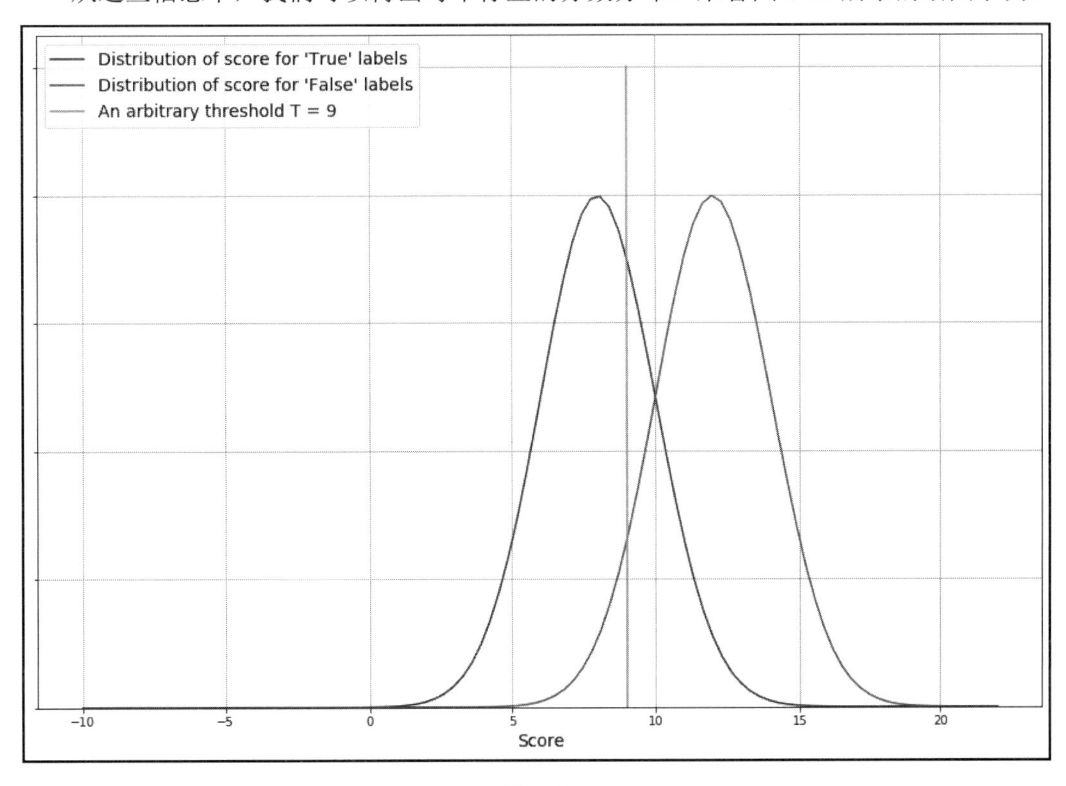

图 9-11

原　　文	译　　文
Distribution of score for 'True' labels	'True'标记的分数分布
Distribution of score for 'False' labels	'False'标记的分数分布
An arbitrary threshold T=9	任意阈值 T=9
Score	分数

在图 9-11 中，最左侧的红色曲线代表所有标记为 False 的观测值的分数分布，而最右侧的绿色曲线则对应于所有标记为 True 的观测值的分数分布。为了评估指标的质量，我们可以使用 ROC 曲线。

为了根据这些信息做出预测，我们需要定义一个分数阈值。要定义分数阈值，则需要设置一条垂直线，以使该垂直线左侧的所有观测值都被分类为 False，而右侧的所有观测值（即分数高于阈值的观测值）将被归类为 True。图 9-12 说明了两种可能的阈值选择；上面一行的阈值为 T = 11，下面一行两个图的阈值为 T = 7。

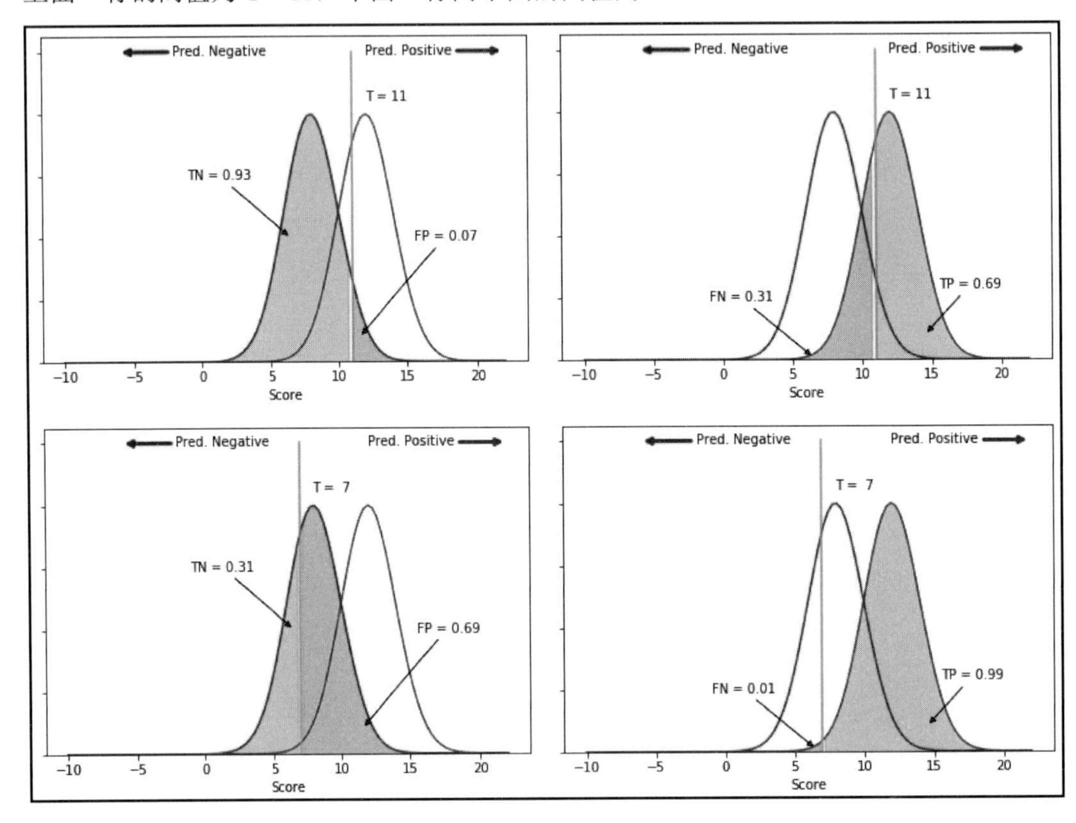

图 9-12

原　　文	译　　文
Pred. Negative	预测为阴性
Pred. Positive	预测为阳性
Score	分数

从这些曲线，我们可以定义以下变量：

- 真阳性（True Positive，TP）：正确分类为阳性的观测值数。这对应于绿色曲线下方和所选阈值右侧的绿色区域。
- 假阴性（False Negative，FN）：这是 TP 的对应项，对应于归类为阴性的阳性观测值的比例。在图 9-12 中，这是绿色曲线下的红色区域。

- 真阴性（True Negative，TN）：正确归类为阴性的阴性观测值数。这是左侧红色曲线下方的绿色区域。
- 假阳性（False Positive，FP）：被错误分类为阳性的阴性观测值数。这对应于红色曲线下的红色区域。

结合这 4 个变量可定义真阳性率（True Positive Rate，TPR）和假阳性率（False Positive Rate，FPR）：

$$TPR = TP / (TP + FN)$$

$$FPR = FP / (FP + TN)$$

真阳性率（TPR）衡量的是正确分类的 True 观测值与整个阳性观测值集合的比例。假阳性率（FPR）则量化了错误分类的阴性观测值的比例（阴性被判断为阳性）。这两个数量之间的权衡可由 ROC 曲线表示，如图 9-13 所示。

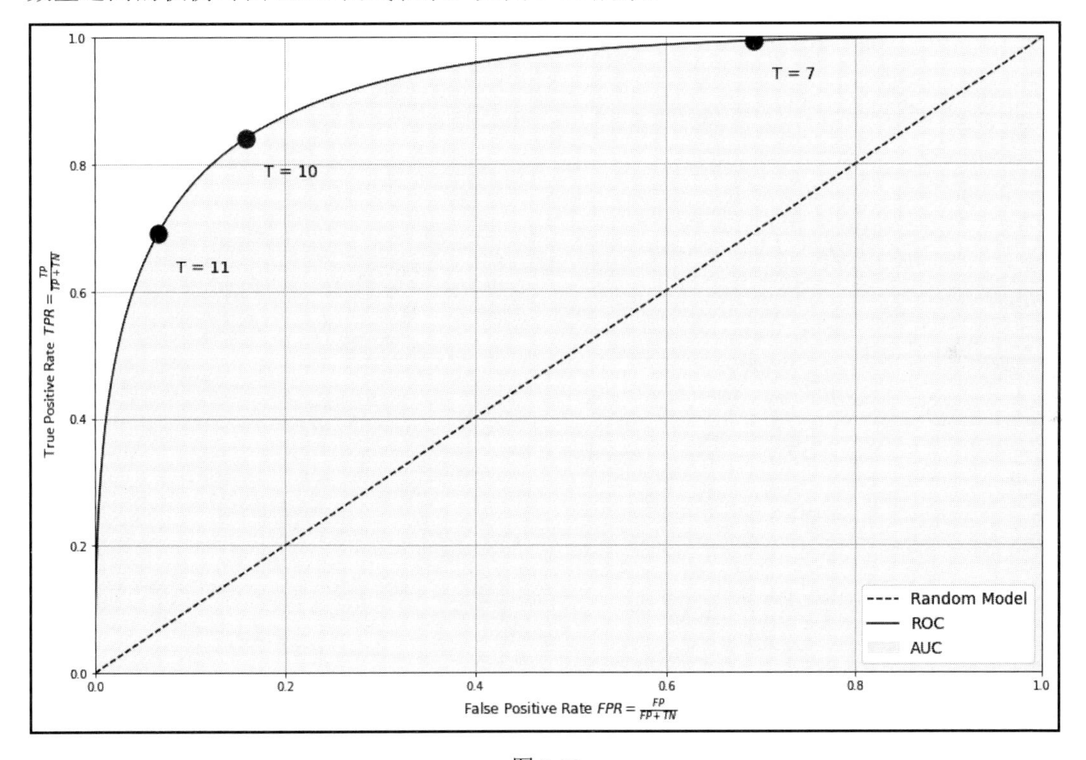

图 9-13

原　　文	译　　文
True Positive Rate	真阳性率
False Positive Rate	假阳性率

续表

原　　文	译　　文
Random Model	随机模型
ROC	接收者操作特性曲线
AUC	ROC 曲线下的面积（Area Under ROC Curve，AUC）

图 9-13 中的每个点均对应于给定的阈值。T = 10 处的点接近最佳分区，也就是说，它是在 FPR 和 TPR 之间具有最佳折衷的点。

图 9-14 提供了一些配置（Configuration）示意图，以帮助我们更好地了解 ROC 曲线在不同情况下的外观。

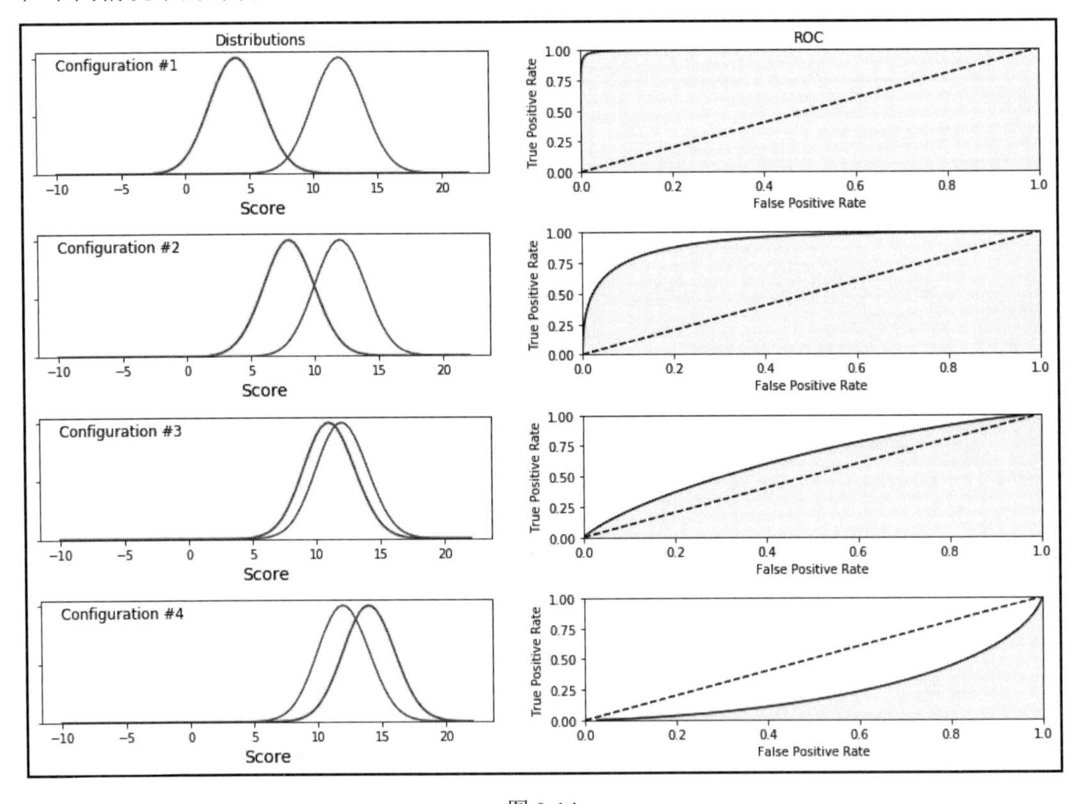

图 9-14

原　　文	译　　文
Distributions	分布
Configuration	配置

续表

原　　文	译　　文
Score	分数
ROC	接收者操作特性曲线
True Positive Rate	真阳性率
False Positive Rate	假阳性率

让我们仔细看一下这些配置：

在配置 1 中，False（最左边的曲线）和 True（最右边的曲线）标记的分数分布很好地分开了。你可以轻松猜测应该使用哪个阈值来创建一个模型，该模型可成功地将观测值分配给正确的类。在这种情况下，AUC 接近于 1，这表明该模型几乎是完美的。

在配置 2 中，两个分布更加接近，但仍可区分。此时的 AUC 较低，大约为 0.8，但是我们仍然可以达到良好的性能。

在配置 3 中，两个分布几乎相同，并且该模型仅比随机选择稍好。

在配置 4 中，该模型似乎颠倒了这两个类别，因为 False 标签现在由最右侧的曲线表示，因此比 True 标签具有更高的得分。如果我们坚持将较高的分数归为阳性的规则，则该模型的性能甚至比随机模型还差。

接下来，我们将回到最初的链接预测问题并绘制 ROC 曲线。

2. 提取特征和标签

要为链接预测任务创建数据集，可执行以下操作。

（1）仅使用 KNOWS_T1 关系来计算图中每对节点的分数。

（2）丢弃在 t_1 时已经相互链接的节点对。

（3）提取其余每对节点的标签；如果两个节点之间的关系在时间 t_2 处存在，则标签为 True，否则为 False。

以下查询将执行这 3 项操作：

```
MATCH (u)
MATCH (v)
// 仅从无向图获取一个链接
WHERE u.id < v.id   // exclude u = v
// 排除在 T1 时已有的边
AND NOT ( (u)-[:KNOWS_T1]-(v) )
// 计算分数
WITH u, v,  gds.alpha.linkprediction.adamicAdar(
            u, v, {
                  relationshipQuery: "KNOWS_T1",
```

```
                direction: "BOTH"
            }
        ) as score
RETURN  u.id as u_id,
    v.id as v_id,
    score,
    // 获取标签：在时间 T2 处是否存在边？
    EXISTS( (u)-[:KNOWS_T2]-(v) ) as label
```

注意：

链接预测算法仍位于 GDS 插件的 alpha 层（自 1.2.0 版开始）。这意味着它们尚未优化，上述查询可能需要很长的时间！

该查询创建的数据集在 adamic_adar_scores_labelled.csv 文件中可用。

3. 绘制 ROC 曲线

在使用 Neo4j 计算基于图的信息之后，让我们使用一些更经典的数据科学工具来量化得分的质量。我们将使用在 Pandas 和 scikit-learn 中实现的函数。

这包括以下操作：

- 创建 DataFrame。
- 使用 Matplotlib 绘制 ROC 曲线。

1）创建 DataFrame

首先，让我们使用 Neo4j Python 驱动程序将数据从 Neo4j 导出到 Pandas DataFrame（类似第 8 章“在机器学习中使用基于图的特征”中用过的方法）。

```
import pandas as pd
from neo4j import GraphDatabase

driver = GraphDatabase.driver("bolt://localhost:7687", auth=("neo4j",
"<YOUR_PASSWORD>"))

cypher = """
MATCH (u)
MATCH (v)
WHERE u.id < v.id   // 排除 u = v
AND NOT ( (u)-[:KNOWS_T2]-(v) )
WITH u, v,  gds.alpha.linkprediction.adamicAdar(
                u, v, {
                        relationshipQuery: "KNOWS_T1",
                        direction: "BOTH"
```

```
                }
            ) as score
RETURN  u.id as u_id,
        v.id as v_id,
        score,
        EXISTS( (u)-[:KNOWS_T1]-(v) ) as label
"""

with driver.session() as session:
    rec = session.run(cypher)

df = pd.DataFrame.from_records(rec.data())
```

提示：

记住要更新上述代码，以使用你自己的凭据连接到 Neo4j。

该 DataFrame 中的类分区如下：

```
False    105555
True       3839
```

上述结果显示，不存在的链接（False）大约是现有链接（True）的 30 倍。也就是说，我们的数据集是不平衡的。当然，在此分析阶段，只要我们使用不受这种不平衡影响的指标，这就不会是一个问题。

图 9-15 再现了每个类的标准化分数分布。

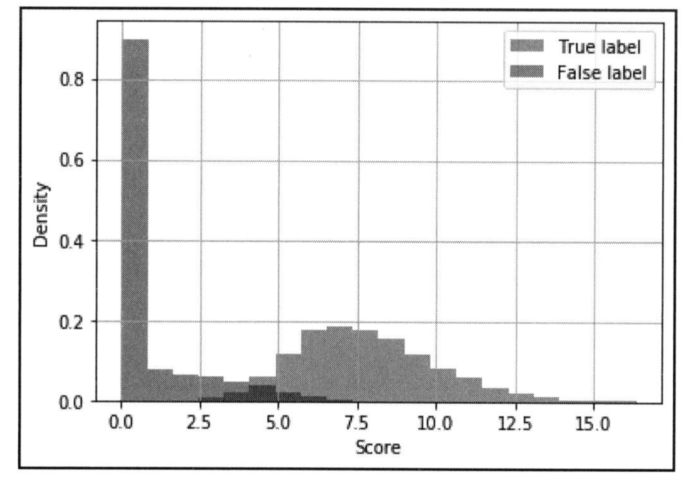

图 9-15

原　　文	译　　文
Density	密度
Score	分数
True label	True 标记
False label	False 标记

从图 9-15 中可以看出，Adamic-Adar 分数似乎是推断未来链接的一个很好的指标。现在让我们使用 ROC 曲线对此进行量化。

2）使用 Matplotlib 绘制 ROC 曲线

首先，我们应该将数据集拆分为训练样本和测试样本，并保持两个样本中的类划分比例。也就是说，整个数据集中 False 和 True 的比例为 1∶30，则训练集和测试集均应该保持同样的 False 和 True 样本比例：

```
from sklearn.model_selection import train_test_split

X = df[["score"]]
y = df.label
X_train, X_test, y_train, y_test = train_test_split(
        X, y,
        test_size=0.2,
        random_state=42,
        # 确保训练集和测试集的样本数量
        # 仍然保持整个数据集中类的不平衡比例
        stratify=y
)
```

如前文所述，我们的数据集是不平衡的。现在可以使用一些采样技术来恢复训练集中的类的平衡：

```
from imblearn.under_sampling import RandomUnderSampler

rus = RandomUnderSampler(random_state=SEED)
X_train, y_train = rus.fit_resample(X_train, y_train)
```

为了在不同的阈值下计算假阳性率（FPR）和真阳性率（TPR），可使用 scikit-learn 函数执行以下操作：

```
from sklearn.metrics import roc_curve

fpr, tpr, thresholds = roc_curve(y_train, X_train.score)
```

要使用 Matplotlib 绘制 ROC 曲线，可使用以下代码：

```
import matplotlib.pyplot as plt

plt.plot(fpr, tpr, color='blue', linewidth=2)
```

图 9-16 显示了结果。

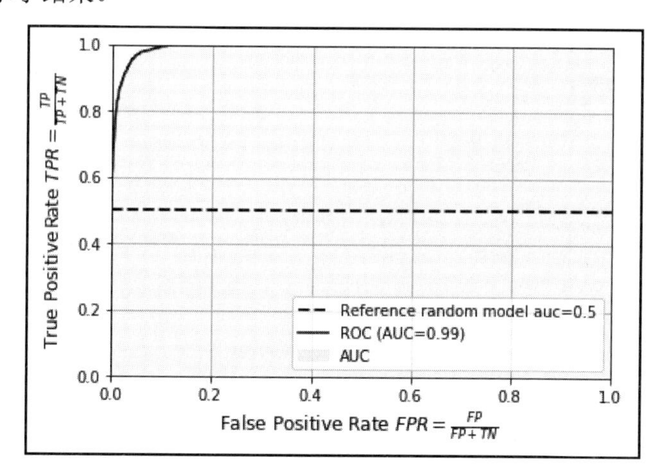

图 9-16

原　　文	译　　文
True Positive Rate	真阳性率
False Positive Rate	假阳性率
Reference random model auc = 0.5	参考随机模型 auc = 0.5

从图 9-16 可以看出，我们的模型运行良好，在某些阈值下，可以实现 TPR 和 FPR 的良好性能。只需要选择此阈值即可完成第一个链接预测模型的构建。

4．确定最佳截止点并计算性能

选择用于分类的阈值取决于许多参数。在这里，我们将使用一个阈值，该阈值将导致精确率（Precision）和召回率（Recall）之间的最佳权衡：

```
precisions, recalls, thresholds = precision_recall_curve(y_train,
X_train.score)
plt.plot(thresholds, recalls[:-1], label="Recall")
plt.plot(thresholds, precisions[:-1], label="Precision")
plt.legend()
plt.grid()
plt.xlabel("Threshold")
plt.show()
```

生成的图如图 9-17 所示，其中的深蓝色下降曲线表示召回率，而浅橙色上升曲线则表示精确率。

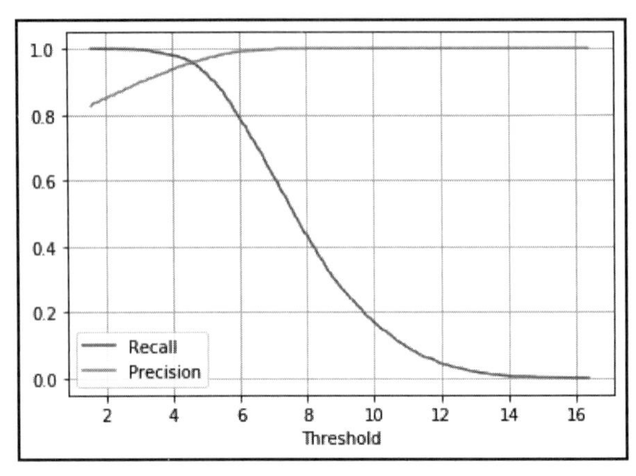

图 9-17

原　　文	译　　文
Recall	召回率
Precision	精确率
Threshold	阈值

可以看到，召回率和精确率在阈值 5 的位置附近相交，因此，选择该点将导致精确率和召回率之间的最佳权衡。

选择阈值 5 会生成如图 9-18 所示的混淆矩阵。

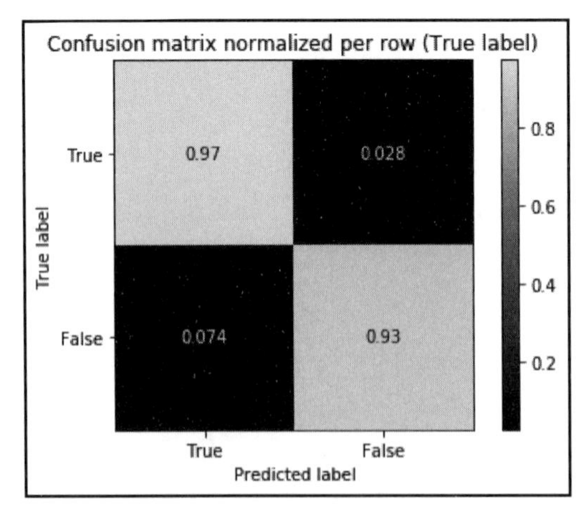

图 9-18

原　　文	译　　文
Confusion matrix normalized per row(True label)	按每行归一化的混淆矩阵（真实标记）
True label	真实标记
Predicted label	预测标记

在时间 t_2（第一行）的所有现有边中，我们的算法正确地标记了 97%的 True 分类。同样，对于不存在的边，有 93%被正确分类为 False。

9.4.4　使用 scikit-learn 建立更复杂的模型

第一个仅使用 Adamic-Adar 分数进行预测的模型已经很好地工作了，但是，它仅使用了一个特征。接下来，我们将像第 8 章“在机器学习中使用基于图的特征”中所做的那样，从图中提取更多特征。将数据提取到 DataFrame 中并正确设置标签后，即可使用任何二元分类器，无论它是 scikit-learn 还是其他软件包。

9.4.5　将链接预测结果保存到 Neo4j 中

一旦我们的模型准备就绪并产生了预测，就可以将其保存回 Neo4j 中以备将来使用（请参见第 11 章“在 Web 应用程序中使用 Neo4j”）。关于链接预测问题，我们将为确定在将来更可能连接的每对节点保存一个新的关系类型：FUTURE_LINK。

让我们从编写将执行此操作的参数化 Cypher 查询开始：

```
cypher = """
MATCH (u:Node {id: $u_id})
MATCH (v:Node {id: $v_id})
CREATE (u)-[:FUTURE_LINK {score: $score}]->(v)
"""
```

将所有必需的信息合并到一个 DataFrame 中：

```
df_test = df.loc[X_test.index]
df_test["score"] = pred
```

然后遍历此数据并为具有 label = True 的行创建一个关系：

```
with driver.session() as session:
    for t in df_test.itertuples():
        if t.label:
            session.run(cypher, parameters={
                "u_id": t.u_id,
                "v_id": t.v_id,
```

```
            "score": t.score
        })
```

循环现在关闭。从 Neo4j 提取数据以执行分析后，该分析的结果现在又返回到数据库中。现在，它们可以由后端或前端应用程序获取，例如向用户显示好友推荐和商品推荐等。

在结束本主题之前，让我们回到二分图（Bipartite Graph）的主题，该图对于产品推荐之类的应用特别有用。

9.4.6　预测二分图中的关系

在二分图用例中，我们上面介绍的方法效果不佳。实际上，由闭合三角形组成的算法是不合适的。

例如，来看如图 9-19 所示的图。

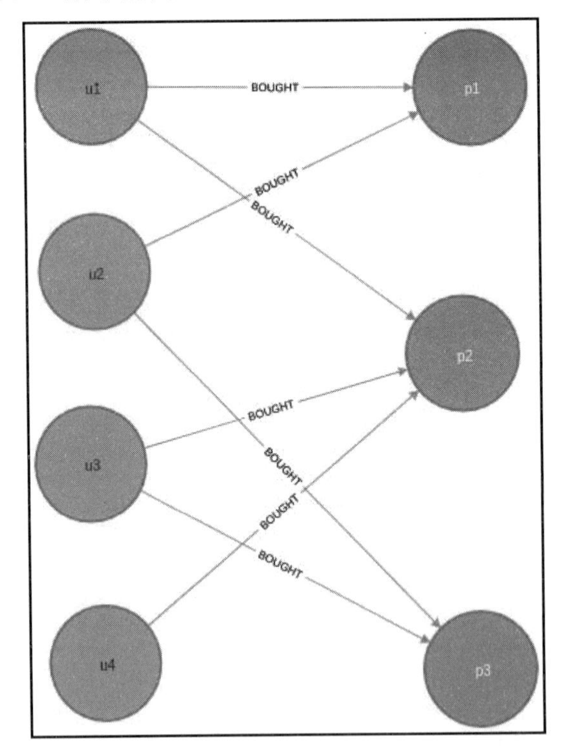

图 9-19

可使用以下 Cypher 查询创建此图：

```
CREATE (u1:User {name: "u1"})
CREATE (u2:User {name: "u2"})
CREATE (u3:User {name: "u3"})
CREATE (u4:User {name: "u4"})

CREATE (p1:Product {name: "p1"})
CREATE (p2:Product {name: "p2"})
CREATE (p3:Product {name: "p3"})

CREATE (u1)-[:BOUGHT]->(p1)
CREATE (u1)-[:BOUGHT]->(p2)
CREATE (u2)-[:BOUGHT]->(p1)
CREATE (u2)-[:BOUGHT]->(p3)
CREATE (u3)-[:BOUGHT]->(p2)
CREATE (u3)-[:BOUGHT]->(p3)
CREATE (u4)-[:BOUGHT]->(p2)
```

用户 u1 和 u2 都购买了产品 p1。因此，u1、u2 和 p1 可能是三角形的三个角。但是，由于无法在 u1 和 u2 之间建立关系，因此无法通过在 u1 和 u2 之间添加边来闭合该三角形。

解决方案是要么改变我们寻找邻居的方式，要么创建一些虚假的关系，以将二分图转换成单分图。在上面的图示例中，可以考虑让购买过相同产品的用户以某种方式建立联系，从而在用户之间创建虚假关系。

可使用以下查询创建新的关系：

```
MATCH (u1:User)-[:BOUGHT]->(:Product)<-[:BOUGHT]-(u2:User)
CREATE (u1)-[:LINKED_TO]->(u2)
```

图 9-20 再现了由 User 节点和 LINKED_TO 关系构成的结果图。

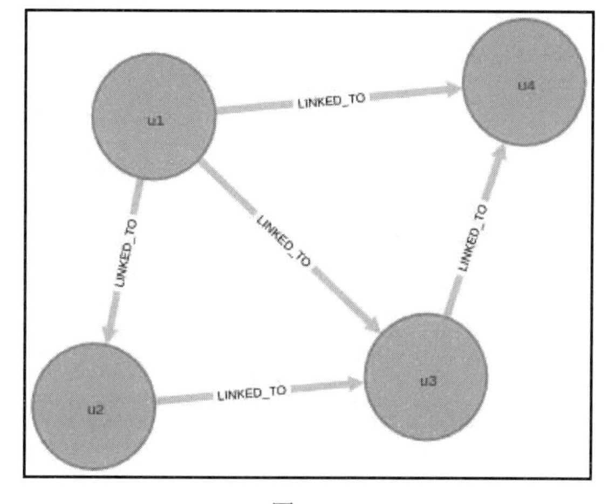

图 9-20

这个新的 LINKED_TO 关系可以用作链接预测函数中的参数：

```
MATCH (u:User)
MATCH (v:User)
WHERE id(u) < id(v)
RETURN gds.alpha.linkprediction.commonNeighbors(u, v, {
    relationshipQuery: "LINKED_TO",
    direction: "BOTH"
})
```

知道两个用户可能会通过这种虚假关系建立联系，这将使我们对他们将来可能购买的产品有所了解。但是，这还不是用户和产品之间的链接预测问题。

为此，我们需要在产品和用户之间创建新的关系，这与 BOUGHT 关系相反：

```
MATCH (p:Product)<-[:BOUGHT]-(u:User)
CREATE (p)-[:LINKED_TO]->(u)
```

有了这些新的关系之后，我们的图将如图 9-21 所示。

现在，我们可以使用以下查询来获取用户与产品之间链接的预测得分：

```
MATCH (u:User)
MATCH (p:Product)
WHERE NOT EXISTS ( (u)-[:BOUGHT]->(p) )
WITH u.name as user, p.name as product,
gds.alpha.linkprediction.commonNeighbors(u, p, {
    relationshipQuery: "LINKED_TO",
    direction: "BOTH"
}) as score
RETURN user, product, score
ORDER BY score DESC
```

结果如下：

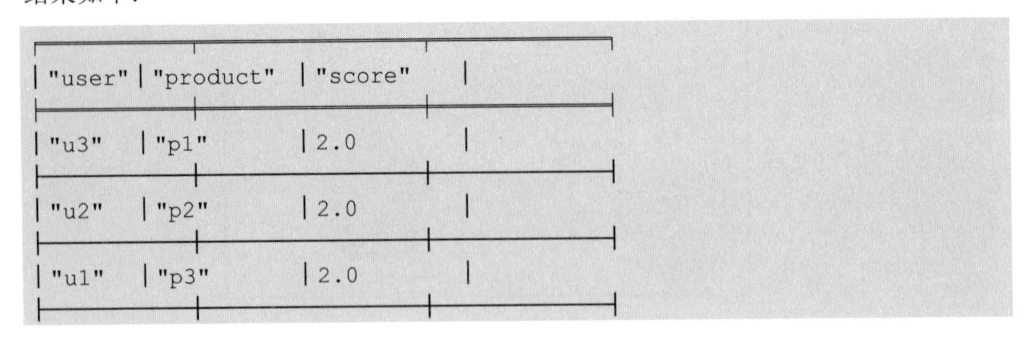

"user"	"product"	"score"
"u3"	"p1"	2.0
"u2"	"p2"	2.0
"u1"	"p3"	2.0

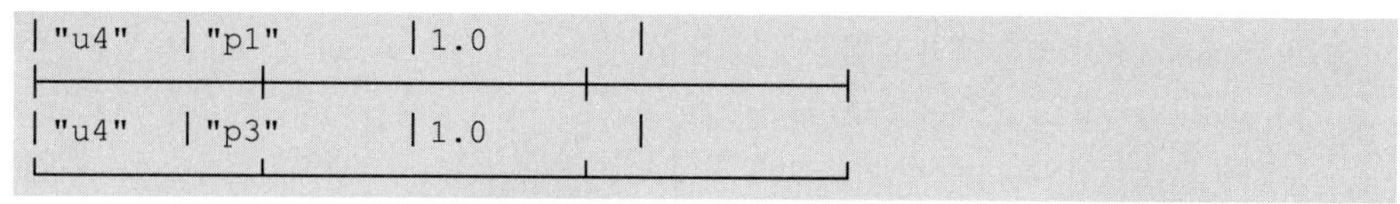

```
│"u4"   │"p1"      │1.0       │
├───────┼──────────┼──────────┤
│"u4"   │"p3"      │1.0       │
└───────┴──────────┴──────────┘
```

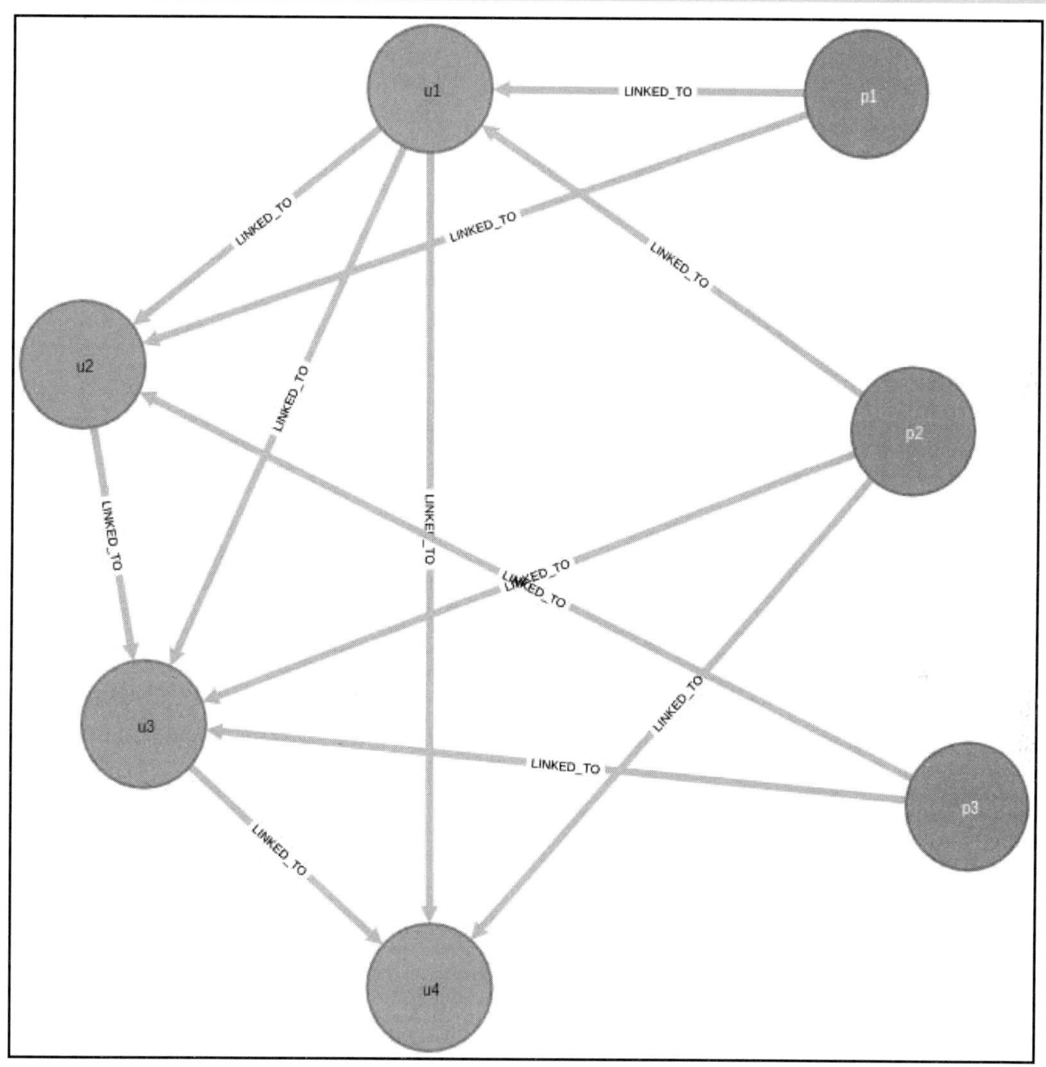

图 9-21

让我们分析一下这个结果：

- u3 连接到 u2 和 u1。u3 购买了产品 p1，因此 u3 和 p1 之间的共同邻居数为 2。

- u4 和 p1 有一个公共邻居 u1，因为 p1 的另一个邻居是 u2，而 u2 没有连接到 p1，所以 u4 和 p1 之间的关系的评分是 1。

我们在这里使用 commonNeighbors 算法是因为它更容易分析结果，但是本章讨论过的任何其他链接预测函数都可以实现相同的效果。

9.5 小　　结

在阅读完本章之后，你应该对链接预测的含义以及如何将其用于解决许多与图有关的问题有一个更清晰的了解。你还应该知道可以使用哪一种指标来预测将来在两个节点之间出现链接的可能性。

本章从头开始构建了链接预测问题，阐释了它与经典数据科学问题的不同之处，并介绍了如何成功构建预测模型以预测图中的新关系。

到目前为止，我们已经学习了如何基于数据形成图结构这一事实来构建要素。了解这些特征的图结构和预测能力是重要的一步。但是，现代机器学习技术倾向于避免特征工程步骤（在这些步骤中，算法会自动学习所谓嵌入的特征）。将这种技术应用于图正是在第 10 章中将要讨论的主题。

9.6 思 考 题

请尝试使用 GDS 插件中的其他链接预测算法。

9.7 延 伸 阅 读

- *Link Prediction in Complex Networks: A Survey*（《复杂网络中的链接预测：调查》），该论文的网址如下：

  https://arxiv.org/abs/1010.0725

- 有关生物学和基因-疾病关系的链接预测的论文：

  https://bigdata.oden.utexas.edu/publication/prediction-and-validation-of-gene-disease-associations-using-methods-inspired-by-social-network-analyses/

- 有关犯罪语境下的链接预测资料：
  https://www.ncbi.nlm.nih.gov/pmc/articles/PMC4841537/
- 有关 Twitter 上链接预测的文章：
  https://dl.acm.org/doi/10.1145/2488388.2488433
- Katz 指标计算（2019 论文）：
  https://arxiv.org/abs/1912.06525

第 10 章　图嵌入——从图到矩阵

本章将继续探讨图分析的主题，并解决最后一个难题：通过嵌入从图中学习特征。由于自然语言处理（Natural Language Processing，NLP）中使用了词嵌入（Word Embedding），因此嵌入变得很流行。

本章将首先介绍为什么嵌入很重要，并阐释术语图嵌入（Graph Embedding）及其涵盖的不同类型的分析。在此之后，我们将介绍基于邻接矩阵的嵌入算法。

本章将探索神经网络和图嵌入技术的结合。我们将从词嵌入的示例开始，详细介绍 Skip-Gram 模型，并使用 DeepWalk 算法演示图的平行关系。

最后，我们还将讨论其他图嵌入技术，例如一种很有希望的新型算法：图神经网络（Graph Neural Network，GNN）。

本章包含以下主题：

- 关于图嵌入。
- 基于邻接矩阵的嵌入算法。
- 从人工神经网络提取嵌入向量。
- 图神经网络。
- 图算法的深入研究。

10.1　技术要求

本章将使用以下技术和库：

- Neo4j 和 GDS 插件。
- Python（3.6 或更高版本），带有以下软件包（均可通过 pip 安装）：
  - Jupyter Notebooks（或 Jupyter Lab）。
  - Pandas、NumPy、Matplotlib。
  - Networkx。
  - karateclub：

    https://github.com/benedekrozemberczki/karateclub

本章代码可从 GitHub 存储库获得，网址如下：

https://github.com/PacktPublishing/Hands-On-Graph-Analytics-with-Neo4j/ch10/

10.2　关于图嵌入

机器学习模型是基于矩阵计算的：我们的观察结果被组织成表格中的行，而特征则是列或向量。将诸如文本或图之类的复杂对象表示为大小合理的矩阵可能是一个挑战。这正是图嵌入技术要解决的问题。

本节将讨论以下内容：

- ❑ 嵌入的意义。
- ❑ 图嵌入技术概述。

10.2.1　嵌入的意义

在第 8 章“在机器学习中使用基于图的特征”介绍了如图 10-1 所示的模式。

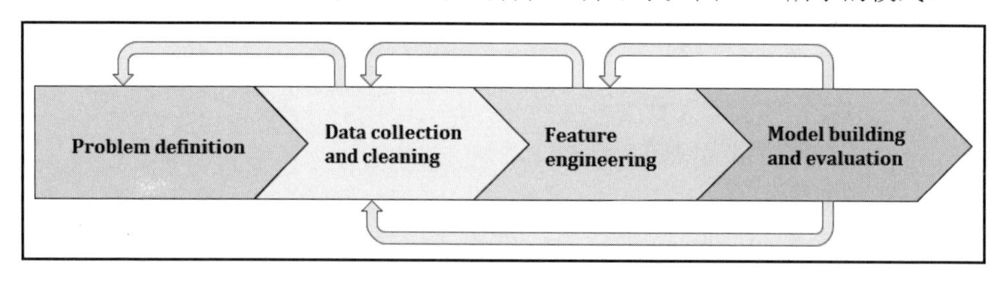

图 10-1

原　　文	译　　文
Problem definition	问题定义
Data collection and cleaning	数据收集和清洗
Feature engineering	特征工程
Model building and evaluation	模型建立和评估

特征工程（Feature Engineering）步骤涉及从我们的数据集中提取特征。当此数据集包含已经具有数值或分类特征的观测值时，从这些数据中构建特征是很容易的。

但是，某些数据集不具有表格形式的结构。在这种情况下，我们需要先创建该结构，然后再将数据集输入机器学习模型中。

以包含数千个单词的文本（如书稿）为例。现在，假设你的任务是根据给定的单词（Word）预测哪个单词更可能出现。要创建此模型（Model），我们需要找到一种机器学习模型，例如：

Model(Word) = Next Word

当然，机器学习模型（无论是线性回归模型还是人工神经网络）都可以使用特征向量（Feature Vector）。因此，我们需要找到与每个 V(Word) 关联的特征的列表，然后将模型拟合到这些向量：

Model(V(Word)) = V(Next Word)

因此，我们面临的问题是找到一个良好的特征向量 V(Word)。但是，在此之前，我们需要定义什么是良好的特征向量并了解以下基础概念：

- 独热编码。
- 创建单词特征——手动方式。
- 嵌入技术细节。

1. 独热编码

英国小说家阿瑟·柯南·道尔（Arthur Conan Doyle）因成功塑造了侦探福尔摩斯而闻名，在其小说 *A Study in Scarlett*（血字的研究）中，有这么一句名言：

It is a capital mistake to theorize before one has data.

这句话的意思是“在获得数据之前先进行理论分析是一个重大错误”。我们将使用它来作为语料示例。

首先，我们需要对该句子进行简化，删除不提供任何信息的单词（如 a 和 the）——在自然语言处理（NLP）技术中，像 a 和 the 这样的没有什么实际含义的单词称为停用词（Stop Word），并删除动词的共轭形式：

be capital mistake theorize before one have data

在大多数情况下，我们还会对单词进行排序（假设按字母顺序排列）并删除重复项，这将使我们利用剩下的单词来进行编码：

be before capital date have mistake one theorize

为了用向量表示该语料库的每个单词，可以使用独热编码（One-Hot Encoding）技术。独热编码的方法是使用 N 位状态寄存器来对 N 个状态进行编码，在本示例中，就是要创建一个大小等于语料库中单词数的向量，除单词索引位置为 1 外，其他各处均为 0。图 10-2 说明了这一点。

单词 be 是语料库中的第一个单词，因此在表示该单词的向量中，除在第一个位置放上一个 1 外，其他位置都为 0。

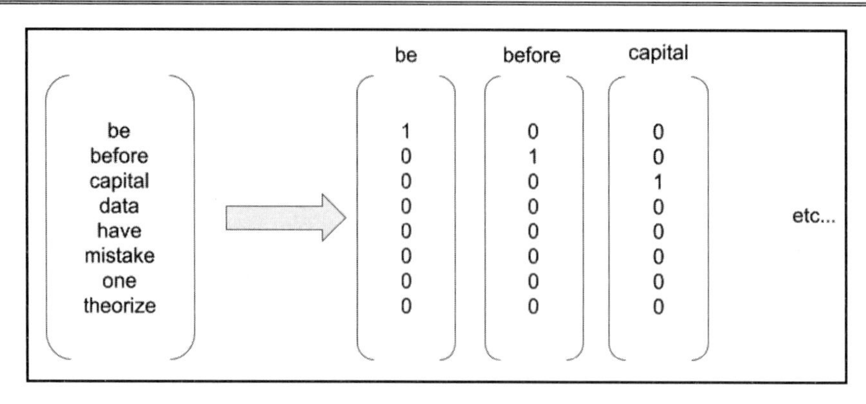

图 10-2

原　文	译　文
etc…	如此等等……

使用这种技术意味着每个单词都具有与数据集中的单词数量一样多的特征。在真实文本分析应用程序中，一个语料库可以包含成千上万个单词，因此，可以想见的是，如果都像我们上面所讨论的那样表示整个数据集，那么将导致内存效率低下。即使可以利用数据稀疏性并使用稀疏矩阵表示，也可能陷入维度诅咒（Curse of Dimensionality）。

当观测值数量无法覆盖整个特征空间时，就会出现维度诅咒问题。想象一下，你有一个特征 X，其值在 0～10 均匀分布。如果希望每个点按大小为 1 进行分箱（Bin），则大约需要 10 个观测值。如果添加具有相同分布的另一特征 Y，并且要覆盖由 X 和 Y 构成的完整 2D 平面，则意味着在每个尺寸为 1×1 的正方形中至少有一个点，那么你将需要 100 个观测值。并且，随着你添加更多特征，该数字还将继续增长，直到你无法收集到如此多的观测值为止。

这时就需要应用到嵌入技术了。嵌入技术使我们能够找到每个单词的向量表示，并且涉及的维数少于单词总数。在选择特征时，将保留有关初始数据集的关键信息（如单词含义）。

2．创建单词特征——手动方式

在文本语料库中，每个观测值对应一个单词，我们需要找到并量化每个观测值的特征。创建特征是很有意义的，因为表示相似概念的单词就将具有相似特征。

让我们以电影 Star Wars（星球大战）中的一些角色为例来解释该主题。

我们可以尝试找到该影片中每个角色的特征列表。在此，我们可以确定 3 个特征：性别（0 为女人，1 为男人）、种族和善恶阵营（0 为坏人，1 为好人）。利用这 3 个特征，可以构建表 10-1。

表 10-1　星球大战中的角色特征列表

角　色	性　别	种　族	善恶阵营
Darth Vader	1	1	0
Yoda	1	2	1
Princess Leia	0	1	1
R2D2	1	3	1

Darth Vader 是来自原力黑暗面的男人，著名黑武士，坏人，而 Leia 和 Yoda 则是光明阵营的好人。Darth Vader 和 Leia 都是人类，R2D2 是机器人，Yoda 则是外来种族。

我们也可以对其他类别的单词进行相同的练习。例如，可以将颜色视为特征。如果选择 3 个特征（红色、绿色和蓝色），则可以使用表 10-2 来表示它们。

表 10-2　各种颜色的特征含量

颜　色	红　色	绿　色	蓝　色
红色	1	0	0
绿色	0	1	0
蓝色	0	0	1
白色	1	1	1
黄色	1	1	0
黑色	0	0	0
橙色	1	0.6	0
紫色	0.9	0.5	0.9

特征第一列（红色）对每种颜色的红色含量进行编码，而特征第二列和第三列则提供了有关绿色和蓝色含量的信息。

在此示例中，我们看到了单词表示的另一个有趣方面，即可以通过使用诸如点积之类的计算来测量两个实数向量的接近程度。因此，我们可以使用表 10-2 中的向量表示来测量红色（Red）和蓝色（Blue）的接近度：

$$V(Red) . V(Blue) = (1, 0, 0) . (0, 0, 1) = 0$$

紫色（Violet）和蓝色（Blue）之间的接近度更高：

$$V(Violet) . V(Blue) = (0.9, 0.5, 0.9) . —— (0, 0, 1) = 0.9$$

颜色的向量表示方式告诉我们，蓝色更接近紫色，而不是红色。因此，这种表示方式看起来不错，因为它还包含一些独热编码看不到的颜色的信息。实际上，两个独热编码向量的点积将返回 1（当向量相同时）或 0（当向量不同时），从而隐藏两者之间的任何差异。

现在，我们有两个特征集：一个是[Redness, Greenness, Blueness]，另一个是[Gender, Species, Goodness]。可以将它们合并为一个完整的集合 [Redness, Greenness, Blueness, Gender, Species, Goodness]，如表 10-3 所示。

表 10-3　合并特征集

单　词	Redness	Greenness	Blueness	Gender	Species	Goodness
Red	1	0	0	0	0	0
Darth Vader	0	0	0	1	1	0

Yoda 的肤色有一定的绿色含量，因此可以为他填写颜色特征，如表 10-4 所示。

表 10-4　Yoda 的颜色特征

单　词	Redness	Greenness	Blueness	Gender	Species	Goodness
Yoda	0.4	0.6	0.3	1	2	1

本节提供了特征在表示单词时的显示方式。可以看到，手动构建特征来表示语料库中的所有单词是不切实际的。当然，我们已经讨论了相似性的重要概念：嵌入不会返回随机数，而是以某种方式编码实体（这里指的就是单词）之间的相似性。

接下来，让我们继续探讨嵌入技术如何解决我们的问题。

3．嵌入技术细节

嵌入的目的是将单词编码为向量 V(word)，该向量的维度为 d（$d \ll N$），以便以某种方式保留单词的含义。因此，从表示单词的独热编码矩阵开始，我们希望得到一个大小为 $N \times d$ 的矩阵，其中 d 很小，如图 10-3 所示。

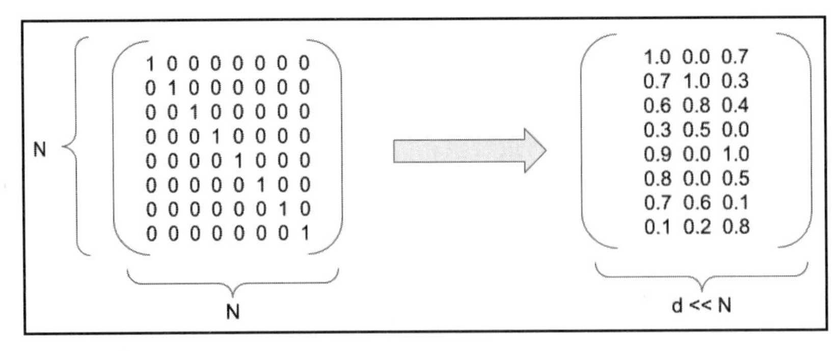

图 10-3

但是，到目前为止，我们所做的只是减少特征的数量。图 10-4 说明了保留单词含义的实际意义。

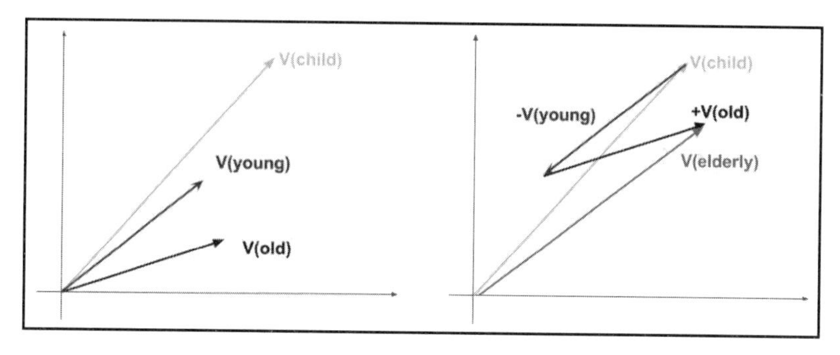

图 10-4

该示意图显示了 4 个单词——child（儿童）、young（年轻人）、old（老人）和 elderly（年长者），每个单词都由二维向量表示。这些向量相互关联，如下式所示：

$$V(child) - V(young) + V(old) \approx V(elderly)$$

这意味着，如果采用代表 child 这个词的向量，并从中删除代表 young 这个词的向量，那么你就有一个中间向量代表一个没有年龄的人。如果向此向量添加 old 一词的向量表示，则可以找到代表 elderly 的向量。

换句话说，嵌入不仅减少了描述一个实体所需的特征数量，而且还对问题的一部分进行了编码，以使实际数据集中的两个紧密实体在嵌入空间中也紧密。因此，在讨论嵌入技术时，相似性的概念非常重要。衡量两个实体的相似程度至关重要，如果在预测问题中使用表示不佳的实体，则会导致结果较差。

尽管文本是一个很长的单词序列，但图（即使不是连续的）也是一个很长的节点列表，它们通过边相互连接。由于图是由若干个实体组成的，一侧是节点，另一侧是边缘，因此图嵌入（Graph Embedding）实际上可以引用多种类型的算法，具体取决于要编码的实体。

10.2.2　图嵌入技术概述

在前两章中，我们了解了如何使用节点或边作为观测值，以便将传统的机器学习管道应用于图。我们已经讨论了如何基于某些节点属性和图结构（社区、节点重要性、邻居）创建代表节点和边的特征。

图包含两种不同类型的对象（节点和边），它们都可以成为给定分析的关注实体，并可以表示为向量。在第 8 章“在机器学习中使用基于图的特征”中，我们对节点感兴趣，并研究了如何执行某些节点分类。与文本类似，我们可以使用邻接矩阵创建图的 $N \times N$ 个矩阵表示形式，其中 N 是节点数。当然，如果能在保留图结构（Structure of the Graph）的同时找到节点表示的较低维向量，那么这将非常有用。

在第 9 章“预测关系”中，我们的观测值是边。使用包含节点之间所有可能边的矩阵对边进行建模时，将具有 N^2 个元素。

概括地说，图嵌入技术涵盖了以下三类算法：

- 节点嵌入（Node Embedding）：要嵌入的对象是节点，因此算法将为每个节点创建一个向量。此类算法可用于节点分类问题。
- 边嵌入（Edge Embedding）：在此类算法中，我们将边用作主要实体，并像在第 9 章“预测关系”中使用 Adamic-Adar 分数手动执行的操作那样，尝试为每条边分配一个向量。
- 全图嵌入（Whole-Graph Embedding）：该类算法将整个图表示为单个向量。全图嵌入有一种应用是在小图分析中。例如，分子图就是一个小图，在分子图中，原子是通过化学键相互连接的节点。研究图随着时间的推移而出现的演变可能很有用，并且全图嵌入可以为我们提供有关图动态的信息。

注意：

许多作者会使用术语“图嵌入”来指代节点嵌入，因此，如果你经常遇到此术语，不必感到惊讶。

在本章的其余部分，我们将重点介绍最常见的图嵌入算法，即有关节点嵌入问题的算法。但是，在深入讨论此类算法之前，我们不妨先来认识一下主要的词嵌入方法，因为这有助于在将其应用于图之前理解该概念。

10.3　基于邻接矩阵的嵌入算法

图可以轻松表示为大型矩阵。我们将要研究的第一个可以减小此矩阵大小的技术称为矩阵分解（Matrix Factorization）。

本节将讨论以下内容：

- 邻接矩阵和图拉普拉斯算子。
- 特征向量嵌入。
- 局部线性嵌入。

- ❑ 基于相似度的嵌入。
- ❑ 使用 Python 计算节点嵌入向量。

10.3.1　邻接矩阵和图拉普拉斯算子

与文本分析类似，图可以用一个非常大的矩阵表示，该矩阵对节点之间的关系进行编码。在第 6.4.6 节中“邻接矩阵”中，我们已经使用过该矩阵——邻接矩阵（Adjacency Matrix），也就是图 10-5 中的 M。

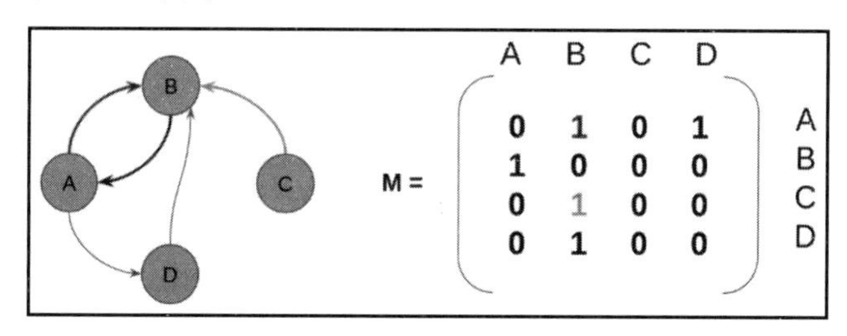

图 10-5

其他算法依赖于图拉普拉斯矩阵（Graph Laplacian Matrix）：

$$L = D - M$$

其中，D 是包含每个节点度数的对角矩阵，但是原则保持不变。

10.3.2　特征向量嵌入

减小矩阵大小的一种简单方法是将其分解为特征向量（Eigenvectors），并仅使用数量减少的这些向量作为嵌入。

使用图定位（Positioning）时，可以看到此类图表示形式的示例。实际上，在二维平面上绘制图就是一种嵌入。在 networkx 中可以找到的一种定位技术称为 Spectrum_layout，它包括将拉普拉斯矩阵分解成其特征向量。

10.3.3　局部线性嵌入

局部线性嵌入（Locally Linear Embedding，LLE）假定节点 n_i 的向量表示（可称之为 V_i）必须是 i 的邻居 $N(i)$ 的向量表示的线性组合。它被编码为以下方程式，其中的邻接矩阵用字母 M 表示：

$$V_i = \sum_{j \in N(i)} M_{ij} \times V_j$$

因此，找到嵌入就简化为一个优化问题，在该问题中，你将找到向量 V_i，以使 V_i 及其邻居的线性组合之间的距离尽可能小。用数学术语来说，就是我们最终要解决的是最小二乘最小化问题（Least-Squares Minimization Problem），其中的最小化函数如下所示：

$$\Phi(V) = \sum_i \left(V_i - \sum_{j \in N(i)} M_{ij} \times V_j\right)^2$$

这个问题包含许多变量，因为未知变量是 V_i 向量的分量，因此为 $N \times d$。但是，可以证明，该问题的解是矩阵 $M' = (I - M)^{\mathrm{T}} \cdot (I - M)$ 的前 $d + 1$ 个特征向量，因此该问题被简化为一个特征向量问题。

注意：

局部线性嵌入（LLE）技术也可以在图上下文之外使用。一般来说，邻居是通过 k-最近邻方法定义的，权重 M_{ij} 是在算法的第一阶段学习的。

10.3.4　基于相似度的嵌入

如果我们无法对向量在嵌入空间中的样子做出任何假设，则可以假设它们需要保留某种相似性。下面将介绍高阶邻近保留嵌入（HOPE）嵌入算法。

10.3.5　高阶邻近保留嵌入

在第 10.2.1 节中“创建单词特征——手动方式”中，我们使用了颜色向量表示的点积比较颜色之间的相似性，同样，我们也可以通过计算节点向量的点积来测量嵌入节点的相似性。当然，我们也可以使用其他启发式方法来度量节点的相似性，例如，在第 7 章“社区检测和相似性度量”中就研究了一些方法。Jaccard 相似性或 Adamic-Adar 相似性就是非常有名的节点相似性度量示例。

我们可以通过尝试使两个节点的向量相似性尽可能接近来构建节点嵌入。向量空间中的节点相似性由嵌入向量的点积 $V_i . V_j$ 来度量，而图中节点的相似性则由一个评分函数 S_{ij} 来度量。可以使用任何相似性度量（如 Adamic-Adar）来计算此评分函数。减小这两个度量之间的差实际上就是要求将以下函数最小化：

$$\Phi(V) = \sum_{ij} \left(V_i \cdot V_j - S_{ij}\right)^2$$

现在我们已经介绍了多种嵌入技术，但其实还可以找到更多的嵌入技术。接下来，我们将介绍 karateclub Python 软件包，该软件包中包含许多实现以及相关论文的链接。

10.3.6　使用 Python 计算节点嵌入向量

节点嵌入算法通常首先由研究人员实现，他们试图找到在低维空间中表示图的新方法。有很多人使用不同的语言来处理此主题。在使用图算法（例如通过Python计算嵌入）时，可以找到协调这些实现的软件包。其中包括：

- scikit-networks：该软件包在 scikit 工具箱中，使用与 scikit-learn 完全相同的 API，并且每种算法都有 fit/transform 方法。图需要使用 NumPy 或 SciPy 稀疏矩阵表示为邻接矩阵。
- karateclub：该软件包与 scikit-learn 不完全一样，但使用相似的 API，不同之处在于它基于 networkx 包及其图表示。

即使 scikit-networks 在构造上更接近 scikit-learn API，但到目前为止，它仅包含一些嵌入算法，这就是我们将在下文使用 karateclub 软件包的原因。由于 karateclub 基于 networkx，因此我们的第一个任务就是从 Neo4j 图创建一个 networkx 图对象。

提示：

不要将 karateclub 包与 karateclub 图搞混了：karateclub 图是一个示例图，包含 34 个节点，而 karateclub 包则包含可以在任何图上运行的图算法。

接下来，我们将介绍：

- 创建一个 networkx 图。
- 拟合节点嵌入算法。

1. 创建一个 networkx 图

有多种方法可以创建一个 networkx 图对象，例如导入边列表（Edge List）文件或读取 Pandas DataFrame 等。

在本示例中，我们将通过一个 Neo4j 图创建 networkx 图对象。因此，我们将使用 networkx.from_pandas_edge_list，在第 8.5.3 节“将数据从 Neo4j 导出到 Pandas”中，已经介绍了如何从 Neo4j 导出 DataFrame。

此操作包含以下步骤：

- 使用 Neo4j 测试图。
- 从 Neo4j 提取边列表数据。
- 通过 Pandas 创建 networkx 图矩阵。

1）使用 Neo4j 测试图

在本节中，我们将使用非常有名的 Zachary 空手道俱乐部图（参见第 7 章“社区检测和相似性度量”）。这是在图社区中非常流行的图，并且也可能是 karateclub 程序包名称的来源。本书配套代码文件中提供了在 Neo4j 中创建该图的 Cypher 查询。

2）从 Neo4j 提取边列表数据

从 Neo4j 提取边列表非常简单，因为我们只需要以下两部分信息：

- 源节点和目标节点。
- 表示节点之间关系的链接。

考虑到我们的图是无向的，因此可使用以下 Cypher 查询来提取通过 LINK 类型的关系链接在一起的成对节点：

```
MATCH (n:Node)-[r:LINK]-(m:Node)
RETURN n.id as source, m.id as target
```

和前几章的操作一样，我们可以使用 Neo4j Python 驱动程序提取此数据：

```
from neo4j import GraphDatabase

driver = GraphDatabase.driver("bolt://localhost:7687", auth=("neo4j",
"<YOUR_PASSWORD>"), encrypted=False)
with driver.session() as session:
    res = session.run("""
           MATCH (n:Node)-[r:LINK]-(m:Node)
           RETURN n.id as source, m.id as target
       """)
```

然后可以利用结果对象 res 来创建新的 DataFrame：

```
data = pd.DataFrame.from_records(res.data())
```

现在可以使用此 DataFrame 创建 networkx 结构图。

3）通过 Pandas 创建 networkx 图矩阵

图 10-6 显示了刚创建的 DataFrame 的前 5 行。

	source	target	weight
0	0	8	1
1	0	6	1
2	0	13	1
3	0	12	1
4	0	17	1

图 10-6

可以使用以下函数来创建 networkx 图：

```
import networkx as nx

G = nx.from_pandas_edgelist(data)
```

提示：

用作源节点和目标节点的列的名称是可配置的。在上面的代码中，我们使用了默认值（在图 10-6 中可以看到，源节点的列名称为 source，目标节点的列名称为 target，权重的列名称为 weight），但是我们也可以编写以下命令：

```
G = nx.from_pandas_edgelist(data, source="source", target="target")
```

现在我们有了图对象，即可在其上运行算法，如节点嵌入算法。

2. 拟合节点嵌入算法

本节将运行高阶邻近保留嵌入（High Order Proximity preserved Embedding，HOPE）嵌入算法作为示例。首先需要从 karateclub 导入它：

```
from karateclub import HOPE
```

像 scikit-learn 的操作一样，我们也可以创建一个模型实例：

```
hope = HOPE(dimensions=10)
```

dimensions 参数给出了嵌入结果的大小 d。

在创建模型之后，可以将其拟合到 networkx 图上：

```
hope.fit(G)
```

为了从拟合模型中提取嵌入结果，可使用 get_embedding 方法：

```
embeddings = hope.get_embedding()
```

操作至此告一段落。现在可以检查 embeddings 变量是否为大小 34（节点数）×10（嵌入向量的维数）的矩阵。

最后，我们可以尝试使嵌入向量可视化。由于在二维空间中更容易可视化，因此可在嵌入结果上运行主成分分析（Principal Component Analysis，PCA）算法，以便在可视化之前将其大小减小为 2，如图 10-7 所示。

为了评估嵌入的质量，我们可以绘制图并显示真实社区，如图 10-8 所示。

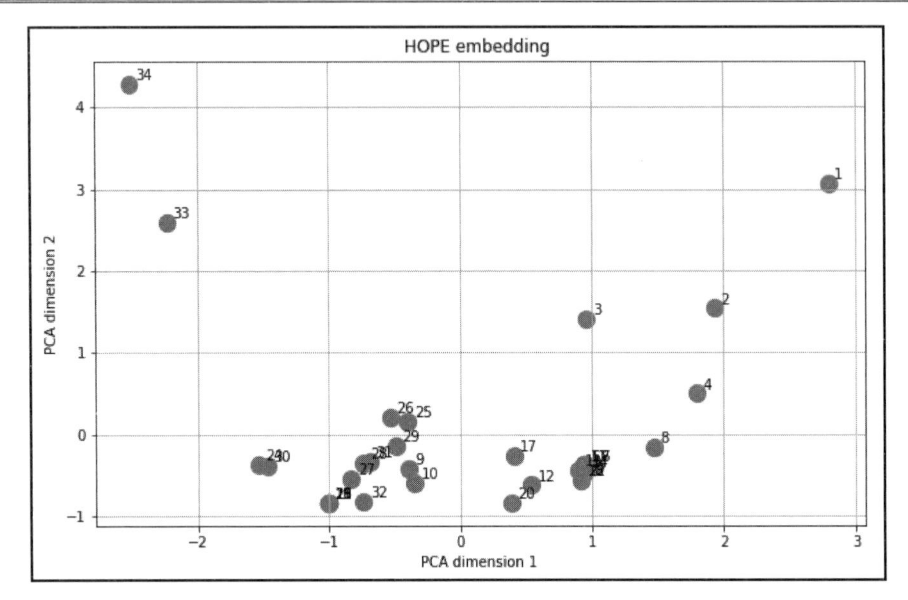
HOPE embedding
PCA dimension 1
PCA dimension 2

图 10-7

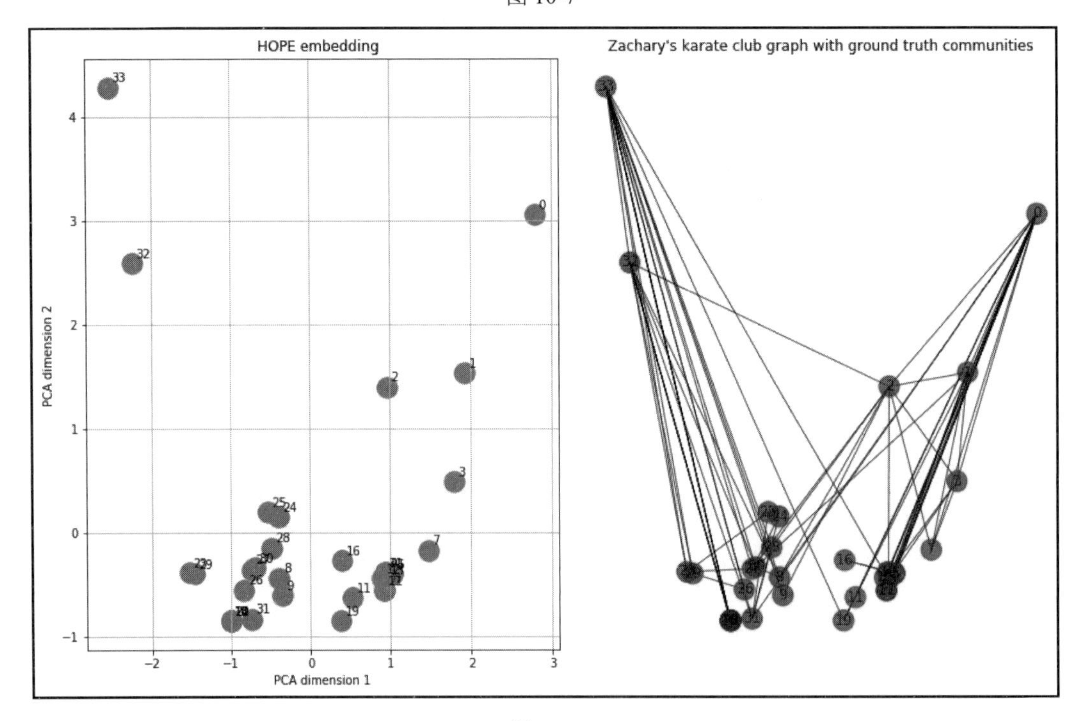
HOPE embedding
PCA dimension 1
PCA dimension 2
Zachary's karate club graph with ground truth communities

图 10-8

原　　文	译　　文
Zachary's karate club graph with ground truth communities	包含真实社区的 Zachary 空手道俱乐部图

可以看到，HOPE 嵌入算法在将图分为两个真实社区的过程中表现良好。聚类算法（Clustering Algorithm）可以为我们提供有关此结果的一些有意义且更定量化的指标，你可以将该任务作为一项练习（详见第 10.8 节“思考题”）。

在 karateclub 软件包中还包含更多算法，以及指向相关论文的链接。接下来我们要介绍的是最著名的节点嵌入算法之一：基于随机游走的图匹配算法。

10.4　从人工神经网络中提取嵌入向量

神经网络是机器学习模型新的标准。由于这种结构的兴起，从图像分析到语音识别都已经取得了令人瞩目的进步，并且计算机现在能够执行越来越复杂的任务。神经网络的一个令人惊讶的应用是它们能够以较少的维度对复杂的对象（如图像、文本或音频记录）进行建模，同时仍保留原始数据集的某些方面的信息（如图像的形状、音频的频率等）。

接下来，我们将简要介绍神经网络，然后重点讨论 Skip-Gram 架构，该架构首先是在单词嵌入环境中使用的，但也可以扩展到图。

本节将讨论以下内容：

- 人工神经网络简介。
- Skip-Gram 模型。
- DeepWalk 节点嵌入算法。

10.4.1　人工神经网络简介

人工神经网络的灵感来自人脑，人类大脑中有数百万个神经元通过突触相互连接。人脑显然善于学习和识别。例如，一旦你看到了一只松鼠的示例（见图 10-9），就可以识别所有的松鼠，即使它们更小、颜色不同或摄影角度也不同。

以下将介绍：

- 神经网络原理。
- 不同类型的神经网络。

图 10-9

1. 神经网络原理

现在不妨来了解一下神经网络的一些基本原理，当然，我们的重点是要理解与嵌入技术相关的内容。具体来说就是神经元、层和正向传播。

为了理解神经网络的工作方式，让我们假设一个简单的分类问题，它具有两个输入特征 x_1 和 x_2，以及一个输出类 O，其值可以为 0 或 1。

图 10-10 说明了可用于解决此问题的简单神经网络。

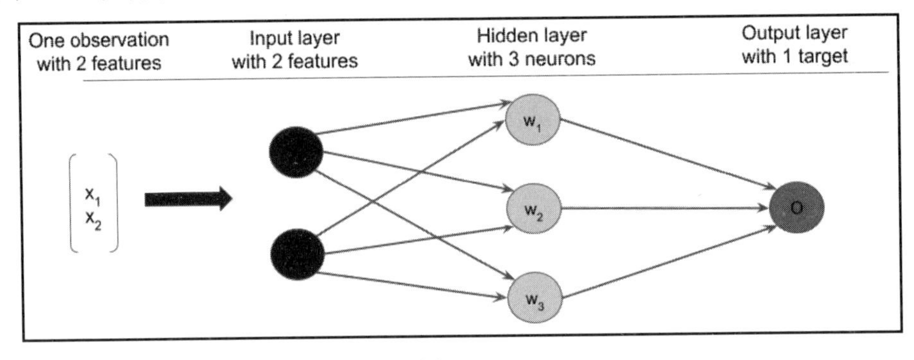

图 10-10

原　　文	译　　文
One observation with 2 features	包含 2 个特征的观测值
Input layer with 2 features	包含 2 个特征的输入层
Hidden layer with 3 neurons	包含 3 个神经元的隐藏层
Output layer with 1 target	包含 1 个目标的输出层

可以看到，该神经网络有一个隐藏层（包含 3 个神经元），有一个输出层（最右侧

的层）。隐藏层的每个神经元都有一个权重向量 w_i，其大小等于输入层的大小。这些权重是我们将尝试优化以使输出接近真实情况的模型参数。

当观测值通过输入层馈入网络时，将发生以下情况。

（1）隐藏层的每个神经元都将接收所有输入特征。

（2）隐含层的每个神经元都使用其权重向量和偏差（Bias）来计算这些特征的加权总和。例如，隐藏层的第一个神经元的输出如下：

$$h_1 = (x_1, x_2)\ .W_1 + b_1 = x_1 \times w_{11} + x_2 \times w_{12} + b_1$$

（3）输出层还将对其输入进行加权组合，它的输入就是最后一个隐藏层的输出：

$$o = (h_1, h_2, h_3)\ .O + b_O = h_1 \times o_1 + h_2 \times o_2 + h_3 \times o_3 + b_O$$

（4）对数据集中的所有观测值重复此过程。

（5）计算 error 指标或损失函数，将网络输出与预期标签进行比较。基于此损失函数，可以调整隐藏层中的权重（反向传播）。

（6）重复该过程，直到损失函数不再明显改善为止。

隐藏层可以链接在一起。在这种情况下，第 i 个隐藏层的输出是第$(i + 1)$个隐藏层的输入，直到输出层为止。这使得这种结构具有高度可定制性，并且可以根据目标设想出多种不同的层组合方式。

注意：

激活函数（Activation Function）是神经网络的一部分，它们允许将非线性引入模型中。本章不会详细介绍它，感兴趣的读者可以参考第 10.9 节“延伸阅读”以了解有关激活函数的更多信息。

2. 不同类型的神经网络

根据你所希望实现的目标，可以使用许多不同的神经网络架构。每种架构都定义了自己的层，以及它们如何转换输入值。以下是一些很有名的神经网络类型：

（1）卷积神经网络（Convolutional Neural Network，CNN）：常用于图像分析，在查找二维图像中的形状时非常有效。它们可用于：

- 图片分类。
- 光学字符识别（Optical Character Recognition，OCR），用于将显示文本的图像转换为可编辑的文本文档。
- 图像上的对象检测，例如，在以下领域的应用：
  - 医疗保健，在乳腺癌检测中的应用。
  - 自动驾驶汽车，需要了解其环境，部分使用来自车载摄像头的图像，以便选择最佳轨迹。

（2）递归神经网络（Recurrent Neural Network，RNN）：该网络非常擅长分析数据序列，如文本或时间序列。它们可用于以下应用：

- 给图像加标题：找到最能描述图像的一组词。
- 情感分析（Sentiment Analysis）：将文本分类为正数或负数。
- 文本翻译：将文字从一种语言翻译成另一种语言。

你还可以在文献中找到对抗神经网络，该网络可用于填充缺失的数据以及其他更多应用。下文将介绍图如何通过 GNN 与神经网络相关联。

对于上述神经网络类型的详细阐述超出了本书的范围。除此之外，我们也忽略了损失函数、反向传播或梯度下降等概念的介绍，因为这对于接下来的内容并不重要。如果你对神经网络架构以及 Skip-Gram 的工作原理感兴趣，可参阅第 10.9 节“延伸阅读”。

接下来，我们将重点介绍一种简单但功能强大的神经网络，它将帮助我们创建嵌入的 Skip-Gram 模型。

10.4.2　Skip-Gram 模型

人工神经网络（Artificial Neural Network，ANN）包含一个或多个隐藏层。一般来说，我们对于网络学习到的隐藏层的权重值并不是特别感兴趣：它们只是模型的参数，我们只关心模型的输出。例如，当使用卷积神经网络（CNN）预测你的图像是狗还是猫时，你只想从模型中获得预测。嵌入技术则完全相反，我们不是直接对模型的输出感兴趣，而是对隐藏层所学习到的权重（即嵌入的词向量）感兴趣。

我们将介绍以下与 ANN 相关的基础概念：

- 虚假任务。
- 输入。
- 隐藏层。
- 输出层。

1. 虚假任务

为了像其他机器学习模型一样训练神经网络，我们需要定义一个要完成的任务，即预测变量的目标。例如，基于某些标签的分类或文本翻译。在嵌入技术的应用场景中，我们对模型的输出并不感兴趣，但是我们仍然需要对其进行定义，以便对神经网络进行训练。

这就是我们要在这种环境下引用虚假任务（Fake Task）的原因。

在 Skip-Gram 模型中，虚假任务就是：给定一个单词，查看附近（Nearby）的单词并随机返回其中一个单词。

选择该任务的原因是，我们可以假设“相似的单词具有相似的上下文”。例如“厨房”和“烹饪”比“厨房”和“降落伞”更容易搭配在一起，成为同一句子的一部分。

实际上，这里说的“附近”是由数字 N 确定的，目标词周围大小为 N 的窗口内的所有词都被视为在目标词附近。

2. 输入

让我们看一下训练数据集的形状，并在嵌入之前先谈谈单词表示形式。然后，我们将重点讨论模型目标的定义。

1）嵌入前的单词表示方式

一种可能的方法是使用独热编码器（One-Hot Encoder），并创建一个大小为 $N×N$ 的矩阵，其中，N 是文本中不同单词的数量（该文本也称为字典）。在第 10.2.1 节中的“独热编码”中已经介绍过，每个矩阵元素的值可以为 0 或 1。

2）目标

如前文所述，我们的虚假任务是在单词周围给定大小的窗口内预测单词。因此，我们的目标变量也是一个单词，训练集将由出现在同一上下文中的成对单词组成。这里的上下文是由窗口的大小定义的，窗口越大，数据集就越大（我们可以创建更多对）。

当然，如果窗口更大，那么我们将会在训练集中获得更多无关的数据，因为我们将获得成对的彼此之间的距离非常远的单词。

让我们再次引用福尔摩斯的名言：

It is a capital mistake to theorize before one has data.

假设窗口大小为 2，我们将按如图 10-11 所示的方式创建数据集。

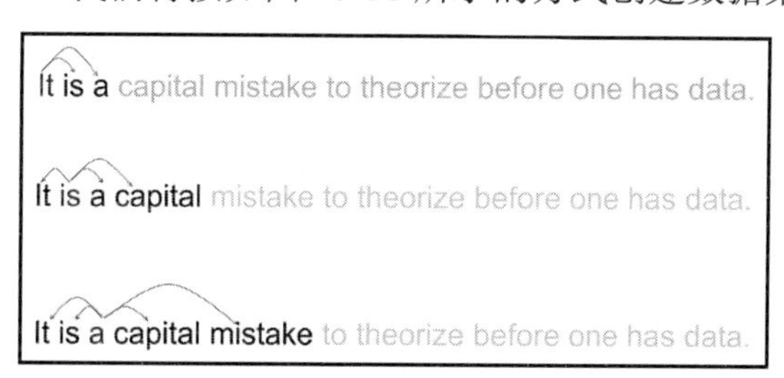

图 10-11

从第一个单词（输入）开始，我们可以将其与两个单词大小窗口中的所有单词配对。由于我们正在考虑文本的第一个单词，因此只能向右移动并遇到两个单词：is 和 a。因此，我们创建两个训练样本：(it, is) 和 (it, a)。通过移至下一个单词 is，我们可以将其与下两个单词 a 和 capital 配对，还可以与上一个单词 it 配对。因此，我们可以创建 3 对训练样本，依此类推，直到最后一个单词。

因此，当使用的窗口大小 $s=2$ 时，生成的输入数据集将包含以下单词对：

```
(it, is)
(it, a)

(is, it)
(is, a)
(is, capital)

(a, it)
(a, is)
(a capital)
(a mistake)

...
```

元组的第一个元素是输入，而第二个元素是预期输出之一。由于我们的单词是独热编码的，因此实际的输入数据集将包含以下元素：

```
( (1,   0,  0,  0,  0,  ...), (0,   1,  0,  0,  0,  ...) )
( (1,   0,  0,  0,  0,  ...), (0,   0,  1,  0,  0,  ...) )
( (0,   1,  0,  0,  0,  ...), (1,   0,  0,  0,  0,  ...) )
```

3. 隐藏层

Skip-Gram 神经网络架构包含一个单独的隐藏层。该层中神经元的数量对应于嵌入空间的维数 d 或维数减少后的特征数。图 10-12 说明了隐藏层中的神经元权重（d 个神经元中每个长度为 N 的一个向量，即左侧的垂直向量）和单词嵌入（长度为 d 的 N 个向量，即右侧的水平向量）。

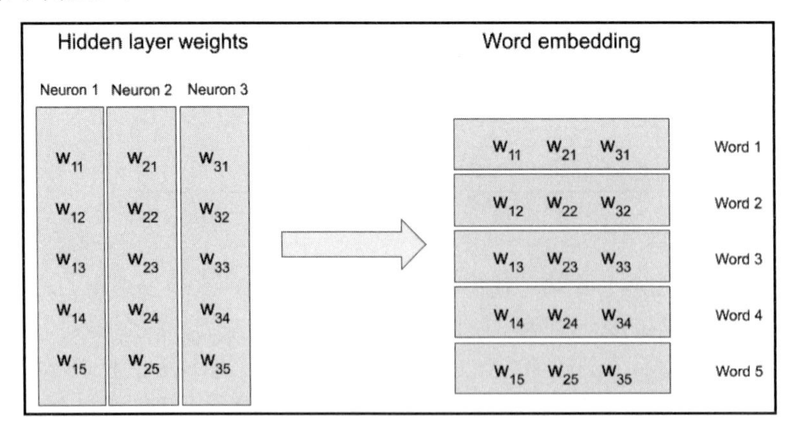

图 10-12

原　　文	译　　文
Hidden layer weights	隐藏层权重
Word embedding	单词嵌入

由于 Skip-Gram 图网络只有一个隐藏层，因此计算流程的下一步是输出层。

4. 输出层

如前文所述，我们的虚假任务是：根据输入的单词在同一上下文（窗口）中预测一个单词。这意味着我们不是在尝试执行二元分类，而是执行具有 N 个类的分类，其中 N 是语料库中的单词数。因此，输出层包含 N 个神经元，其值可以为 0 或 1：如果索引 i 处的神经元的值为 1，则单词 i 是选中的单词，这意味着网络会预测单词 i 与输入的单词在同一上下文中。在实践中，神经网络将使用 softmax 分类器，其中，softmax 函数将给出单词与输入单词处于同一上下文中的概率：

$$\operatorname{soft}\max(i)=\mathrm{e}^{o_i}\Big/\sum\nolimits_i \mathrm{e}^{o_i}$$

其中，o_i 是输出层中第 i 个神经元的输出。

这是 Skip-Gram 背后的基本思想。在实践中，实现这种模型时需要格外小心：

- 某些单词（如 the）将被过度代表，这使它们更有可能出现在与其他单词接近的位置。
- 如果使用的是大型语料库，则要优化的权重数量会快速增长（请记住，隐藏层中的权重为 $N\times d$）。

研究人员已经提出了通过使用子采样（Sub-Sampling）和负采样（Negative-Sampling）技术来处理这两个问题。在这里进行此类详细讨论超出了本书的范围，但是你可以参考第 10.9 节“延伸阅读”中列出的文献，以更深入地了解 Skip-Gram 模型。

现在我们已经深入理解了 Skip-Gram 模型，并掌握了如何将其用于创建单词嵌入，接下来让我们回到对于图的探索，并讨论基于 Skip-Gram 节点嵌入技术的 DeepWalk 算法。

10.4.3　DeepWalk 节点嵌入算法

DeepWalk 可能是最著名的节点嵌入算法之一，由 Perozzi 等人于 2014 年开发。它的核心概念类似于前面研究过的单词嵌入算法，它使用随机游走图来生成句子。

我们将介绍以下算法原理和相关方案：

- 通过随机游走生成节点上下文。
- 从 GDS 生成随机游走。
- 使用 karateclub 的 DeepWalk 嵌入算法。

- node2vec 算法。
- 来自 GDS 的 Node2vec。

1. 通过随机游走生成节点上下文

在单词嵌入方案中，我们通过在给定窗口大小内将单词与所有靠近它的单词配对来生成单词上下文。但是，图不是顺序的，那么如何为节点生成上下文呢？解决方案是使用给定长度的随机游走图（Random Walks Graph）。

考虑一下图 10-13 中的图。

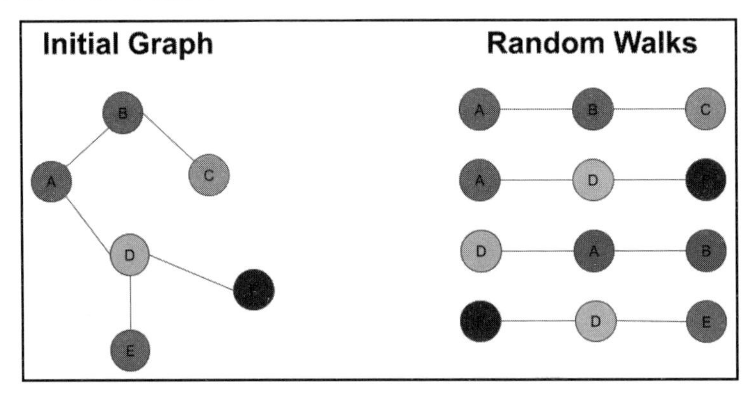

图 10-13

原　　文	译　　文
Initial Graph	初始图
Random Walks	随机游走

从节点 A 开始，我们可以生成长度为 3 的路径，该路径经过 B 到 C，或者从 F，经过 D 到达 E。在此示意图中，右侧表示的路径与文本分析上下文中的句子等效。使用这些节点序列，我们现在可以生成训练集并训练 Skip-Gram 模型。

在继续探讨 DeepWalk 主题之前，让我们从 GDS 中提取随机游走。

2. 从 GDS 生成随机游走

在 GDS 中，可以使用 gds.alpha.randomwalk 过程按以下方式生成随机游走投影图（仍然以前面的 karateclub 图为例）：

```
MATCH (n:Node {id: 1})
CALL gds.alpha.randomWalk.stream({
    nodeProjection: "*",
    relationshipProjection: {
```

```
        LINKED_TO: {
            type: "LINK",
            orientation: "UNDIRECTED"
        }
    },
    start: id(n),
    walks: 1,
    steps: 2
})
YIELD nodeIds
RETURN nodeIds
```

你可以看到我们之前已经遇到的参数，以配置游走数（此处等于 1）和要执行的跳数（在上面的查询中等于 2）。

上面查询的结果是类似于以下内容的节点 ID 列表：

```
┌──────────────┐
│"nodeIds"     │
╞══════════════╡
│[1,317,285]   │
└──────────────┘
```

这是输入 Skip-Gram 模型所需的句子。

在实践中，使用现有的实现要容易得多，它可以为我们提供从随机游走到神经网络训练的一切东西。karateclub 软件包即提供了这样的实现。

3. 使用 karateclub 的 DeepWalk 嵌入算法

实际上，如果你使用的是 1.3 版之前的 GDS，则尚未实现嵌入算法。要训练模型，你必须从 Neo4j 中提取数据。我们可以使用 karateclub 软件包来完成此操作，方法与上一小节类似。例如，可以使用以下代码：

```
from karateclub import DeepWalk

dw = DeepWalk(walk_number=50, walk_length=15, dimensions=5)
```

对于 DeepWalk 算法，除了嵌入空间中的维数 d 之外，还可以配置以下内容：

- ❑ 从同一节点开始的游走数（walk_number）。
- ❑ 每个生成路径的长度（walk_length）。
- ❑ 用于生成形成训练集的节点对的窗口大小。
- ❑ 用于神经网络训练的参数，包括学习率（Learning Rate）和世代（Epochs）数等。

DeepWalk 的替代品 node2vec 添加了两个附加参数，可以对算法的随机游走部分添加更多控制。

4. node2vec 算法

DeepWalk 算法使用的是完全随机游走，而 2016 年提出的 node2vec 替代方案则引入了两个新参数来控制随机游走是深度优先（Depth-First）还是广度优先（Breadth-First）——传统上称为 p 和 q：

- p 或 return 参数：较高的 p 值将迫使随机游走更频繁地返回到先前的节点，从而创建更局部化的路径。
- q 或 inOut 参数：与 p 参数相反，q 给出了随机游走将访问更远的未知节点的可能性，从而增加了每次游走所覆盖的距离。

因此，与 DeepWalk 相比，node2vec 提供了对图的局部和全局结构的更多控制。

可以使用 inOut 和 return 参数从 GDS 生成类似 node2vec 的随机游走：

```
MATCH (n:Node {id: 1})
CALL gds.alpha.randomWalk.stream({
    nodeProjection: "*",
    relationshipProjection: {
        LINKED_TO: {
            type: "LINK",
            orientation: "UNDIRECTED"
        }
    },
    start: id(n),
    walks: 1,
    steps: 2,
    inOut: 0.2,
    return: 1.0
})
YIELD nodeIds
RETURN nodeIds
```

使用这种方法，需要从 Neo4j 中提取数据，以便输入 Skip-Gram 模型或函数中，该模型或函数将为你完成整个计算（随机游走和模型训练，就像 karateclub 所做的那样）。从 GDS 1.3 版开始，还可以计算节点嵌入，而无须事先进行数据提取。

5. 来自 GDS 的 Node2vec

如果你使用的是 Neo4j 4.0，则可以使用 GDS 1.3 版本，它附带一些节点嵌入算法。特别是，你可以在 Neo4j 中运行 node2vec 算法。node2vec 是用来产生网络中节点向量的模型，其输入是网络结构（可以无权重），输出则是每个节点的向量。在这里，嵌入过程的输出就是节点嵌入本身。

与 GDS 的任何其他过程一样，你首先必须创建一个投影图，然后可以使用以下查询为该投影图中的节点提取嵌入向量：

```
CALL gds.alpha.node2vec.stream("projected_graph")
```

node2vec 过程返回每个节点的嵌入向量。你可以使用配置图（Configuration Map）配置随机游走和模型训练。例如，可以将嵌入大小从 100（默认值）更改为 10，并将每个节点生成的随机游走数从 10 更改为 2：

```
CALL gds.alpha.node2vec.stream("MyGraph", {walksPerNode: 2,
embeddingSize: 10})
```

提示：

与 GDS 中的其他过程一样，你也可以使用写入模式进行嵌入，以将结果作为节点属性写入，而不是直接将其流传输回给用户：

```
CALL  gds.alpha.node2vec.write("MyGraph",  {})
```

接下来，让我们学习从 Python 获取嵌入向量。

通常而言，计算嵌入并不是说计算完成就结束了。一旦设法获得节点的向量表示，就可以使用自己喜欢的软件包继续进行机器学习任务，如节点分类（可以通过 scikit-learn 使用决策树或支持向量）。本书不会详细执行这种分析，但是这里有必要介绍一下从 Neo4j 中检索已计算出的向量的方法。

首先，我们需要创建一个 Neo4j 驱动程序（如果你不了解 Neo4j Python 驱动程序，请查看第 8 章“在机器学习中使用基于图的特征”）：

```
from neo4j import GraphDatabase
driver = GraphDatabase.driver("bolt://localhost:7687", auth=("neo4j",
"<YOUR_PASSWORD>"))
```

然后，我们可以运行一个嵌入过程，并在 DataFrame 中获取结果：

```
import pandas as pd

with driver.session() as session:
    result = session.run(
        "CALL gds.alpha.node2vec('proj_graph')"
    )
    df = pd.DataFrame.from_records(result)
```

但是，在 df 中，嵌入将作为列表存储在单个列中。如果要扩展此列表，以使每个嵌入特征都在单独的列中，则可以使用以下代码：

```
df = pd.DataFrame(df.tolist())
```

现在，df 具有与嵌入维一样多的列，这意味着每一列都是一个特征。你可以使用此 DataFrame 进行余下的分析。

DeepWalk 和 node2vec 嵌入算法都非常直观，但是必须注意它们是转导（Transductive）算法。这意味着每次将新节点添加到图时，都必须再次训练整个算法。从随机游走生成到神经网络训练，所有节点的嵌入特征都必须重新学习。这就是图神经网络（GNN）诞生的原因。它们不学习嵌入本身，而是学习如何从图结构创建嵌入特征。

10.5　图神经网络

图神经网络（Graph Neural Network，GNN）于 2005 年推出，并在过去 5 年左右的时间里受到了广泛关注。它们背后的关键概念是尝试概括卷积神经网络（CNN）和循环神经网络（RNN）背后的思想，以将其应用于任何类型的数据集，包括图。

本节仅是有关图神经网络（GNN）的简短介绍，该主题非常复杂，如果要全面展开讨论，那么完全可以写出厚厚的一本书。如果你想对该主题有更深入的了解，则可以参考第 10.9 节“延伸阅读”中提供的更多文献。

本节将介绍以下内容：

- 扩展 CNN 和 RNN 的原理以构建 GNN。
- 消息传播和汇总。
- GNN 的应用。
- 在实践中使用 GNN。

10.5.1　扩展 CNN 和 RNN 的原理以构建 GNN

CNN 和 RNN 都涉及在特殊情况下汇总邻居的信息。对于 RNN 来说，其环境是输入序列（如单词），而序列（Sequence）仅是一种特殊类型的图。这同样适用于 CNN。CNN 主要用于分析图像或像素网格（Grid），它也是一种特殊类型的图，其中每个像素都与其相邻像素相连。因此，对所有类型的图尝试使用神经网络是合乎逻辑的（见图 10-14）。

为了找到与每个节点关联的嵌入特征，GNN 将使用该节点中的数据，也将使用其图中邻居的数据。

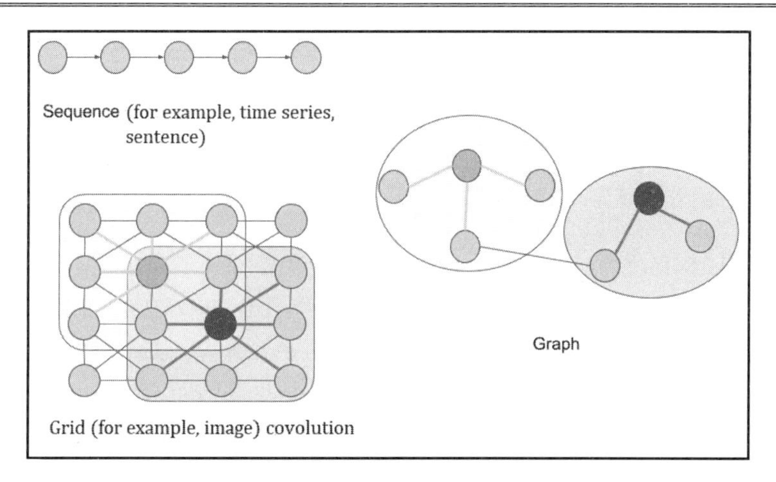

图 10-14

原　　文	译　　文
Sequence (for example, time series, sentence)	序列（如时间序列、句子）
Grid (for example, image) convolution	网格（如图像）卷积
Graph	图

10.5.2　消息传播和汇总

GNN 层可对每个节点的邻居发送的消息进行汇总。让我们看一下图 10-15。

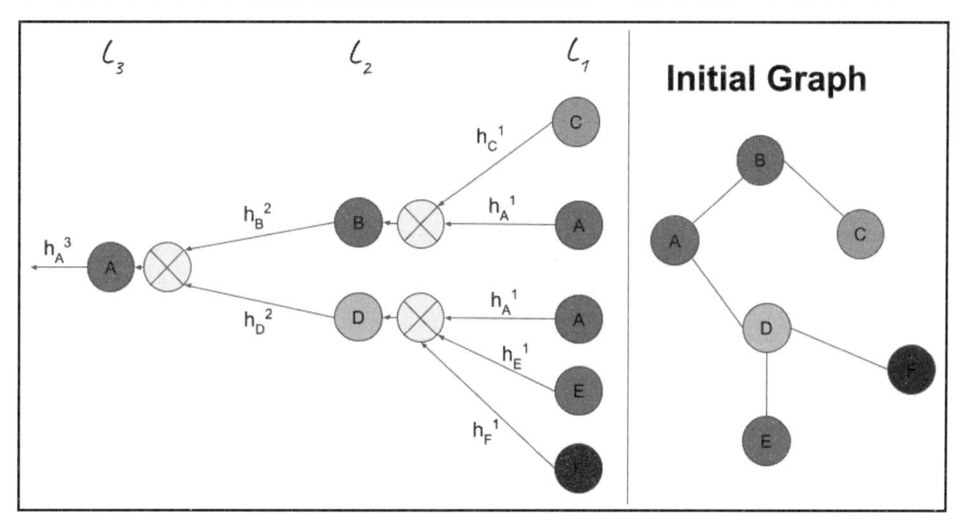

图 10-15

原　　文	译　　文
Initial Graph	初始图

考虑以下问题：

在第三层（L_3）中节点 A 的嵌入向量是如何计算的？

通过查看图 10-15 右侧的图结构，可以看到节点 A 的邻居是节点 B 和 D，因此在第三层（L_3）中节点 A 的嵌入 h_A^3 是上一层（L_2）中节点 B 和 D 的嵌入向量的组合。

对于第二层（L_2）节点 B 和 D 中的嵌入向量，其计算方式也是类似的，就是使用其上一层（L_1）中邻居的嵌入向量。

给定第$(k+1)$层中节点 i 的嵌入，它可以通过下式进行汇总：

$$h_i^{k+1} = \sigma(W_k \sum_j h_j^k + B_k h_i^k)$$

该方程式的第二项确保了第 k 层中的节点 i 的表示也被考虑在内，而 σ 则是激活函数。

在该方程式中要记住的最重要的事情是：W_k 和 B_k 是算法将要学习的参数，并且在所有节点之间都是相同的。这意味着一旦训练了网络，则 W_k 和 B_k 就是已知的，并且在添加新节点时，可以使用这些参数及其邻居来计算其嵌入向量，而无须重新运行完整的嵌入算法。

GNN 是归纳式的，因此它解决了本章前面研究的其他嵌入算法中的一个问题。

上面的方程式非常简单，并且已经提出了更多的汇总技术（替换了图 10-15 中的灰色叉号），这解释了构建 GNN 时可用层的极大多样性。当然，在继续介绍 GNN 的应用之前，我们还需要考虑节点属性。

与我们在本章中看到的其他节点嵌入算法相比，GNN 的另一个优势是它们具有在图结构之上考虑节点特征（Node Feature）的能力。

在上一节中，没有提供有关网络输入 h^0 的任何细节，如果你没有节点特征，则使用独热编码的节点 ID 或类似内容即可。当然，如果你的节点具有特征 x_i，则其输入如下：

$$h_i^0 = x_i$$

然后，你可以使用图结构作为传播路径，沿图传播该特征向量。这是生成带有实体特征（如人的年龄或产品价格）的节点的向量表示的最佳方法，这些实体以图结构编码。

虽然 GNN 是新近出现在机器学习领域的，但它们已经有了大量的应用。接下来，我们将探索这些应用并讨论它们的强大之处。

10.5.3　GNN 的应用

GNN 已被证明在许多情况下都非常实用。除了学习节点、边和整图嵌入之外，它们已在以下领域中成功使用：

- 图像分析。
- 文本分析。
- 更多应用。

1. 图像分析

从图像分类到目标检测，图像分析领域已经取得了令人难以置信的结果。GNN 已被用来进一步改善这种类型的分析，例如：

- 视频分析。
- 零样本学习。

1）视频分析

例如，GNN 用于识别视频帧之间的对象交互（交互网络）或预测对象的未来位置，而无须使用任何物理模拟器。

2）零样本学习

分类任务要求训练数据集拥有将在测试集中观察到的所有目标类别的示例（观测值）。比如说你有一个分类任务，要求能从图片中提取出动物的物种，无论它是什么动物。在这种情况下，我们的训练集中应该包含所有的动物示例，这样才能保证识别测试集中的所有动物。但是，最新的估计假设地球上大约有八百万个物种，这意味着我们必须构建具有数百万幅图像的图像数据集。显然，这是不现实的，因为我们不可能对所有动物都拍照。

在无法提供所有目标类别示例的情况下，零样本学习（Zero-Shot Learning，ZSL）将尝试推断测试集中的分类，即使它们并不在训练集中。例如，在训练集中如果有马、老虎和熊猫，则模型在经过学习之后可以识别测试集中的斑马。

这是一个仍在不断发展中的研究主题，并且已经提出了若干种此问题的解决方案。其中一种方法就是使用 GNN，它从一个知识图谱开始，图中的每个节点都是一个类，根据某些属性的相似性进行连接，然后对 GNN 进行训练，其任务是为每个类输出一个分类器。在实践中，GNN 可学习预训练的 CNN 输出层的权重。由于 GNN 是归纳式的，因此要添加一个新的类，只需在类的知识图谱中添加一个节点，而无须添加任何图像。换句话说，就是训练一个神经网络学习另一个网络的权重。

2. 文本分析

在第 10.4 节“从人工神经网络中提取嵌入向量”中，我们使用了单词的类比来构建第一个神经网络，以推断节点嵌入向量（DeepWalk 算法）。令人惊讶的是，也可以通过将文本转换为图并将 GNN 应用于文本来获取有关文本的信息。

要理解为什么图在自然语言处理（NLP）中很重要，可参考图 10-16，该图和第 3 章“使用纯 Cypher”中的图 3-7 是一样的。

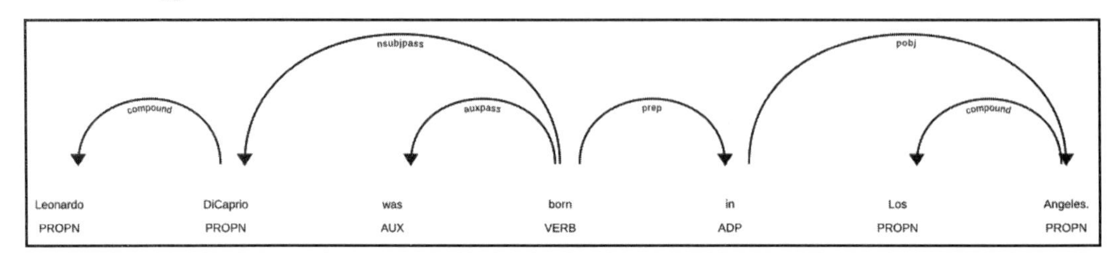

图 10-16

原　文	译　文
PROPN	专有名词
AUX	助动词
VERB	动词
ADP	介词

图 10-16 显示了句子中单词之间的关系，显然，它们不是线性的。

3. 更多应用

图神经网络（GNN）的应用超出了图像和文本分析的范围。例如，目前已经有人将 GNN 用于组合分析（如“旅行商问题”）。在第 4 章“Graph Data Science 库和路径查找”中提供了对于旅行商问题的详细讨论。

在简单了解了 GNN 之后，接下来，我们将介绍 GNN 在实践中的使用。

10.5.4　在实践中使用 GNN

已经有若干个库可以为所有类型的 GNN 提供通用的 API，就像 scikit-learn 对于机器学习算法的意义一样。在 Python 中，根据你所喜欢的深度学习软件包，你可以参考和使用以下任意一项：

- PyTorch Geometric：顾名思义，这是一个 PyTorch 扩展，允许我们使用新的 Dataset 对象处理复杂的数据集，如图数据集。它还收集了数十种算法实现，其网址如下：

  https://github.com/rusty1s/pytorch_geometric

- ❑ Graph Nets 库：由 AlphaGo 背后的公司 DeepMind 创建。AlphaGo 是著名的能够击败人类顶尖棋手的围棋 AI。使用 Graph Nets，你将能够使用 TensorFlow 构建 GNN。其网址如下：

  https://github.com/deepmind/graph_nets

- ❑ Deep Graph Library（DGL）库：DGL 库同时支持 PyTorch 和 TensorFlow，提供了构建所有类型 GNN 的工具。其网址如下：

  https://www.dgl.ai/

- ❑ GDS：从 1.3 版开始，GDS 包含一些嵌入算法的实现，其中包括一个 GNN 架构，下面将详细讨论它。

从版本 1.3 开始，GDS 包含一些嵌入算法的实现。其中之一是 GraphSAGE 算法，它是 GNN 系列的一部分。它是由斯坦福大学的一组研究人员于 2017 年发明的，也是当今使用最广泛的 GNN 架构之一。

GNN 的特殊性之一是它们可以考虑节点属性来获得其表示。在 GDS 中，此行为是使用 nodePropertyNames 属性进行参数化的。如果你不喜欢使用属性，则必须明确地告诉算法通过 degreeAsProperty 属性使用节点度数来初始化自身。

以下两个示例都可以从 GDS 运行 GraphSAGE：

- ❑ 不使用节点属性的操作如下：

```
CALL gds.alpha.graphSage.stream("proj_graph", {degreeAsProperty: true})
```

- ❑ 使用节点属性的操作如下：

```
CALL gds.alpha.graphSage.stream("proj_graph", {nodePropertyNames:
['x', 'y']})
```

和 node2vec 过程类似，graphSage 过程可以为每个节点返回一个向量，然后导入 DataFrame 中以执行进一步分析。

在结束本章之前，我们将讨论一下图算法的广阔前景（不局限于 Neo4j 和 GDS），并提供一些建议以帮助我们紧跟最新算法的发展。

10.6　图算法的发展

图和图算法是热门的研究主题，每周都会发表新论文，为社区检测、动态图进化、网络异常检测等提供新方法。本节将介绍若干种图算法及其最新进展。

关于图的已发表论文可以在诸如 *Journal of Graph Algorithms and Applications*（图算法与应用杂志）之类的专门期刊中找到。有关详细信息，可访问：

http://jgaa.info

Papers with code 网站收集了各种机器学习的内容，其中包括公开可用代码和论文等。在该网站的图部分提供了有关图的当前最新研究主题的概述。其网址如下：

https://paperswithcode.com/area/graphs

当然，如果你没有时间每周阅读多篇论文，则仍可以通过定期检查专用于图的软件包来扩展你对图的了解，并紧跟最新进展。Neo4j Graph Data Science 插件就是这样的一个例子。

当你的图存储在 Neo4j 中时，GDS 非常重要，并且它已经提供了许多有趣的算法。当然，某些应用（例如图嵌入或重叠社区检测）可能需要其他类型的算法。为了大致了解现有的图算法，建议你检查在处理图的主程序包中实现的算法。

对于 Python 来说，我们已经讨论了数据分析、科学和研究社区中用于图分析的主要 3 个软件包：

- networkx：

  https://networkx.github.io/

- karateclub：

  https://karateclub.readthedocs.io/en/latest/index.html

- scikit-network：

  https://scikit-network.readthedocs.io/en/latest/

图结构还可用于其他语言。例如，R 语言有 igraph 程序包，而 Java 开发人员则可能会发现 JGraphT 很有趣。

10.7　小　　结

本章详细阐释了图嵌入算法。从使用相似性度量的基于邻接矩阵的方法开始，我们转向了基于神经网络的方法。在以单词嵌入为例对 Skip-Gram 模型有所了解之后，我们使用 DeepWalk 绘制了平行图以生成句子。我们还研究了 DeepWalk 的一个名为 node2vec 的变体，它使用两个参数来增强局部或全局图结构。表 10-5 简要介绍了本章讨论的各种算法中关于图结构的假设。

表 10-5　算法中关于图结构的假设

算　法	假　设
邻接矩阵	节点 i 和 j 之间的边权重越高，则节点 i 和 j 越相似
局部线性嵌入（LLE）	节点嵌入向量是其邻居的嵌入向量的线性组合
高阶邻近保留嵌入（HOPE）	图中节点之间的相似性可以通过诸如 Adamic-Adar 分数之类的指标来度量
DeepWalk	两个节点之间的相似性可以按最大 k 个跳数从节点 i 的随机游走中找到节点 j 的概率给出

最后，我们还介绍了使用图神经网络（GNN）进行图分析的未来远景以及紧跟该领域最新发展的技巧。

有关图算法的讨论至此结束。在第 11 章中将学习如何使用 Neo4j 来构建可在生产环境中运行的 Web 应用程序，并了解如何使用 Graph Objects Mapper 和 GraphQL 查询语言构建可重用的 API。

10.8 思考题

- 在 karateclub 图嵌入特征向量上运行聚类算法（如 K-means）。如何看待结果？
- 使用 karateclub 软件包，通过 DeepWalk 算法生成节点嵌入特征向量。

10.9 延伸阅读

- A Tutorial on Network Embeddings, H. Chen et al.:

  https://arxiv.org/abs/1808.02590
- Asymmetric Transitivity Preserving Graph Embedding, M. Ou et al.:

  https://www.kdd.org/kdd2016/papers/files/rfp0184-ouA.pdf
- 有关 karateclub 的论文：An API Oriented Open Source Python Framework for Unsupervised Learning on Graphs, B. Rozemberczki et al.:

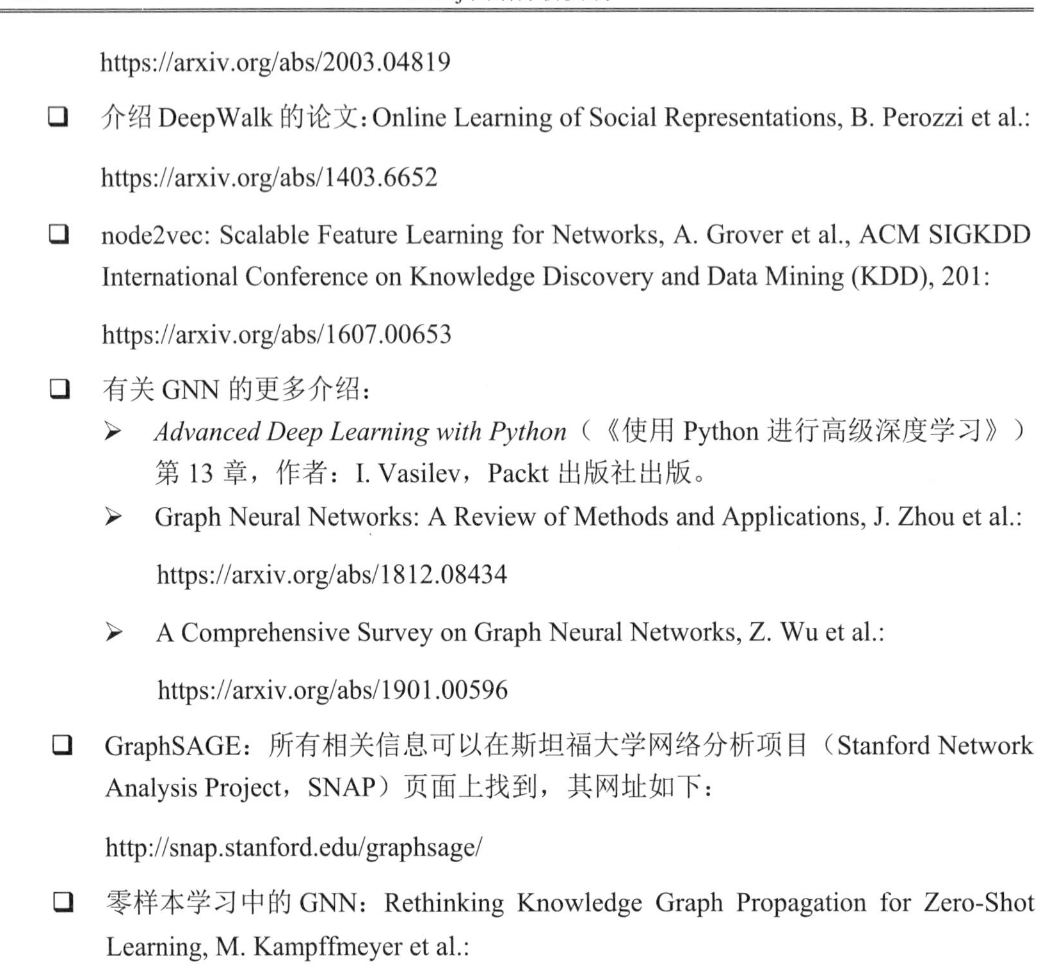

https://arxiv.org/abs/2003.04819

- 介绍 DeepWalk 的论文：Online Learning of Social Representations, B. Perozzi et al.:

  https://arxiv.org/abs/1403.6652

- node2vec: Scalable Feature Learning for Networks, A. Grover et al., ACM SIGKDD International Conference on Knowledge Discovery and Data Mining (KDD), 201:

  https://arxiv.org/abs/1607.00653

- 有关 GNN 的更多介绍：
  - *Advanced Deep Learning with Python*（《使用 Python 进行高级深度学习》）第 13 章，作者：I. Vasilev，Packt 出版社出版。
  - Graph Neural Networks: A Review of Methods and Applications, J. Zhou et al.:

    https://arxiv.org/abs/1812.08434

  - A Comprehensive Survey on Graph Neural Networks, Z. Wu et al.:

    https://arxiv.org/abs/1901.00596

- GraphSAGE：所有相关信息可以在斯坦福大学网络分析项目（Stanford Network Analysis Project，SNAP）页面上找到，其网址如下：

  http://snap.stanford.edu/graphsage/

- 零样本学习中的 GNN：Rethinking Knowledge Graph Propagation for Zero-Shot Learning, M. Kampffmeyer et al.:

  https://arxiv.org/abs/1805.11724

第 4 篇

生产环境中的 Neo4j

到目前为止，我们仅通过 Web 浏览器、其他 Neo4j 桌面应用程序或 Jupyter Notebook 与 Neo4j 进行了交互。本篇将详细介绍若干种可以自动完成数据分析过程的技术。这涉及两个方面：一是使用图对象映射器（Graph Object Mapper，GOM）将 Neo4j 集成到现有应用程序中——图对象映射器等效于图的对象关系映射（Object Relational Mapping，ORM）框架；二是使用 GRANDstack 从头开始构建新应用程序。

我们还将简要讨论将 Neo4j 用于大数据的挑战。

本篇包括以下章节：

- 第 11 章：在 Web 应用程序中使用 Neo4j。
- 第 12 章：Neo4j 扩展。

第 11 章　在 Web 应用程序中使用 Neo4j

本书介绍了很多有关 Neo4j 功能的知识，包括图数据建模、Cypher 和使用 Graph Data Science 库进行链接预测。我们执行的几乎所有操作都需要编写 Cypher 查询来提取数据并将结果存储在 Neo4j 中。本章将讨论如何使用 Python 和 Flask 框架或 React JavaScript 框架在实际的 Web 应用程序中使用 Neo4j。

本章还将介绍 GraphQL，以帮助构建灵活的 Web API。

本章包含以下主题：

- 使用 Python 和图对象映射器创建全栈 Web 应用程序。
- 通过示例了解 GraphQL API。
- 使用 GRANDstack 开发 React 应用程序。

11.1　技术要求

本章需要以下技术工具：

- Neo4j（3.5 或更高版本）。
- Python。
- Flask：一个轻量级但功能强大的框架，用于构建 Web 应用程序。
- neomodel：与 Neo4j 兼容的 Python 图对象映射器。
- requests：用于发出 HTTP 请求的小型 Python 程序包。我们将使用它来测试基于 GraphQL 的 API。
- JavaScript 和 npm。

11.2　使用 Python 和图对象映射器创建全栈 Web 应用程序

有多种方法可以通过编程方式与 Neo4j 进行交互。在前面的章节中，我们使用了 Neo4j Python 驱动程序，从而使我们能够执行 Cypher 查询并检索结果（尤其是在数据科学环境中创建 DataFrame 时），这种方式的缺陷是比较低效。在 Web 应用程序环境中，如果每次程序对图执行操作时，都需要手动编写 Cypher 查询，那将是非常耗时且费力的工作，其中包含大量重复的代码。幸运的是，目前已经创建了图对象映射器（Graph Object Mapper，GOM）来将 Python 代码连接到 Neo4j，而无须我们编写单个 Cypher 查询。

本节将使用 neomodel 包，并将其与 Flask 结合在一起，以构建一个 Web 应用程序，显示来自 Neo4j 的信息。

我们的环境类似 GitHub：用户可以拥有存储库对存储库做出贡献。

本节将讨论以下内容：

- 关于 neomodel。
- 使用 Flask 和 neomodel 构建 Web 应用程序。

11.2.1　关于 neomodel

neomodel 是适用于 Python 的图对象映射器，其语法与 Django 的对象关系映射（Object Relational Mapping，ORM）非常相似。例如，为了从 User 表（SQL）中检索 id 为 1 的用户，在 Django 中，你将编写以下语句：

```
User.objects.get(id = 1)
```

要在 neomodel 中检索具有 User 标签（其 id 属性为 1）的节点，则可以使用以下语句：

```
User.nodes.get(id = 1)
```

在这两种情况下，语句都将返回一个 id 为 1 的 User 对象。下文将介绍如何在 Neo4j 中定义此对象。

上一条语句等效于以下 Cypher 查询：

```
MATCH (u:User {id: 1}) RETURN u
```

通过使用 neomodel 程序包，你还可以遍历关系，而这正是图的作用之一。

我们将讨论以下与 neomodel 相关的操作：

- 定义结构化节点的属性。
- 创建节点。
- 查询节点。
- 集成关系知识。

1. 定义结构化节点的属性

Neo4j 没有针对节点属性的模式。基本上，你可以将任何所需的内容添加为具有任何标签的节点的属性。当然，在大多数情况下，你知道数据必须是什么样子的，并且至少某些字段是必填字段。在这种情况下，你需要定义一个 StructuredNode。相反，如果你的节点没有任何常量属性，则使用 SemiStructuredNode 即可满足要求。

因此，接下来我们将讨论：

- ❑ StructuredNode 与 SemiStructuredNode。
- ❑ 添加属性。

1）StructuredNode 与 SemiStructuredNode

在 neomodel 中，我们将为图中的每个节点标签创建一个模型（Model）。模型是一个类，它将声明要附加到给定节点标签的属性。

我们可以选择创建 StructuredNode 或 SemiStructuredNode。

- ❑ StructuredNode 必须声明可以附加到它的所有属性。如果尚未声明属性，则将无法向节点添加属性。
- ❑ SemiStructuredNode 则可提供更大的灵活性。

本章将始终使用 StructuredNode，因为图的模式从一开始就很清楚。

要创建一个 User 模型，最简代码如下：

```
from neomodel import StructuredNode

class User(StructuredNode):
    pass
```

接下来需要声明此模型的属性。

2）添加属性

属性是有类型的。在 neomodel 中，所有基本类型均可用：

- ❑ String。
- ❑ Integer。
- ❑ Float。
- ❑ Boolean。
- ❑ Date, DateTime。
- ❑ UniqueID。

除此之外，还存在其他一些额外的类型，如下所示：

- ❑ JSON。
- ❑ Email（字符串，包括对其格式的额外检查）。
- ❑ Point（Neo4j 空间类型）。

这些属性中的每一个都是使用一些可选的参数来创建的。例如，可以通过 required = True 参数设置必需。

为演示起见，我们可以创建一个具有以下属性的 User 模型：

- login（String 类型）：必需，主键。
- password（String 类型）：必需。
- email（Email 类型）：可选。
- birth_date（Date 类型）：可选。

该 User 模型应如下所示：

```
class User(StructuredNode):
    login = StringProperty(required=True, primary=True)
    password = StringProperty(required=True)
    email = EmailProperty()
    birth_date = DateProperty()
```

现在我们的模型已经存在，接下来就可以使用它创建和检索节点，而无须编写任何 Cypher 查询。

2. 创建节点

创建用户的最简单方法是创建一个 User 类的实例：

```
u = User(login="me", password="12345")
```

要保存对象或在 Neo4j 中创建它，只需在该实例上调用 save 方法：

```
u.save()
```

如果要使用 MERGE 语句，则必须使用以下略有不同的方法：

```
users = User.get_or_create(
    dict(
        login="me",
        password="<3Graphs",
        email="me@internet.com",
        birth_date=date(2000, 1, 1),
    ),
)
```

注意：

请小心，因为 get_or_create 方法可以一次创建多个节点（在第一个 dict 之后添加更多参数）并返回一个节点列表。

现在可以继续向该图添加更多用户。一旦在图中有了足够多的用户，就可以对它们执行检索操作。

3. 查询节点

要查看图中的所有节点，可使用以下代码：

```
users = User.nodes.all()
```

这等效于以下语句：

```
MATCH (u:User) RETURN u
```

users 是 User 对象的列表。我们可以遍历它并输出用户属性：

```
for u in users:
    print(u.login, u.email, u.birth_date)
```

接下来，我们将研究筛选节点。

图对象映射器（GOM）还允许你根据节点的属性筛选节点：

- ❑ User.nodes.get：这是指单个节点符合要求的情况。如果未找到任何节点，则会引发 neomodel.core.UserDoesNotExist 异常。
- ❑ User.nodes.filter：这是多个节点符合要求的情况。与 User.nodes.all()方法类似，filter()方法返回一个 User 列表。

节点可以按属性匹配情况进行筛选。例如，可以使用以下语句筛选所有生日为 2000 年 1 月 1 日的用户：

```
users = User.nodes.filter(birth_date = date(2000,1,1))
```

此语句的等效 Cypher 查询如下：

```
MATCH (u:User)
WHERE u.birth_date = "2000-01-01"
RETURN u
```

当然，你还可以使用其他筛选条件，方法是在筛选子句中给属性名称添加__<filter_name> = <value> 后缀。可用筛选条件是有限的，其详细列表网址如下：

https://neomodel.readthedocs.io/en/latest/queries.html#node-sets-and-filtering

例如，可以通过要求生日日期大于 2000-01-01 来筛选 2000 年 1 月 1 日之后出生的用户，其语句如下：

```
users = User.nodes.filter(birth_date__gt=date(2000, 1, 1))
```

现在你已经掌握了如何创建节点并从 Neo4j 检索节点。但是，GOM 的功能不止于此，它还允许你对节点之间的关系进行建模。

4. 集成关系知识

首先，让我们创建另一个 StructuredNode 来表示存储库。在本练习中，存储库仅通过名称来表示它们的特征，因此 Repository 类仅包含一个属性：

```
class Repository(StructuredNode):
    name = StringProperty()
```

接下来，我们需要让 neomodel 知道用户与存储库之间的关系。这样做是为了根据用户和存储库之间是否存在关系来对它们进行筛选。

我们想跟踪存储库所有权和存储库贡献。就贡献而言，我们想知道用户何时向该存储库做出贡献。因此，我们将创建两种关系类型：OWNS 和 CONTRIBUTED_TO。

为此，我们需要区分：

- 简单的关系。
- 包含属性的关系。

1）简单的关系

让我们从所有权关系开始。为了在用户中实现它，需要添加以下行：

```
class User(StructuredNode):
    # ... 同上
    owned_repositories = RelationshipTo("Repository", "OWNS")
```

这使我们可以通过用户查询存储库：

```
User.nodes.get(login="me").owned_repositories.all()
# [<Repository: {'name': 'hogan', 'id': 47}>]
```

如果需要以其他方式执行操作（例如，通过存储库查询用户），则还需要向 Repository 模型添加反向关系：

```
class Repository(StructuredNode):
    # ... 同上
    owner = RelationshipFrom(User, "OWNS")
```

还可以通过存储库查询所有者：

```
Repository.nodes.get(name="hogan").owner.get()
# <User: {'login': 'me', 'password': '<3Graphs', 'email':
'me@internet.com', 'birth_date': datetime.date(2000, 1, 1), 'id': 44}
```

请注意，OWNS 关系没有任何附加的属性。如果要向该关系添加属性，则还必须为该关系创建模型。

2）包含属性的关系

对于贡献关系，我们想要添加一个属性，当贡献发生时，该属性将保存关系。我们称它为 tribution_date。这也可以在 neomodel 中使用 StructuredRel 实现：

```
class ContributedTo(StructuredRel):
    contribution_date = DateTimeField(required=True)
```

该类可用于在模型类中创建所需的关系：

```
class User(StructuredNode):
    # ... 同上
    contributed_repositories = RelationshipTo("Repository",
"CONTRIBUTED_TO", model=ContributedTo)

class Repository(StructuredNode):
    # ... 同上
    contributors = RelationshipFrom(User, "CONTRIBUTED_TO",
model=ContributedTo
```

有了关系模型之后，我们可以使用 math 方法通过关系属性过滤模式。例如，以下查询将返回 2020 年 5 月 5 日下午 3 点之后向 hogan 存储库做出贡献的用户：

```
Repository.nodes.get().contributors.match(
    contribution_date__gt=datetime(2020, 5, 31, 15, 0)
).all()
```

上述代码等效于下面的 Cypher 查询：

```
MATCH (u:User)-[r:CONTRIBUTED_TO]->(:Repository {name: "hogan"})
WITH u, DATETIME({epochSeconds: toInteger(r.contribution_date)}) as dt
WHERE dt >= DATETIME("2020-08-10T15:00:00")
RETURN u
```

现在你已经掌握了使用 neomodel 对 Neo4j 图建模。

接下来，我们将使用已经创建的模型从 Neo4j 检索数据，并通过使用 Flask 构建的简单用户界面创建新的节点和关系。

11.2.2　使用 Flask 和 neomodel 构建 Web 应用程序

本节将使用一种流行的 Python Web 框架：Flask，以便使用我们之前创建的 neomodel 模型来构建全功能的 Web 应用程序。这包括以下操作：

- 创建示例数据。

- ❑ 创建登录页面。
- ❑ 读取数据——列出用户拥有的存储库。
- ❑ 更改图——添加贡献。

1. 创建示例数据

首先，让我们将前面的代码复制到 models.py 文件中。在与本书配套的 GitHub 存储库中，此文件的等效文件位于：

https://github.com/PacktPublishing/Hands-On-Graph-Analytics-with-Neo4j/blob/master/ch11/Flask-app/models.py

其中包含一些说明，我们可以用来创建示例数据，下文将要用到这些数据。要执行代码，只需从根目录运行以下命令：

```
python models.py
```

图 11-1 说明了创建的节点和关系。

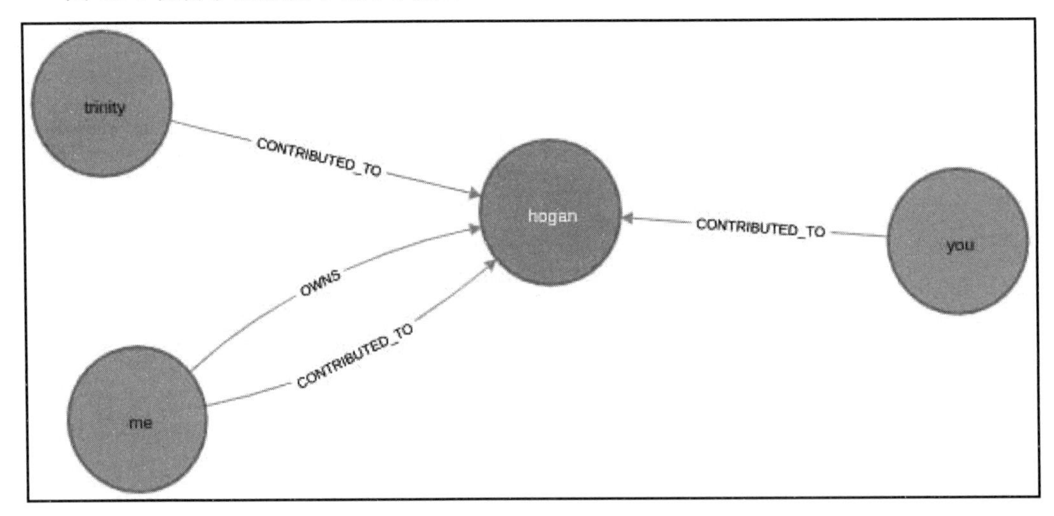

图 11-1

在图 11-1 中可以看到，示例数据中有一个名为 hogan 的存储库，该存储库由一个名叫 me 的用户拥有。用户 me 也对此存储库做出了贡献。另外，还有两个用户：you 和 Trinity 也对该存储库做出了贡献。

接下来我们将编写第一个网页。

2. 创建登录页面

首先，我们将在应用程序中创建一个登录页面，以便可以对用户进行身份验证。为此，我们将依靠 Flask-login 软件包，该软件包将负责在浏览器会话中保存用户数据。但是，我们仍然需要创建表单并将其链接到我们的 User 模型。

具体操作包括：

- 创建 Flask 应用程序。
- 调整模型。
- 创建登录表单。
- 创建登录模板。
- 查看登录视图。

1）创建 Flask 应用程序

在新的 app.py 文件中创建 Flask 应用程序：

```
app = Flask(__name__)
```

由于我们的应用程序将使用各种表单（Form）和 POST 变量，因此需要添加跨站点请求伪造（Cross Site Request Forgery，CSRF）保护：

```
csrf = CSRFProtect(app)
```

要使用 Flask-login 插件，还需要定义 SECRET 变量并实例化登录管理器：

```
app.config['SECRET_KEY'] = "THE SECRET"

login_manager = Flask_login.LoginManager()
login_manager.init_app(app)
```

至此，我们的 Flask 应用程序已创建，可使用以下代码运行它：

```
Flask run
```

但是，我们尚未创建任何路由，因此，到目前为止，所有的 URL 都将导致 404（未找到）错误。接下来我们将添加/login 路由。

2）调整模型

为了将 User 类与 Flask-login 一起使用，我们需要向其添加一些方法：

- is_authenticated：确定用户认证是否成功。
- is_active：可用于停用用户（如电子邮件地址未验证、订阅已过期等）。
- is_anonymous：这是检测未经身份验证的用户的另一种方法。
- get_id：为每个用户定义唯一标识符。

由于这些方法几乎是所有 Web 应用程序所共有的，因此已经在 UserMixin 中实现了这些方法，我们可以将其添加到 User 类中以访问这些方法。

我们需要自定义行为的唯一方法是 get_id 方法，因为我们的模型没有 id 字段；在这里，主键的角色将由 login 字段担任：

```
class User(StructuredNode, Flask_login.UserMixin):
    # ... 同上

    def get_id(self):
        return self.login
```

3）创建登录表单

为了管理表单的显示和验证，我们将使用另一个名为 wtforms 的 Flask 插件。该插件需要在专用类中定义表单，因此让我们创建一个登录表单。此表单需要以下内容：

- 用户名/登录名：这是必需的文本输入，可使用以下代码创建：

```
login = StringField('Login', validators=[DataRequired()])
```

- 密码：这是带有隐藏值的必填文本输入（所谓隐藏值，就是不在屏幕上显示密码，改以星号或小点显示）。在带有 DataRequired 验证器的 StringField 顶部，我们还将为该字段指定一个自定义窗口小部件：

```
password = StringField('Password', validators=[DataRequired()],
                       widget=PasswordInput(hide_value=False)
)
```

- 提交按钮：

```
submit = SubmitField('Submit')
```

登录表单的完整代码如下：

```
class LoginForm(FlaskForm):
    login = StringField('Login', validators=[DataRequired()])
    password = StringField('Password', validators=[DataRequired()],
                           widget=PasswordInput(hide_value=False)
    )
    submit = SubmitField('Submit')
```

接下来，需要创建一个登录模板以显示表单。

4）创建登录模板

在要通过/login URL 访问的登录页面上，我们要显示登录表单（即登录和密码输入字段以及提交按钮）。

与许多 Web 框架一样，Flask 使用模板生成器，使我们能够在页面上动态显示变量。Flask 使用的模板生成器称为 Jinja2。以下 Jinja2 模板允许我们显示一个简单的登录表单，其中包含两个文本输入域（登录名和密码）和一个提交按钮：

```
<form method="POST" action="/login">
    {{ form.csrf_token }}
    <div class="form-field">{{ form.login.label }} {{ form.login
}}</div>
    <div class="form-field">{{ form.password.label }} {{ form.password
}}</div>
    {{ form.submit }}
</form>
```

在添加了基本的 HTML 标签之后，可以将该模板添加到 template/login.html 文件中。你可以参考的文件网址如下：

https://github.com/PacktPublishing/Hands-On-Graph-Analytics-with-Neo4j/blob/master/ch11/Flask-app/templates/login.html

你会注意到，我们使用了 Jinja2 的另一个有趣功能：模板继承。base.html 模板包含页面中的所有不变部分。在本示例中，我们仅包含一个页眉，但是你也可以放置页脚或导航侧边栏。它还包含一个空的 block：

```
{%block content%}
{%endblock%}
```

此 block 可以看作一个占位符，在其中可以写入来自继承模板的代码。

在 login.html 模板中，可通过以下指令告诉 Jinja2 它需要包含在基本模板中：

```
{% extends "base.html" %}
```

还可以使用以下指令围绕表单，告诉 Jinja2 将表单放在基本模板中：

```
{% block content %}
    /// 在此放入表单
{% endblock %}
```

在表单模板中，假定页面上下文包含一个由 LoginForm 实例组成的 form 变量。现在需要将这个变量注入上下文中，以便能够看到登录页面。

5）查看登录视图

让我们创建一个简单的/login 路由，将一个 LoginForm 实例添加到应用程序上下文中。

然后，我们将显示 login.html 模板：

```
login_manager.login_view = 'login'

@app.route('/login')    # URL
def login():    # 视图的名称
    form = LoginForm()  # 创建 LoginForm 实例
    return render_template('login.html', form=form)
    # 使用表单参数显示 login.html 模板
```

现在导航到 http://localhost:5000/login，你应该看到如图 11-2 所示的表单。

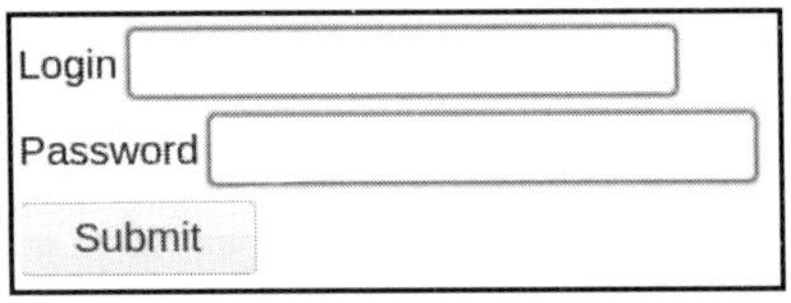

图 11-2

当然，此时单击表单将引发错误，因为默认情况下，在我们的视图中不允许 POST 请求。要允许 POST 操作，必须在视图上修改 app.route 装饰器（Decorator），以便我们可以添加允许的方法：

```
@app.route('/login', methods=["GET", "POST"])
def login():
```

现在可以对此视图执行 POST 操作，具体步骤如下。

（1）使用 form.validate_on_submit()方法验证表单数据。此方法将执行以下检查：

- 检查必填字段是否存在：这是由字段验证器配置的。
- 检查提供的登录名/密码是否对应于真实用户：在这里，我们需要实现自己的逻辑，以便检查 Neo4j 中是否存在具有给定登录名/密码的 User 节点。

（2）执行此操作之后，可能会发生以下两种情况：

- 如果表单有效且用户存在，则调用 Flask_login.login_user 函数来管理会话。
- 否则，需再次显示登录表单。

这些操作是通过以下代码在视图中执行的：

```
form = LoginForm()
if form.validate_on_submit():
    if Flask_login.login_user(user):
        return redirect(url_for("index"))   # 重定向到主页
return render_template('login.html', form=form)
```

为了检查具有给定凭据的用户的存在，需要在表单中添加一个 validate 方法：

```
class LoginForm(FlaskForm):

    # ... 同上

    def validate(self):
        user = User.nodes.get_or_none(
            login=self.login.data,
            password=self.password.data,
        )
        if user is None:
            raise ValidationError("User/Password incorrect")
        self.user = user
        return self
```

为方便起见，可以将经过身份验证的用户保存在 self.user 表单属性中。这使我们能够在登录视图中检索用户，而无须再次执行相同的请求。

3. 读取数据——列出用户拥有的存储库

你可以自己尝试一下该操作。结果在以下段落中给出。

该视图将使用 Flask_login 保存的 current_user 对象。当前用户已经是 User 类型，因此我们可以直接访问其成员，如 contributed_repositories 和 owned_repositories。该视图的完整代码如下：

```
@app.route('/')
@Flask_login.login_required
def index(*args):
    user = Flask_login.current_user
    contributed_repositories = user.contributed_repositories.all()
    owned_repositories = user.owned_repositories.all()
    return render_template(
        "index.html",
        contributed_repositories=contributed_repositories,
        owned_repositories=owned_repositories,
        user=user
    )
```

你可能已经注意到，我们使用了一个新的函数修饰器@ Flask_login.login_required。这将在显示视图之前检查用户是否已经登录。否则未登录，则用户将被重定向到登录视图。

在 HTML 模板中，我们将简单地遍历用户贡献和拥有的存储库，以便将它们显示在一个项目符号列表中：

```
<h2>User {{ user.login }}</h2>
<p><a href="/logout">Logout</a></p>
<h3>List of repositories I contributed to:</h3>
<ul>
    {% for r in contributed_repositories %}
        <li>
            {{ r.id }}: {{ r.name }} (on {{
user.contributed_repositories.relationship(r).contribution_date.strfti
me
('% Y-%m-%d %H:%M') }})
        </li>
    {% endfor %}
</ul>
<h3>List of repositories I own:</h3>
<ul>
    {% for r in owned_repositories %}
        <li>{{ r.id }}: {{ r.name }}</li>
    {% endfor %}
</ul>
```

图 11-3 显示了运行上述代码段后的存储库列表。

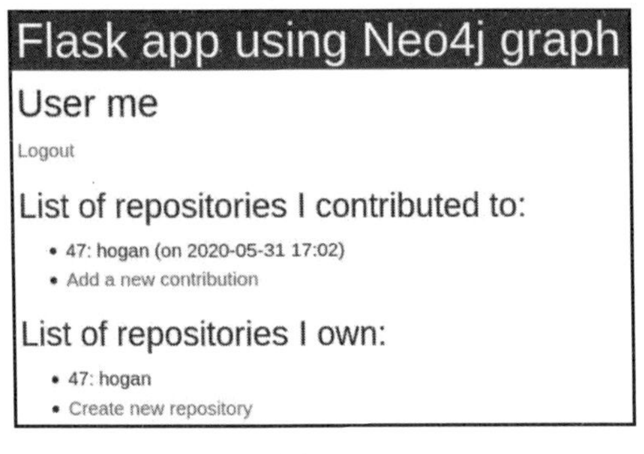

图 11-3

注意：

如果你显示的结果与图 11-3 不同，那是因为在主页中我们添加了一些样式，你可以在本书的 GitHub 存储库中找到这些样式。

至此，我们已经从图中读取了数据。接下来，让我们学习如何向其中添加数据。

4．更改图——添加贡献

在本练习中，我们将让经过身份验证的用户向现有存储库添加贡献。同样，我们将使用 WTForm Flask 扩展来管理 HTML 表单。我们的表单比登录表单更简单，因为它仅包含一个文本输入框，用于用户要贡献的存储库名称：

```
from models import Repository

class NewContributionForm(FlaskForm):
    name = StringField('Name', validators=[DataRequired()])
    submit = SubmitField('Submit')
```

验证提供的存储库名称，以确保具有该名称的Repository 节点已经存在，否则将引发 ValidationError：

```
def validate_name(self, field):
    r = Repository.nodes.get_or_none(name=field.data)
    if r is None:
        raise ValidationError('Can ony add contributions to existing
repositories')
```

现在让我们构建一个模板来显示此表单。该模板对你来说并不稀奇，因为它与登录页面模板非常相似：

```
<form method="POST" action="{{ url_for('add_contribution') }}">
    {{ form.csrf_token }}
        <div class="form-field">
            {{ form.name.label }} {{ form.name }}
        </div>
    {{ form.submit }}
</form>
```

让我们在此页面上添加另一条信息：表单报告的验证错误。这样做是为了让用户知道发生了什么。这可以通过以下代码实现。此代码需要添加到上一个代码片段中显示的<form>标记之前：

```
{% for field, errors in form.errors.items() %}
    <div class="alert bg-danger">
        {{ form[field].label }}: {{ ', '.join(errors) }}
    </div>
{% endfor %}
```

还需要在主页上添加到新页面的链接。在贡献列表的末尾，添加以下项目：

```
<li>
    <a href="{{ url_for('add_contribution') }}">Add a new contribution</a>
</li>
```

现在让我们回到视图。一旦用户登录并验证了表单，我们就可以查找与用户输入的名称相匹配的存储库，并将该存储库添加到经过身份验证的用户的 contributed_ repositories 部分：

```
@app.route("/repository/contribution/new", methods=["GET", "POST"])
@Flask_login.login_required
def add_contribution(*args):
    user = Flask_login.current_user
    form = NewContributionForm()
    if form.validate_on_submit():
        repo = Repository.nodes.get(
            name=form.name.data,
        )
        rel = user.contributed_repositories.connect(repo,
{"contribution_date": datetime.now()})
        return redirect(url_for("index"))
    return render_template("contribution_add.html", form=form)
```

现在可以导航到 http://www.localhost:5000/repository/contribution/new。你将看到类似图 11-4 所示的界面。

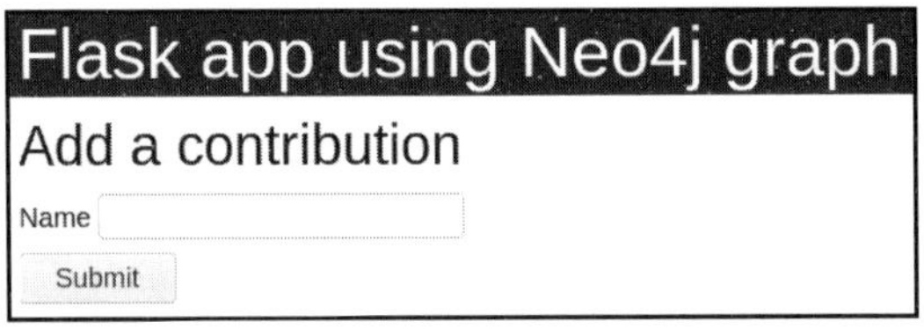

Flask app using Neo4j graph
Add a contribution
Name
Submit

图 11-4

这样，我们就使用 Neo4j 作为后端构建了一个 Web 应用程序。我们能够从 Neo4j（登录页面和主页）读取数据，并在图中创建新的关系。在/Flask-app 中提供了此部分的完整代码。该目录包含一个额外的视图，允许用户创建新的存储库。我们建议你在查看该代码之前尝试自己实现它。

这是使用 Python 与 Neo4j 进行交互的一种方式。你也可以使用另一个流行的 Web 框架（这里指的是 Django）重复进行相同的练习。在第 11.7 节“延伸阅读”中可以找到有关 Neomodel 和 Django 集成的参考资料。

接下来，我们将使用另一种方法让应用程序与 Neo4j 进行交互，那就是构建 GraphQL API。当然，在此之前，我们需要通过使用 GitHub API v4 来熟悉 GraphQL。

11.3　通过示例了解 GraphQL API

前文我们使用 Python 构建了一个完整的 Web 应用程序，该数据库的后端数据库是

Neo4j，本节将不再依赖 Python，而构建一个可从 Neo4j 服务器直接访问的 API。

构建 API 时，一个非常流行的框架是表征状态转移（Representational State Transfer，REST）。即使在图数据库中仍然可以使用这种方法（如 gREST 项目），但是另一种方法正变得越来越流行，那就是 GraphQL，一种 API 查询语言。

为了理解 GraphQL，我们将再次使用 GitHub API。在前面的章节中，我们使用的是 REST 版本（v3）。但是，v4 使用的是 GraphQL，因此我们应该构建一些查询。为此，我们可以转到以下地址：

https://developer.github.com/v4/explorer/

这是传统的 GraphQL 练习环境。提供 GitHub 登录凭据后，有一个分为两部分的窗口。左侧窗格是我们将编写查询的位置，而右侧窗格则将显示查询结果或错误消息。

要从未知的 GraphQL API 开始，可使用 < Docs 按钮（该按钮位于屏幕右上角——见图 11-5）。它将列出可用的操作，用于查询数据库和执行突变（创建、更新或删除对象）。让我们首先从 query 部分读取数据。

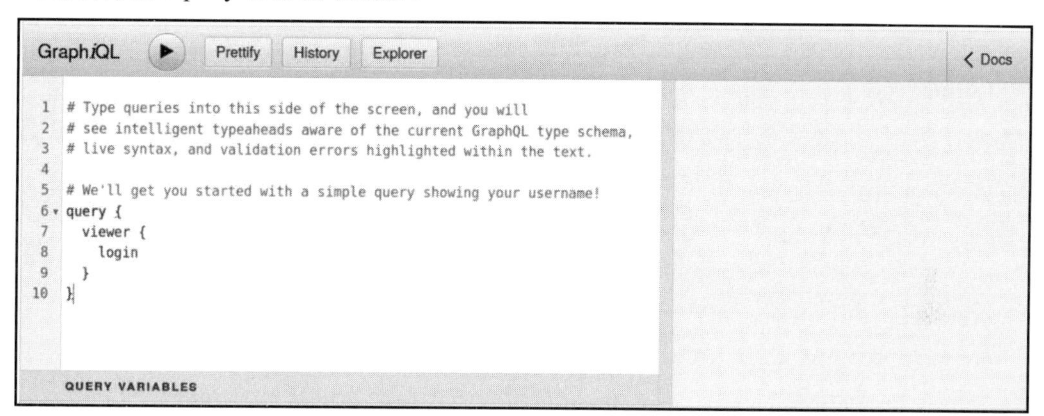

图 11-5

图 11-5 是你第一次导航到 GitHub GraphQL API 时所看到的。它预装了示例查询。接下来将对此展开详细讨论。

11.3.1　端点

让我们从构建查询开始。我们将通过选择一个端点来执行此操作。其中之一称为 viewer（查看者），根据说明文档，它将为我们提供有关当前已验证用户的信息。要使用此端点，必须在查询构建器中编写以下内容：

```
{
    viewer {

    }
}
```

如果尝试运行此查询，那么它将返回解析错误消息。原因是缺少重要的信息——我们希望 API 返回的有关 viewer 的参数。

可以将一个可选的 query 关键字放在查询请求的前面，如下所示：

```
query {
    viewer {

    }
}
```

11.3.2　返回的属性

GraphQL 的优点之一是可以选择返回哪些参数，这是减小从 API 接收的数据大小并加快为用户呈现数据方式的好方法。可用参数的列表在 GraphQL 模式中定义，下文将详细介绍这一点。一个有效的查询可以按如下方式编写：

```
{
    viewer {
        id
        login
    }
}
```

该查询将返回该 viewer 的 id 和 login 信息。该查询的结果是以下 JSON：

```
{
    "data": {
        "viewer": {
            "id": "MDQ6VXNlcjEwMzU2NjE4",
            "login": "stellasia"
        }
    }
}
```

该查询非常简单，尤其是因为它不涉及参数。但是，在大多数情况下，该 API 的响应取决于某些参数：用户 ID、要返回的最大元素数（用于分页）等。该功能值得关注，因为对于任何 API 来说，发送参数化请求都是至关重要的。

11.3.3　查询参数

为了理解查询参数的工作方式，让我们考虑另一个端点，即 organization。假设你通过 GitHub API 发送以下查询：

```
{
    organization(login) {
        id
    }
}
```

你将收到以下错误消息：

```
"message": "Field 'organization' is missing required arguments: login"
```

这意味着查询必须更新为以下内容：

```
{
    organization(login: "neo4j") {
        id
    }
}
```

通过请求更多字段，例如创建日期或组织的网站，结果数据将类似于以下内容：

```
{
    "data": {
        "organization": {
            "name": "Neo4j",
            "description": "",
            "createdAt": "2010-02-10T15:22:20Z",
            "url": "https://github.com/neo4j",
            "websiteUrl": "http://neo4j.com/"
        }
    }
}
```

你还可以建立更多复杂的查询。浏览说明文档可查看能够提取哪些信息。例如，我们可以构建一个返回以下内容的查询：

- 当前 viewer（查看者）的登录名。

- ❑ 他们的前两个公共存储库（按创建日期降序排列），以及每个存储库的以下属性：
  - ➢ 存储库名称。
  - ➢ 创建日期。
  - ➢ 主要语言名称。

具体查询语句如下：

```
{
    organization(login: "neo4j") {
       repositories(last: 3, privacy: PUBLIC, orderBy: {field: CREATED_AT,
direction: ASC}) {
             nodes {
                  name
                  createdAt
                  primaryLanguage {
                      name
                  }
             }
         }
    }
}
```

结果显示在图 11-6 中。

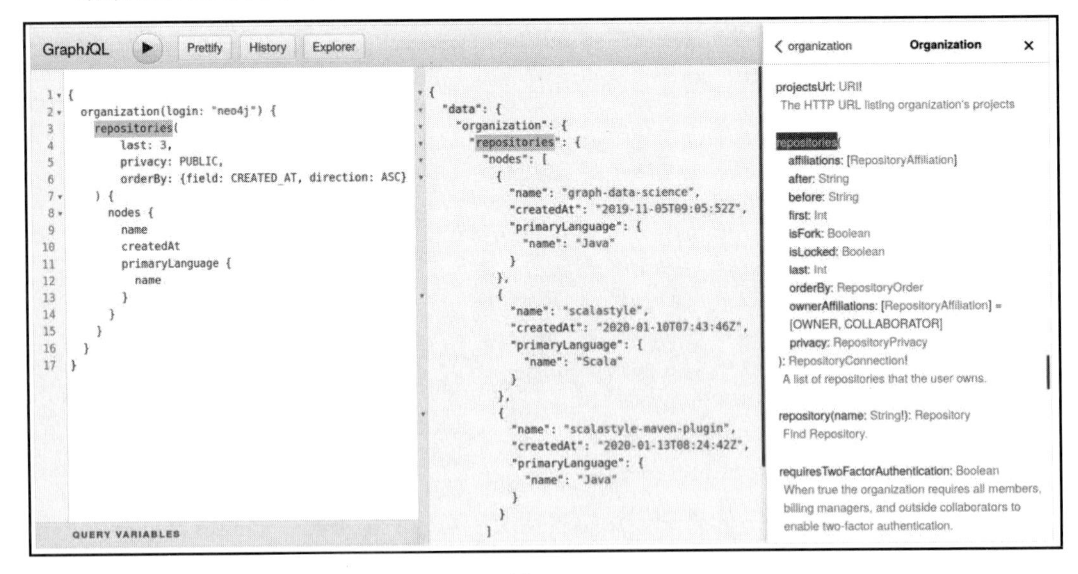

图 11-6

查询仅用于从数据库检索数据。为了更改数据，我们需要执行另一种称为突变（Mutation）的操作。

11.3.4　突变

让我们研究一个 GitHub API 允许的突变示例：在存储库中添加星号。这种突变称为 addStar，并接收一个 input 参数：要加注星标的存储库 ID。它可以返回 Starrable 类型的信息（参见说明文档 *Things that can be starred*，也可以直接在右上角的搜索框中搜索 "Starrable"）。此完整查询的编写方式如下：

```
mutation {
    addStar(input: {starrableId: "<REPOSITORY_ID>"}) {
        starrable {
            stargazers(last: 1) {
                nodes {
                    login
                }
            }
        }
    }
}
```

与查询类似，每个突变的参数和返回的参数都在 GraphQL 模式中定义，可通过 GraphQL 练习环境的右侧窗格访问其说明文档。

下文将介绍更多的突变示例。

注意：

虽然名称中带 Graph，但是 GraphQL 并没有与图数据库绑定，它也可以与 SQL 数据库后端一起使用。在使用 Python 的情况下，可检查 graphene 模块以了解更多信息。

注意：

Neo4j 用于维护 neo4j-graphql 插件，该插件已与 Neo4j 服务器集成，并在端口 7474（与浏览器相同）下公开了 /graphql/ 端点。但是，自 Neo4j 4.0 引入以来，此插件已被弃用，并由更主流的工具（如 GraphQL JavaScript 软件包）取代。

Neo4j GraphQL JavaScript 软件包是 GRANDstack 的一部分，接下来将详细介绍它。

11.4　使用 GRANDstack 开发 React 应用程序

如果你正在使用 Neo4j 创建应用程序，那么 GRANDstack 是最好的选择。本节将构建一个很小的应用程序，类似于前面使用 Python 创建的应用程序。

有关 GRANDstack 的完整说明文档，请访问：

https://grandstack.io/

本节将讨论以下内容：

- 关于 GRANDstack。
- 创建 API。
- 关于突变。
- 构建用户界面。

11.4.1　关于 GRANDstack

实际上，GRAND 是以下各项的首字母缩写：

- **G**raphQL。
- **R**eact。
- **A**pollo。
- **N**eo4j **D**atabase。

第 11.3 节“通过示例了解 GraphQL API”详细介绍了 GraphQL，本书大量篇幅讨论了 Neo4j。React 是用于构建 Web 应用程序的 JavaScript 框架。Apollo 是将 GraphQL API 和 React 前端黏合在一起的模块。让我们看看这些内容是如何工作的。

为了使用 GRANDstack 启动项目，可以使用以下代码：

```
npx create-grandstack-app <NAME_OF_YOUR_APPLICATION>
```

该脚本将询问我们的 Neo4j 连接参数（bolt URL、用户名、密码以及是否使用加密），并使用应用程序的名称创建目录。它将包含以下元素：

```
.
├── api
├── LICENSE.txt
├── package.json
├── README.md
└── web-react
```

顾名思义，api 文件夹包含 GraphQL API 的代码，而 web-react 文件夹则是前端 React 应用程序所在的位置。

提示：

实际上，也可以将 Angular 用于前端。有关详细信息，请访问：

https://github.com/grand-stack/grand-stack-starter/tree/master/web-angular

11.4.2　创建 API

入门应用程序已经为我们完成了几乎所有工作。api 文件夹的结构如下：

```
.
├── package.json
├── README.md
└── src
    ├── functions
    ├── graphql-schema.js
    ├── index.js
    ├── initialize.js
    ├── schema.graphql
    └── seed
```

为了满足我们的应用程序目标，唯一需要修改的文件是 schema.graphql 文件。我们将介绍以下操作：

- 编写 GraphQL 模式。
- 启动应用程序。

1. 编写 GraphQL 模式

在用户拥有或贡献存储库的环境中，我们将编写 GraphQL 模式，该模式可用于创建与前文相同的前端页面。

我们需要介绍如何定义类型。

让我们从 User 节点开始。可使用以下代码定义属性：

```
type User {
    login: String!
    password: String!
    email: String
    birth_date: Date
}
```

还可以给用户添加更多数据，例如：

- ❑ 他们自己的存储库：

```
owned_repositories: [Repository] @relation(name: "OWNS",
direction: "OUT")
```

- ❑ 用户贡献过的存储库：

```
contributed_repositories: [Repository] @relation(name: "CONTRIBUTED_TO",
direction: "OUT"
```

- ❑ 他们贡献的（所有存储库）总数。在这里，我们必须通过自定义 Cypher 语句定义此字段，以编写 COUNT 聚合函数：

```
total_contributions: Int
    @cypher(
        statement: "MATCH (this)-[r:CONTRIBUTED_TO]->(:Repository)
                    RETURN COUNT(r)"
    )
```

类似地，可使用以下模式描述存储库：

```
type Repository {
    name: String!
    owner: User @relation(name: "OWNS", direction: "IN")
    contributors:[User] @relation(name:"CONTRIBUTED_TO",direction:"IN")
    nb_contributors: Int @cypher(
        statement: "MATCH (this)<-[:CONTRIBUTED_TO]->(u:User)
                    RETURN COUNT(DISTINCT u)"
    )
}
```

可以根据需要添加任意多的字段。

2. 启动应用程序

启动该应用程序非常简单，只需执行以下操作：

```
cd api
npm run
```

默认情况下，该应用程序在端口 4001 上运行。

接下来我们将测试它是否能正常工作：

- ❑ 使用 GraphQL 练习环境进行测试。

- 从 Python 调用 API。
- 使用变量。

1）使用 GraphQL 练习环境进行测试

当应用程序运行时，我们可以访问以下网址，找到该应用程序的 GraphQL 练习环境：

http://www.localhost:4001/graphql/

提示：

默认情况下，GraphQL 启用的是深色主题。可通过更改设置中的以下代码来禁用它：

```
"editor.theme": "dark",
```

将其更改为：

```
"editor.theme": "light",
```

让我们编写一个查询，收集创建应用程序登录页面所需的信息（可参阅第 11.2.2 节中“创建 Flask 应用程序”）。我们要为经过身份验证的用户显示他们的登录名、拥有的存储库以及贡献过的存储库。因此，可使用以下查询：

```
{
    User(login: "me") {
        login
        owned_repositories{
            name
        }
        contributed_repositories{
            name
        }
    }
}
```

类似地，要获取贡献者的数量和给定存储库的所有者，可使用以下查询：

```
{
    Repository(name: "hogan") {
        nb_contributors
        owner {
            login
        }
    }
}
```

该 API 现在已完全启动并正在运行，你可以从自己喜欢的工具（curl、Postman 等）向其发送请求。接下来，我们将演示如何使用 requests 模块从 Python 查询此 API。

2）从 Python 调用 API

为了从 Python 发出 HTTP 请求，可使用 pip 安装 requests 包：

```
import requests
```

然后定义请求参数：

```
query = """
{
    User(login: "me") {
        login
    }
}
"""

data = {
    "query": query,
}
```

最后，可以使用 JSON 编码的有效负载发布请求：

```
r = requests.post(
    "http://localhost:4001/graphql",
    json=data,
    headers={
    }
)

print(r.json())
```

结果如下：

```
{'data': {}}
```

3）使用变量

我们使用的查询包含一个参数：用户名。为了使其更具可定制性，GraphQL 允许我们使用变量。

首先，我们需要通过添加参数定义来改变查询格式：

```
query($login: String!) {
```

该参数称为$name，为 String 类型，并且是强制性的（因此，最后有一个感叹号！）。

已声明的参数可在查询中使用，如下所示：

```
User(login: $login) {
```

最终查询如下所示：

```
query = """
query($login: String!) {
    User(login: $login) {
        login
    }
}
"""
```

当然，我们现在必须将参数输入 API 调用的查询中。这是通过使用 variables 参数来完成的。它由一个字典组成，该字典的键是参数名称：

```
data = {
    "query": query,
    "variables": {"login": "me"},
}
```

完成此操作后，可以使用之前用过的相同 requests.post 代码再次发布此查询。

接下来，让我们学习如何使用 React 构建一个使用 GraphQL API 的前端应用程序。

11.4.3　关于突变

正如我们已经在 GitHub API 上看到的那样，突变（Mutation）会改变图，从而创建、更新或删除节点和关系。某些突变是根据 GraphQL 模式中声明的类型自动创建的，它们可以在如图 11-7 所示的说明文档中找到。

让我们创建一个新用户，并将其添加到 hogan 存储库中。要创建用户，需要使用 CreateUser 突变，其参数至少包含两个强制性参数：login 和 password。对于任何 GraphQL 查询，我们还需要在请求的第二部分中列出希望 API 返回的参数：

```
mutation {
    CreateUser(login: "Incognito", password: "password123") {
        login
        email
        birth_date {year}
    }
}
```

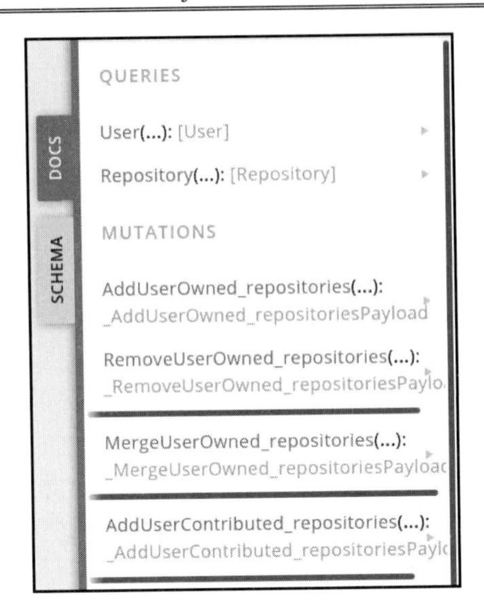

图 11-7

还可以在新创建的用户和 hogan 存储库之间创建关系：

```
mutation {
    AddUserContributed_repositories(
        from: { login: "Incognito" }
        to: { name: "hogan" }
    ) {
        from {login}
        to {name}
    }
}
```

我们可以在 Neo4j Browser 中检查结果，或使用相同的 GraphQL API 来检查是否正确创建了 User 节点和 CONTRIBUTED_TO 关系：

```
{
    User(login: "Incognito") {
        contributed_repositories {
            name
        }
    }
}
```

这将导致以下输出：

```
{
    "data": {
        "User": [
            {
                "contributed_repositories": [
                    {
                        "name": "hogan"
                    }
                ]
            }
        ]
    }
}
```

创建新存储库时，我们可能希望将其所有者添加到同一查询中。这可以使用 GraphQL 通过链接突变来实现：

```
mutation {
    CreateRepository(name: "graphql-api") {
        name
    }
    AddUserOwned_repositories(
        from: { login: "Incognito" }
        to: { name: "graphql-api" }
    ) {
        from {
            login
            email
            total_contributions
        }
        to {
            name
            nb_contributors
        }
    }
}
```

在上面的查询中，首先，我们通过添加 graphql-api 存储库来执行 CreateRepository 突变。然后，执行 AddUserOwned_repositories 突变。为此，我们在先前创建的 Incognito 用户与新创建的 graphql-api 存储库之间添加了一种关系。

现在，你应该能够构建自己的 GraphQL API 并对其进行查询，以获取和更改图中的数据。下一步是将此 API 插入前端应用程序。

11.4.4　构建用户界面

用户界面使用的是 React。grand-stack-starter 应用程序附带的代码包含许多功能，但对于初学者来说也相当复杂，这就是我们要使用更简单的方法重写其中一部分的原因。我们的目标是构建一个在首页上显示用户列表的应用程序。

为了使我们的组件使用前面构建完成的 API，必须将它们连接到已经创建的 GraphQL 应用程序。这包括以下操作：

- 创建一个简单的组件。
- 添加导航。
- 实现突变。

1. 创建一个简单的组件

让我们开始构建主页并创建一个将列出所有用户的组件。具体操作包括：

- 从 GraphQL API 获取数据。
- 编写一个简单的组件。

1）从 GraphQL API 获取数据

为了检索所有已注册用户，我们将使用一个查询，该查询请求的是所有用户，故不需要使用任何参数，如下所示：

```
query Users {
    User {
        login
        email
        total_contributions
    }
}
```

可以在 GraphQL 练习环境中对此进行测试，以检查它是否返回 Neo4j 图中的所有用户。

提示：

在这里，我们使用的是一个非常小的数据集，其中包含 2～4 个用户。如果你的数据集中包含更多数据，则可能需要使用分页。请参阅 GRANDstack 应用程序启动器以查看此类功能的示例：

https://github.com/grand-stack/grand-stack-starter/blob/master/web-react/src/components/UserList.js

2）编写一个简单的组件

UserList 组件将在 src/components/UserList.js 文件中实现。

首先导入必要的工具：

```
import { useQuery } from '@apollo/react-hooks'
import gql from 'graphql-tag'
```

然后定义查询，检索该组件所需的数据：

```
const GET_USERS = gql`
    query Users {
        User {
            login
            email
            total_contributions
        }
    }
`
```

现在可以使用函数创建组件。该函数必须返回将在浏览器中显示的 HTML 代码。

但是，在此之前，我们还需要获取数据，这时就要用到 Apollo 的 useQuery 函数了。让我们从一个简单的实现开始，在控制台中记录 useQuery 函数的结果，并以 HTML 形式返回一个空字符串：

```
function UserList(props) {

    const { loading, data, error } = useQuery(GET_USERS);
    console.log("Loading=", loading);
    console.log("Data=", data);
    console.log("Error=", error);

    return "";
};

export default UserList;
```

注意：

useQuery 是一个 React Hooks。

我们还需要创建 src/App.js 文件才能使用 UserList 组件。确保它包含以下内容：

```
import React from 'react'
```

```
import UserList from './components/UserList';


export default function App() {
    return (
        <div>
            <h1>My app</h1>
            <UserList />
        </div>
    );
}
```

保存这两个文件后，可以在 web-react 文件夹中运行以下命令以启动服务器：

```
npm start
```

现在使用 Web 浏览器访问 http://localhost:3000，可以看到 HTML 页面没有显示任何内容，反而是有趣的信息出现在 Console（控制台）中，你可以按 Shift + Ctrl + I 组合键或按 F12 键（Firefox 和 Chrome）打开它。此时你应该看到类似图 11-8 所示内容。

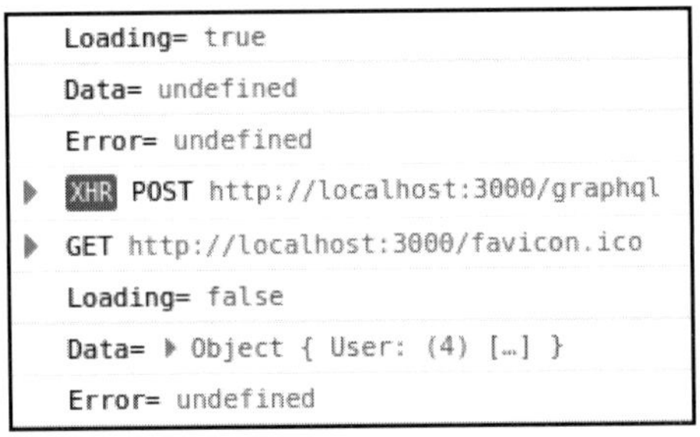

```
Loading= true
Data= undefined
Error= undefined
▶ XHR POST http://localhost:3000/graphql
▶ GET http://localhost:3000/favicon.ico
Loading= false
Data= ▶ Object { User: (4) […] }
Error= undefined
```

图 11-8

可以看到，我们的日志显示了两次。第一次发生时，loading 参数为 true，并且 data 和 error 变量均未定义。第二次发生这种情况时，将接收由 GraphQL API 执行的 POST 请求的结果。这一次，我们有 loading = false，而 data 实际上包含一些数据。

我们可以仔细看一下 data 对象。你将看到类似于图 11-9 所示内容。

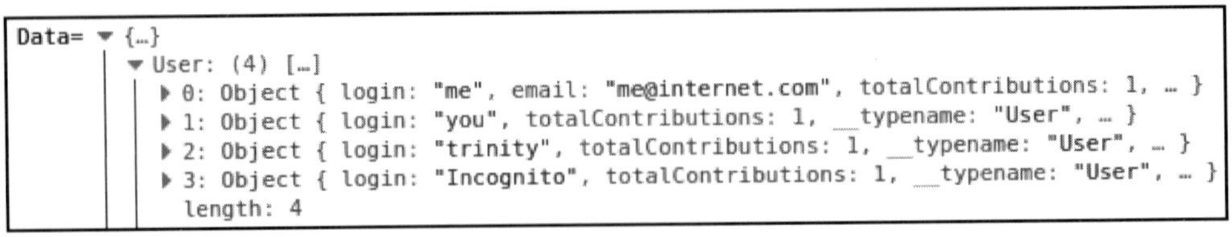

```
Data= ▼ {…}
      ▼ User: (4) […]
        ▶ 0: Object { login: "me", email: "me@internet.com", totalContributions: 1, … }
        ▶ 1: Object { login: "you", totalContributions: 1, __typename: "User", … }
        ▶ 2: Object { login: "trinity", totalContributions: 1, __typename: "User", … }
        ▶ 3: Object { login: "Incognito", totalContributions: 1, __typename: "User", … }
          length: 4
```

图 11-9

现在我们可以修改 UserList 函数，并将返回空字符串的 return 语句替换为返回一些有意义的数据。

我们必须考虑以下 3 种情况：

- 如果还没有接收到来自 API 的数据，则 loading = true。在这种情况下，仅显示 Loading…文本：

```
if (loading) {
    return <p>Loading...</p>
}
```

- API 返回了一些错误，即 error！ == undefined，则可以显示原始错误消息：

```
if (error !== undefined) {
    console.error(error);
    return <p>Error</p>
}
```

- API 没有返回错误，我们也接收到了一些数据。在这种情况下，我们将遍历 data.User 数组，并显示其登录名、电子邮件以及每个元素的总贡献数。

  此时的代码如下：

```
return (
    <table>
        <thead>
        <tr>
            <th>Login</th>
            <th>Email</th>
            <th>Total contributions</th>
        </tr>
        </thead>
        <tbody>
{data.User.map((u) => {
            return (
                <tr key={u.login}>
                    <td>{u.login}</td>
                    <td>{u.email}</td>
                    <td>{u.total_contributions}</td>
                </tr>
            )
        })}
        </tbody>
    </table>
)
```

保存新版本的 UserList.js 后，再次在浏览器中访问 http://localhost:3000，此时将显示 Neo4j 中的现有用户表。

注意：

要看到一些适当的结果，必须启动并运行以下 3 个组件：

- Neo4j。
- 前文创建的 API。
- web-react 应用程序。

接下来，我们将增加一些导航元素。例如，当我们单击用户的登录名时，可以查看到有关用户的更多信息。

2. 添加导航

在列出所有用户的主页上，如果能够导航到显示有关特定用户详细信息的另一个页面，那么这一功能应该会很受欢迎。要实现这一点，可以从修改 UserList 组件开始，并为用户登录名添加链接：

```
<td><Link to={`/user/${u.login}`}>{u.login}</Link></td>
```

现在，单击这样的链接会重定向到 http://localhost:3000/user/me。由于我们的应用程序尚未配置，因此该页面目前仅显示空白。

让我们继续配置应用程序。可使用一个 Router 对象来执行该操作，因此 App 组件的内容可替换为以下代码：

```
export default function App() {
    return (
        <Router>
            <div>
                <h1>My app</h1>
            </div>

            <Switch>
                <Route exact path="/" component={UserList} />
                <Route path="/user/:login" component={User} />
            </Switch>
        </Router>
    );
```

在上面的代码中，Router 定义了以下两条路由：

- "/"：这将显示 UserList 组件。

- "/user/<login>"：这将显示一个新的 User 组件（下文将创建它）。login（登录名）是路由参数，在组件中可以检索到。

现在我们需要在 src/components/User.js 中创建 User 组件，这将显示该用户拥有的存储库列表。获取此数据的查询如下：

```
const GET_USER_DATA = gql`
    query($login: String!) {
        User(login: $login) {
            owned_repositories {
                name
            }
        }
    }
`;
```

在此查询中，我们定义了一个 $login 变量，必须将该变量与查询一起送入 GraphQL 端点以获得结果。User 组件的开头如下：

```
function User(props) {

    let login = props.match.params.login

    const { loading, data, error } = useQuery(GET_USER_DATA, {
        variables: {
            login: login
        }
    });
```

因为用户页面的 URL 是/user/<login>，所以从 URL 读取了 login 变量。

User 组件的其余部分非常简单。只要添加 Loading 提示和错误处理，然后显示用户的存储库列表即可：

```
    if (loading) {
        return <p>Loading...</p>
    }

    if (error !== undefined) {
        return <p>Error: {error}</p>
    }

    let user = data.User[0];
    return (
```

```
        <ul>
            {user.owned_repositories.map((r) => {
                return (
                    <li key={r.name}>{r.name}</li>
                )
            })}
        </ul>
    )

export default User;
```

现在通过 Web 浏览器访问 http://localhost:3000/user/me，它将显示具有 me 登录名的用户所拥有的存储库列表。

接下来我们将再次介绍突变（Mutation）操作，它是编写完全可用的应用程序所需要的。

3. 实现突变

为简单起见，我们将在新组件和新 URL 中实现此突变。

首先，让我们在路由器中添加到此新页面的链接（在 src/App.js 中）：

```
<Route path="/user/:login/addrepo" component={AddRepository} />
```

在 User 组件的存储库列表的末尾添加一个链接，指向添加新存储库的页面（在 src/components/User.js 中）：

```
<li><Link to={`/user/${login}/addrepo`}>Add new repository</Link></li>
```

然后，在 src/components/AddRepository.js 中创建 AddRepository 组件。这里需要根据 GraphQL 定义突变：

```
const CREATE_REPO = gql`
mutation($name: String!, $login: String!) {
    CreateRepository(name: $name) {
        name
    }
    AddRepositoryOwner(from: { login: $login }, to: { name: $name }) {
        from {
            login
        }
        to {
            name
        }
    }
}
`;
```

可以看到，这和我们对查询所执行的操作类似，我们将使用以下两个变量创建突变：

- login：用户登录名。
- name：新的存储库名称。

接下来的任务包括使用以下代码创建一个突变对象：

```
import { useMutation } from '@apollo/react-hooks';
const [mutation, ] = useMutation(CREATE_REPO);
```

一旦创建了突变，当使用 onFormSubmit 提交表单时，就可以在回调中使用它：

```
function AddRepository(props) {
    let login = props.match.params.login;

    const [mutation, ] = useMutation(CREATE_REPO);

    const onFormSubmit = function(e) {
        e.preventDefault();
        mutation({variables: {
                login: login,
                name: e.target.name.value,
            }
        });
props.history.push(`/user/${login}`);
    };

    return (
        <form onSubmit={onFormSubmit}>
            <input type={"test"} name={"name"} placeholder={"New repository
name"}/>
            <input type={"submit"}/>
        </form>
    )
}

export default AddRepository;
```

onFormSubmit 回调包含额外的一行，以便在操作完成后将用户重定向到主用户页面：

```
props.history.push(`/user/${login}`);
```

如果现在运行此代码，我们将看到表单虽然正确提交了，但是/user/<login>中的存储库列表并未更改。当然，该突变是有效的（这可以在数据库中查看到），出现这个问题是因为 UserList 组件尚未刷新。因此，接下来我们将介绍突变后刷新数据。

为了刷新受突变影响的查询，需要使用突变函数的 refreshQueries 参数，如下所示：

```
import {GET_USER_DATA} from './User';

// .....

        mutation({
            variables: {
                login: login,
                name: e.target.name.value
            },
            refetchQueries: [ { query: GET_USER_DATA, variables: {login:
login} }],
        });
```

现在如果尝试添加新的存储库，我们将看到它出现在用户拥有的存储库列表中。

至此，你应该能够使用 GraphQL 查询从 Neo4j 读取数据，并通过突变操作将数据插入图中。

11.5 小　　结

本章详细讨论了如何使用 Neo4j 作为主要数据库来构建 Web 应用程序。现在你应该能够使用 Python、neomodel 软件包和 Flask 框架来构建由 Neo4j 支持的 Web 应用程序，从而构建一个全栈 Web 应用程序（包括后端和前端）。

本章还介绍了使用 GraphQL，从 Neo4j 构建一个可以插入任何现有前端的 API，或者使用 GRANDstack 创建一个前端应用程序，以通过 GraphQL API 从 Neo4j 检索数据。

虽然我们讨论的是用户和存储库的概念，但是该知识也可以轻松扩展到任何其他类型的对象和关系。例如，存储库可以是电子商城的产品、电影或用户发出的贴文。在第 9 章“预测关系”中，使用了链接预测算法来构建社交好友推荐引擎，而本章知识同样可以用来显示要加关注的推荐用户的列表。

在第 12 章中将处理大数据并学习如何扩展 Neo4j 应用。

11.6 思　考　题

- 什么是 GOM？简述其意义和应用。
- 练习：在 Flask 应用程序中，为用户添加新存储库提供方便，并注意以下几点：

    - 存储库仅以其名称为特征。
    - 不能让相同用户拥有多个同名存储库。
- GraphQL：
    - 在 User 类型中添加拥有的存储库总数。
    - 在 User 类型中添加一个新参数，该参数将返回推荐的存储库。
- GRANDstack：更新 UserList 组件以显示拥有的存储库的数量。

11.7 延伸阅读

- 有关 neomodel 和 Flask 或 Django 的更多信息，可参考 *Building Web Applications with Python and Neo4j*（《使用 Python 和 Neo4j 构建 Web 应用程序》）一书。作者：S. Gupta，Packt 出版社出版。
- 有关 GraphQL 和 Neo4j 的详细信息，可参考 *Full-stack GraphQL*（《全栈 GraphQL》）一书，作者：W. Lyon，Manning 出版社出版。
- 通过以下系列视频，可学习如何使用 *React: The Complete React Developer Course*（《完整的 React 开发人员课程》），包括 Hooks 和 Redux 介绍，作者：A.Mead，Packt 出版社出版。

第 12 章　Neo4j 扩展

Neo4j 和图算法已经在许多领域都有应用，因此，我们也需要考虑 Neo4j 面对大量数据时的扩展性能问题。Neo4j 4.0 之前的版本已经能够处理海量数据（数十亿个节点和关系），而仅受磁盘大小的限制。Neo4j 4.0 通过引入分片（Sharding）技术基本上克服了这些限制。本章将根据分片定义和专门为查询此类图而引入的新 Cypher 语句，对分片技术进行介绍。此外，我们还将研究大型图的 GDS 性能。

本章包含以下主题：

- 衡量 GDS 性能。
- 为大数据配置 Neo4j 4.0。

12.1　技术要求

虽然第 12.2 节“衡量 GDS 性能”的操作仍然可以使用 Neo4j 3.x 版本完成，但第 12.3 节“为大数据配置 Neo4j 4.0”将介绍分片功能，而这是在 Neo4j 4.0 版本才引入的，因此，本章建议采用以下配置：

- Neo4j，4.0 或更高版本。
- GDS 库，1.2 或更高版本。

12.2　衡量 GDS 性能

Graph Data Science（GDS）库是为大型数据集构建的；图表示和算法针对大型图进行了优化。但是，为了提高效率，所有操作都在堆（Heap）中执行，这就是对在给定投影图上运行给定算法的内存需求进行估算很重要的原因。

本节将讨论以下内容：

- 通过估算过程估算内存使用量。
- 测量某些算法的时间性能。

12.2.1 通过估算过程估算内存使用量

GDS 算法在内存中的投影图上运行。该库提供了辅助过程，可用于预测存储投影图和运行给定算法所需的内存使用情况。这些估计是通过 estimate 模式执行的，可以将其附加到图创建或算法执行过程中。

我们将讨论以下操作：

- ❑ 估计投影图的内存使用量。
- ❑ 估计算法的内存使用量。
- ❑ 使用 stats 运行模式。

投影图完全存储在内存中（在堆中）。为了知道存储带有给定节点、关系和属性的投影图需要多少内存，可以使用以下过程：

```
gds.graph.create.estimate(...)
// 或
gds.graph.create.cypher.estimate(...)
```

有多种方法可以使用此过程，但是在所有情况下，它都会返回以下参数：

- ❑ requiredMemory：所需的总内存量。
- ❑ mapView：有关在节点、关系和属性之间哪些实体需要更多内存的详细说明。
- ❑ nodeCount：投影图中的节点总数。
- ❑ RelationshipCount：投影图中的关系总数。

让我们来看以下具体示例：

- ❑ 虚拟图。
- ❑ 原生定义图或 Cypher 投影图。

1）虚拟图

投影图将存储以下内容。

- ❑ 节点：存储为 Neo4j 内部标识符（id(n)）。
- ❑ 关系：存储为一对节点 ID。
- ❑ 属性：如果需要的话，将存储为浮点数（8 字节）。

这意味着当我们知道投影图将要包含多少个节点、关系和属性时，就可以通过使用以下查询估计内存需求：

```
CALL gds.graph.create.estimate('*', '*', {
    nodeCount: 10000,
    relationshipCount: 2000
})
```

mapView 字段看起来如下所示：

```
{
    "name": "HugeGraph",
    "components": [
        {
            "name": "this.instance",
            "memoryUsage": "72 Bytes"
        },
        {
            "name": "nodeIdMap",
            "components": [
                ...
            ],
            "memoryUsage": "175 KiB"
        },
        {
            "name": "adjacency list for 'RelationshipType{name=' ALL '}'",
            "components": [
                ...
            ],
            "memoryUsage": "256 KiB"
        },
        {
            "name":"adjacency offsets for 'RelationshipType{name='ALL '}'",
            "components": [
                ...
            ],
            "memoryUsage": "80 KiB"
        }
    ],
    "memoryUsage": "511 KiB"
}
```

这告诉我们，图的总内存使用量约为 511KB（上述代码中加粗显示的行）。它还可以帮助你确定哪些部分消耗了大部分内存，从而最终可以将图的内存使用量减到最小。

2）原生定义图或 Cypher 投影图

通过以下语法，可以估算出使用 Cypher 投影创建的投影图的内存需求：

```
CALL gds.graph.create.cypher.estimate(
    "MATCH (n) RETURN id(n)",
    "MATCH (u)--(v) RETURN id(u) as source, id(v) as target"
)
```

与使用 Cypher 投影创建的实际图相比，差异如下：

```
CALL gds.graph.create.cypher(
    "projGraphName",
    "MATCH (n) RETURN id(n) as id",
    "MATCH (u)--(v) RETURN id(u) as source, id(v) as target"
)
```

提示：

在 estimate 方案中必须跳过图名称参数。

知道投影图需要多少内存是一件很重要的事，但是，一般来说，我们会创建投影图以在其上运行一些算法，因此，能够估计算法的内存消耗对于确定计算机将要使用的内存的大小也是一项关键因素。

12.2.2　估计算法的内存使用量

对于生产质量层中的每种算法，GDS 都会执行一种估计过程，该过程与前文针对投影图研究的过程相似。可以通过将 estimate 附加到任何算法执行模式来使用它：

```
CALL gds.<ALGO>.<MODE>.estimate(graphNameOrConfig: String|Map,
configuration: Map)
```

注意：

alpha 层中的算法无法从此功能中受益。

返回的参数如下：

```
YIELD
    requiredMemory,
    treeView,
    mapView,
    bytesMin,
    bytesMax,
    heapPercentageMin,
    heapPercentageMax,
    nodeCount,
    relationshipCount
```

这些参数名称的含义一目了然，类似于投影图估计过程。

通过估计投影图和要在其上运行的算法的内存使用情况，可以对所需的堆进行很好的估计，并使用大小合适的服务器进行分析。

12.2.3　使用 stats 运行模式

stats 模式是 GDS 引入的另一个有趣的功能（GDS 的前身是 Graph Algorithm Library，该库无此功能）。stats 模式可在不更改图的情况下运行算法，但是返回有关投影图和算法结果的一些信息。返回的参数列表与 write 模式中的参数列表相同。

接下来，我们将研究图和算法内存估计（estimate）和执行估计（stats）的示例。

12.2.4　测量某些算法的时间性能

当使用算法的 write 过程时，意味着将结果写回到主 Neo4j 图中，该过程将返回一些有关其执行时间的信息：

- createMillis：创建投影图的时间。
- computeMillis：运行算法的时间。
- writeMillis：写回结果的时间。

让我们使用这些参数来检查 PageRank 或 Louvain 算法的性能，这两个算法使用的图要比到目前为止使用的图稍大。为此，我们将使用 Facebook 在 Kaggle 比赛期间提供的社交网络图。该数据集可以从以下网址下载：

https://www.kaggle.com/c/FacebookRecruiting/overview

该数据集包含 1867425 个节点和 9437519 个关系。你可以使用自己喜欢的导入工具（LOAD CSV、APOC 或 Neo4j 命令行导入工具）将其导入 Neo4j。

在本示例的其余部分中，我们将使用 Node 作为节点标签，并使用 IS_FRIEND_WITH 作为关系类型。

为了使用 GDS，需要创建一个包含所有节点和无向关系的投影图：

```
CALL gds.graph.create(
    "graph",
    "*",
    {
        IS_FRIEND_WITH: {
            type: "IS_FRIEND_WITH",
            orientation: "UNDIRECTED"
        }
    }
)
```

然后，可以使用以下命令执行 Louvain 算法：

```
CALL gds.louvain.write.estimate("graph", {writeProperty: "pr"})
```

运行该算法仅需要约 56 MB 大小的堆。

现在运行以下命令：

```
CALL gds.louvain.stats("graph")
```

这可以估算出运行 Louvain 算法所需的时间。

提示：

即使只是估算也可能需要很长时间，因此请耐心等待。

现在，你应该能够估计图执行给定算法所需的内存量。你还应该能够估计算法在数据上收敛所需的时间。

接下来，我们将回到 Neo4j 和 Cypher 主题，了解在 Neo4j 4.0 版中引入的用于大型图的新颖功能。

12.3　为大数据配置 Neo4j 4.0

Neo4j 4.0 于 2020 年 2 月发布。它是第一个支持分片技术，可以在多个服务器之间拆分图的版本（下文将详细讨论该技术）。在此之前，我们还将简要介绍一些可以改善 Neo4j 性能的基本设置。因此，本节将讨论以下内容：

- Neo4j 4.0 之前的设置。
- Neo4j 4.0 分片技术。

12.3.1　Neo4j 4.0 之前的设置

Neo4j 3.x 已经是一个非常强大的数据库，可以管理数十亿个节点和关系。获得 Neo4j 认证时，你学习调整的第一个设置就是内存分配。在此我们将介绍：

- 内存配置。
- 云中的 Neo4j。

1. 内存配置

内存是由 neo4j.conf 文件中的若干个设置配置的。默认值很低，通常建议你增加默认值，具体取决于你的数据和使用情况。Neo4j 有一个实用程序脚本，用于估计图实例所需的内存。该脚本位于$NEO4J_HOME 路径的 bin 目录中。通过 Neo4j Desktop 使用 Neo4j 时，可以从图管理选项卡中打开终端，它将自动在该文件夹中打开。然后，你可以使用以下 bash 命令执行 memrec：

```
./bin/neo4j-admin memrec
```

该命令的输出包含以下块：

```
dbms.memory.heap.initial_size = 3500m
dbms.memory.heap.max_size = 3500m
dbms.memory.pagecache.size = 1900m
```

你可以使用上述方法来更新 neo4j.conf（或 Neo4j Desktop 中的图设置），然后重新启动数据库。

2. 云中的 Neo4j

长期以来，以完全自动化和托管方式在云中运行 Neo4j 都是可能的。实际上，Neo4j 提供了可在 Google 云或 AWS 中使用的镜像。

自 2019 年以来，Neo4j 还通过 Neo4j Aura 拥有自己的数据库即服务（Database as a Service，DaaS）解决方案，这是一种用于运行 Neo4j 数据库的多合一解决方案，无须担心基础架构。有关详细信息，可查看其部署指南：

https://neo4j.com/developer/guide-cloud-deployment/

12.3.2　Neo4j 4.0 分片技术

分片（Sharding）是一种技术，当要存储的数据量大于单个服务器的容量时，它会将数据库拆分到多个服务器上。这仅适用于非常大的数据集，因为单个服务器的当前硬件容量可以达到数 TB（1 TB = 1024 GB，1 GB = 1024 MB）。一个应用程序必须每天生成 GB 级的数据才能达到这些限制。现在，我们需要解决如何使用 Neo4j 管理这些大型数据集的问题。

Neo4j 开发了另一种专门用于此目的的工具，称为 fabric。

如果在 Neo4j Browser 中使用 Neo4j 4.0 创建新图，你会注意到当前活动数据库会在查询框旁边突出显示。

关于 Neo4j 分片技术，我们将介绍以下两项操作：

- 定义分片。
- 查询分片之后的图。

1. 定义分片

处理分片时，要做的第一件事是定义如何拆分数据。分片确实很强大，但它并非没有局限性。例如，分片的一个重要限制是无法从一个分片到另一个分片遍历关系。

当然，为了避免这种情况，可以复制某些节点，因此这完全取决于你的数据模型以及查询方式。想象一下，我们有一个电子商务网站上的数据，该网站接收来自世界各地客户的订单。分片可以考虑以下几个方面：

- 基于空间的分片：来自同一大洲或国家/地区的所有订单都可以组合在同一分片中。
- 基于时间的分片：在同一天/周/月创建的所有节点都可以保存在同一分片中。
- 基于产品的分片：可以将包含相同产品的订单组合在一起。

最后一种情况假设订购的产品之间有明确的划分；否则，我们将不得不复制几乎所有的产品节点。

一旦我们对如何拆分数据以及需要多少数据库有了更好的理解，就可以继续进行neo4j.conf中的配置。例如，假设要使用两个本地数据库，则可以通过将以下代码添加到neo4j.conf来进行配置：

```
fabric.database.name=fabric

fabric.graph.0.name=gr1
fabric.graph.0.uri=neo4j://localhost:7867
fabric.graph.0.database=db1

fabric.graph.1.name=gr2
fabric.graph.1.uri=neo4j://localhost:7867
fabric.graph.1.database=db2
```

在继续其他操作之前，我们还需要创建数据库。

在 Neo4j Browser 中，从左侧面板导航到 Database Information（数据库信息）选项卡，如图 12-1 所示。

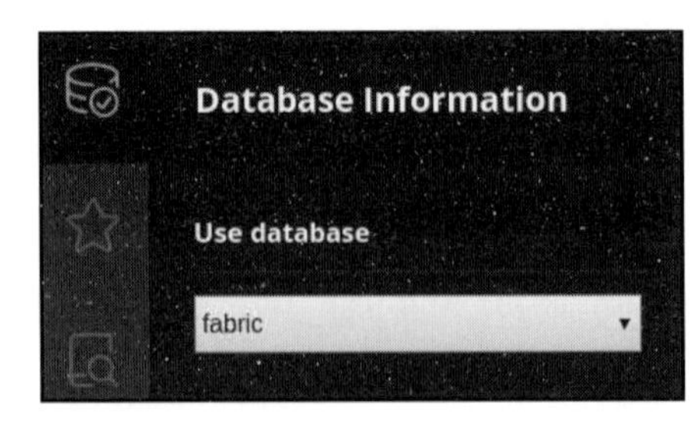

图 12-1

这里，你可以选择将使用哪个数据库。虽然默认值为 neo4j，但是你也可以选择连接到 system 数据库以便能够创建新的数据库。当你从下拉菜单中选择 system 时，Neo4j Browser 将会提示以下信息：

"Queries from this point on are using the database system as the target."

该提示的意思是，从现在开始，查询会将数据库系统用作目标。

接下来，可按以下方式创建本节所需的两个数据库：

```
CREATE DATABASE db1;
CREATE DATABASE db2
```

现在可以切换到集群（Cluster）的主要入口点：名为 fabric 的数据库（同样是从左侧面板切换）。

我们已经告诉 Neo4j，数据将被拆分到多个集群中，并且已经创建了这些集群，让我们看看如何告诉 Cypher 使用哪个集群。

2. 查询分片之后的图

Cypher 的最新版本引入了一个新关键字 USE，可以使用它查询分片之后的图。结合 fabric 实用程序，这使我们可以使用单个查询来查询来自不同分片的数据。

我们将介绍以下操作：

- 使用 USE 语句。
- 查询所有数据库。

1）使用 USE 语句

Neo4j 4.0 中引入了 USE Cypher 语句，以告诉 Cypher 使用哪个分片。例如，可使用以下查询将一些数据添加到我们的数据库之一：

```
USE fabric.gr1
CREATE (c:Country {name: "USA"})
CREATE (u1:User {name: "u1"})
CREATE (u2:User {name: "u2"})
CREATE (u1)-[:LIVES_IN]->(c)
CREATE (u2)-[:LIVES_IN]->(c)
CREATE (o1:Order {name: "o1"})
CREATE (o2:Order {name: "o2"})
CREATE (o3:Order {name: "o3"})
CREATE (u1)-[:ORDERED]->(o1)
CREATE (u2)-[:ORDERED]->(o2)
CREATE (u2)-[:ORDERED]->(o3)
```

可使用以下代码从分片中检索数据：

```
USE fabric.gr1
MATCH (order:Order)<--(:User)-->(country:Country)
RETURN "gr1" as db,
       country.name,
       count(*) AS nbOrders
```

上述查询将仅使用 gr1 数据库中的节点，就像是在 neo4j.conf 的 fabric 配置部分中定义的一样。你可以使用 USE fabric.gr2 运行相同的查询，但由于我们尚未在 gr2 中创建任何数据，因此无法获得任何结果。如果你对所有数据都感兴趣，而无须筛选特定数据库，则也可以使用 fabric 来实现。

2）查询所有数据库

要查询所有已知的分片，可使用以下两个函数：

- fabric.graphIds()：返回所有已知数据库。可使用以下命令测试其结果：

```
RETURN fabric.graphIds()
```

- fabric.graph(graphId)：返回具有给定 ID 的数据库的名称，可直接在 USE 语句中使用。

从本质上讲，这将使我们能够对所有分片执行循环：

```
UNWIND fabric.graphIds() AS graphId
CALL {
    USE fabric.graph(graphId)
        WITH graphId
        MATCH (order:Order)<--(:User)-->(country:Country)
        RETURN "gr" + graphId as db,
               country.name as countryName,
               count(*) AS nbOrders
} RETURN db, countryName, sum(nbOrders)
```

上述查询结果如下：

"db"	"countryName"	"sum(nbOrders)"
"gr1"	"USA"	3

可以看到，上述查询结果显示了 3 个来自美国的订单，这正是在第 12.3.2 节中“USE 语句”中为 gr1 数据库创建的。

现在可以给 gr2 数据库添加一些数据，例如：

```
USE fabric.gr2
CREATE (c:Country {name: "UK"})
CREATE (u1:User {name: "u11"})
CREATE (u2:User {name: "u12"})
CREATE (u1)-[:LIVES_IN]->(c)
CREATE (u2)-[:LIVES_IN]->(c)
CREATE (o1:Order {name: "o11"})
CREATE (o2:Order {name: "o12"})
CREATE (u1)-[:ORDERED]->(o1)
CREATE (u2)-[:ORDERED]->(o2)
```

现在再次执行前面的 MATCH 查询，返回的结果如下：

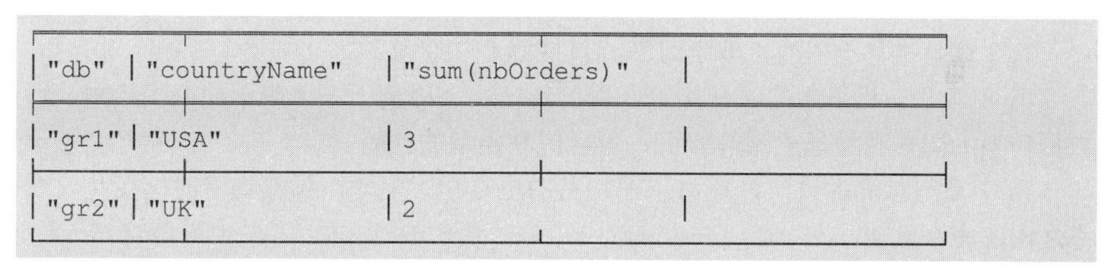

"db"	"countryName"	"sum(nbOrders)"
"gr1"	"USA"	3
"gr2"	"UK"	2

通过上例可以看到，无论是在数据量还是在实现方面，分片都为数据存储提供了无限的可能性，其具体实现则取决于将要针对数据库运行的查询。

12.4　小　　结

阅读完本章后，你应该能够在单个服务器上部署 Neo4j 数据库，也可以使用集群服务器和分片技术。你还应该了解在大数据上使用 GDS 的最佳做法以及此插件的局限性。

以下是本书内容的全面总结。

本书共分为 4 篇。第 1 篇是“使用 Neo4j 进行图建模”，包括第 1～3 章。

第 1 章“图数据库”，介绍了图论、图数据库和 Neo4j。

第 2 章“Cypher 查询语言”，教你如何将数据插入 Neo4j 并使用称为 Cypher 的可视查询语言来查询数据。

第 3 章“使用纯 Cypher”，使你有机会使用 Cypher 来构建知识图，并使用由 Graph Aware 构建的第三方库来执行某些自然语言处理（Natural Language Processing，NLP）。

第 2 篇是“图算法”，包括第 4～7 章。

第 4 章“Graph Data Science 库和路径查找”，阐释了 GDS 库的基础知识。该插件由 Neo4j 开发和支持，是使用 Neo4j 进行图数据科学的起点。本章还介绍了如何执行最短路径操作而不必从 Neo4j 中提取数据。

第 5 章“空间数据”，介绍了如何在 Neo4j 中使用空间数据。本章讨论了内置的空间类型 Point，并介绍了另一个插件 neo4j-spatial。空间数据已很好地集成到 Neo4j 中，并且借助 Neo4j Desktop 应用程序甚至可以将其可视化。

第 6 章“节点重要性”，讨论了中心性算法。基于当前最主要的度量指标（度中心性、接近度中心性、中介中心性和特征向量中心性）等介绍了相应的算法。

第 7 章“社区检测和相似性度量”，阐释了社区和聚类等概念，讨论了连接组件算法、标签传播算法和 Louvain 算法等。该章还介绍了诸如 neoviz 之类的工具，这些工具可用于创建漂亮的图可视化。

第 3 篇是“基于图的机器学习”，包括第 8～10 章。

第 8 章“在机器学习中使用基于图的特征”，构建了一个简单的分类模型。通过将数据转换为图并添加基于图的特征，可以提高模型的性能。

第 9 章“预测关系”，探讨了图特有的机器学习问题：预测随着时间变化，图中节点之间的将来链接。

第 10 章“图嵌入——从图到矩阵”，详细介绍了图嵌入技术，探索了神经网络和图嵌入技术的结合。

第 4 篇是“生产环境中的 Neo4j”，包括第 11 章和第 12 章。

第 11 章“在 Web 应用程序中使用 Neo4j”，介绍了使用 Python 和图对象映射器创建全栈 Web 应用程序，以及使用 GRANDstack 开发 React 应用程序。

第 12 章“Neo4j 扩展”，详细介绍了 GDS 性能的衡量、Neo4j 配置和适用于大数据的分片技术等。

本书带你走过了一条让人印象深刻的技术道路，但是请记住，通往知识的道路没有尽头，多阅读、勤学习和不断尝试才能真正地构建神奇之路。